U0088446

半導體製程概論

（增訂版）

原著——施敏 梅凱瑞
譯著——林鴻志
增訂——林鴻志

Contents

第八章 薄膜沉積 ……………… 226

第九章 製程整合 ……………… 287

第十章 積體電路製造 ……………… 356

第十一章 未來趨勢與挑戰

附 錄

索 引

前　言

本書為半導體製造技術的介紹，包括從晶體成長到形成積體元件與電路的製造過程中，所有主要步驟的理論與實作層面的重點。本書適合作為物理、化學、電機工程、化學工程和材料科學等系所之大四或碩一階段，一學期課程介紹積體電路製造技術的課本教材。此書亦可配合學校的實驗室進行相關實作教學。此外，本書也適合當作為半導體產業界工程師與科學家的參考資料。

第一章簡短回顧過去主要半導體元件與技術的發展歷史，也介紹基本的製程步驟。第二章中討論晶體成長相關的技藝。接下來的幾章則依一般製作程序來規劃，其中第三章為矽氧化，第四章與第五章分別為微影與蝕刻技術，第六章與第七章分別說明擴散與離子植入這兩種將摻質導入基板的技術，第八章說明多種進行薄膜沉積的方法。最後三章重點為廣汎、概括的主體，其中第九章串接各種單一製程步驟，說明關鍵製程技術、積體元件和微機電系統的製作流程。第十章介紹高層面積體電路製造的問題，包括電性測試、構裝、製程管制和良率。最後的第十一章則探討半導體產業未來之發展與挑戰。

每一章的開頭為一簡介並列出學習的目標，最後面則為一些重要觀念的總結，中間穿插附有題解的範例。各章也附有一些習題作為家庭作業。其中有些章節中會提到製程模擬的觀念，並以熱門的 SUPREM 與 PROLITH 套裝軟體作為應用工具，該些軟體的熟悉度可用以補強學習微電子製程的基本觀念。

譯 序

本書是施敏教授與梅凱瑞 (Gary S. May) 教授所合著，美國 Wiley 公司於 2004 年出版之 Fundamentals of Semiconductor Fabrication 之中譯本。施教授名滿中外，身兼中央研究院院士、美國國家工程院院士以及中國工程院院士，為「非揮發性半導體記憶體」之發明人，此元件是現今熱門的「快閃」記憶體前身，對於微電子工業發展的影響不言可喻。施教授的另一項重大成就，是他針對半導體元件與製程技術撰寫多本膾炙人口的教科書及參考書籍。其中的「半導體元件物理學」一書，自 1981 年發行後，已是世界各大學相關系所的半導體課程的首選教材，並被譯成六國文字，被譽為電子科技界的「聖經」。

筆者在民國七十九年時即有幸親炙大師門下，聆聽修習施教授於交通大學電子所親自傳授的「高速元件」課程。而後於任職國家奈米元件實驗室期間，在研究與行政工作方面，亦蒙受時任實驗室主任的施教授許多指導。此次有幸應施教授之邀，將其英文原著翻譯成中文，一路走來，如履薄冰，僅抱持惶恐之心，但求不負所託。進行過程中，深感最大的困難在於書中專業名詞、術語之翻譯，主要因為國內尚無統一譯名，現有譯名又眾譯紛云，未盡完備，故本書只能盡求譯名通順，使讀者容易理解。雖經再三校稿，力求完美，但疏漏之處，在所難免，尚祈各界賢達，不吝指教；並請將錯誤之處，來信賜知（E-mail：publish@nctu.edu.tw），以利再版時修正。

本書的完成，要感謝交大博士班蘇俊榮、呂嘉裕、盧景森、李明賢、林宏年與盧文泰等同學的協助。此外，系所師長黃調元教授持續的鼓勵與支持，在此一併獻上最深的謝意。

林鴻志 謹識於台灣新竹

2005 年 11 月

增訂版 序言

本書原版內容大部份為施敏教授的精心之作，其中關於半導體製造技術的原理介紹深入淺出，讓初學者可以迅速地了解製程的巧妙之處與相關應用。物理化學的基礎知識永恆不變，但科技的進步一日千里，距離原版出版時間已有十二年，這期間半導體與積體電路製造技術有相當大的變革。原書中一些資料已嫌過時與不足，部分觀念與趨勢預測須加以修正或更新，同時也有需要加入新興技術的資訊。針對此，在此修訂版中，我們修正與加入以下的資訊：

第一章——更新四張圖，並加入 2000 年後新興製程與元件技術的發展。

第四章——更新一張圖，並加入浸潤式微影、雙重成像與極紫外線微影技術之資訊。

第五章——增加電漿內組成與性質的介紹，以及對蝕刻機制的描述。

第七章——增加對新式快速升溫技術的介紹。

第八章——更新二張圖，並加入矽鍺膜、選擇性磊晶、電鍍銅、原子層沉積與矽化鎳等技術之資訊。

第九章——更新六張圖，並加入金屬絕緣體金屬電容、形變通道、高介電閘氧層、取代金屬閘、鰭式場效電晶體等技術之資訊。

第十一章——更新四張圖，並加入元件微縮趨勢、微影技術發展、技術發展方向與瓶頸與三維積體電路技術的發展等資訊。

此外，每個章節也針對原版內容與目前發展狀況不相符，或描述略有不清楚的地方將以修正或改寫。希望以上的努力可以讓讀者能更加容易理解與學習本書所提供的知識。

林鴻志　謹識於台灣新竹

2016 年 04 月

誌 謝

譯者（與增訂處作者）感謝國立交通大學出版社程惠芳小姐給予本書的建議、討論與修訂過程的極力協助。也感謝交大電子所博士班鍾嘉文對本書文字之校閱、新圖的製作與輔助教材的編製。最後要向施敏教授致上謝意，沒有他的鼓勵與支持，此書將難以完成。

第一章 簡介

從 1998 年以來，電子工業是世界上規模最大的工業，當年全球銷售總值已超過一兆美元。圖 1.1 展示從 1980 年來以半導體元件為基礎的電子工業的銷售額，以及到西元 2020 年為止的預期銷售額。圖中也同時整理全球國民生產總值（GWP，gross world product）以及汽車、鋼鐵和半導體工業（電子工業的一項）的銷售額做為比較[1,2]。可以發現從 1998 年開始，電子工業的銷售額已超過汽車工業的銷售額，而半導體元件正是此工業的基礎，扮演推動電子業成長的角色，提供相關技術與產品開發所需的動量。由此圖也可以發現半導體工業以更高的速率成長，並於 2010 年時超越鋼鐵工業。由於電子與半導體產業的蓬勃發展，各式各樣的電子產品、電腦與智慧型手機充斥，改變人類生活型態與文明的發展。

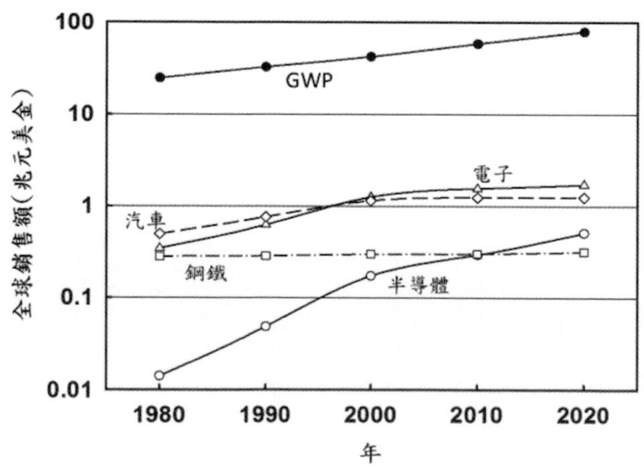

圖 1.1　1980 年至 2010 年之全球國民生產總值（GWP）及電子、汽車、半導體和鋼鐵工業的銷售量，並延伸此曲線到 2020 年止。[1,2]（註：2015 年電子工業產值為 3.3 兆美元，其中半導體相關產值約為 3 千 5 百億美元）

價值數兆美元的電子產業主要依靠半導體積體電路(IC，Integrated Circuits)、電腦運算、電信通訊、太空、汽車和消費電子產業都非常依賴這種元件。因此，要了解近代的電子產業，就必須對於**半導體材料、元件及製程**有一個基本的了解。雖然本書主要是介紹積體電路製作時的基本製程，但也會簡要回顧上述三個主題的發展歷史。

1.1 半導體材料

鍺（Ge，Germanium）是第一種被用在半導體元件製作的材料。事實上，第一個由巴丁(Bardeen)、布萊登(Brattain)和蕭克利(Shockley)發明的點接觸（point-contact）電晶體，就是由此種材料所製作的。然而，在 1960 年代早期，鍺很快地就被矽所取代，主要因為矽具備下列幾項優點：首先，矽可以被輕易地氧化，形成高品質的二氧化矽(SiO_2，silicon dioxide)，這種材料在積體電路製作過程所需的幾個選擇性擴散（diffusion）步驟中是一個絕佳的阻障層。相較於鍺，矽同時擁有較寬的能隙（bandgap），意味著矽元件可以操作於較高的溫度與較低的漏電流。最後且可能是最重要的一項因素：矽是大自然中非常充裕的一種元素，一般沙子的主要組成中即包含矽，使得此種材料非常便宜。所以，除了在製程上的優勢之外，矽同時提供了一個非常低成本的材料來源。

另外一種在積體電路製作上最常見的材料是砷化鎵(GaAs，gallium arsenide)。雖然砷化鎵有較矽高的電子移動率（electron mobility），但它也受到嚴重的製程限制，包括在熱處理時較差的穩定度、劣質的原生氧化層（native oxide)、高成本及較高的缺陷密度。矽因此是積體電路中的首選材料，其相關的技術將是本書內容的重點。砷化鎵一般用在運作非常高速（遠超過 1GHz）但整合程度不會太高的電路。

1.2 半導體元件

運用半導體材料的獨特性質，人們已經發展出各式各樣巧妙的元件，並進而完全地改變我們的世界。人類研究半導體元件已經超過 125 年[3]，迄今大約有 60 種主要的元件類型，並依此演變出 100 種以上相關的元件結構[4]。表 1.1 依年代列出了其中幾項主要的半導體元件。

表 1.1 主要半導體元件

西元	半導體元件	作者／發明者	參考文獻
1874	金半接觸[a]	Braun	5
1907	發光二極體（LED）[a]	Round	6
1947	雙載子電晶體（BJT）	Bardeen、Brattain 及 Shockley	7,8
1949	p-n 接面[a]	Shockley	8
1952	閘流體（Thyristor）	Ebers	9
1954	太陽電池（solar cell）[a]	Chapin、 Fuller 及 Pearson	10
1957	異質接面雙載子電晶體（HBT）	Kroemer	11
1958	穿隧二極體（Tunnel Diode）[a]	Esaki	12
1960	金氧半場效電晶體（MOSFET）	Kahng 及 Atalla	13
1962	雷射[a]	Hall 等人	15
1963	異質結構雷射[a]	Kroemer，Alferov 及 Kazarinov	16,17
1963	轉移電子二極體（TED）[a]	Gunn	18
1965	衝渡二極體（IMPATT Diode）[a]	Johnston、Deloach 及 Cohen	19
1966	金半場效電晶體（MESFET）	Mead	20
1967	非揮發性半導體記憶體（NVSM）	Kahng 及施敏	21
1970	電荷耦合元件（CCD）	Boyle 及 Smith	23
1974	共振穿隧二極體[a]	張立綱、Esaki 及 Tsu	24
1980	調變摻雜場效電晶體（MODFET）	Mimura 等人	25
1994	室溫單電子記憶胞（SEMC）	Yano 等人	22
1998	鰭式場效電晶體（FinFET）	Hisamoto、胡正明等人	26
2004	穿隧場效電晶體（Tunneling FET）	Appenzeller 等人	27
2008	負電容場效電晶體（NC FET）	Salahuddin 等人	28

[a] 表示為一種兩端子（two-terminal）的元件，若無該標示則為一種三或四端子的元件。

最早有系統的研究半導體元件（金半接觸，metal-semiconductor contact）的是布勞（Braun）[5]在 1874 年發現金屬和金屬硫化物（如銅鐵礦，copper pyrite）的接觸電阻與外加電壓的大小及極性有關。之後在 1907 年，朗德（Round）發現了電激發光效應（即發光二極體，light-emitting diode），他觀察到當他在碳化矽（carborundom）晶體兩端外加 10 伏特的電壓時，晶體會發出淡黃色的光[6]。

在 1947 年，巴丁（Bardeen）和布萊登（Brattain）[7]發明了點接觸（point-contact）電晶體。接著在 1949 年，蕭克利（Shockley）[8]發表了關於 *p-n* 接面和雙載子電晶體的經典論文。圖 1.2 展示有史以來的第一顆電晶體，在三角形石英晶體底部的兩個點接觸是由相隔 50 微米（1 微米（μm）等於 10^{-4} 公分）的金箔線壓到半導體表面做成的，所用的半導體材質為鍺。當一個順向偏壓（forward biased，即相對於第三個端點加正電壓），而另一個逆向偏壓（reverse biased）時，可以觀察到把輸入信號放大的電晶體行為（transistor action）。雙載子電晶體是一個關鍵的半導體元件，它把人類文明帶進了現代電子紀元。

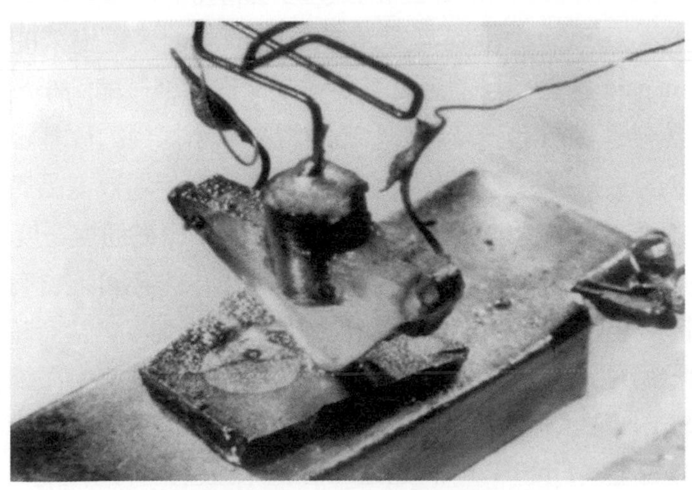

圖 1.2　第一個電晶體[7]（相片由貝爾實驗室提供）。

在1952年，伊伯斯(Ebers)[9]為應用廣泛的切換元件閘流體(thyristor)發展了一個基本的模型。以矽 *p-n* 接面製成的太陽電池（solar cell）則在 1954 年被闕平（Chapin）等人 [10] 初次發表。太陽電池是目前獲得太陽能最主要的技術之一，因為它可以將太陽光直接轉換成電能，而且非常的符合環保要求。在 1957 年，克羅馬（Kroemer）提出了異質接面雙載子電晶體（HBT，heterojunction bipolar transistor）來改善電晶體的性能 [11]，這種元件有潛力成為最快速的半導體元件。1958 年江崎（Esaki）觀察到重摻雜（heavily doped）的 *p-n* 接面具有負電阻的特性，此發現造成穿隧二極體（tunnel diode，或譯穿透二極體）的問世 [12]。此種元件及相關的穿隧現象(tunneling phenomenon，或譯穿透現象)對薄膜間的歐姆接觸與載子在薄膜內傳輸行為的研究有很大的貢獻。

對先進的積體電路而言，最重要的元件是在1960年由姜(Kahng)及亞特拉（Atalla）[13] 發表的金氧半場效電晶體。圖 1.3 就是第一個用高溫氧化矽基板（substrate）做成的元件，它的閘極長度（gate length）是 20 微米（μm）、閘極氧化層（gate oxide）厚度是 100 奈米（nm，1 奈米= 10^{-7} 公分），兩個小洞是源極和汲極的接觸孔（contact hole），而最上面瘦長形的區域是由金屬光罩（metal mask）定義出來的鋁閘極（aluminum gate）。雖然目前金氧半場效電晶體已經微縮到小於 100 奈米的尺度，但是當初第一個金氧半場效電晶體所採用的矽基板和高溫氧化層，仍見於許多先進奈米級量產技術。金氧半場效電晶體和與其相關的積體電路更占有半導體 90 %以上的市場，研究通道長度只有 15 奈米的超小型金氧半場效電晶體已非難事 [14]，未來極可能會有通道長度為 10 奈米甚至更小的元件，可以被應用在最先進，包含有超過一兆個元件的積體電路晶片上。但由於嚴重的短通道效應使得微縮後的平面型 MOSFET 難以維持良好的開關性能，1998 年 Hisamoto[26] 等人提出鰭式場效電晶體（FinFET），將通道立體化來改善元件的性能。伴隨積成元件密度增加後的另一個重大問題，是整體功率耗損的激增。改善此問題是相當迫切的，目前有幾種使用新式操作原理的元件具有此潛

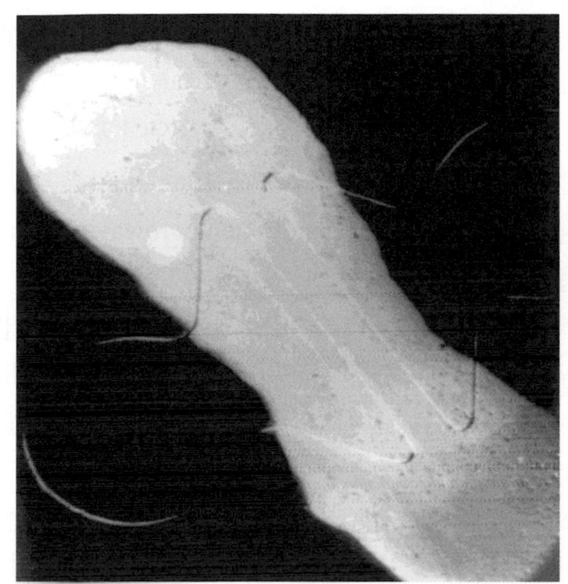

圖 1.3　第一個金氧半場效電晶體[13]（相片由貝爾實驗室提供）。

力，如穿隧場效電晶體（tunneling FET）[27]與負電容場效電晶體（negative capacitance FET）[28]。

1962 年霍爾（Hall）等人[15]第一次用半導體做出了雷射（laser），到 1963 年，克羅馬（Kroemer）[16]、阿法羅（Alferov）和卡查雷挪（Kazarinov）[17]發表了異質結構雷射（heterostructure laser）。這些成就奠定了現代雷射二極體的基礎，並使室溫下連續操作的雷射變成可行。雷射二極體目前應用相當廣泛，包括有數位光碟、光纖（optical fiber）通訊、雷射影印和偵測空氣污染等領域。

接下來三年，三種重要的微波元件相繼被發明製造出來。第一種是岡（Gunn）[18]在 1963 年提出的轉移電子二極體（transferred-electron diode，TED），又稱為岡二極體（Gunn diode），這種元件被廣泛應用到如毫米波應用如偵測系統（detection system）、遙控（remote control）以及微波測試儀器（microwave test instrument）。第二種元件是衝渡二極體（IMPATT diode），它的操作現象首先由姜士敦（Johnston）[19]等人在 1965 年所發現。在所有半導體元件中，於毫米波頻段波下進行連續波（continuous wave，CW）操作時衝渡二極體的執行功率是最高的，目前被應用在雷達系統（radar system）和警報系統上。第三種元件就是金半場效電晶體（MESFET）[20]，它在 1966 年時被密德（Mead）提出，並成為單石微波積體電路（monolithic microwave integrated circuit，MMIC）的關鍵元件。

1967 年時，姜（Kahng）和施敏[21]發明一個重要的半導體記憶元件，它是一種非揮發性半導體記憶體（nonvolatile semiconductor memory，NVSM），可以在電源關掉以後，仍然保有儲存的訊息。此元件結構上跟金氧半場效電晶體很相似，主要的不同在於它多了一個浮停閘（floating gate，或譯浮動閘、懸浮閘），可以用來半永久性的儲存電荷。因為此種元件所具有的非揮發性、高元件密度、低功率耗損和可電重寫性（electrical rewritability，即儲存電荷可經由控制閘極施加的外加電壓移除），它成為應用在可攜式電子系統如手機、筆記型電腦、數位相機和智慧卡方面最主要的記憶體。

另一個使用浮停閘非揮發性記憶體的例子是單電子記憶胞（single-electron memory cell，SEMC），其實就是將浮停閘的長度縮小到極小的尺寸（如 10 奈米）所產生的元件。在這種尺寸下，只要一個電子移到浮停閘，浮停閘的電壓就會改變，並且排斥另一個電子的進入。這可以說是浮停閘記憶體元件的極限，因為只需藉由一個電子，就可以儲存訊息。在 1994 年，家野（Yano）等人[22]第一次發表了可在室溫下操作的單電子記憶體。單電子記憶體有潛力可成為最先進的半導體記憶體晶片的基礎，具有儲存一兆位元的能力。

電荷耦合元件（charge-coupled device，CCD）是波義爾（Boyle）和史密斯（Smith）[23]在 1970 年發明的，它被大量的用在手提式錄影機（video camera）和光檢測系統上。1974 年時被張立綱等人[24]發表第一個共振式穿隧二極體（RTD，resonant tunneling diode）元件技術，它是大部分量子效應（quantum-effect）元件的基礎。在特定電路功能下，使用此技術可以大量減少元件的數量，因此具有提供超高密度、超高速及更強電路功能的潛力。在 1980 年，Minura[25] 等人發明了調變摻雜場效電晶體（MODFET，modulation-doped field-effect transistor），如果選擇適當的異質接面材料，這將會是最快速的場效電晶體。

1.3 半導體製程技術

1.3.1 關鍵半導體技術

許多重要半導體技術的根源其實可追溯至幾百年前發明的製程技術。例如：在爐管內進行金屬結晶的成長在 2000 年前就已經由居住在非洲維多利亞（Victoria）湖西岸的居民所首創 [29]。這個製程被使用在預熱的強制通風式爐子中製造碳鋼。另一個例子是 1798 年所發明的微影（lithography）製程，在當時影像圖形是從一片石片上轉移過來的 [30]。在這一節裡，我們將回顧技術發展的里程碑，包括首次應用到半導體製程，或是針對半導體元件製造而研發出的重要製程技術。

一些關鍵的半導體技術依期發展時間先後順序整理在表 1.2 之中。在 1918 年柴可拉斯基（Czochralski）[31] 發明了一種液態——固態單晶成長的技術，這種柴氏長晶法如今已被廣泛應用於矽晶體的成長。另一種成長技術在 1925 年由布理吉曼（Bridgman）[32] 發明，這種方法被大量地應用於砷化鎵和一些相關化合物半導體的晶體成長。雖然在 1940 年代早期矽半導體的材料特性就已引起廣泛的研究，但長久以來卻不見對於化合物半導體特性的研究。1952 年魏可（Welker）[33] 發現砷化鎵和其他的三五族化合物（III-V compound）也具備半導體的材料特性，他以理論預測並以實驗證明這些性質。從此之後，這些化合物半導體相關的技術和元件才開始被深入研究。

表 1.2 關鍵半導體技術

西元	技術	作者/發明者	參考文獻
1918	柴可拉斯基法	Czochralski	31
1925	布理吉曼晶體成長	Bridgman	32
1952	三五族化合物	Welker	33
1952	擴散	Pfann	35
1957	微影光阻	Andrus	36
1957	氧化層光罩	Frosch 及 Derrick	37
1957	化學氣相沉積磊晶成長	Sheftal、Kokorish 及 Krasilov	38
1958	離子佈植	Shockley	39
1959	混合型積體電路	Kilby	40
1959	單石積體電路	Noyce	41
1960	平坦化製程	Hoerni	42
1963	互補式金氧半場效電晶體	Wanlass 及薩支唐	43
1967	動態隨機存取記憶體	Dennard	44
1969	複晶矽自我對準閘極	Kerwin、Klein 及 Sarace	45
1969	金屬有機化學氣相沉積	Manasevit 及 Simpson	46
1971	乾式蝕刻（Dry etching）	Irving、Lemons 及 Bobos	47
1971	分子束磊晶	卓以和	48
1971	微處理器（4004）	Hoff 等人	49
1982	塹渠（trench）隔離	Rung、Momose 及 Nagakubo	50
1989	化學機械研磨	Davari 等人	51
1993	銅接線	Paraszczak 等人	52
2003	形變通道	Ghani 等人	53
2007	高介電/金屬閘	Mistry 等人	54
2011	鰭式通道	Auth 等人	55

對元件製作而言，使摻質（dopant）在半導體內擴散（diffusion）是很重要的一項技術。擴散的基本理論在 1855 年時由飛克（Fick）[34] 提出。利用擴散技術來改變矽的傳導係數與型式的想法首先揭露於 1952 年范恩（Pfann）[35] 所提的一項專利中。到 1957 年，安卓斯（Andrus）

[36]把古老的微影技術應用在半導體元件的製作上，他利用一種感光而且抗蝕刻的聚合物（即光阻）來做為圖形轉移的材料。微影對半導體工業來說是一個關鍵性的技術。半導體工業可以持續的成長，即要歸功於不斷改善的微影技術。而就經濟層面來考量，微影也扮演一個很重要的角色，因為在目前積體電路的製造成本中，微影成本就占了超過 35 %。

氧化層罩幕方式（oxide masking method）在 1957 年由弗洛區（Frosch）和德利克（Derrick）[37]提出，他們發現氧化層可以防止大部分雜質的擴散穿透。同年雪弗塔（Sheftal）[38]等人提出用化學氣相沉積（CVD，chemical vapor deposition）進行磊晶成長（epitaxial growth）的技術。磊晶成長的字源來自於希臘字 epi（即 on，上方）和 taxis（arrangement，安排），它用來描述一種可以在具有晶格（lattice）結構的晶體表面上，成長出一層半導體晶體薄膜的技術。此技術對改善元件特性或創造新穎結構的元件而言非常的重要。積體電路的雛型在 1959 年由科比（Kilby）[40]提出，它包含了一個雙載子電晶體、三個電阻和一個電容，所有的元件都製作在同一塊鍺基材上並由打線（wire bonding）方式相連，形成一個混合的電路。同樣在 1959 年，諾依斯（Noyce）[41]提出一個在單一半導體基板上做成的積體電路，並利用基板表面上的鋁金屬彼此連接。圖 1.4 展示此史上第一個單石（monolithic）積體電路，包含了由六個元件組成的正反器（flip-flop）電路。其上的鋁導線是利用蒸鍍方式沉積於氧化層表面上，並以微影搭配蝕刻技術而成形。上述這些重要的發明奠定了日後微電子工業快速成長的基礎。

另一項重要的技術突破，平面（planar）製程在 1960 年由荷尼（Hoerni）[42]提出。在這項技術中，先在整個半導體表面形成一氧化層，再藉著微影蝕刻製程，將部分區域的氧化層移除以形成窗口（windows）區，然後將雜質透過窗口摻雜到半導體表面，可用以形成 p-n 接面（junction）。

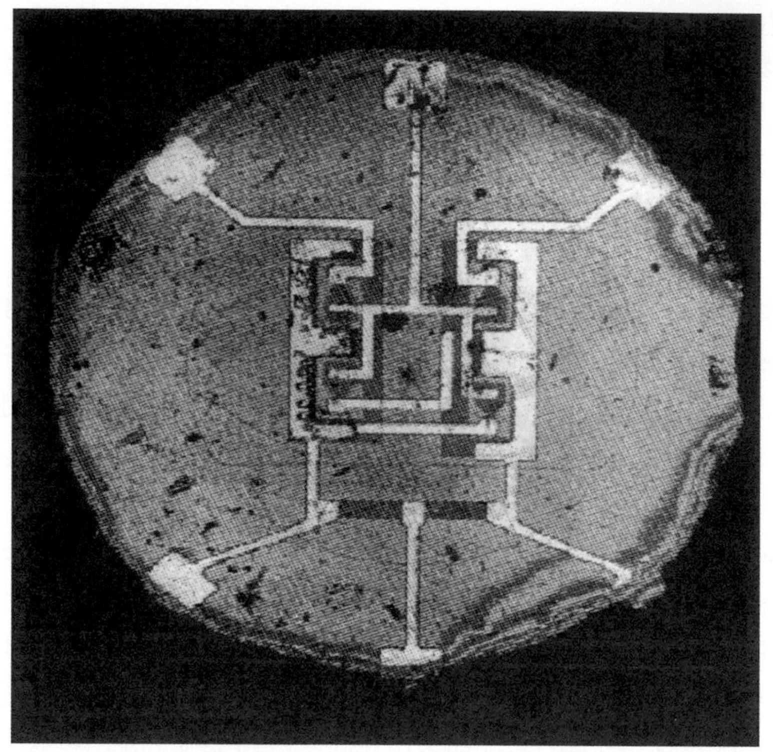

圖 1.4　第一個單石積體電路[41]（相片由 G. Moore 博士提供）

隨著積體電路的複雜度增加，製造技術已由 NMOS（*n* 通道 MOSFET）技術轉移到 CMOS（互補式 MOSFET）技術，此種電路運用 NMOS 和 PMOS（*p* 通道 MOSFET）的組合形成邏輯單元（logic element）。CMOS 的觀念在 1963 年由萬雷斯（Wanlass）和薩支唐（Sah）提出[43]。它的優點為在邏輯電路應用時，只有在轉換邏輯狀態時（例如從 0 到 1）才會有大電流產生；而在穩定狀態時，僅有極小的電流流過，如此可以大幅減少邏輯電路的功率耗損。對先進積體電路而言，CMOS 技術是最主要的技術。

在 1967 年，丹納（Dennard）[44]發明了一項極重要，由兩個元件組成之電路單元，即動態隨機存取記憶體（DRAM，dynamic random access memory）。此種晶片的記憶胞包含了一個 MOSFET 和一個用以儲存電荷的電容，其中 MOSFET 作為使電容充電或放電的開關。雖然動態隨機存取記憶體是揮發性，而且會消耗相當大的功率，但在可預見的未來，它仍然會是各式各樣半導體記憶體中應用在非攜帶性（non-portable）電子系統中的第一選擇。

為了改善元件的特性，柯文（Kerwin）[45]等人在 1969 年提出了複晶矽自我對準閘極製程。這個製程不但改善元件的可靠度，還能降低寄生電容。同樣在 1969 年，門納賽維（Manasevit）和辛浦生（Simpson）[46]發展出有機金屬化學氣相沉積技術（metalorganic chemical vapor deposition，MOCVD），對化合物半導體例如砷化鎵而言，這是一項非常重要的磊晶技術。

當元件的尺寸變小後，乾式蝕刻（dry etching）須取代濕式蝕刻以符合對圖形轉移時尺吋控制的需求。這種技術的首次嘗試是在 1971 年，由爾文（Irving）等人[47]利用 CF_4-O_2 混合氣體對矽晶圓進行蝕刻。另一項在同年發展出來的重要的技術，是由卓以和（Cho）[48]發展出來的分子束磊晶（molecular beam epitaxy，MBE），這種技術可以近乎完美地控制在原子層尺度下的磊晶層，其在垂直方向的組成和摻雜濃度。分子束磊晶技術的應用也造就許多光元件和量子元件的發明。

在 1971 年，第一個微處理器（microprocessor）被霍夫（Hoff）等人[49]製造出來，他們將一個簡單電腦的中央處理器（CPU，central processing unit）放在一個晶片（chip）上，這就是圖 1.5 所示的四位元微處理器（Intel 4004），其晶片大小是 0.3 公分×0.4 公分，其中包含了 2300 個 MOSFET。它採用設計規範（design rule）為 8 微米的 p 型通道複晶矽閘極製程所製成。這個微處理器的功能可與 1960 年代早期 IBM 價值三十萬美元的電腦分庭抗禮，而這些早期的電腦需要一個書桌大小的中央處理器。這是半導體工業上的一項重大突破，直到現在微處理器仍是半導體電子產品中最重要的一項。

圖 1.5 第一個微處理器 [49]（相片由 Intel 公司提供）。

從 1980 年代早期起，為達到元件尺寸微縮之需求，很多新的技術陸續被發展出來，其中包括三項關鍵的技術：塹渠隔離（trench isolation）、化學機械研磨（chemical-mechanical polishing，CMP）和銅導線。塹渠式隔離技術是在 1982 年由朗（Rung）[50] 等人提出，用以隔絕 CMOS 元件。這方法最終將取代所有其他的隔離技術。而 1989 年達閥利（Davari）等人提出了化學機械研磨方法 [51]，以得到各層介電層（dielectric layer）的全面平坦化（global planarization），這是多層金屬鍍膜（multilevel metallization）製程的關鍵。在次微米積體電路中，一種很有名的故障機制即所謂的電子遷移（electromigration）。此現象是當電流通過導線時造成導線的金屬離子遷移，導致金屬線斷路的情形。雖然鋁已經自1960 年代早期起就被用做導線材料，它在大電流下卻有很嚴重的電子遷移情形。1993 年帕拉查克（Paraszczak）等人[52]提出了當尺寸長度小到 100 奈米時，以銅導線取代鋁導線的想法。

進入 21 世紀後，intel 公司引領半導體元件技術的發展，提出三項革新性的技術，讓元件微縮得以持續：2003 年蓋尼（Ghani）等人[53]報導使用形變通道（strained channel）的技巧，可以有效提升電晶體的特性。施行的方式，是將一磊晶矽鍺（epitaxial SiGe）作為 *p*-channel 元件的源/汲極以提供一壓縮的應力（compressive stress），另外將一氮化矽（SiN）疊蓋於 *n*-channel 元件之上以提供一外張的應力（tensile stress）。上述的應力方向非常重要，施加後可以增加載子的遷移率與元件的驅動力。2007 年米斯崔（Mistry）等人使用高介電閘介電層與金屬閘（high-k gate dielectric/metal gate）的結構[54]，取代傳統二氧化矽與多晶矽閘的作法。此新結構可以大幅改善元件的特性，包括降低漏電流與增進運作速度。2011 年 intel 宣布將引入三維（three-dimension）立體鰭式通道（fin channel）結構於量產的電晶體中，並在 2012 年由奧茨（Auth）等人[55]報導技術的細節。此革命性的新結構，可以明顯改良閘極對通道位能的調控能力，藉此來改善元件的短通道效應（short-channel effects）與開關切換性能。本書中將介紹所有列在表 1.2 中的技術。

1.3.2 技術趨勢

一個世代製程技術的能力一般以技術節點（technology node）來表示，其定義為一格柵（grating）結構之週期長度（pitch）的一半[56]。格柵是由一系列等寬度的線條圖案以平行等間距（spacing）的方式排列，所以週期長度為線條圖案寬度與間距之和。技術節點愈小代表圖案（線條）密度愈高，這與微影製程的解析能力有關（請見第四章的說明）。

圖 1.6 顯示技術節點演進的趨勢，約略以每年 13~15%的速率縮小。依據此趨勢，預計 2020 年時最小特徵長度會縮小到 7 奈米。元件微縮的結果，可以降低每項電路功能的單位成本（unit cost）。例如：對持續推陳出新增加容量的動態隨機存取記憶體而言，每個記憶體位元的成本（cost per bit）每兩年就減少了一半。當元件的尺寸縮小後，本質切換時間（intrinsic switching time）也隨之減少。因此從 1959 年以來，元件速度加快了一萬倍，變快的速度也擴展了積體電路的功能性產出率（functional throughput rate）。未來數位積體電路將可以以每秒一兆位元的速率，進行資料處理和數值分析。元件微縮後所消耗的功率也減少，可以降低每次切換操作所需的能量。從 1959 年至今，每個邏輯閘（logic gate）的能量耗損已經減少了超過一千萬倍。

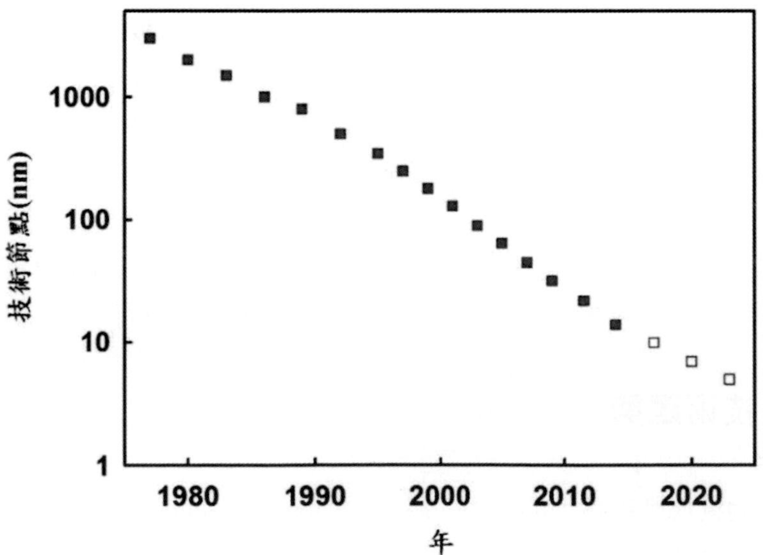

圖 1.6　技術節點與開始量產的年份關係，空心點為預測值。

圖 1.7 的資料是從 1970 到 2015 年間，各世代 CPU 晶片中的電晶體數目與剛推出年份之間呈指數的關係成長[57]（此即著名的摩爾定律，Moore's law），其中代號為 Ivy bridge 的晶片上有超過 10 億顆電晶體。此驚人的成長歸功於元件持續的微縮與製程技術的精進。但並非所有的晶片技術都能如此順利，圖 1.8 的資料是動態隨機存取記憶體（DRAM）與非揮發性記憶半導體（NVSM，主要指一般的 Flash 記憶體）晶片中的電晶體數目與推出年份的關係，可以發現 DRAM 在 2000 年後進展即已趨緩，至 2015 年時最先進的 20 nm DRAM 技術其容量僅達 80 億位元（8 Gb）。這主要是因為其記憶胞中的電晶體對漏電流的掌控，與儲存電容器電容大小的維護在微縮後遇到很大的挑戰。相較之下，NVSM 仍遵循指數成長，2016 年時量產最先進的晶片有 256 Gb 的記憶位元容量。

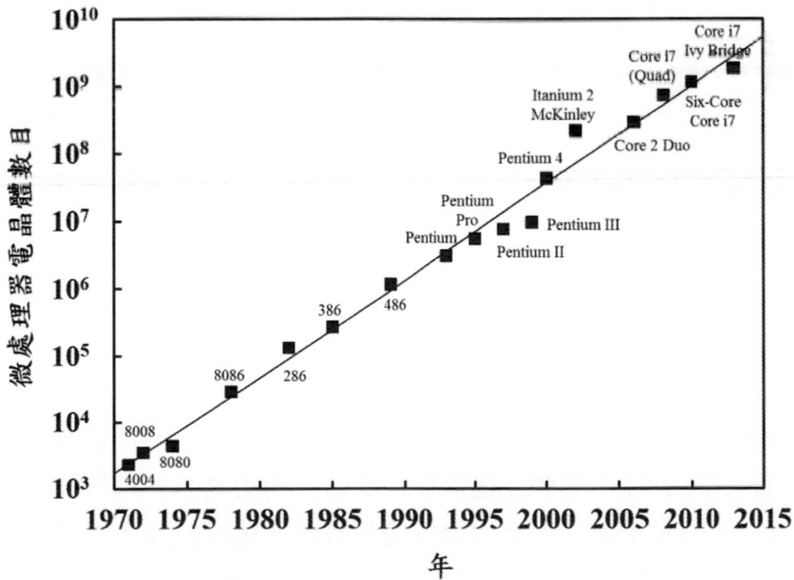

圖 1.7　微處理器晶片上的電晶體數目的演進[57]。

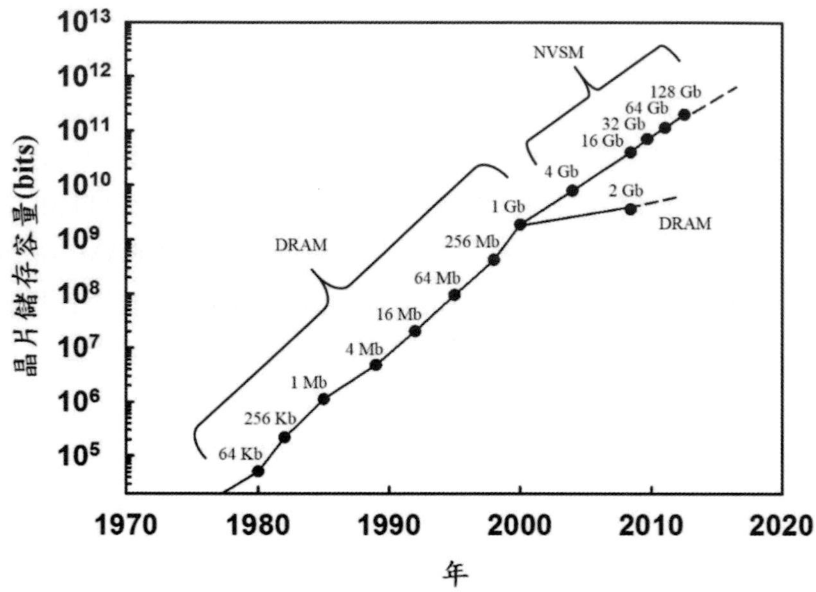

圖 1.8　兩種主要的記憶體晶片技術，DRAM 與 NVSM，演進的趨勢[56]。

圖 1.9 是不同技術驅動者（technology driver）的市場成長曲線[58]。在現代電子紀元初期(1950-1970)，雙載子接面電晶體是技術的驅動者，讓積體電路產業開始起飛；從 1970 到 1990 年，以金氧半場效電晶體研製的動態隨機存取記憶體和微處理器扮演了技術驅動者的角色，使個人電腦和先進電子系統得以快速成長；1990 年以後，除了網路開始普遍外，各種攜帶式電子產品（數位相機、手機等）的快速成長，主要歸功於非揮發性半導體記憶體作為新的技術驅動者。這些技術驅動者使得新興的電子產品與應用得以蓬勃發展並迅速普及，提供產業持續成長所需的動能。當然前一節所提各種製程技術的發展，是促成各種新興技術驅動者成功發展的關鍵。

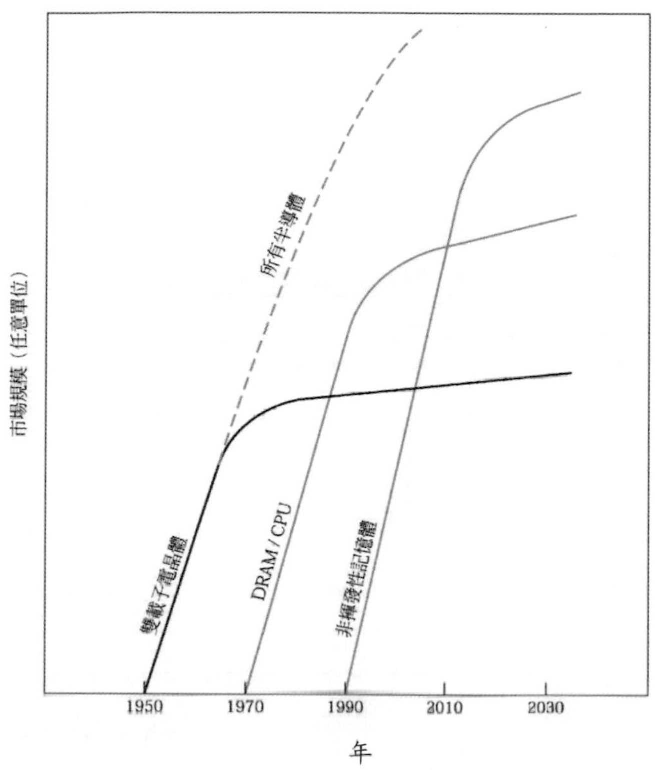

圖 1.9　不同技術先驅的成長曲線 [58]。

1.4 基本製程技術

今日，平面技術已被廣泛地應用在積體電路製作中。圖 1.10 跟圖 1.11 展示了這種技術的主要步驟，包括氧化、光學微影、蝕刻、離子植入及金屬鍍膜。本節將簡單地描述這些步驟，更詳盡的技術細節與討論可以在第三到第八章找到。第九章描述如何整合這些步驟來製作半導體元件的過程。

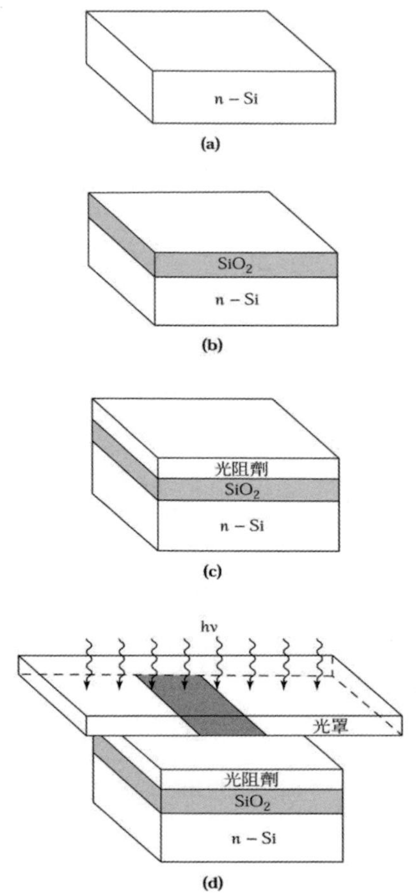

圖 1.10　(a) 未覆蓋 n 型矽晶圓，(b) 經由乾式或濕式氧化製程後氧化的矽晶圓，(c) 光阻劑的塗佈，(d) 光阻劑經由光罩曝光。

1.4.1 氧化

高品質二氧化矽（SiO_2）的發展，對矽製造技術能占有商用積體電路生產霸主的地位功不可沒。一般在元件製作中，二氧化矽可以作為許多結構中的絕緣層，或是擴散或離子植入製程所需的阻隔層

（barrier）。在製造 p-n 接面時（如圖 1.10），二氧化矽薄膜可用以定義出接面區域。

二氧化矽有乾氧化和溼氧化兩種成長方式，分別使用氧氣與水蒸氣做為熱氧化的氣體。乾氧化因為其較佳的矽——二氧化矽界面特性，通常被使用在元件結構中形成薄的氧化層。而溼氧化因為有較高的成長速率，通常被用來成長較厚的氧化層。圖 1.10（a）為一塊裸露的矽晶圓表面準備接受熱氧化的區域。在氧化製程後，二氧化矽層就會在晶圓表面上形成。為了簡化，圖 1.10（b）只展示一片被氧化後晶圓的上表面。更多關於氧化的細節將在第 3 章中說明。

1.4.2 光學微影與蝕刻

另一個技術，稱為光學微影（photolithography），被用在定義 p-n 接面的尺寸大小上。在形成二氧化矽之後，利用高速旋塗機，將一層對紫外光敏感的光阻材料塗佈在晶圓上的表面上（圖 1.10（c））。之後，晶圓在 80 到 100 ℃之間的溫度烘烤以去除光阻中的溶劑成份並硬化光阻，以加強其附著能力。

圖 1.10（d）描繪下一個步驟，也就是把晶圓隔著一個有圖案設計的光罩曝露在一紫外光的光源之下。曝露在光線之下的光阻會產生化學反應，其反應形式依光阻性質而異。光阻曝光的區域會被聚合化（polymerized）而難以被蝕刻。後續顯影（development）時，這些聚合化的區域會在顯影液中保留下來，而未曝光的光阻（在光罩不透光的區域下）則會被溶解而洗掉。

圖 1.11（a）為顯影之後的晶圓表面。接下來晶圓再一次地在 120℃到 180℃進行烘烤，以加強附著及對之後製程處理的抵抗能力。然後，使用緩衝氫氟酸（buffered HF）溶液蝕刻去除表面沒被光阻保護的二氧化矽，如圖 1.10（b）所示，此步驟僅蝕刻二氧化矽並不會影響下面

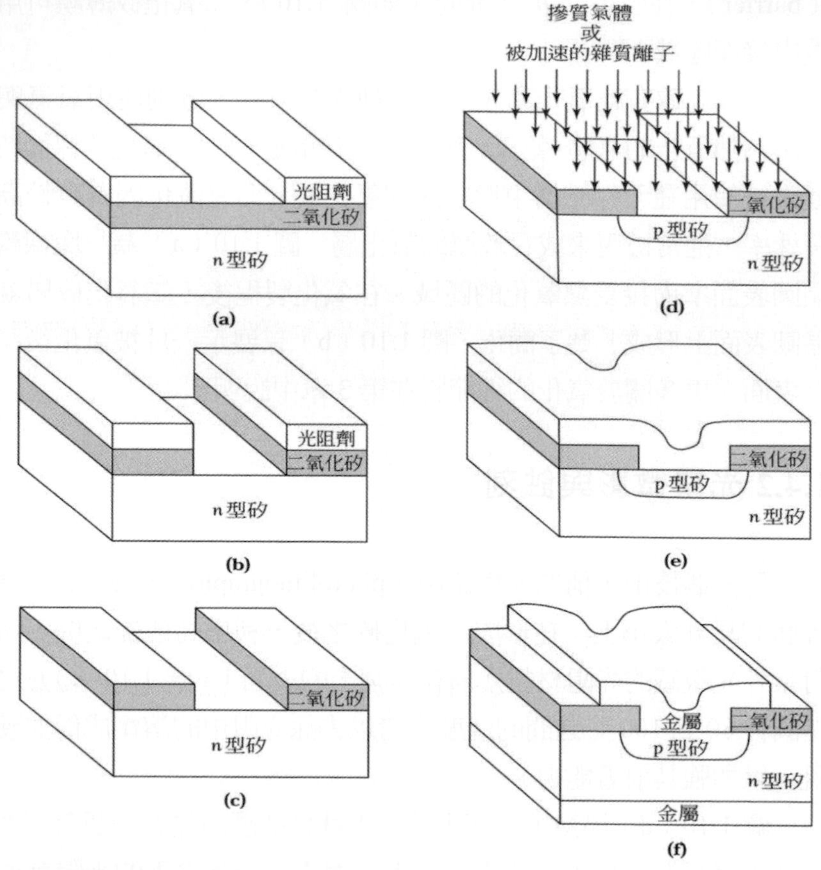

圖 1.11 (a)顯影後的晶圓,(b)二氧化矽移除後的晶圓,(c)完整的微影製程後之結果,(d)*p-n* 接面由擴散或離子佈植步驟形成,(e)金屬鍍膜後的晶圓,(f)完整製程後的 *p-n* 接面。

的矽。最後表面剩下的光阻被化學溶液或是氧氣電漿系統所去除。圖 1.10(c)顯示在上述微影蝕刻製程之後留下一塊沒有二氧化矽的區域(開窗區),之後可以利用擴散或是離子植入製程在此區域中形成 *p-n* 接面。關於光學微影及蝕刻技術的細節將分別在第四及第五章作更詳盡的說明。

1.4.3 擴散及離子植入

使用擴散方法時，半導體表面沒有被氧化層保護的區域會曝露在包含高濃度且與基板摻雜類型不同的雜質之環境中，該些雜質會經由固態擴散方式進入半導體的晶體中。使用離子植入時，藉由加速雜質離子到高能量的方式，將所想要的摻質導入到半導體中。這兩方法以表面的氧化層作為擴散或佈植的阻障層。在製程之後 *p-n* 接面即可形成，如圖 1.11（d）所示。由於雜質的橫向擴散或植入離子的橫向散佈，*p*-型區域的寬度會稍微大於定義窗的寬度。擴散及離子植入會分別在第六章及第七章裡討論。

1.4.4 金屬鍍膜

在擴散或離子植入之後，利用金屬鍍膜製程以形成歐姆接觸和內連線（見圖 1.11（e））。金屬鍍膜可以利用物理氣相沉積（physical vapor deposition）或是化學氣相沉積（chemical vapor deposition）來形成。之後再以光學微影製程定義表面的接觸，如圖 1.11（f）所示。另外以類似的金屬鍍膜步驟在晶圓背面形成一不需微影製程的背面接觸。通常會在形成接觸後使用一低溫（≦500℃）的退火（anneal）處理來降低金屬層和半導體之間的電阻。相關的金屬連線製程將在第 8 章中作更詳盡的討論。

1.5 總結

作為世界上最大產業—電子工業的基礎，半導體元件對我們日常生活和全球經濟活動的影響之深遠不言可喻。

本章的介紹已回顧主要半導體元件的發展歷史：遠從 1874 年第一個金屬與半導體接觸的研究，到近年來開始量產的奈米級立體鰭式通道金氧半場效電晶體的製造。其中特別重要的里程碑，包括有：1947 年雙載子電晶體的發明，它將人類帶進了現代電子紀元；1960 年提出的金氧半場效電晶體，成為積體電路中最重要的元件技術；還有 1967 年發明的非揮發性記憶體，從 1990 年以後就成為電子工業的技術先驅。

本章也回顧了關鍵半導體技術的發展，其中有些技術的起源可以追溯到兩千年前。特別重要的包括有：1957 年發明的微影光阻，建立半導體元件圖形轉移製程的基礎；1959 年發明的積體電路，促成微電子工業的快速成長；以 1967 年發明的動態隨機存取記憶體與浮閘非揮發性記憶體元件所建構的記憶體晶片產業，和 1971 年開始發展微處理機晶片產業，構成了半導體工業的兩大支柱。

在本書中，每個章節將討論一個或數個主要的積體電路製程步驟。每一章之彼此關聯會交代清楚且前後一致，因此讀者無須依賴早期發表之文獻即可明瞭。然而，在每章的結尾，我們還是選擇一些重要的文獻，作為讀者參考與進一步研讀之用。

參考文獻

1. *2009 Semiconductor Industry Report*, Ind. Technol. Res. Inst., Hsinchu, Taiwan, 2009.
2. Data from IC insights, 2009.
3. Most of the classic device papers are collected in S. M. Sze, Ed., *Semiconductor Devices: Pioneering Papers*, World Scientific, Singapore, 1991.

4. K. K. Ng, *Complete Guide to Semiconductor Devices*, 2nd Ed. McGraw-Hill, New York, 2002.
5. F. Braun, "Uber die Stromleitung durch Schwefelmetalle," *Ann. Phys. Chem.*, **153**, 556 (1874).
6. H. J. Round, "A Note On Carborundum," *Electron World*, **19**, 309 (1907).
7. J. Bardeen and W. H. Brattain, "The Transistor, a Semiconductor Triode," *Phys. Rev.*, **71**, 230 (1948).
8. W. Shockley, "The Theory of *p-n* Junction in Semiconductors and *p-n* Junction Transistors," *Bell Syst. Tech. J.*, **28**,435 (1949).
9. J. J. Ebers, "Four Terminal *p-n-p-n* Transistors," *Proc. IRE*, **40**, 1361 (1952).
10. D. M. Chapin, C. S. Fuller, and G. L. Pearson, "A New Silicon *p-n* Junction Photocell for Converting Solar Radiation into Electrical Power," *J. Appl. Phys*., **25**, 676 (1954).
11. H. Kroemer, "Theory of a Wide-Gap Emitter for Transistors," *Proc. IRE*, **45**, 1535 (1957).
12. L. Esaki, "New Phenomenon in Narrow Germanium *p-n* Junctions," *Phys. Rev.*, **109**, 603 (1958).
13. D. Kahng and M. M. Atalla, "Silicon-Silicon Dioxide Surface Device," in *IRE Device Research Conference*, Pittsburgh, 1960. (The paper can be found in Ref.3).
14. B. Yu *et al.*, "15 nm Gate Length Planar CMOS Transistors," *Tech. Dig., IEEE Int. Electron Devices Meet.*, Washington D.C. p.937 (2001).
15. R. N. Hall *et al.*, "Coherent Light Emission from GaAs Junctions," *Phys. Rev. Lett.*, **9**, 366 (1962).

16. H. Kroemer, "A Proposed Class of Heterojunction Injection Lasers," *Proc. IEEE,* **51**, 1782 (1963).

17. I. Alferov and R. F. Kazarinov, "Semiconductor Laser with Electrical Pumping," U.S.S.R. Patent No. 181737 (1963).

18. J. B. Gunn, "Microwave Oscillations of Current in III-V Semiconductors," *Solid State Commun*., **1**, 88 (1963).

19. R. L. Johnston, B. C. DeLoach, Jr., and B.G. Cohen, "A Silicon Diode Microwave Oscillator," *Bell Syst. Tech. J*., **44**, 369 (1965).

20. C. A. Mead, "Schottky Barrier Gate Field Effect Transistor," *Proc. IEEE,* **54**, 307 (1966).

21. D. Kahng and S. M. Sze, "A Floating Gate and Its Application to Memory Devices," *Bell Syst. Tech. J*., **46**, 1283 (1967).

22. K. Yano *et al*., "Room Temperature Single-Electron Memory," *IEEE Trans. Elect. Dev*., **41**, 1628 (1994).

23. W. S. Boyle and G. E. Smith, "Charge Coupled Semiconductor Devices," *Bell Syst. Tech. J*., **49**, 587 (1970).

24. L. L. Chang, L. Esaki, and R. Tsu, "Resonant Tunneling in Semiconductor Double Barriers," *Appl. Phys. Lett*. **24**, 593 (1974).

25. T. Mimura *et al*., "A New Field-Effect Transistor with Selectively Doped GaAs/n-Al_xGa_{1-x}As Heterojunction," *Jpn. J. Appl. Phys*., **19**, L225 (1980).

26. T. Hisamoto *et al*., "A Folded-channel MOSFET for Deep-sub-tenth Micron Era," *Tech. Dig., IEEE Int. Electron Devices Meet*., Washington D.C. p.1032 (1998).

27. J. Appenzeller *et al*., "Band-to-Band Tunneling in Carbon Nanotube Field-Effect Transistors," *Phys. Rev. Lett., **93**,* 196805 (2004).

28. S. Salahuddin and S. Datta, "Use of Negative Capacitance to Provide Voltage Amplification for Low Power Nanoscale Devices," *Nano. Lett.,* ***8,*** 405 (2008).

29. D. Shore, "Steel-Making in Ancient Africa," in I. Van Sertina, Ed., *Blacks in Science: Ancient and Modern,* New Brunswick, NJ: Transaction Books, 157, 1986.

30. M. Hepher, "The Photoresist Story," *J. Photo, Sci,* **12**, 181 (1964).

31. J. Czochralski, "Ein neues Verfahren zur Messung der Kristallisationsgeschwindigkeit der Metalle," Z. *Phys. Chem.*, **92**, 219 (1918).

32. P. W. Bridgman, "Certain Physical Properties of Single Crystals of Tungsten, Antimony, Bismuth, Tellurium, Cadmium, Zinc, and Tin," *Proc, Amer. Acad. Arts Sci.*, **60**, 303 (1925).

33. H. Welker, "Über Neue Halbleitende Verbindungen," *Z. Naturforsch,* **7a**, 744 (1952).

34. A. Fick, "Ueber Diffusion," *Ann. Phys. Lpz.*, **170**, 59 (1855).

35. W. G. Pfann, "Semiconductor Signal Translating Device," U.S. Patent 2,597,028 (1952).

36. J. Andrus, "Fabrication of Semiconductor Devices," U.S. Patent 3,122,817 (filed 1957; granted 1964).

37. C. J. Frosch and L. Derrick, "Surface Protection and Selective Masking During Diffusion in Silicon," *J. Electrochem. Soc.,* **104**, 547 (1957).

38. N. N. Sheftal, N. P. Kokorish, and A. V. Krasilov, "Growth of Single-Crystal Layers of Silicon and Germanium from the Vapor Phase," *Bull. Acad. Sci, U.S.S.R., Phys. Ser.,* **21**, 140 (1957).

39. W. Shockley, "Forming Semiconductor Device by Ionic Bombardment," U. S. Patent 2,787, 564 (1958).

40. J. S. Kilby, “Invention of the Integrated Circuit,” *IEEE Trans, Electron Dev.*, **23**, 648 (1976), U.S. Patent 3,138,743 (filed 1959, granted 1964).
41. R. N. Noyce, “Semiconductor Device-and-Lead Structure,” U.S. Patent 2,981,877 (filed 1959, granted 1961).
42. J. A. Hoerni, “Planar Silicon Transistors and Diodes,” *Tech. Dig., IEEE Int. Electron Devices Meet.,* Washington D.C., p.50 (1960).
43. F. M. Wanlass and C. T. Sah, “Nanowatt Logics Using Field-Effect Metal-Oxide Semiconductor Triodes,” *Tech. Dig., IEEE Int. Solid-State Circuit Conf.*, p.32, (1963).
44. R. M. Dennard, “Field Effect Transistor Memory,” U.S. Patent 3, 387,286, (filed 1967, granted 1968).
45. R. E. Kerwin, D. L. Klein, and J. C. Sarace, “Method for Making MIS Structure,” U.S. Patent 3, 475, 234 (1969).
46. H. M. Manasevit and W. I. Simpson “The Use of Metal-Organic in the Preparation of Semiconductor Materials, I. Epitaxial Gallium-V Compounds,” *J. Electrochem. Soc.,* **116**, 1725 (1969).
47. S. M. Irving, K. E. Lemons, and G. E. Bobos, “Gas Plasma Vapor Etching Process,” U.S. Patent 3,615,956 (1971).
48. A. Y. Cho, “Film Deposition by Molecular Beam Technique,” *J. Vac, Sci, Technol.,* **8**, S31 (1971).
49. The inventors of the microprocessor are M. E. Hoff, F. Faggin, S. Mazor, and M.Shima. For a profile of M. E. Hoff, see *Portraits in Silicon* by R. Slater, p.175, MIT Press, Cambridge, 1987.
50. R. Rung, H. Momose, and Y. Nagakubo, “Deep Trench Isolated CMOS Devices,” *Tech. Dig., IEEE Int. Electron Devices Meet.*, p.237 (1982).

51. B. Davari *et al.*, “A New Planarization Technique, Using a Combination of RIE and Chemical Mechanical Polish (CMP),” *Tech. Dig., IEEE Int. Electron Devices Meet.*, p.61 (1989).

52. J. Paraszczak *et al*, “High Performance Dielectrics and Processes for ULSI Interconnection Technologies,” *Tech. Dig., IEEE Int. Electron Devices Meet.*, p.261 (1993).

53. T. Ghani *et al.*, “A 90nm High Volume Manufacturing Logic Technology Featuring Novel 45nm Gate Length Strained Silicon CMOS Transistors,” *Tech. Dig., IEEE Int. Electron Devices Meet.*, p.978 (2003).

54. K. Mistry *et al.*, “A 45nm Logic Technology with High-k+Metal Gate Transistors, Strained Silicon, 9 Cu Interconnect Layers, 193nm Dry Patterning, and 100% Pb-free Packaging,” *Tech. Dig., IEEE Int. Electron Devices Meet.*, p.247 (2007).

55. C. Auth et al., “A 22nm High Performance and Low-Power CMOS Technology Featuring Fully-Depleted Tri-Gate Transistors, Self-Aligned Contacts and High Density MIM Capacitors,” *Tech. Dig. Symp., VLSI Technol.*, p.131 (2012).

56. *The International Technology Roadmap for Semiconducto*r *(ITRS)*, Semiconductor Ind. Asso., San Jose, 2010.

57. C. Lee, *Short Course of Int. Electron Devices Meet.*, 2015.

58. F. Masuoka, “Flash Memory Technology,” *Proc. Int. Electron Devices Mater. Symp.*, Hsinchu, Taiwan, p.83 (1996).

第二章 晶體成長

對於獨立的元件（discrete device）及積體電路而言，矽和砷化鎵是最重要的兩種半導體。在本章中，將介紹成長這兩種半導體單晶基材的常用技術。圖 2.1 是從起始的原料到已完成表面拋光的晶圓（wafer）的基本技術流程。其原料（矽晶圓為成份為二氧化矽的矽砂，砷化鎵晶圓則是砷和鎵金屬）經化學處理後，形成成長單晶所需的高純度複晶半導體。長條狀的單晶晶錠（ingot）經成型處理至規格所定的直徑尺吋，而後鋸開成為一片片的晶圓。這些晶圓在經過進一步的蝕刻和拋光處理後，便會形成一平滑且如鏡面般的表面，之後元件將製作於其上。本章的內容含括下列幾個主題：

- 成長單晶矽和砷化鎵晶錠的基本技術。
- 從晶錠到晶圓拋光的成型步驟。
- 晶圓在電和機械方面的特性分析。

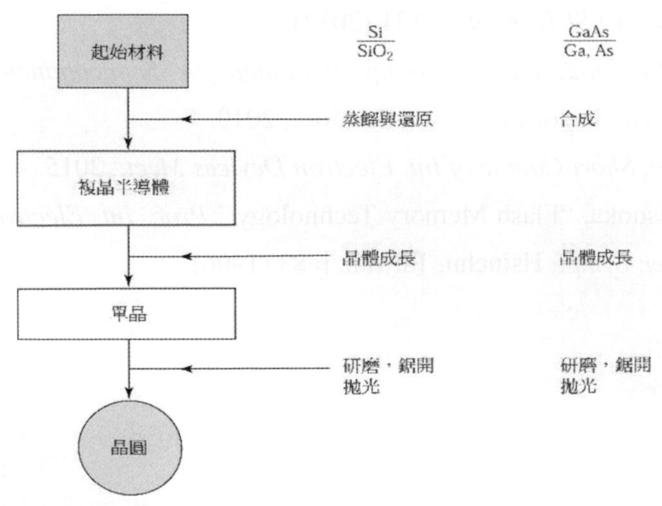

圖 2.1 從原料到拋光晶圓之製程。

2.1 從熔融液中成長矽晶

從熔融液（即其材料是以液態的形式存在）中成長矽晶的基本技術稱之為柴可拉斯基法（Czochralski technique）。絕大部分（＞90%）半導體工業所需的矽晶，以及幾乎所有用於製造積體電路的矽晶圓，都是以此法所製造。

2.1.1 起始原料

製造矽的起始原料，是一種被稱之為石英岩（quartzite）的材料，具有相當純度的礦砂（SiO_2 組成）。將其和不同形式的碳（煤、焦炭和木片）放入高溫爐管中進行反應，雖然化學反應過程有些複雜，但其全反應可表示如下：

SiC（固態）$+SiO_2$（固態）$\rightarrow$ Si（固態）$+SiO$（氣態）$+CO$（氣態） (1)

此步驟可以形成冶金級的矽（metallurgical-grade silicon，MGS），其純度約為 98 %。接著將冶金級的矽磨碎，並以氯化氫（鹽酸）在 300°C 的條件下處理，以生成三氯矽甲烷（$SiHCl_3$）：

$$Si\text{（固態）} + 3HCl\text{（固態）} \rightarrow SiHCl_3\text{（氣態）} + H_2\text{（氣態）} \quad (2)$$

三氯矽甲烷在室溫下為液態（沸點為 32°C）。利用分餾法，將液態中不要之雜質去除。純化後的三氯矽甲烷再和氫作還原反應，以產生「電子級矽」（electronic-grade silicon，EGS）：

$$SiHCl_3\text{（氣態）} + H_2\text{（氣態）} \rightarrow Si\text{（固態）} + 3HCl\text{（氣態）} \quad (3)$$

這個反應是在一個含有電阻加熱矽棒的反應器中進行的，而此矽棒可以當作沉積矽的成核源。EGS 為高純度的複晶矽材料，可作為製備元件級單晶矽的原料。通常純的 EGS 所含的雜質濃度約為十億分之一（ppb）的範圍[1]。

2.1.2 柴可拉斯基法

柴可拉斯基法是使用一種稱為晶體拉晶儀（puller，或譯為長晶儀）的儀器，圖 2.2 為其簡示圖。拉晶儀有三個主要部分：（a）爐子，包含一個熔凝矽石英（SiO_2）的坩堝、石墨承受器（susceptor）、旋轉的機械裝置（如圖所示順時針方向）、加熱裝置和電源供應器；（b）一個拉晶的機械裝置，包含晶種固定器和旋轉裝置（反時針方向）；和（c）氛圍控制，包含氣體的供應（例如氬氣）、流量控制和排氣系統。另外，拉晶儀有一個全盤性微處理機控制系統，來控制諸如溫度、晶體直徑、拉晶速率和旋轉速率等製程參數；並允許用程式來擬定製程步驟。除此之外，還有各種感測器和回授迴路，使得控制系統能自動的反應與操控，減少操作者的介入。

在晶體成長的過程中，複晶矽（EGS）被放置在坩堝中，並將爐具加熱至超過矽熔點的溫度。一個適當面向（orientation，如＜111＞）的晶種（seed）被放置在懸掛於坩堝上方的晶種固定器上。將晶種插入熔融液中，雖然會有部分晶種被熔化，但其餘未熔化的晶種尖端部分仍然接觸液體表面。接著將晶種慢慢拉起，藉由固體——液體界面漸次冷卻的過程拉出一個大尺吋的單晶，其面向與晶種相同。標準的拉晶速率是每分鐘幾毫米。對於大直徑的矽晶錠，一般會在柴可拉斯基拉晶儀上外加一個磁場，其目的是為了控制缺陷、雜質和氧含量的濃度[2]。圖 2.3 中展示由柴可拉斯基法所成長的 300 mm（12 吋）及 400 mm（16 吋）的矽晶錠，經過後續的處理後，矽晶錠將會被切割成一片片的晶圓。

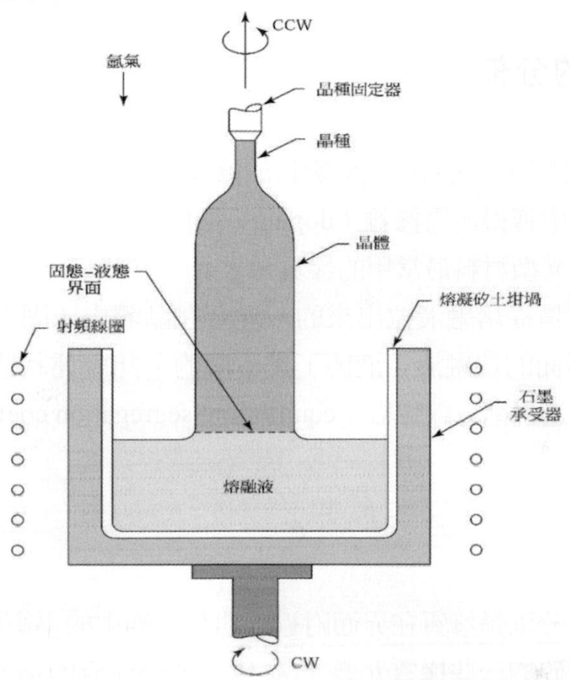

圖 2.2 柴可拉斯基拉晶儀，CW：順時針，CCW；逆時針。

圖 2.3 以柴可拉斯基法成長的 300 mm（12 吋）和 400 mm（16 吋）矽晶錠。（圖片提供： Shin-Etsu Handotai Co., Tokyo）。

2.1.3 摻質的分佈

在晶體成長時，可將一已知數目的摻質（dopant）加入熔融液中，以在所長晶體中獲得所需摻雜（doping）濃度。對矽而言，硼和磷分別是形成 *p* 型和 *n* 型材料最常用的摻質。

由於晶體是從熔融液拉出來的，混合在晶體中（固態）的摻雜濃度通常和在界面的熔融液（液態）是不同的。此兩種狀態下的摻雜濃度之比例定義為平衡分離係數（equilibrium segregation coefficient）k_0：

$$k_0 \equiv \frac{C_s}{C_l} \tag{4}$$

其中 C_s 和 C_l 分別是摻質在界面附近固態和液態中的平衡濃度。表 2.1 列出經常用於矽的一些摻質元素之 k_0 值。值得注意的是，大部分的值都小於 1，意味著在成長晶體的過程中，摻質會受到排斥而留存於熔融液中。這結果將使摻質於熔融液中的濃度隨著晶體的成長而愈來愈高。

考慮一正從熔融液中成長的晶體，熔融液的初始重量為 M_0，且熔融液中初始的摻雜濃度為 C_0（亦即每公克的熔融液中摻質的重量）。當晶體成長至重量為 M 的時候，仍然留在熔融液中的摻質量（以重量

表2.1 不同摻質在 Si 中的平衡分離係數

摻質	k_0	型式	摻質	k_0	型式
硼（B）	8×10^{-1}	*p*	砷（As）	3.0×10^{-1}	*n*
鋁（Al）	2×10^{-3}	*p*	銻（Sb）	2.3×10^{-2}	*n*
鎵（Ga）	8×10^{-3}	*p*	碲（Te）	2.0×10^{-4}	*n*
銦（In）	4×10^{-4}	*p*	鋰（Li）	1.0×10^{-2}	*n*
氧（O）	1.25	*n*	銅（Cu）	4.0×10^{-4}	–[a]
碳（C）	7×10^{-2}	*n*	金（Au）	2.5×10^{-5}	–[a]
磷（P）	0.35	*n*			

[a] 深層雜質準位

表示）為 S。此時晶體增加 dM 的增量，熔融液相對應所減少的摻質（$-dS$）為 $C_s dM$，其中 C_s 為晶體中的摻雜濃度：

$$-dS = C_s\, dM \tag{5}$$

熔融液所剩下的重量為 $M_0 - M$，在液態中的摻雜濃度 C_l（以重量表示）可以表示為：

$$C_l = \frac{S}{M_0 - M} \tag{6}$$

結合式 (5) 和式 (6)，且將 $C_s / C_l = k_0$ 代入可得

$$\frac{dS}{S} = -k_0\left(\frac{dM}{M_0 - M}\right) \tag{7}$$

由初始的摻質重量為 $C_0 M_0$，我們可以積分式 (7)：

$$\int_{C_0 M_0}^{S} \frac{dS}{S} = k_0 \int_0^M \frac{-dM}{M_0 - M} \tag{8}$$

由式（8）的解與式（6）結合可得

$$C_s = k_0 C_0 \left(1 - \frac{M}{M_0}\right)^{k_0 - 1} \tag{9}$$

圖 2.4 中的曲線為不同的分離係數條件下，以固化比例（M/M_0）為函數的摻雜分佈情形[3, 4]。當晶體持續成長，其初始的組成 $k_0 C_0$，對 $k_0 < 1$，將會持續的增加；而對 $k_0 > 1$，則會持續的減少。當 $k_0 \cong 1$ 時，可以獲得一均勻的雜質分佈。

範例1

一利用柴可拉斯基法所成長的矽晶錠，若欲含有 10^{16} 硼原子／立方公分，應該在其熔融液中加入多少濃度的硼原子，才能使其達到所要求的濃度？如果一開始在坩堝中有60公斤的矽，應該加入多少克的硼原子（原子量是 10.8）？熔融矽的密度為2.53克／立方公分（g/cm^3）。

＜解＞

表 2.1 指出硼原子的分離係數 k_0 是0.8。在整個成長過程中，我們假設 $C_s = k_0 C_l$，因此，硼原子在熔融液的初始濃度應為：

$$\frac{10^{16}}{0.8} = 1.25 \times 10^{16} \text{ 硼原子／立方公分（boron atom/cm}^3\text{）}$$

因為硼原子濃度的數量是如此的小，所以熔融液的體積可以用矽的重量來計算，所以 60 公斤矽的體積：

$$\frac{60 \times 10^3}{2.53} = 2.37 \times 10^4 \text{ cm}^3$$

則硼原子在熔融液中的總數是：

$$1.25 \times 10^{16} \text{ atoms/cm}^3 \times 2.37 \times 10^4 \text{ cm}^3 = 2.96 \times 10^{20} \text{ 個硼原子}$$

所以 $$\frac{2.96 \times 10^{20} \text{ atoms} \times 10.8 \text{ g/mole}}{6.02 \times 10^{23} \text{ atoms/mole}} = 5.31 \times 10^{-3} \text{ g 的硼}$$

可以發現，對大量的矽僅需少量的硼摻雜。

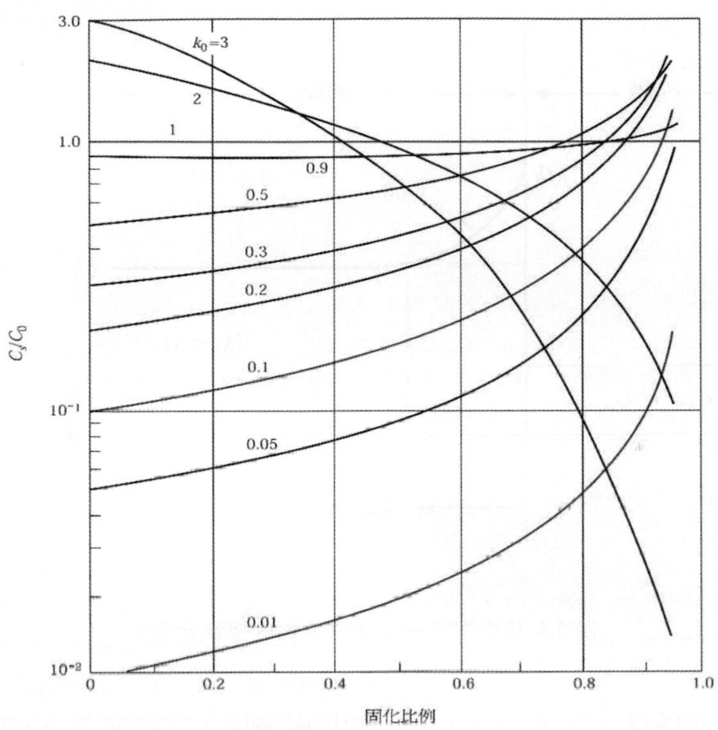

圖 2.4 從熔融液成長的曲線，顯示固態中摻雜濃度為固化比例的函數[4]。

2.1.4 等效分離係數

當晶體在成長時，摻質會持續不斷的被排斥而留在熔融液中（對 $k_0 < 1$ 而言）。如果排斥的速率比摻質以擴散或攪動的方式而外移的速率為高時，在界面處會有濃度梯度產生，如圖 2.5 所示。其分離係數（在 2.1.3 節提到）為 $k_0 = C_S / C_l(0)$。我們可以定義一等效分離係數 k_e，為 C_s 與遠離界面處雜質濃度的比值：

$$k_e \equiv \frac{C_s}{C_l} \tag{10}$$

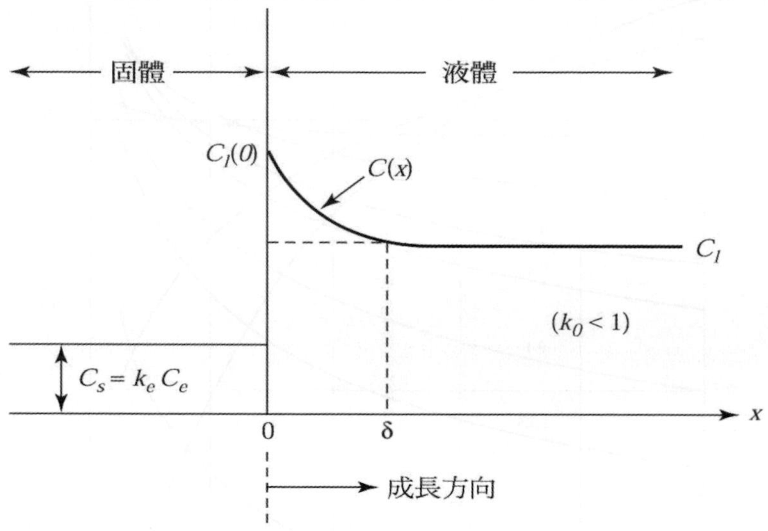

圖 2.5 接近固態──熔融液界面的摻雜分佈。

考慮一小段幾乎黏滯（stagnant）的熔融液層，其寬度為 δ，其中僅有的流動係用來補充自熔融液拉出的晶體。在這層黏滯層外的熔融液中，摻雜濃度為一常數值 C_l。在黏滯層內部，摻雜濃度可以穩態連續方程式來表示：

$$0 = v\frac{dC}{dx} + D\frac{d^2C}{dx^2} \tag{11}$$

其中D是熔融液中的摻質擴散係數，v 是晶體成長速度，而C為熔融液中的摻雜濃度。

式（11）的解為：

$$C = A_1 e^{-vx/D} + A_2 \tag{12}$$

其中A_1和A_2是由邊界條件所決定的常數。第一個邊界條件是在$x=0$時，$C=C_l(0)$。第二個邊界條件是所有摻質總數必須守恆不變，亦即界面的摻質通量之和必須等於零。藉著考慮摻質原子在熔融液中的擴散（忽略在固體中的擴散），我們可以得到：

$$D\left(\frac{dC}{dx}\right)_{x=0}+\left[C_l(0)-C_s\right]\upsilon=0 \tag{13}$$

將邊界條件代入式（12），且利用 $x=\delta$ 時 $C=C_l$ 的條件，可得到：

$$e^{-\upsilon\delta/D}=\frac{C_l-C_s}{C_l(0)-C_s} \tag{14}$$

因此，

$$k_e\equiv\frac{C_s}{C_l}=\frac{k_0}{k_0+(1-k_0)e^{-\upsilon\delta/D}} \tag{15}$$

除了將 k_0 以 k_e 取代外，在晶體中的摻雜分佈可以式 (9) 所表示。k_e 的值比 k_0 大，且在成長參數 $v\delta/D$ 很大的時候會趨近 1 。若欲在晶體內獲得均勻的摻雜分佈（$k_e\rightarrow 1$），可利用高的拉晶速率和低的旋轉速率獲得（因為 δ 和旋轉速率成反比）。另外一種可以獲得均勻摻雜的方法，是在拉晶過程中持續不斷的加入超高純度的複晶矽進入熔融液中，以使摻雜濃度可維持初始值不變。

2.2 浮帶（float-zone）矽晶製程

浮帶製程成長的矽晶其摻雜物含量可以比一般柴可拉斯基法更低。浮帶製程的方式如圖 2.6a 所示，一根高純度複晶棒和其底部的一晶種晶體保持在垂直的方向並且旋轉。此根複晶棒被封在內部充滿惰性氣體（氬氣）的石英管中。在操作過程中，利用射頻（RF）加熱器，使一小區域（約幾公分長）的晶體保持熔融，這射頻加熱器自底部晶種往上掃過整個複晶棒，所以浮帶（即熔融帶）也會掃過整個複晶棒。熔融的矽乃由熔融和正在成長的固態矽晶間的表面張力所支持。當浮帶上移時，單晶矽在浮帶掃過的一端冷卻形成，且依晶種方向延伸成長。由於浮帶製程比較容易純化晶體，所以可以生產比柴可拉斯基法更高電阻係數的材料。而且在浮帶製程中無須用到坩堝，因此不會有來自坩堝的污染（柴可拉斯基法則不可免）。所以目前浮帶製程成長的矽晶主要用在需要高電阻係數材料的應用，如高功率、高電壓元件。

要計算浮帶製程中的摻雜分佈，可考慮如圖2.6b的簡化模型。開始時晶棒具有均勻的摻雜濃度為C_0（以重量表示）。L 是沿著晶棒在一距離為 x 處的熔融帶長度，A 是晶棒的橫切面積，ρ_d 是矽的特定密度，而 S 是熔融態帶中所含有的摻質數量。當此帶橫移距離 dx 時，在它的前進端所增加的摻質數量為 $C_0\rho_d Adx$，然而從後側端所移出的摻質數量為 $k_e(Sdx/L)$，此處 k_e 為等效分離係數，因此：

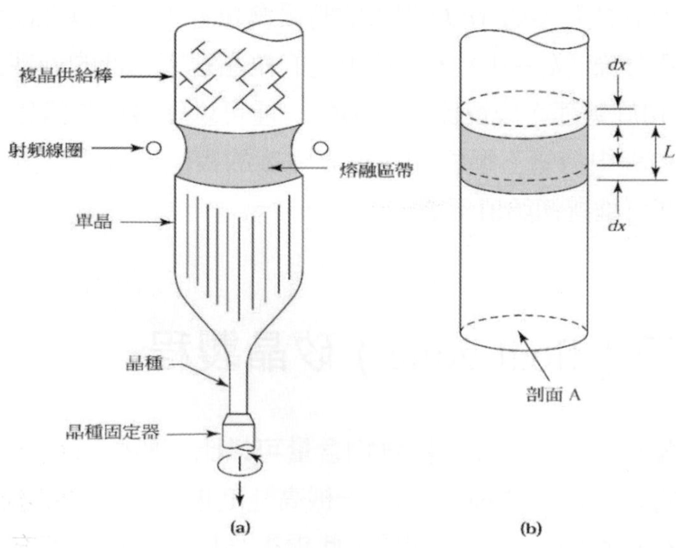

圖 2.6 浮帶製程：（a）裝置示意圖，（b）摻雜評估所用的簡單模型。

$$dS = C_0 \rho_d A dx - \frac{k_e S}{L} dx = \left(C_0 \rho_d A - \frac{k_e S}{L} \right) dx \tag{16}$$

由此

$$\int_0^x dx = \int_{S_0}^{S} \frac{dS}{C_0 \rho_d A - (k_e S / L)} \tag{16a}$$

其中$S_0 = C_0 \rho_d AL$ 是一開始當熔融帶在複晶棒的前端剛形成時，其中的摻質數量。從式（16a）可得：

$$exp\left(\frac{k_e x}{L} \right) = \frac{C_0 \rho_d A - (k_e S_0 / L)}{C_0 \rho_d A - (k_e S / L)} \tag{17}$$

或

$$S = \frac{C_0 A \rho_d L}{k_e} [1 - (1 - k_e)^{-k_e x / L}] \tag{17a}$$

因為 C_s（在浮帶掃過的一端晶體中的摻雜濃度）為 $C_s = k_e(S/A\rho_d L)$，可得

$$C_s = C_0[1 - (1 - k_e)^{-k_e x / L}] \tag{18}$$

圖 2.7 表示在不同的 k_e 值下，摻雜濃度與固化帶長度的關係圖。

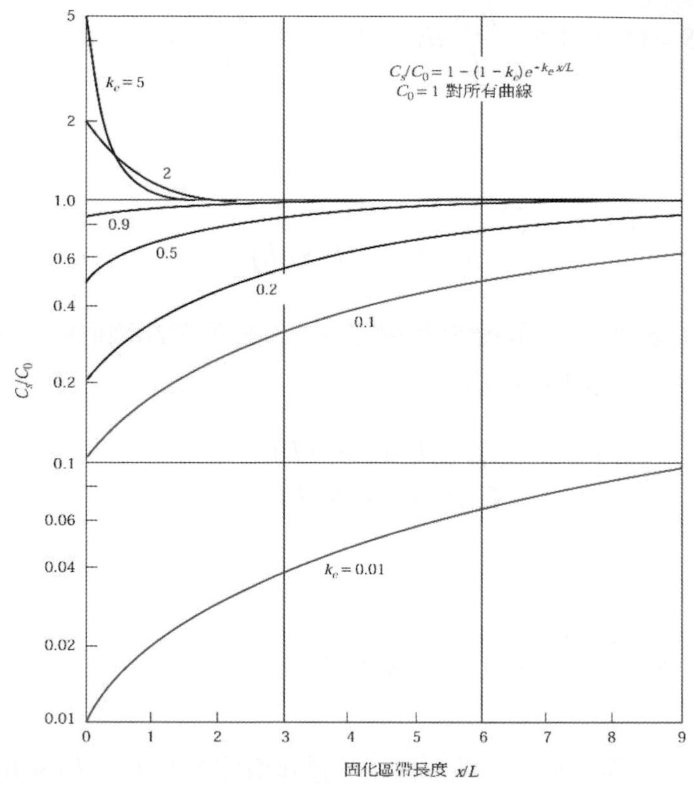

圖 2.7 浮帶製程法所得到在固體中摻雜濃度對固化區帶長度的函數曲線[4]。

這兩種晶體成長的技術也可以用來移除雜質。由圖 2.7 和圖 2.4 的比較顯示，僅作一次通過的浮帶製程，無法比做一次柴可拉斯基法更加純化。例如，當 $k_0=k_e=0.1$ 時，由柴可拉斯基法所成長之固化晶錠的大部分區域，其 C_s/C_0 是比較小。然而作多次的浮帶通過程序，仍比柴氏法長晶，每次切掉尾端再從熔融液重新成長的方式，要容易得多。圖 2.8 是經過一連串的區帶通過後，對 $k_e = 0.1$ 的元素，沿著晶棒的雜質分佈[4]。值得注意的是，在每一次的通過後，晶棒的雜質濃度都會顯著降低，因此浮帶製程很適合用來純化晶體。此製程亦稱為區帶純化技術（zone-refining technique），可提供高度純化的原料。

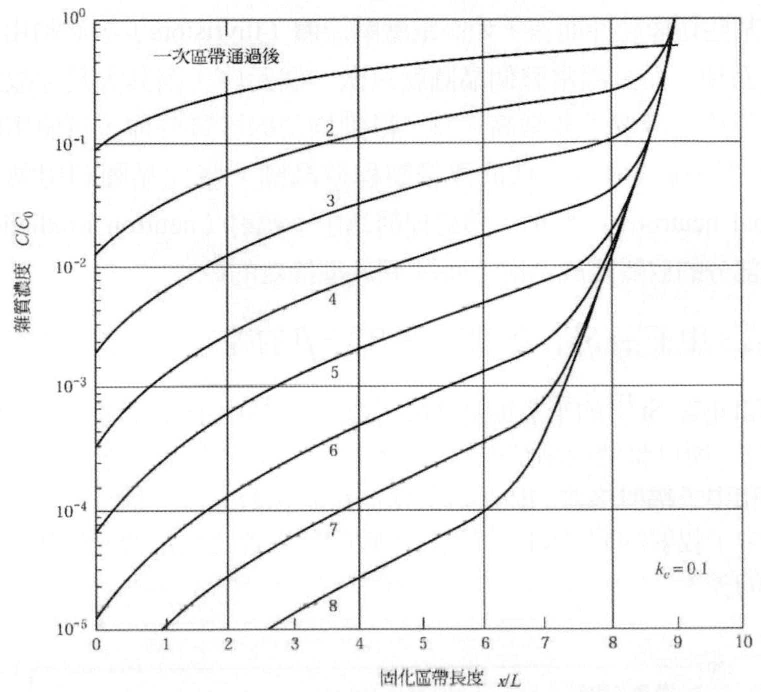

圖 2.8 不同的浮帶通過次數的相對雜質濃度對區帶長度之關係。L 為區帶長度[4]。

如果需要的是摻雜而非純化晶棒時，則考慮將所有摻質引入第一帶中（S_0=$C_1A\rho_dL$）的，且其初始濃度 C_0 非常小而可以忽略，從式(17)可得到：

$$S_0 = S\exp\left(\frac{k_e x}{L}\right) \tag{19}$$

因為 $C_s = k_e(S/A\rho_d L)$，可以從式(19)得到：

$$C_s = k_e C_1 e^{-k_e x/L} \tag{20}$$

因此，如果$k_e x/L$很小，則除了在最後固化的尾端外，C_s 在整個距離中幾乎維持定值。

對某些切換元件而言，如高電壓閘流體（thyristors），必須用到大的晶片面積，而且經常整個晶圓就只做一個元件。因其大尺寸故對起始原料的均勻度要求非常高。為了得到均勻的摻質分佈，可使用比所要求的平均摻雜濃度更低的浮帶製程矽晶圓。將此晶圓利用熱中子（thermal neutrons）照射，這過程稱為中子輻射（neutron irradiation），可造成部分的矽質變成為磷，而得 到 n 型摻雜的矽：

$$Si_{14}^{30} + \text{中子} \rightarrow Si_{14}^{31} + \gamma\,\text{射線} \rightarrow P_{15}^{31} + \beta\,\text{射線} \tag{21}$$

中間元素 Si_{14}^{31} 的半衰期為 2.62 小時。因為中子進入矽的深度約為 100 公分，所以整個矽晶圓中的摻雜是很均勻的。圖 2.9 是比較利用傳統摻雜和中子輻射摻雜的矽晶圓其橫向電阻係數之分佈情形[5]，可以發現利用中子輻射的矽晶圓，其電阻係數的差異會比利用傳統摻雜的矽晶圓小的多。

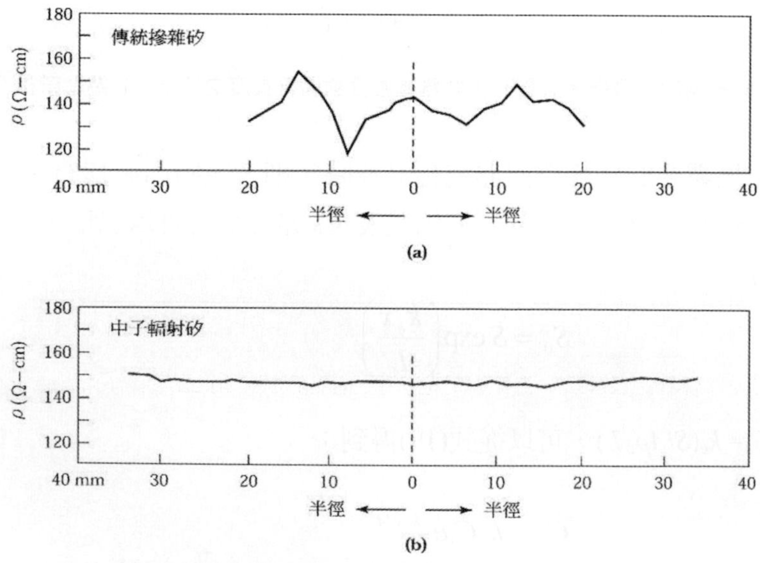

圖 2.9 （a）傳統摻雜矽的典型橫向電阻係數分佈，（b）以中子輻射對矽摻雜[5]。

2.3 砷化鎵晶體成長技術

2.3.1 起始原料

合成複晶砷化鎵的起始材料是化性很純的砷及鎵元素。因為砷化鎵是由兩種材料所組成，它的性質和矽這種單元素材料有極大的不同。這種組成的行為可以用「相圖」（phase diagram）來描述。相態（phase）指一種材料可以存在的狀態（例如：固態、液態或氣態）。相圖可將兩個構成要素（砷和鎵）的關係表示為溫度的函數。

圖 2.10 是鎵——砷系統的相圖，橫座標表示兩個構成要素在原子百分比（下軸尺度）、或重量百分比（上軸尺度）[6, 7]的比例關係。考

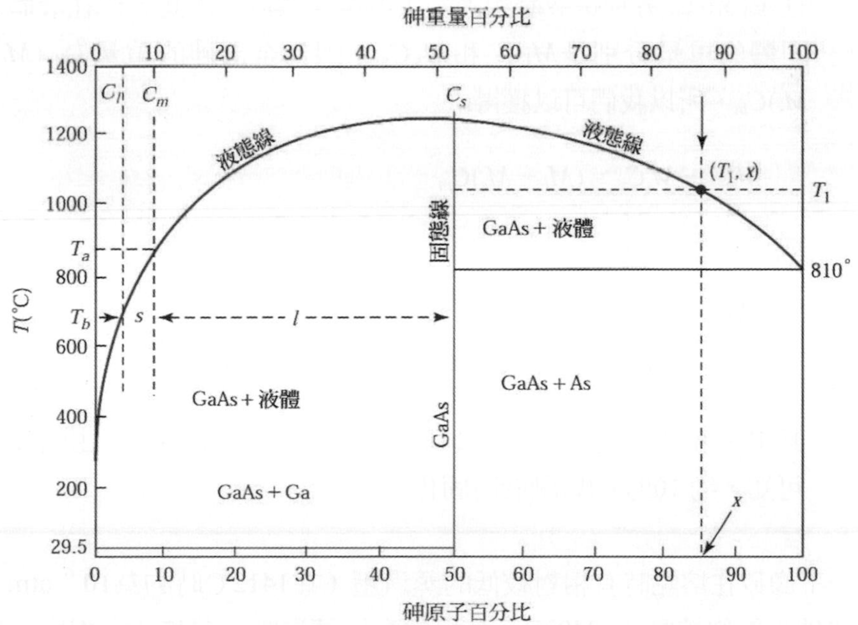

圖2.10 鎵 - 砷系統的相圖[6]。

慮一有初始組成為 x 的熔融液（例如：在圖 2.10 中，砷原子百分比為 85%）。當溫度下降時，它的組成仍維持固定，直到到達液態線（liquidus line）。在（T_1，x）點，砷原子百分比為 50% 的材料（例如砷化鎵）將開始固化。

範例2

在圖 2.10 中，考慮一初始組成為 C_m（重量百分比尺度）的熔融液，溫度從 T_a（在液態線上）冷卻到 T_b。求出有多少比例的熔融液將被固化？

<解>

當溫度為T_b，M_l 是液體的重量，M_s 是固體的重量（即砷化鎵），且 C_l 和 C_s 分別是液體和固體中的摻質濃度。因此，砷在液體和固體的重量分別是M_lC_l 和M_sC_s。因為全部砷的重量為 $(M_l + M_s)C_m$，所以我們可以獲得：

$$M_lC_l + M_sC_s = (M_l + M_s)C_m$$

或

$$\frac{M_s}{M_l} = \frac{T_b\text{時砷化鎵的重量}}{T_b\text{ 時液體的重量}} = \frac{C_m - C_l}{C_s - C_m} = \frac{s}{l}$$

其中 s 和 l 分別是從 C_m 量到液態線和固態線的長度。由圖 2.10 可知，約 10% 的熔融液將固化。

不像矽在熔點時有相對較低的蒸汽壓（在1412℃時約為10^{-6} atm），砷在砷化鎵的熔點（1240°C）有相當高的蒸汽壓。在其蒸汽相中，砷存在的兩種主要型態為 As_2 及 As_4。圖 2.11 表示鎵和砷沿著液態線的蒸汽壓[8]，圖中同時展示矽的蒸汽壓以做比較。對砷化鎵而言，其蒸汽壓曲線有實線與虛線雙值的表示，虛線代表富含砷的砷化鎵熔融液（在圖2.10中液態線的右邊），實線代表富含鎵的砷化鎵熔融液（在圖2.10中液態線的左邊）。因為在富含砷的砷化鎵熔融液中，比在富含鎵的砷化鎵熔融液中，具有較大量的砷，所以會有較多的砷（As_2 和As_4）從富含砷的熔融液中蒸發，因而造成較高的蒸汽壓。

同樣的道理亦可以用來解釋為何富含鎵的砷化鎵熔融液中，鎵會有較高的蒸汽壓。值得注意的是遠在達到熔點之前，液態砷化鎵的表面層即可能分解為鎵和砷。因為鎵和砷的蒸汽壓不相同，砷會優先蒸發，因此液態會以富含鎵的形式存在。

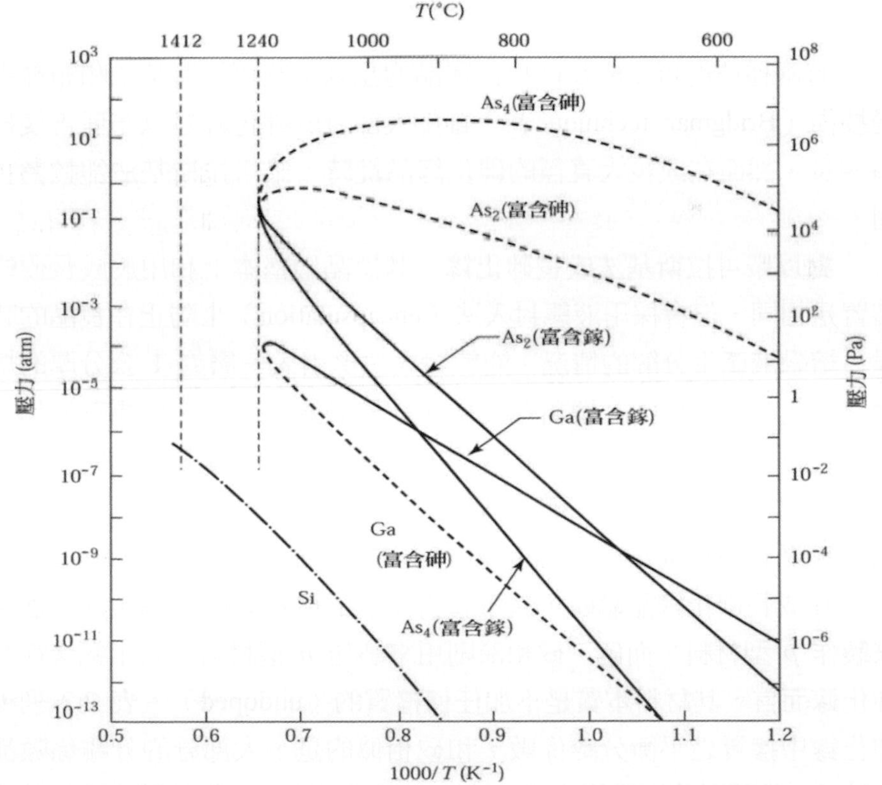

圖 2.11 砷化鎵上砷和鎵的分壓對溫度的函數圖[8]。矽的分壓也展示於圖中。

要合成砷化鎵，通常使用真空密封的石英管，且附有兩個溫度區爐管系統。高純度的砷放置在一個石墨舟上，加熱到 610 至 620°C；而高純度的鎵，會放置在另一個石墨舟上，且加熱到稍高於砷化鎵熔點（1240°C 至 1260°C）的溫度。在此情況下，過壓（overpressure）的砷會形成，此作法一來使砷蒸汽傳輸到鎵的熔融液，使它轉化成砷化鎵，二來可防止在爐管內形成的砷化鎵再次分解。當這些熔融液冷卻時，就可以產生高純度的複晶砷化鎵，可作為成長單晶砷化鎵的原料[7]。

2.3.2 晶體成長技術

有兩種技術可以成長砷化鎵單晶的晶圓：柴可拉斯基法和布理吉曼技術（Bridgman technique）。雖然大部分的砷化鎵是以布理吉曼技術成長，然而在成長大直徑的砷化鎵晶錠時，柴可拉斯基法卻較為實用。

對以柴可拉斯基法成長砷化鎵，其拉晶儀基本上和用於成長矽的裝置是相同，但會採用液態封入法（encapsulation）來防止在長晶的時候，熔融液產生分解的情況。液態封入法係引入一層約 1 公分厚的熔融三氧化二硼（B_2O_3）覆蓋在於砷化鎵熔融液表面上。只要三氧化二硼層表面上的壓力大於 1 大氣壓（760 Torr），這覆蓋層就可防止砷化鎵的分解。因為三氧化二硼會溶解二氧化矽，所以須使用石墨坩堝取代熔凝矽土（silica，或譯矽石，組成為二氧化矽）材質的坩堝。

在成長砷化鎵晶體時，為了獲得所需的摻雜濃度，鎘和鋅常被用來製作 p 型材料，而硒、矽和碲則用來製作 n 型材料。對半絕緣性的砷化鎵而言，其材料本質是不加任何摻質的（undoped）。表 2.2 列出砷化鎵中摻質之平衡分離係數。和矽相似的是，大部分的分離係數都小於 1。先前對矽推導的公式（式 (4) 到式 (15)），對於砷化鎵依然適用。

表2.2 不同摻質在GaAs中的平衡分離係數

摻質	k_0	型式
鈹（Be）	3	*p*
鎂（Mg）	0.1	*p*
鋅（Zn）	4×10^{-1}	*p*
碳（C）	0.8	*n*/*p*
矽（Si）	1.85×10^{-1}	*n*/*p*
鍺（Ge）	2.8×10^{-2}	*n*/*p*
硫（S）	0.5	*n*
硒（Se）	5.0×10^{-1}	*n*
錫（Sn）	5.2×10^{-2}	*n*
碲（Te）	6.8×10^{-2}	*n*
鉻（Cr）	1.03×10^{-4}	半絕緣
鐵（Fe）	1.0×10^{-3}	半絕緣

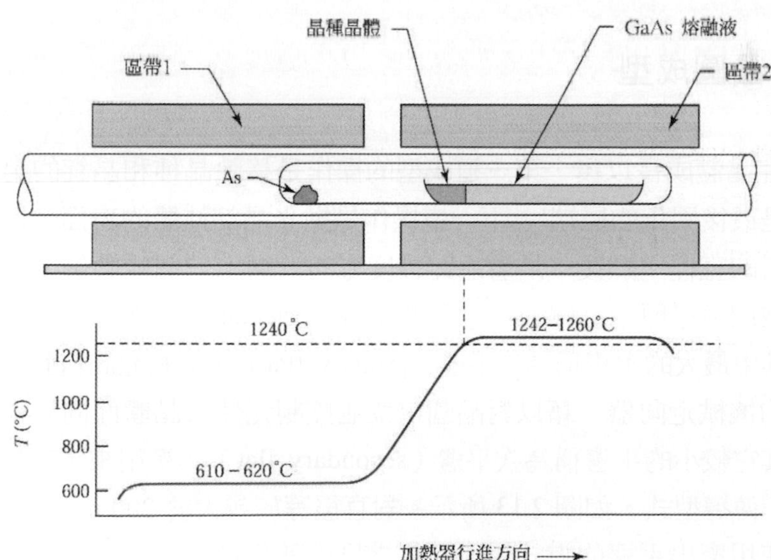

圖 2.12 成長單晶砷化鎵的布理吉曼技術和爐管的溫度側圖。

圖2.12表示一用來成長單晶砷化鎵的雙區帶爐管布理吉曼系統。左區帶保持在約 610°C的溫度，來維持砷所需的過壓狀態，而右區帶溫度則保持在恰高於砷化鎵的熔點（1240°C）。密封的管子使用石英管，而承載之晶舟則為石墨所作。在操作時，石墨晶舟會裝著複晶砷化鎵熔融液，而砷則置於石英管之另一邊。

當爐管往右移動時，熔融液的一端會冷卻。通常在晶舟的左端會放置著晶種，以建立特定的晶體方向。熔融液逐步冷卻（固化），允許單晶沿著液態——固態界面成長，直到最後單晶砷化鎵完成成長。而雜質分佈基本上可以式 (9) 和 (15) 來描述，其成長速率是由爐管橫移的速率所決定。

2.4 材料特性

2.4.1 晶圓成型

在晶體成長以後，第一道成型的操作是移除晶種和晶錠的另一端，也就是最後固化的尾端[1]。下一道操作是拋光晶錠柱體的表面，以便定義材料的直徑。然後，沿著晶錠長度方向，磨出一個或數個平邊。這些區域或平邊標示晶錠的特定晶體面向（orientation）和材料的傳導型式。其中最大的平邊稱為主平邊（primary flat），能夠允許自動製程設備中的機械定向器，藉以對晶圓定位並控制元件與晶體面向的相對方向。其它較小的平邊稱為次平邊（secondary flat），是用來定義晶體的面向和傳導型式，如圖 2.13 所示。對直徑等於或大於 200 mm的晶錠，不再使用磨出平邊的方式。取而代之是沿著晶錠長度，磨出一小溝槽（notch）。

接著，晶錠可用鑽石鋸刀來切成一片片的晶圓。此切割步驟決定四個晶圓參數：表面面向（如<111>，或<100>）、厚度（通常在

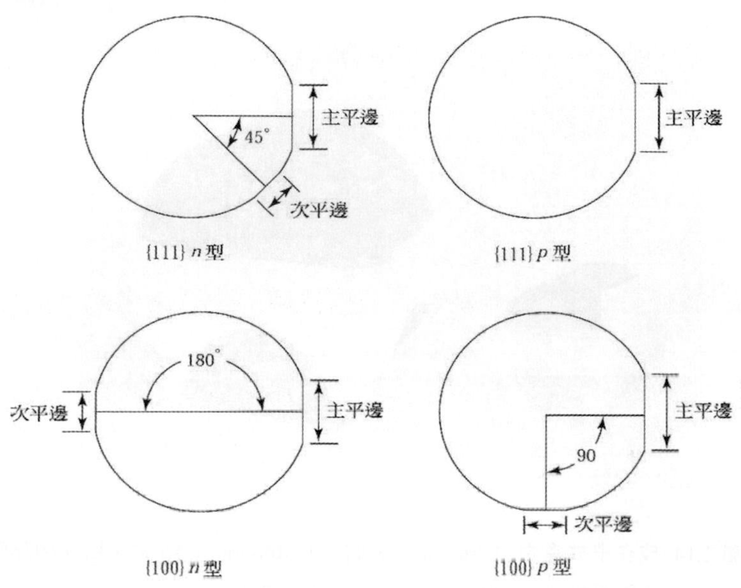

圖 2.13 半導體晶圓上的辨別平邊。

0.5 到 0.8 mm間，由晶圓直徑來決定）、傾斜度（taper，從一端到另一端晶圓厚度的差異）和彎曲度（bow，從晶圓中心量到晶圓邊緣的晶圓表面彎曲程度）。在切割以後，用氧化鋁（Al_2O_3）和甘油（glycerine）的混合液，對晶圓的兩面進行研磨，一般可磨到 2 μm 以內的平坦均勻度。這道研磨操作通常會使晶圓的表面和邊緣有損害和污染。損害和污染的區域可以用化學蝕刻（見第五章）移除。晶圓切割的最後一道手續是拋光（polishing），其目的是提供一個平滑如鏡面般的表面，之後可用光學微影製程來定義元件的結構特徵（見第四章）於其上。圖 2.14 展示放置在卡式盒（cassette）中的 200 mm（8 吋）和 400 mm（16 吋）已拋光的矽晶圓。表 2.3 是半導體設備及材料協會（Semiconductor Equipment and Materials Institute，SEMI）所發佈關於 125、150、200和 300 mm 直徑的拋光矽晶圓規格。如前所述，大的晶圓（直徑大於或等於200 mm）不再使用平邊，而改用刻劃在在晶圓邊緣的小溝槽，用以協助晶圓製程時的定位及標面晶圓面向。

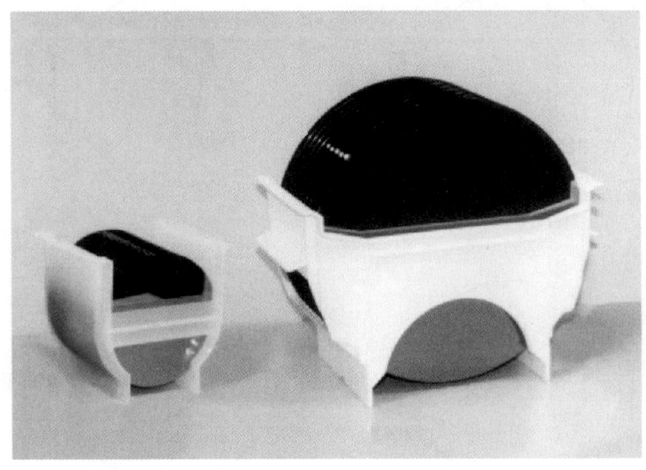

圖 2.14 放在卡式盒中的 200 mm（8 吋）和 400 mm（16 吋）拋光矽晶圓。
（圖片提供： Shin-Etsu Handotai Co., Tokyo）

表2.3 對拋光後單晶矽晶圓的規格

參數	125 mm	150 mm	200 mm	300 mm
直徑（mm）	125±1	150±1	200±1	300±1
厚度（mm）	0.6 – 0.65	0.65 – 0.7	0.715 – 0.735	0.755 – 0.775
主平邊長（mm）	40 – 45	55 – 60	NA[a]	NA
次平邊長（mm）	25 – 30	35 – 40	NA	NA
彎曲度（μm）	70	60	30	< 30
總厚度變異量（μm）	65	50	10	< 10
表面方向	（100）± 1°	相同	相同	相同
	（111）± 1°	相同	相同	相同

[a] NA ：不適用

砷化鎵是一種比矽更易碎的材料。雖然基本的切割操作和矽相同，但是在準備砷化鎵晶圓時要更加小心。相對於矽，砷化鎵技術是較不成熟的。然而，三五族化合物半導體技術的進步，部份須歸功於先進矽技術的發展。

2.4.2 晶體特性

晶體缺陷（Crystal Defects）

實際的晶體（例如矽晶圓）與理想的晶體有很重要的不同。它是有限的構造，因此表面的原子沒有完全的鍵結。更有甚者，它會具有嚴重影響半導體的電性、機械和光學性質的缺陷。缺陷可分為四類：點缺陷、線缺陷、面缺陷及體缺陷。

圖2.15表示幾種不同形式的點缺陷（point defect）[1,9]。任何外來的原子併到晶格中，無論是在替代位置（substitutional site）（亦即在圖2.15a中一般的晶格位置），或者是在晶隙位置（interstitial site）（亦即

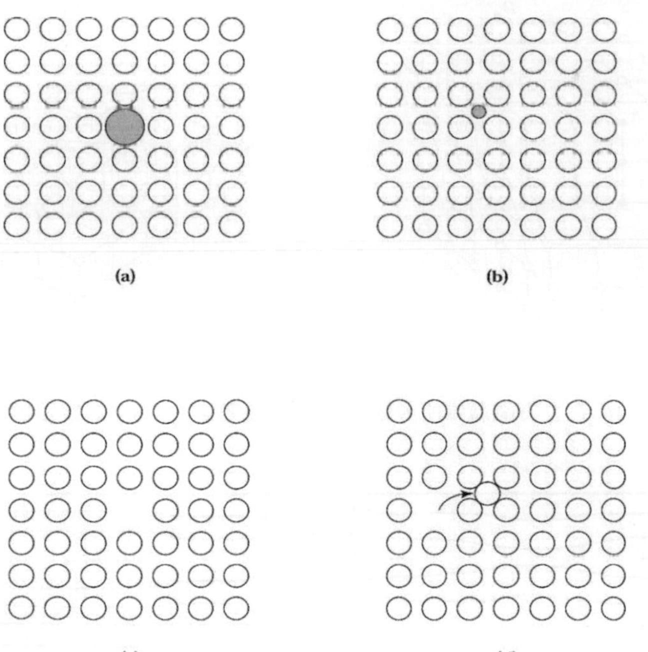

圖 2.15 點缺陷（a）替代雜質，（b）間隙雜質，（c）晶格缺位，（d）弗朗哥（Frenkel-type）缺陷[9]。

在圖2.15b 中介於規則晶格之間的位置），都稱為點缺陷。在晶格中有原子不見而產生的缺位（vacancy），亦被認為是點缺陷（見圖2.15c）。一個主原子（host atom）位於規則的晶格之間（一晶隙位），並且鄰近一缺位時，則稱為弗朗哥缺陷（Frenkel defect，見圖2.15d）。點缺陷是研究氧化和擴散製程的動力學中特別重要的課題。這些主題將在第三章和第六章中討論。

接著另一種缺陷是線缺陷，亦稱為差排（dislocation）[10]。差排的類型有邊緣（edge）型和螺旋（screw）型兩種，圖 2.16(a)表示在立方晶格的邊緣差排，這種缺陷是在晶格裡插入額外的原子平面 AB，差排線方向與頁面垂直。螺旋差排線的產生，可看成是把晶格剪一部分，

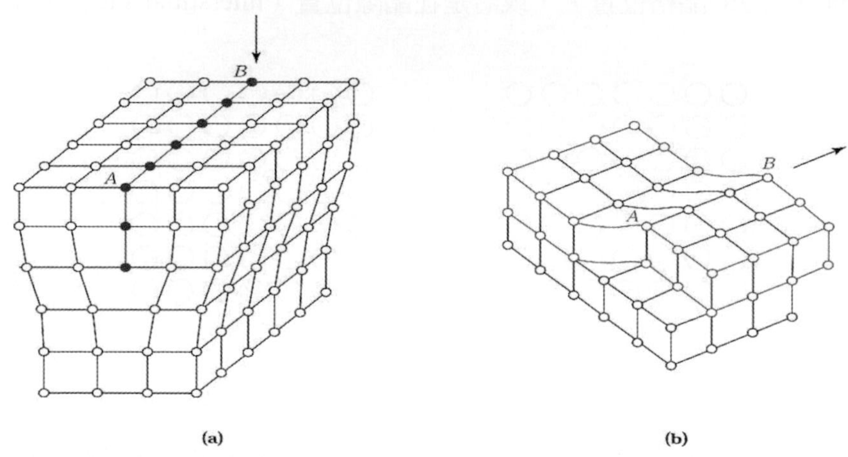

圖2.16 在立方晶體中所形成的（a）邊緣差排。（b）螺旋差排[10]。

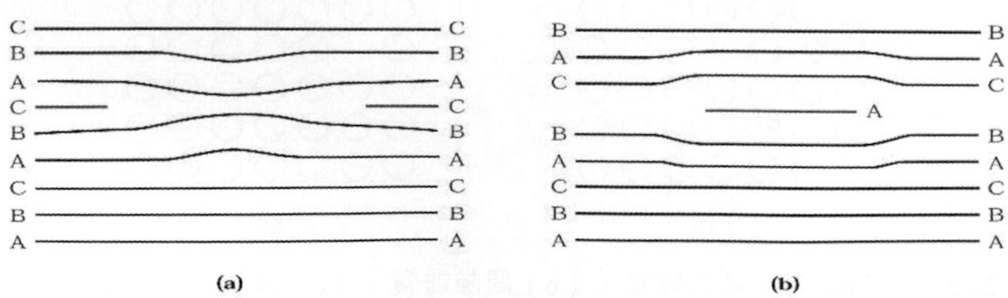

圖2.17 半導體中的疊差（a）本質疊差，（b）外質疊差[9]。

再把上半部的晶格往上推一個晶格距離，如圖2.16(b)中所示。在元件中，要盡量避免線缺陷的產生，因為它會成為金屬雜質的析出（precipitation）處，而劣化元件的特性。

面缺陷（area defect）代表晶格中有大面積的不連續情形。主要的缺陷型式有雙晶（twins）和晶界（grain boundaries）兩類。雙晶界形成表示橫過一平面時晶體面向的改變。而晶界是指兩晶體之間的過渡區，該兩晶體之面向彼此間沒有特定關係。這種缺陷會在晶體成長時出現。另一種面缺陷是所謂的疊差（stacking fault）[9]。在這種缺陷中，原子層的堆疊次序被打斷。如圖 2.17 所示，原子的堆疊次序是 ABCABC……，若當 C 層的一部分不見時，這種情況叫本質疊差（intrinsic stacking fault），如圖 2.17(a) 所示；若一多出的平面 A，插入原有的 B 及 C 層中，這種情況則稱作外質疊差（extrinsic stacking fault），如圖 2.17(b) 所示。上述這些缺陷有時會在成長晶體時出現。有這些面缺陷的晶體並不能用來製造積體電路，只好被丟棄。

雜質或摻質原子的析出現象形成第四種缺陷，即體缺陷。這些缺陷的產生與主晶格中固有的雜質溶解度（solubility）性質有關。在包含自身及雜質在內的固態溶液（solid solution）中，主晶格所能接受之雜質濃度的上限是有限制的。圖 2.18 是不同元素在矽中的溶解度對溫度之關係圖[11]。對大部分的雜質而言，其溶解度會隨著溫度的降低而降低。因此，在一定的溫度下，加入雜質所允許的最大濃度是由溶解度來決定，隨後將晶體冷卻至較低溫，此時晶體只能藉著析出超量於溶解度的雜質來達到平衡狀態。然而，因為主晶格和析出物間的體積失配，而導致差排的發生。

材料特性（Material Properties）

表 2.4 比較矽的特性和製造元件數目多於 10^7 的積體電路，此類積體電路也就是極大型積體電路（USLI）[12，13]的要求。列在表 2.4 上的半

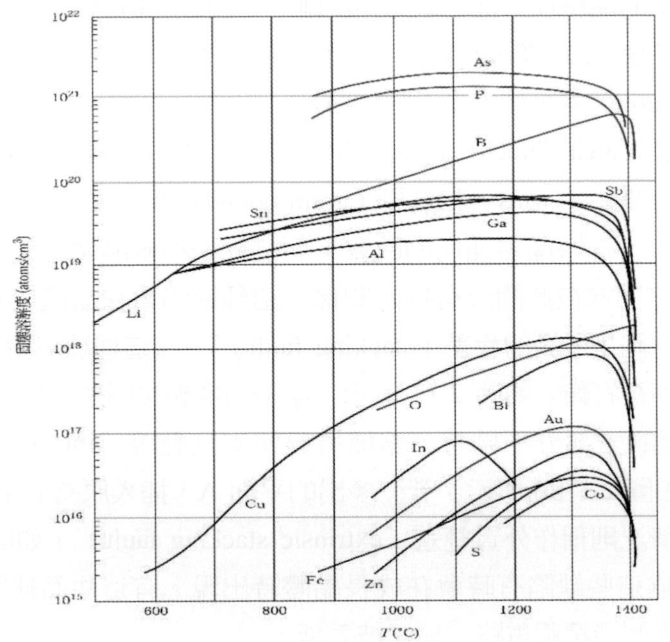

圖2.18 矽中雜質元素的固態溶解度[11]。

導體材料特性可以用不同的方法來測量。例如：電阻係數（resistivity）是用四點探針（four point probe）測量 [14]；微量雜質，如在矽中的氧原子和碳原子，可以用第六章中所提到的二次離子質譜儀（SIMS）技術來分析。值得注意的是，雖然目前的能力符合大部分列於表 2.3 的晶圓規格，但是仍許多須要改善的地方，以滿足 ULSI 技術的嚴格要求 [13]。以柴式法所成長之晶體，通常比浮帶法所成長者含有更高濃度的氧和碳，此乃因成長晶體過程中，矽土坩堝會回溶出氧，石墨承受器中的碳則會傳輸到熔融液中。一般的碳原子濃度範圍約從 10^{16} 到10^{17} 原子／立方公分間，且碳原子會在矽中占據替代晶格的位置；碳的存在是我們不想要的，因為它有助於缺陷的形成。一般的氧原子濃度範圍約在 10^{17} 到10^{18} 原子／立方公分間，它的角色好壞參半：它可當作施體

表 2.4 矽的材料特性和 ULSI 需求的比較

	特性		
性質[a]	柴可拉斯基法	浮帶法	ULSI 之需求
電阻係數（磷）n 型（ohm-cm）	1–50	1–300 及以上	5–50 及以上
電阻係數（銻）n 型（ohm-cm）	0.005–10	–	0.001–0.02
電阻係數（硼）p 型（ohm-cm）	0.005–50	1–300	5–50 及以上
電阻係數梯度（四點探針）（%）	5–10	20	< 1
少數載子生命期（μs）	30–300	50–500	300–1000
氧（ppma）	5–25	未測得	均勻且可控制
碳（ppma）	1–5	0.1–1	< 0.1
差排（製程之前）（per cm^2）	≦ 500	≦ 500	≦ 1
直徑（mm）	達到 200	達到 100	達到 300
晶圓彎曲度（μm）	≦ 25	≦ 25	< 5
晶圓傾斜度（μm）	≦ 15	≦ 15	< 5
表面平坦度（μm）	≦ 5	≦ 5	< 1
重金屬雜質（ppba）	≦ 1	≦ 0.01	< 0.001

[a] ppma = 百萬原子分之一；ppba =十億萬原子分之一

（donor），藉著刻意的摻雜，而改變晶體的電阻係數。但氧原子若占據晶格間隙，則可增強矽的屈伸強度（yield strength）。

另外，因為溶解度的效應所造成氧的析出物可用來進行誘捕（gettering）處理。誘捕是一個通用的名詞，意味著從晶圓中製造元件的區域移去有害的雜質或缺陷的過程。當晶圓受高溫處理時（例如，在 1050 ℃的氮氣下），氧會從表面蒸發。這會降低表面附近的氧含量。這樣的處理形成了無缺陷區，或稱清除區（denuded zone），可用於製造元件，如圖2.19的內插圖所示[1]。額外的的熱循環處理可被用來促進晶圓的較內部區域中氧析出物的形成，並藉該些氧析出物誘捕雜質。無缺陷區的深度取決於熱循環的時間和溫度，以及氧在矽中的擴散係數，相關測量的結果如圖2.19所示[1]。利用柴可拉斯基法可以成長幾乎無差排的矽晶。在講究的深次微米與奈米級積體電路生產時，一般會在晶圓的表面上另外再成長一層高品質的矽磊晶層（epitaxial layer，第

8章中將介紹），並在此層內製作電晶體元件，如此可以兼顧晶圓的屈伸強度與元件特性。

商業上使用熔融液成長的砷化鎵材料都受到坩堝的嚴重污染。然而，在光學應用上，絕大部分需要重摻雜（介於 10^{17} 到 10^{18} cm^{-3}）的材料。對於積體電路或分立的金半場效電晶體（MESFET）元件而言，可用未摻雜的砷化鎵來當起始材料，其電阻係數為 10^{9} Ω-cm。氧在砷化鎵中是不受歡迎的雜質，因為它會形成深施體能階（deep donor level），會在基板本體內產生陷阱電荷，且增加基板的電阻係數。在熔融液成長時，可使用石墨坩堝來降低氧含量。以柴可拉斯基技術成長砷化鎵晶體，其差排含量約比矽晶體大兩個數量級，而用布理吉曼法所成長的砷化鎵，差排的含量約比柴可拉斯基法成長的砷化鎵晶體少一個數量級。

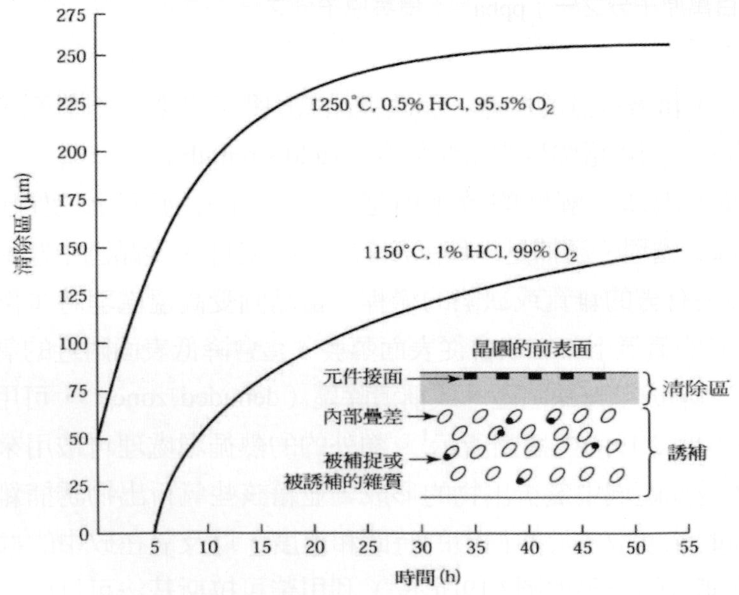

圖2.19 兩種製程過程中清除區的寬度。內插圖為晶圓剖面圖中的清除區和誘捕雜質位置的圖示[1]。

2.5 總結

有數種技術可用來成長矽和砷化鎵的單晶。對矽晶體而言，我們可用矽砂（SiO_2），來產生複晶矽，並將此複晶矽當作柴可拉斯基拉晶儀中的原料。用具有所欲面向的矽晶種，從熔融液中成長拉出大的晶錠。超過 90% 的矽晶體是利用此法製成。在晶體成長時，晶體內的摻質會再分佈。這過程中，分離係數，亦即在固態和熔融液中的摻質濃度之比值，是一個關鍵參數。因為大部分摻質的係數小於1，所以在長晶的過程，殘留在熔融液中的摻質濃度會愈來愈濃。

另一種矽晶的成長技術為浮帶製程。它的雜質污染比一般柴可拉斯基法為低。浮帶晶體主要用在需要高電阻係數材料的元件上，如高功率、高電壓的元件。

要製造砷化鎵，通常使用化學成份上很純的鎵和砷當起始材料，來合成複晶砷化鎵。單晶的砷化鎵也可用柴可拉斯基法成長，但需要液態的表面覆蓋層（如B_2O_3）來防止砷化鎵在如此高成長溫度下分解。另一種技術是布理吉曼製程，它使用一雙區爐管來逐漸固化熔融液。

晶體成長後，通常會經歷晶圓成型的操作以獲得具有特定直徑、厚度、和表面面向的高度拋光晶圓。例如，用於 MOSFET 生產線的 300 mm 矽晶圓，應有300 ± 1 mm 的直徑，0.765 ± 0.01 mm 的厚度、和（100）$\pm 1^\circ$ 的表面方向。

實際的晶體存在有缺陷，並影響半導體的電性、機械和光學等性質。這些缺陷包括有點缺陷，線缺陷，面缺陷和體缺陷等類型。在本章中討論降低這些缺陷的方法。對要求更嚴格的 ULSI 應用，錯位密度必須每平方公分小於 1 條。其它重要的要求列於表 2.4 中。

參考文獻

1 C. W. Pearce, "Crystal Growth and Wafer Preparation," and " Epitaxy," in S. M. Sze, Ed., *VLSI Technology*, McGraw-Hill, New York, 1983.

2 T. Abe, " Silicon Crystals for Giga-Bit Scale Integration," In T. S. Moss. Ed., *Handbook on Semiconductors*, Vol. 3, Elsevier Science B. V., Amsterdam, New York, 1994.

3 W. R. Runyan, *Silicon Semiconductor Technology*, McGraw-Hill/New York, 1965.

4 W. G. Pfann, *Zone Melting*, 2nd Ed., Wiley, New York, 1966.

5 E. W. Hass and M. S. Schnoller, "Phosphorus Doping of Silicon by Means of Neutron Irradiation," *IEEE Trans. Electron Dev.*, **23**, 803 (1976).

6 M. Hansen, *Constitution of Binary Alloys*, McGraw-Hill, New York, 1958.

7 S. K. Ghandhi, *VLSI Fabrication Principles*, Wiley, New York, 1983.

8 J. R. Arthur, "Vapor Pressures and Phase Equilibria in the GaAs System," *J. Phys. Chem. Solids*, **28**, 2257 (1967).

9 B. El-Kareh, *Fundamentals of Semiconductor Processing Technology*, Kluwer Academic, Boston, 1995.

10 C. A. Wert and R. M. Thomson, *Physics of Solids*, McGraw-Hill, New York, 1964.

11 F. A. Trumbore, "Solid Solubilities of Impurity Elements in Germanium and Silicon," *Bell Syst. Tech. J.*, **39**, 205 (1960); R. Hull, *Properties of Crystalline Silicon*, INSPEC, London, 1999.

12 Y. Matsushita, "Trend of Silicon Substrate Technologies for 0.25 μm Devices," *Proc. VLSI Technol. Workshop,* Honolulu, 1996.

13 *The International Technology Roadmap for Semiconductors*,

Semiconductor Industry Association, San Jose, CA, 2001.

14 W. F. Beadle, J. C. C. Tsai, and R. D. Plummer, Eds., *Quick Reference Manual for Engineers*, Wiley, New York, 1985.

習題

2.1 節 從熔融液中成長之矽晶

1. 畫出在一 50 公分長的矽晶錠，距離晶種分別為10、20、30、40及 45 公分距離時砷的摻雜分佈。此矽晶錠從熔融液中拉出，其初始的摻雜濃度為 10^{17} cm^{-3}。
2. 矽之晶格常數為 5.43 Å。依據硬球模型的假設：（a）計算矽原子的半徑。（b）決定矽原子的密度為多少 atoms/cm^3。（c）利用亞佛加厥（Avogadro）常數來求出矽的密度？
3. 假設有 10 公斤的純矽熔融液，當硼摻雜的矽晶錠成長到一半時，需要加多少量的硼，才能得到電阻係數為 0.01 Ω-cm 的硼摻雜矽？
4. 一直徑 200 mm，1 mm 厚的矽晶圓，含有 5.41 mg 的硼均勻分佈在替代位置上，試求出：

   （a）硼的濃度為多少 atoms/cm^3？及（b）硼原子間的平均距離？
5. 用於柴可拉斯基製程的晶種，通常先緊縮為一小直徑（5.5 mm），以作為無差排成長的開始。如果矽的臨界屈伸強度（critical yield strength）為 2×10^6 g/cm^2，試計算此晶種可以支撐的 200 mm 直徑矽晶錠之最長長度。
6. 柴可拉斯基法中，在 $k_0 = 0.05$ 時，畫出 C_s/C_0 值的曲線。
7. 以柴可拉斯基法所成長的晶體摻雜硼，為何在尾端晶體的硼的濃度會比晶種端的濃度高呢？
8. 為何晶圓中心的雜質濃度會比晶圓周圍的高呢？

2.2 節 矽的浮帶製程

9. 利用浮帶法來純化一含有均勻鎵濃度 5×10^{16} cm^{-3} 的矽晶錠。作了一次通過，其熔融區長度為 2 cm，試問超過多少距離會使鎵的濃度低於 5×10^{15} cm^{-3}？
10. 從式（18），求當 $x / L = 1$ 和 2，且 $k_e = 0.3$ 的 C_s / C_0 之值。
11. 如果用如圖 2.9 所示的矽材料製造 p^+-n 陡接面二極體，試求用傳統的方法摻雜矽和用中子輻射矽的方法其崩潰電壓改變的百分比？

2.3 節 砷化鎵晶體成長技術

12. 從圖 2.10，若 $C_m = 20\%$，在 T_b 時還剩下多少比例的液體？
13. 從圖 2.11，解釋為何 GaAs 液體總會變成富含鎵？

2.4 節 材料特性

14. 缺位 n_s 的平衡密度為 $N \exp(-E_s/kT)$，其中 N 為半導體原子的密度，而 E_s 為形成能量。計算矽在 27℃，900℃ 和 1200℃ 時的 n_s，假設 $E_s = 2.3$ eV。
15. 假設弗朗哥型式缺陷的形成能量（E_f）為 1.1 eV，估計在 27℃ 及 900 ℃ 的缺陷密度。弗朗哥型式缺陷的平衡密度為 $n_f = \sqrt{NN'} e^{-E_f / 2kT}$，其中 N 為矽的原子的密度（cm^{-3}），而 N' 為可用的間隙位置密度（cm^{-3}），且可表示為 $N' = 1 \times 10^{27} e^{-3.8(eV)/kT}$ cm^{-3}。
16. 在直徑為 300 mm 的晶圓上，可以置放多少面積為 400 mm^2 的晶方？解釋你對晶方形狀的假設和在周圍有多少閒置面積？

第三章 矽氧化

為製作分立元件與積體電路，我們使用很多不同種類的薄膜，包括有：熱氧化層、介電層、複晶矽及金屬鍍膜等。圖 3.1 為傳統 *n* 型通道的金氧半場效電晶體（MOSFET，metal-oxide-semiconductor field-effect transistor）之剖面結構圖，其中即使用了這四種薄膜。在熱氧化層中，最首要的應用是閘極氧化層（gate oxide），其下方為源／汲極間的傳導通道區。另一有關的是場氧化層（field oxide），用來與其他元件相互隔離。一般閘極氧化層與場氧化層均是由熱氧化（thermal oxidation）步驟成長，因為只有這種方式才可提供具有最低界面陷阱密度（interface trap density）的最佳品質氧化層。

本章內容包括了以下幾個主題：

- 以熱氧化過程成長二氧化矽（SiO_2）。
- 氧化過程中，雜質的重新分佈 （redistribution）。
- 二氧化矽膜的材料特性與厚度量測技術。

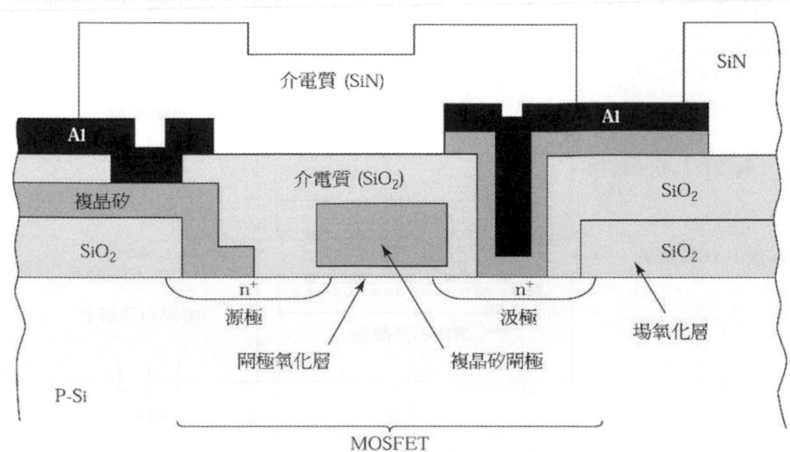

圖 3.1　MOSFET 的剖面示意圖。

3.1 熱氧化過程

半導體氧化層的製備方法有多種，包括熱氧化、電化學陽極氧化（electrochemical anodization）與電漿輔助沉積（PECVD，見第八章）等方式。對矽元件而言，熱氧化顯然是這些方法中最重要的，也是現代矽積體電路（integrated circuit，IC）技術的一項關鍵製程。然而，對砷化鎵而言，一般熱氧化產生的是非適當化學比例（nonstoichiometric）的薄膜，這種氧化膜提供劣質的絕緣性與半導體的表面保護層，因此這些氧化物很少應用於砷化鎵技術中。所以，在本節中我們將專注於矽的熱氧化。

基本的熱氧化裝置如圖 3.2 所示[1]。其中反應爐主要組件有：電阻加熱式的爐具、圓柱型熔凝石英管（fused-quartz tube）、管內之石英晶舟（quartz boat）其上有溝槽設計用以垂直放置矽晶圓以及包括純乾氧（oxygen）或純水蒸氣之氣體源。爐管載入端突出於具有垂直流向過濾氣流的護罩中。氣流的方向如同圖 3.2 箭頭方向所示。護罩的目的在減少晶圓周圍空氣中塵埃及粒子以減少晶圓置入時的污染。一般氧化的溫度在 900°C 到 1200°C 之間，典型的氣體流量大約為 1 公升／分鐘

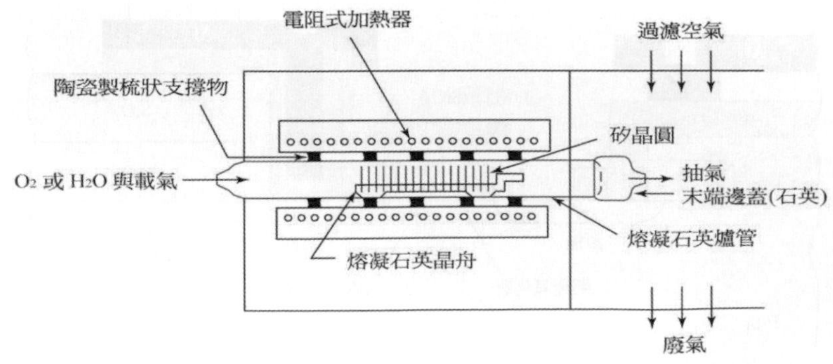

圖 3.2　電阻式加熱氧化爐管的剖面示意圖。

（liter/min）。氧化系統以微處理器來調節氣流的程序，控制矽晶圓自動載入及移出，以及由低溫升到氧化步驟的溫度（線性增加爐管的溫度），使晶圓不會因溫度驟然改變而變形；氧化的溫度應保持在± 1°C 的範圍內，並在氧化步驟結束後，將爐管溫度降下來。

3.1.1 成長機制

下列為矽在氧氣（乾氧）或水蒸氣（濕氧）的環境下，進行熱氧化的化學反應式：

$$Si\text{（固態）} + O_2\text{（氣態）} \longrightarrow SiO_2\text{（固態）} \quad (1)$$

$$Si\text{（固態）} + 2H_2O\text{（氣態）} \longrightarrow SiO_2\text{（固態）} + 2H_2\text{（氣態）} \quad (2)$$

上述的反應主要發生在矽與二氧化矽的界面。隨著氧化的進行，一開始表面的矽成分轉移到氧化層內，矽與二氧化矽的界面會逐漸往矽內部移動，形成一個嶄新的界面，外面的氧氣或水氣進入氧化層後擴散至新的界面與矽原子發生氧化反應。在下面的範例中，由矽與二氧化矽的密度與分子量，可求出成長厚度為 x 的氧化層時需消耗厚度為 $0.44x$ 的矽（圖 3.3）。

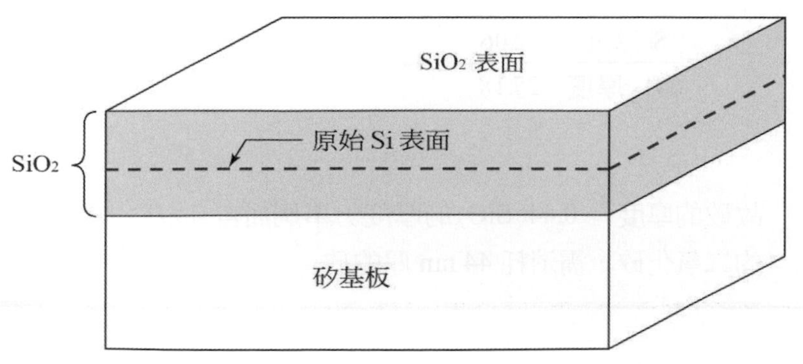

圖 3.3 以熱氧化成長二氧化矽。

範例 1

假設有一經熱氧化方式成長厚度為 x 的二氧化矽層，會消耗多少厚度的矽？矽的分子量是 28.9 公克／莫耳（g/mol），密度為 2.33 公克／立方公分（g/cm^3）；SiO_2 的分子量是 60.08 g/mol，密度為 2.21 g/cm^3。

<解>

1 莫耳矽所占體積為：

$$\frac{\text{Si 的分子量}}{\text{Si 的密度}}=\frac{28.9\,\text{g/mole}}{2.33\,\text{g/cm}^3}=12.06\,\text{cm}^3\text{/mole}$$

1 莫耳二氧化矽所占體積：

$$\frac{SiO_2\text{ 分子量}}{SiO_2\text{ 密度}}=\frac{60.08\,\text{g/mole}}{2.21\,\text{g/cm}^3}=27.18\,\text{cm}^3\text{/mole}$$

因為 1 莫耳矽轉換成 1 莫耳二氧化矽，故

$$\frac{\text{Si 厚度}\times\text{面積}}{SiO_2\text{ 厚度}\times\text{面積}}=\frac{\text{1莫耳 Si 的體積}}{\text{1莫耳 }SiO_2\text{ 的體積}}$$

$$\frac{\text{Si 厚度}}{SiO_2\text{ 厚度}}=\frac{12.06}{27.18}=0.44$$

故矽的厚度 $=0.44$(SiO_2的厚度)。舉例而言，成長一厚度為 100 nm 的二氧化矽，需消耗 44 nm 厚的矽。

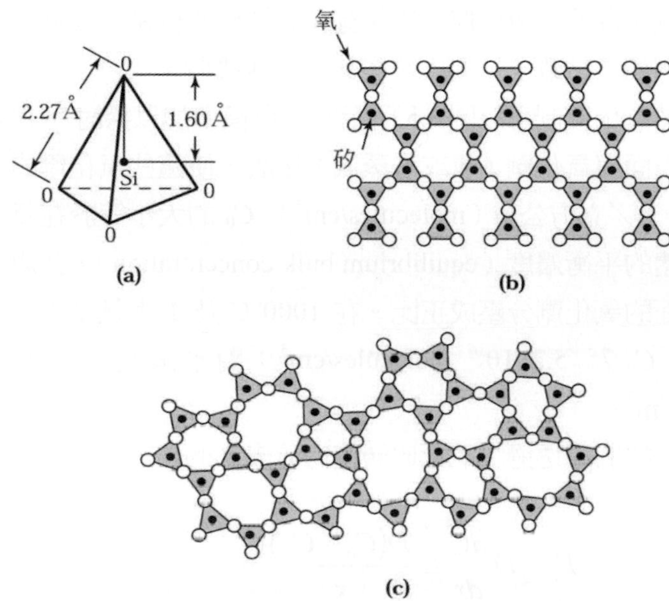

圖 3.4 （a）二氧化矽的基本結構單元，（b）以二維空間表示石英晶體晶格，（c）以二維空間表示非結晶結構之二氧化矽[1]。

經由熱氧化成長的二氧化矽之基本結構單元如圖 3.4a 所示，是一個矽原子被四個氧原子圍成的四面體構造[1]。矽與氧的原子核間距為 1.6 Å，兩個氧原子的核間距為 2.27 Å。這些四面體彼此經由角落的氧原子，以各種不同的方式相互連接，形成不同相位或結構的二氧化矽（或稱為矽土，silica，或譯矽石）。矽土可為結晶型態（例如：石英）及非晶（amorphous）型態。當矽被熱氧化所形成的二氧化矽為非晶型態。典型的非晶矽土的密度為 2.21 g/cm^3，而石英則為 2.65 g/cm^3。

結晶與非晶型態的基本差異，在於前者具有週期性規律的結構，可延伸到許多分子間，而後者則不具任何週期性的結構。圖 3.4b 是由六個矽原子所構成環狀的石英晶體結構之二維示意圖，而圖 3.4c 則為對照下非晶結構的二維示意圖。在非晶結構中，仍可見到六個矽原子形成其特徵環狀的趨勢。注意圖 3.4c 所示的非晶結構相當寬鬆，因為只有 43% 的空間被二氧化矽分子所佔據。如此寬鬆的結構使得密度變低，並容許各種雜質（例如：鈉離子）進入並在其中迅速擴散。

矽之熱氧化機制可以圖 3.5 所示的簡單模型加以探討[2]。在這模型中，矽晶圓的表面與氧化劑（氧或水蒸氣）接觸，使這些氧化劑的表面濃度變為 C_0 分子／立方公分（molecules/cm^3）。C_0 的大小等於在氧化溫度時氧化劑本體的平衡濃度（equilibrium bulk concentration），此濃度一般與氧化層表面的氧化劑分壓成正比。在 1000°C 及 1 大氣壓下，對乾氧而言，濃度 C_0 為 5.2×10^{16} molecules/cm^3；對水蒸氣而言則為 3×10^{19} molecules/cm^3。

氧化劑擴散穿透過二氧化矽層使得矽表面的濃度為 C_s。通量（flux）F_1 可寫成

$$F_1 = D\frac{dC}{dx} \cong \frac{D(C_0 - C_s)}{x} \tag{3}$$

其中 D 為氧化劑的擴散係數（diffusion coefficient），x 為已成長之氧化層（oxide layer）厚度。

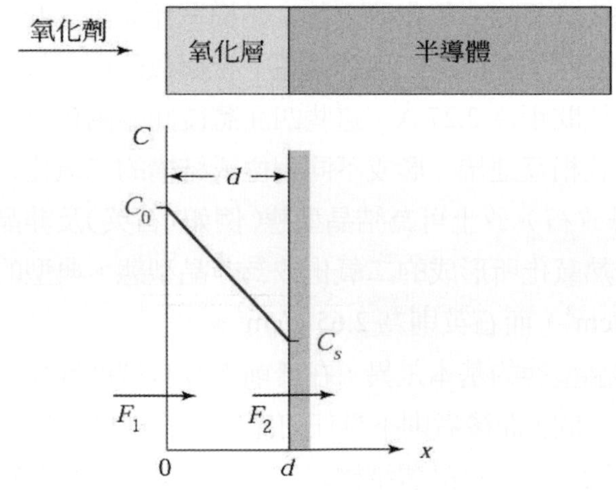

圖 3.5 矽熱氧化的基本模式[2]。

在矽的表面，氧化劑與矽進行化學反應。假設其反應速率與矽表面氧化劑濃度成正比，則通量 F_2 可寫為

$$F_2 = \kappa C_S \tag{4}$$

其中，k 為氧化時表面反應速率常數。在穩態時，$F_1 = F_2 = F$。將式(3)與式(4)組合，可得

$$F = \frac{DC_0}{x + (D/\kappa)} \tag{5}$$

氧化劑與矽進行反應形成二氧化矽。在此令 C_1 為每單位體積二氧化矽的氧化劑分子數。在氧化層中，單位體積中的二氧化矽分子數目為 2.2×10^{22} molecules/cm^3。進行氧化反應時，要獲得一個二氧化矽分子，在乾氧的環境中需加一個氧分子，在水蒸氣的環境中則需加兩個水分子。所以乾氧法氧化的 C_1 為 2.2×10^{22} cm^{-3}，濕氧則為其 2 倍（4.4×10^{22} cm^{-3}）。所以氧化層厚度的成長速率為

$$\frac{dx}{dt} = \frac{F}{C_1} = \frac{DC_0 / C_1}{x + (D/\kappa)} \tag{6}$$

我們可以代入初始條件 $x(0) = d_0$，以解出此微分方程式。其中 d_0 為初始氧化層厚度，也可被視為先前氧化步驟所成長的氧化層厚度。解式(6)可得矽氧化之一般關係式

$$x^2 + \frac{2D}{\kappa}x = \frac{2DC_0}{C_1}(t + \tau) \tag{7}$$

式中 $\tau \equiv (d_0^2+2Dd_0/k)\, C_1/2DC_0$，用來解釋初始氧化層 d_0 造成時間座標軸上偏移之現象。

經氧化時間 t 後，氧化厚度為

$$x = \frac{D}{\kappa}\left[\sqrt{1+\frac{2C_0\kappa^2(t+\tau)}{DC_1}}-1\right] \tag{8}$$

當時間很短時，式(8)簡化為

$$x \cong \frac{C_0\kappa}{C_1}(t+\tau) \tag{9}$$

當時間很長時，則簡化為

$$x \cong \sqrt{\frac{2DC_0}{C_1}(t+\tau)} \tag{10}$$

在氧化成長初期，表面反應為限制反應速率的因子，此時氧化層厚度與時間成正比。當氧化層有一定厚度時，氧化劑必須擴散穿過氧化層至矽與二氧化矽的界面才可反應，故反應受限於擴散速率，此時氧化成長厚度變成與氧化時間的平方根成正比，呈現一拋物線型的成長速率。

式(7)經常會以更精簡的形式表示：

$$x^2+Ax = B\ (t+\tau) \tag{11}$$

式中 $A = 2D/k$，$B = 2DC_0/C_1$，而 $B/A = kC_0/C_1$。藉由此關係式，式(9)與(10)可分別改寫如下：

線性區

$$x = \frac{B}{A}\ (t+\tau) \tag{12}$$

拋物線區

$$x^2 = B(t + \tau) \qquad (13)$$

基於這個原因，B/A 項可視為線性速率常數（linear rate constant），而 B 可視為拋物線性速率常數（parabolic rate constant）。在很寬廣的氧化條件下，實驗量測結果與模型預測相當吻合。進行濕式氧化時，初始的氧化層厚度 d_0 很小，亦即 $\tau \cong 0$。然而對乾式氧化而言，在 $t = 0$ 時經由外插可得 d_0 厚度約為 25 nm。因此，應用等式(11)於純矽的乾式氧化需要一個 τ 值，此值可藉由初始厚度求得。表格 3.1 列出矽的濕式氧化速率常數值，而表格 3.2 列出矽的乾式氧化速率常數值。

表 3.1　矽的濕氧速率常數

氧化溫度 (°C)	A (μm)	拋物線性速率常數 B (μm²/h)	線性速率常數 B/A (μm/h)	τ(h)
1200	0.05	0.720	14.40	0
1100	0.11	0.510	4.64	0
1000	0.226	0.287	1.27	0
920	0.50	0.203	0.406	0

表 3.2　矽的乾氧速率常數

氧化溫度 (°C)	A (μm)	拋物線性速率常數 B (μm²/h)	線性速率常數 B/A (μm/h)	τ(h)
1200	0.040	0.045	1.12	0.027
1100	0.090	0.027	0.30	0.076
1000	0.165	0.0117	0.071	0.37
920	0.235	0.0049	0.0208	1.40
800	0.370	0.0011	0.0030	9.0
700	…	…	0.00026	81.0

圖 3.6 為(111)-及(100)-方向之矽晶圓的乾與濕式氧化製程，其線性速率常數 B/A 與溫度之關係[2]，可發現線性速率常數隨 $e^{-E_a/kT}$ 關係變動，其中 E_a 為乾式與濕式氧化的活化能(activation energy)，其值約為 2 eV。此值與打斷矽——矽鍵所需的能量 1.83 電子伏特／分子（eV/molecule）相當符合。在一給定的氧化條件下，線性速率常數與晶體方向有關。

這是因為直線型速率常數與矽、氧原子間的結合率有關，而該結合率又受表面矽原子的鍵結結構影響，故線性速率常數會隨晶體方向不同而有所差異。由於(111)-平面可鍵結的密度高於(100)-平面，因此(111)-矽之線性速率常數較大。

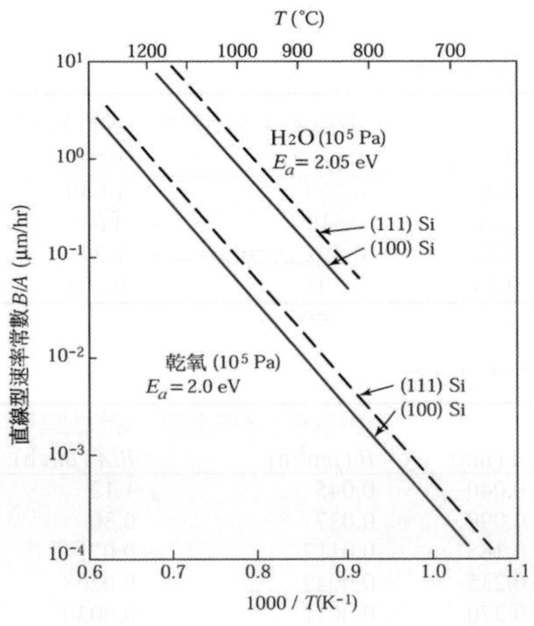

圖 3.6　直線型速率常數隨溫度變化的情形[2]。

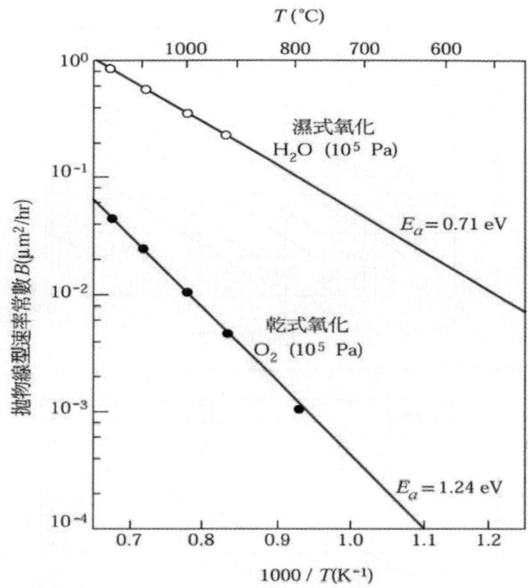

圖 3.7 拋物線型速率常數隨溫度變化的情形 [2]。

圖 3.7 為拋物線性速率常數 B 與溫度之關係。其亦可以 $e^{-E_a/kT}$ 表示。乾式氧化的活化能 E_a 為 1.24 eV，與氧在熔凝矽土（fused silica）內擴散的活化能（1.18 eV）符合。在濕氧下相對應的值為 0.71 eV，與水在熔凝矽土內擴散之活化能（0.79 eV）相當符合。拋物線性速率常數與晶體方向無關，此結果乃在預料之中，因為其值僅與氧化劑擴散穿過一層雜亂排列之非晶型矽土之速率有關。

雖然在乾氧下成長之氧化層有最佳的電性表現，但相同溫度下欲成長等厚的氧化層時，其所耗時間遠較濕氧法為久。對於薄氧化層，例如 MOSFET 之閘極氧化層（gate oxide，一般 ≦ 20 nm），可採用乾式氧化。然而，在積體電路中所用較厚的氧化層，例如場氧化層（≥ 100 nm），則採水蒸氣氧化的方式，以獲得適當的隔離與護佈效果。

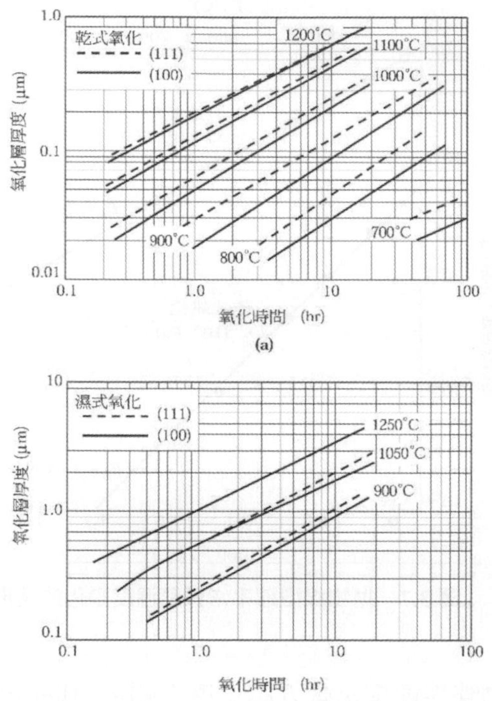

圖 3.8　兩種基板方向之二氧化矽厚度實驗值與反應時間及溫度變化的關係：(a) 乾氧法，(b) 濕氧法 [3]。

圖 3.8 為兩種基板方向二氧化矽厚度實驗值與氧化時間及溫度之關係 [3]，可發現在一給定之氧化狀態下，(111)-基板之氧化層厚度較(100)-基板為厚，這是因為（111）-方向之線性速率常數較大所致。值得注意的是，對一給定之溫度與時間，以濕氧成長之氧化層厚度約為乾氧成長的 5 至 10 倍。

範例 2

一矽樣本在 1200℃乾氧中成長 1 小時。(a)成長的二氧化矽層厚度為多少？(b)要在 1200℃濕氧中額外成 0.1μm 二氧化矽層，則需要多少時間？

≺解≻

(a) 從表格 3.2，在 1200°C 乾氧中的熱氧化係數值是

$$A = 0.04\mu m \qquad B = 0.045\mu m$$

且 τ = 0.027h。將這些參數代入式(11)中，我們可以得到氧化層厚度

$$x = 0.196\mu m$$

(b) 從表格 3.1 可知在 1200°C 濕氧中的熱氧化係數值是

$$A = 0.05\mu m \qquad B = 0.72\mu m$$

由於從第一步驟得知 $d_0 = 0.196\mu m$，所以可得

$$\tau \equiv (d_0{}^2 + 2Dd_0/\kappa)C_1 / 2DC_0 = \frac{d_0{}^2 + Ad_0}{B} = 0.067h$$

最後欲得的厚度是 $x = d_0 + 0.1\ \mu m = 0.296\ \mu m$。將熱氧化係數值代入式(11)中，我們可以得到額外氧化的時間為

$$t = 0.76h = 45.3min$$

3.1.2 薄氧化層成長

為精確控制薄氧化層厚度並獲得良好的再現性，採用較慢的氧化速率常數是必要的。有多種可得到較慢氧化速率的方法已被發表，包括：在常壓下及較低的溫度下（800 – 900°C）以乾氧法成長；在低於常壓下成長；或採用惰性稀釋氣體，例如：氮氣（N_2）、氬氣（Ar）、氦氣（He）等，混合著氧化劑，以減少氧氣的分壓；或以熱氧化成長並覆蓋化學氣相沉積（chemical vapor deposition，CVD）之 SiO_2 的組合薄膜（composite oxide films）作為閘極氧化層。然而對 10-15 nm 厚的閘極氧化層而言，最主流的方法為在常壓下，以較低溫度（800 – 900°C）成長。這種方法

搭配現代化垂直氧化爐管（vertical oxidation furnace），可重複再現地成長厚度為 10 nm，且晶圓上各點誤差僅在 0.1 nm 範圍之內的高品質薄氧化層。

我們稍早曾提到乾式氧化有明顯迅速的氧化階段，使初始氧化層厚度 d_0 約為 20 nm。因此 3.1.1 節所描述的簡單模型對於氧化層厚度≦ 20 nm 之乾氧法而言並不適用。對極大型積體電路（ULSI）而言，成長厚度薄（5 ~ 20 nm）、均勻、高品質、且具再現性的閘極氧化層之技術能力已益形重要。本節中我們將扼要考慮此種薄氧化層之成長機制。

乾式氧化成長的初始階段，氧化層中壓縮應力相當大，使得氧化層中氧之擴散係數變小。當氧化層變得較厚時，由於矽土的黏滯性流動使得應力降低，也使擴散係數接近於無應力時之值。是故，對薄氧化層而言，D/k 值非常小，我們可忽略式(11)中的 Ax 項，得到

$$x^2 - d_0^2 = Bt \qquad (14)$$

其中 d_0 等於 $\sqrt{2DC_0\tau / C_1}$ ，為時間外插至零時的初始氧化層厚度；B 為先前定義的拋物線性速率常數。由此可預期在乾氧初期的成長為拋物線型式。

3.2 氧化過程中雜質的再分佈

在熱氧化過程中，靠近矽表面的摻質雜質將會重新分佈，這種情形取決於幾個因素。當兩個固相物體接觸在一起時，分佈於其中之一內部的雜質會在此二物體內重新分佈，直到達成平衡為止。此與我們先前於第二章中所提及，由熔融液進行晶體成長時之雜質再分佈的情況類似。在矽內的雜質平衡濃度對二氧化矽內平衡濃度之比例，稱為「分離係數」（segregation coefficient），定義為

$$k = \frac{\text{在矽內雜質的平衡濃度}}{\text{在 } SiO_2 \text{ 內雜質的平衡濃度}} \tag{15}$$

第二個影響雜質再分佈的因素是，矽內的雜質可能會快速地擴散穿過二氧化矽，並逸入氣體氛圍中。如果在二氧化矽中雜質的擴散率很大，這項因素將益形重要。再分佈的第三項因素是二氧化矽的成長，使得矽與二氧化矽間的邊界隨氧化時間增加而深入矽中。此邊界深入的速率與雜質穿過氧化層擴散速率間之相對關係對於再分佈的程度相當重要。注意即使某一雜質的分離係數 k 等於一，此雜質在矽中的再分佈仍會發生。如圖 3.3 所指出，氧化層的厚度約為其所置換之矽的兩倍。因此，相同量的雜質會分佈在一較大的體積中，導致從矽而來之雜質的空乏。

四種可能的再分佈過程描繪於圖 3.9[6]。這些製程可分為兩類。一類是氧化層吸納雜質，(圖 3.9a 和 b，$k < 1$)，另一類是氧化層排斥雜質(圖 3.9c 和 d，$k > 1$)。在任一類中，所發生的情況將依雜質能多快速擴散通過氧化層而定。在第一類中，矽表面將會發生雜質空乏，一個例子就是 k 值近似於 0.3 的硼。若雜質快速擴散穿過二氧化矽將會增強空乏的程度，一個例子就是硼摻雜矽於氫的氛圍中加熱，因為氫會加強硼在二氧化矽中的擴散率。

在第二類中，k 大於一，所以氧化層會排斥雜質。如果雜質穿過二氧化矽的擴散相對較慢，雜質就會堆積在靠近矽表面，一個例子就是磷，其 k 值近似於 10。當擴散穿透二氧化矽層很快時，大量的雜質也許會從固相中逸向氣相氛圍，多到將造成雜質的嚴重空乏，一個例子即為鎵，其 k 近似於 20。

在二氧化矽中再分佈的摻質雜質很少在有電性上的作用。然而，在矽中摻質的再分佈對製程與元件性能皆有重要的影響。舉例而言，不均勻的摻質分佈將會影響界面陷阱特性量測之結果，而表面濃度的變化將會改變臨界電壓及元件的接觸電阻。

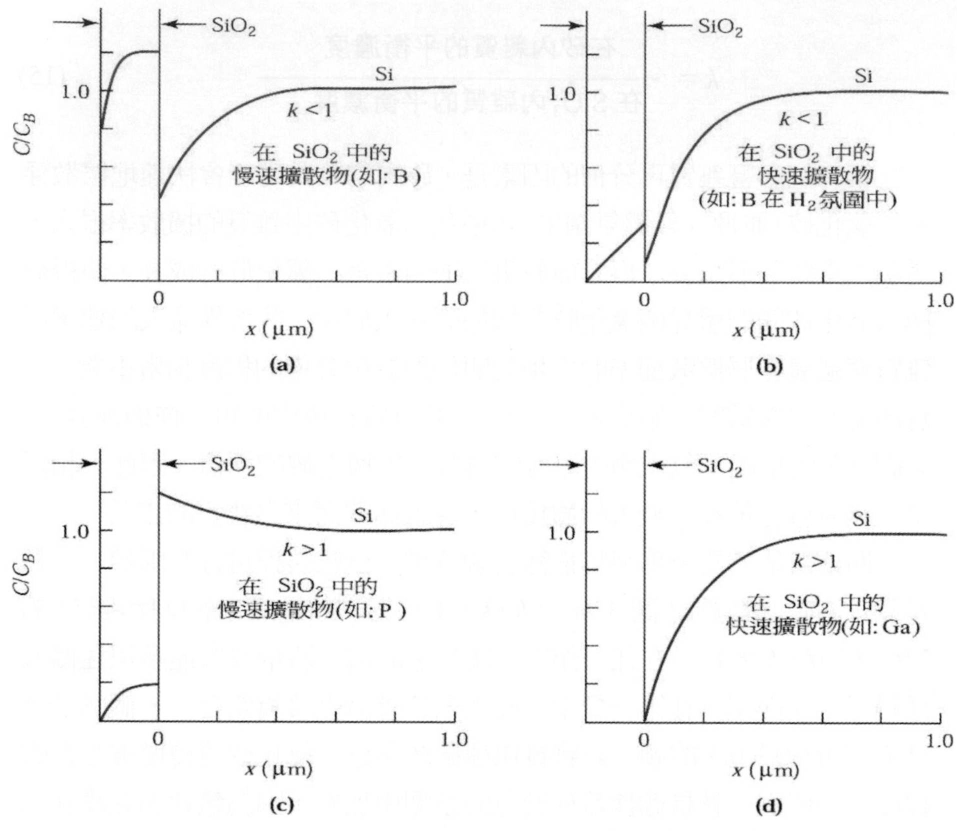

圖 3.9 因熱氧化而導致矽中雜質再分佈的四種情況[6]。

3.3 二氧化矽層的遮罩特性

二氧化矽層對於在高溫擴散的雜質也可以提供選擇性的遮罩（masking），對於 IC 製造而言是一個很有用的特性。雜質的預沉積（見第六章），不管是用離子佈值、化學擴散或旋塗（spin-on）技術，基本上都會形成一位於或靠近氧化層表面的雜質源。在後續的高溫驅入步驟時，在氧化層遮罩區域的擴散必須要比在矽裡的擴散足夠地低，以避免雜質擴散通過遮罩的氧化層到矽表面。所需的厚度可由實驗上，藉由量測在某特定溫度與時間下，可防止一輕摻雜矽基板導電度的極性被反轉所需要的基本氧化層厚度而定。一般當作雜質遮罩的氧化層厚度是 0.5 到 1 μm。

表 3.3 摻質在 SiO_2 的擴散常數

摻質	1100 °C 時之擴散常數(cm^2/s)
B	3.4×10^{-17} to 2.0×10^{-14}
Ga	5.3×10^{-11}
P	2.9×10^{-16} to 2.0×10^{-13}
As	1.2×10^{-16} to 3.5×10^{-15}
Sb	9.9×10^{-17}

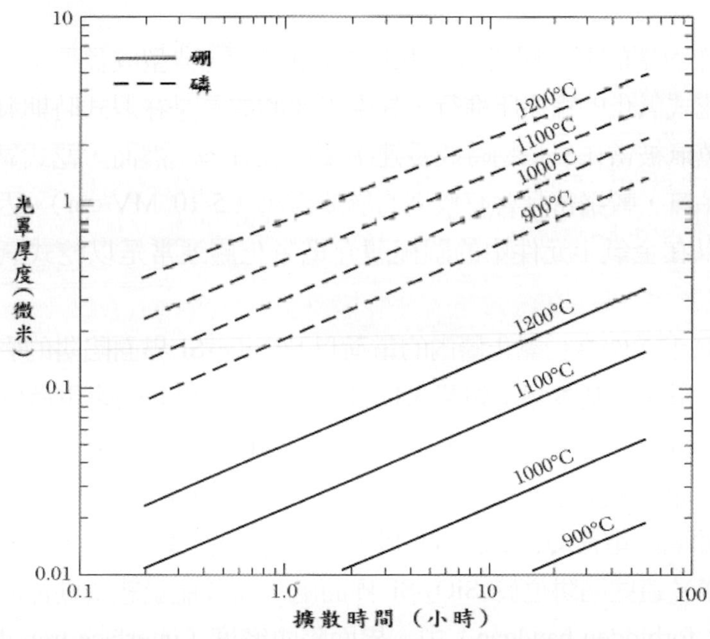

圖 3.10 不同溫度與時間下用於阻擋硼與磷擴散所需的氧化矽厚度。

在氧化層裡，不同雜質的擴散常數值取決於濃度、氧化層的結構與特性等因素。表格 3.3 列出一些常見雜質的擴散常數值，圖 3.10 則顯示在不同擴散時間與溫度下，要有效遮擋硼和磷雜質擴散所需要的氧化層厚度，可發現二氧化矽對於遮住硼比遮住磷更有效率。磷、銻、砷和硼在二氧化矽裡的擴散常數比在矽中低了好幾個數量級，因此他們都很適合用二氧化矽層當遮罩。然而，對於鎵與鋁而言這情形就不成立了。氮化矽是另一種被使用當作這些元素的遮罩層。

3.4 氧化層的品質

當作遮罩的氧化層通常是用濕式氧化成長。典型成長是由一乾式－濕式－乾式氧化的程序所進行，其中主要的成長是在濕式時期發生，因為當水蒸氣被當作氧化物時成長速率要快上許多。然而，乾式氧化層有較好的品質，較緻密且會有較高的崩潰電壓（5-10 MV/cm）。因為這原因，所以在金氧半元件中的閘極薄介電氧化層通常是以乾式氧化所形成。

金氧半元件會受氧化層內的電荷以及 SiO_2-Si 界面陷阱的影響。這些陷阱與電荷的基本類型如圖 3.11 所示，包括有界面陷阱電荷（interface trapped charge）、固定氧化層電荷（fixed oxide charge）、氧化層陷阱電荷（oxide trap charge）以及移動離子電荷（mobile ion charge）等[5]。

界面陷阱電荷 Q_{it} 深受 SiO_2-Si 界面特性所影響，且與界面處的化學組成有關。這些陷阱位於 SiO_2-Si 界面處，而其能量態位則位於矽的禁止能隙（forbidden bandgap）中。界面陷阱密度（interface trap density，即每單位面積與每單位電子伏特的界面陷阱數目）與晶體方向有關。於 <100> 方向，其界面陷阱密度約比 <111> 方向少一個數量級。目前於

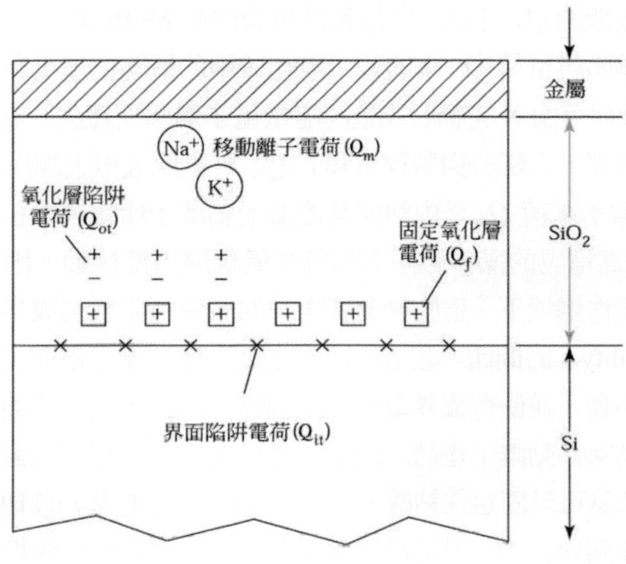

圖 3.11 熱氧化矽之相關電荷術語 [3]。

矽基上以熱氧化（thermal oxidation）生成二氧化矽之 MOS 二極體，可經由低溫（450℃）的氫退火（anneal）將大部分界面陷阱電荷加以護佈（passivation）。在 <100> 方向的 Q_{it}/q 值可以小於 10^{10} cm^{-2}，相當於大約為每 10^5 個表面原子會存在一個界面陷阱電荷。對 <111> 方向的矽基板而言，Q_{it}/q 約為 $10^{11}cm^{-2}$ 。

固定氧化層電荷 Q_f 位於距離 SiO_2-Si 界面約 3 nm 內。此種電荷固定不動，且即使表面電位 ψ_s 有大範圍的變化仍難以使其充放電。Q_f 一般為正值，且與氧化、退火的條件以及矽的晶體方向有關。一般認為當氧化反應停止時，一些離子化的矽留在界面處，而這些離子加上表面未完全矽鍵結（如 Si-Si 或 Si-O 鍵）會造成正的界面電荷 Q_f 。

Q_f 可視為是 SiO_2-Si 界面處的一層片電荷（charge sheet）。對小心呵護處理的 SiO_2-Si 界面系統而言，典型的固定氧化層電荷密度在 <100> 的表面約為 $10^{10}cm^{-2}$ ，而在 <111> 的表面約為 $5 \times 10^{10}cm^{-2}$ 。由於<100>

方向具有較低的 Q_{it} 與 Q_f，所以較常用於矽基 MOSEFT。

氧化層陷阱電荷 Q_{ot} 常隨著二氧化矽中的缺陷的產生有關，舉例而言，這些電荷可由 X 光輻射或是高能量電子轟擊而產生。這些陷阱分佈於氧化層內部，大部分與製程有關的 Q_{ot} 可以低溫退火加以去除。

移動離子電荷 Q_m 是由鈉或其他鹼金屬離子所組成，在升溫（如＞100°C）及高電場的操作條件下，可在氧化層內部移動。因此在高偏壓及高溫的操作環境下，這些鹼金屬離子的微量污染會造成半導體元件穩定度（stability）的問題。在這些情況之下，移動離子電荷可以在氧化層內來回的移動，並使得臨界電壓產生偏移。因此，在元件製作時須特別注意，以消除移動離子電荷。例如，可以在氧化過程加入氯來減少鈉的污染，因為氯可以固定住鈉離子。小量（6％ 或更少）的 HCl 在氧化氣體中可以達到此目的，但是氯的存在會增加乾式氧化的線性和拋物線性速率常數，導致較快的氧化速率。

3.5 氧化層厚度的量測

或許決定一個氧化層厚度最簡單的方法，就是參考對照表格 3.4 所列的顏色圖表來決定 [6]。當使用白色光源垂直照射表面覆蓋氧化層的晶圓時，光線穿透進入透光的氧化層並會被下面的矽基板所反射。此時由於特定波長的建設性干涉使得其強度增加，使得晶圓表面呈現此特定波長的顏色。舉例而言，一個具有 500nm 厚二氧化矽層的晶圓會呈現出藍綠色。

很清楚地，以上述顏色圖表法來做對照是過於主觀且非準確的方式。若要更精準的量測可以利用使用輪廓儀（profiler）或是橢圓測試儀（ellipsometer）技術。

表 3.4　以日光燈垂直照射下，不同厚度的熱氧層呈現顏色對照表

厚度(μm)	顏色及註解	厚度(μm)	顏色及註解
0.05	黃褐	0.68	淺藍
0.07	褐	0.72	藍綠到綠
0.10	深紫到紅紫	0.77	淺黃
0.12	略帶紅色的深藍	0.80	橙
0.15	淺藍到亮藍	0.82	橙紅色
0.17	亮黃綠	0.85	不鮮明，淺紅紫
0.20	淡黃；微亮	0.86	紫
0.22	金黃偏橘	0.87	藍紫
0.25	黃橘到黃綠	0.89	藍
0.27	紅紫	0.92	藍綠
0.30	藍到藍紫	0.95	暗黃綠
0.31	藍	0.97	黃到淡黃
0.32	藍到藍綠	0.99	橙
0.34	亮綠	1.00	淡紅
0.35	綠到黃綠	1.02	紫紅
0.36	黃綠	1.05	紅紫
0.37	綠黃	1.06	紫
0.39	黃	1.07	藍紫
0.41	淡黃橘	1.10	綠
0.42	淡紅色	1.11	黃綠
0.44	紫紅	1.12	綠
0.46	紅紫	1.18	紫
0.47	紫	1.19	紅藍紫
0.48	藍紫	1.21	紫紅
0.49	藍	1.24	粉紅到橙紅
0.50	藍綠	1.25	橙
0.52	綠	1.28	淡黃
0.54	黃綠	1.32	天空藍到綠藍
0.56	綠黃	1.40	橙
0.57	淺黃	1.45	紫
0.58	淡黃橙到粉紅	1.46	藍紫
0.60	淡紅色	1.50	藍
0.63	紫紅	1.54	暗黃綠

資料來源：參考文獻[6]

輪廓儀是一種常見的薄膜厚量測方法。在此技術中，成長或是沉積的膜必須先產生一階梯狀的結構，可於沉積時加遮罩的方式或是成膜之後進行蝕刻來產生。量測時，輪廓儀上的一根精細探針拖引掃過薄膜的表面（圖 3.12）[7]，當探針遇到階梯時，一個很小的變動會指出階梯的高度。接著，此訊息將會被顯示在紀錄圖表或是陰極射線管（CRT）螢幕上。膜厚大於 100 nm 到小於 5 μm 的薄膜，可以藉此儀器量測其厚度。

橢圓測試儀是另一種廣為使用的量測技術，其原理與光反射或穿透過一介質時其極化性質的改變有關。極化性質的改變跟材料的光特性（即複數折射係數）、厚度、光的波長與相對於垂直表面的入射角度有關。極化的差異可藉由橢圓測試儀量測，之後氧化物的厚度便可被計算出來。

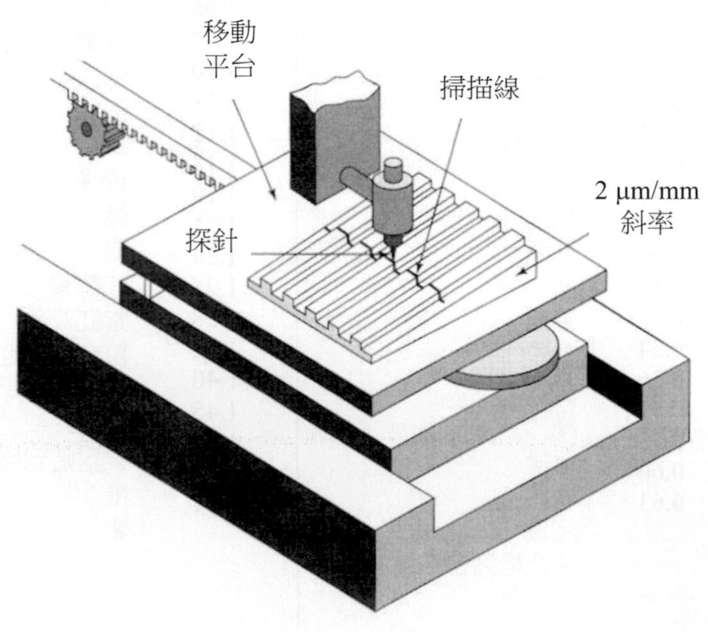

圖 3.12　表面輪廓儀之組態[7]。

3.6 氧化模擬

當 IC 的尺寸持續微縮以增加其積密度時，對於製造時須精確認知其中相關的一維、二維及三維結構之訊息越來越多也越重要。然而，藉由實驗來檢驗與評估這些結構的特性是相當耗時且昂貴。因此，電腦模擬對於探討 ULSI 製造過程是一個很重要的工具。這需要一些精巧的模擬程式去解一般用以描述不同製程之模式的微分方程式。

史丹佛大學製程工程模型程式（SUPREM）可能是最廣為使用的製程模擬軟體。SUPREM 實際上可以模擬不同維度的氧化層成長，包括可以算出移動的 Si－SiO_2 邊界、成長時雜質的析出，和其它相關的物理現象。此外，SUPREM 還可以預測不相同的沉積、擴散、磊晶成長與離子佈值等製程，將個別地在各章中加以描述。

SUPREM 所執行的氧化模擬之依據是 3.1.1 節中所描述的成長動力學模型。此套裝程式（package）也加入 Arrhenius 函數來描述濕氧或乾氧的線性和拋物線性速率常數，和基本（rudimentary）模型用以模擬加氯之氧化過程。氧化過程是用 DIFFUSION 指令來模擬，並搭配 WETO2 或 DRYO2 參數來標明濕氧或是乾氧[8]。SUPREM 也需要製程條件規格，如時間、溫度分佈等等。在薄氧化層範圍時，SUPREM 使用一經驗模擬公式[9]

$$\frac{dx}{dt}=\frac{B}{2x+A}+Ce^{-x/L} \tag{16}$$

其中的 B 和 A 是氧化速率常數，C 和 L 則是經驗常數。

執行 SUPREM 時，需要一個輸入的檔案。此檔案包括了一連串的敘述和指令。一般常使用的敘述，其說明附於附錄 I。檔案一開始用一個 TITLE 敘述，其單單只是一個於程式輸出時重覆出現在每一頁的說明。下一道指令，INITIALIZE，是一個用以設置基板類型、晶向和摻雜等條件的控制敘述。此指令也可以用來指定所要模擬的區域其厚度和建立網格（grid）。當基板和材料訊息建立後，一連串的敘述被使用去指定後續所需的流程步驟。最後，模擬結果可以列印或是畫出的型式輸出，分別以 PRINT 與 PLOT 敘述進行。模擬結束需使用 STOP 敘述。一般檔案中會出現好幾個 COMMENT 敘述，這些敘述有助於過程說明及模擬程式的檔案化。上述概念可藉範例 3 加以瞭解。

範例 3

假設我們想要在一個<100>矽晶圓上執行一個乾式－濕式－乾式氧化程序，條件為 1100 ℃下，5 min 於乾氧，2 hours 濕氧，最後再 5 min 乾氧。假如矽基板磷摻雜濃度為 10^{16} cm^{-2}，試用 SUPREM 決定最後氧化層的厚度與磷摻雜於氧化層與矽層中的濃度分佈。

≺解≻

SUPREM 輸入列表如下：

```
TITLE          Oxidation Example
COMMENT        Initialize silicon substrate
INITIALIZE     <100> Silicon Phosphor Concentration=1e16
COMMENT        Ramp furnace up to 1100 C over 10 minutes in N2
DIFFUSION      Time=10 Temperature=900 Nitrogen T.rate=20
COMMENT        Oxidize the wafers for 5 minutes at 1000 C in dry O2
DIFFUSION      Time=5 Temperature=1100 DryO2
COMMENT        Oxidize the wafers for 120 minutes at 1000 C in wet O2
DIFFUSION      Time=120 Temperature=1100 WetO2
COMMENT        Oxidize the wafers for 5 minutes at 1000 C in dry O2
DIFFUSION      Time=5 Temperature=1100 DryO2
COMMENT        Ramp furnace down to 900 C over 10 minutes in N2
DIFFUSION      Time=10 Temperature=1100 Nitrogen T.rate=-20
PRINT          Layers Chemical Concentration Phosphor
PLOT           Active Net Cmin=1e14
STOP           End oxidation example
```

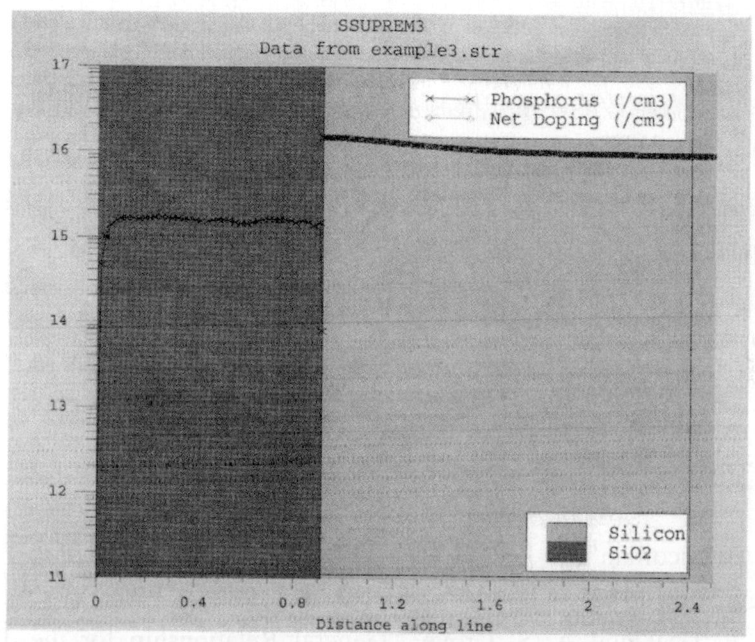

圖 3.13　利用 SUPREM 描繪磷濃度和矽基板深度之關係。

假設當晶圓被送入爐管時其閒置的溫度是 900°C，所以我們使用升溫速率 20°C / minute，以 10 分鐘升到 1100°C，再開始氧化步驟；氧化完成後，再以降溫速率 -20 °C / minute 將溫度降到 900°C 以結束製程。升溫與降溫是在氮氣中執行。

氧化完成後，我們列印與畫出磷濃度與矽基板內深度之關係，結果顯示於圖 3.13 中，可看出氧化厚度為 0.909 μm 與磷於氧化層中分佈之狀況。

3.7 總結

二氧化矽是一個可以在矽晶圓上熱成長的高品質絕緣層，也可以當作是一個雜質擴散或是離子佈值過程中的障礙層，且其是 MOS 元件與線路上的一重要的構成要素。這些因素對矽技術能成為今日最重要的半導體材料應用具有極大的貢獻。

本章中介紹矽的熱氧化機制及氧化成長的動力學模型，此模型能精確預測廣大製程條件範圍下的氧化成長速率。本章中也探討了雜質重新分佈與利用氧化物當做遮罩的特性，同時對氧化層特性的分析方法與氧化層品質也加以討論。最後部份介紹了製程模擬套裝軟體 SUPREM，此技術的使用不單侷限於氧化製程，在其他章節也會再度探訪。

參考文獻

1. E. H. Nicollian and J. R. Brews, *MOS Physics and Technology*, Wiley, New York, 1982.

2. B. E. Deal and A. S. Grove, “General Relationship for the Thermal Oxidation of Silicon,” *J. Appl. Phys.*, **36**, 3770 (1965).

3. J. D. Meindl, et al., “Silicon Epitaxy and Oxidation, ”in F. Van de wiele, W. L. Engl, and P. O. Jespers, Eds., *Process and Device Modeling for Integrated Circuit Design*, Noorhoff, Leyden, 1977.

4. A. S. Grove, *Physics and Technology of Semiconductor Devices*, Wiley, New York, 1967.

5. B. E. Deal, “Standardized Terminology for Oxide Charge Associated with Thermally Oxidized Silicon,” *IEEE Trans. Electron Dev.*, **27**, 606 (1980).

6. W. Pliskin and E. Conrad, “Nondestructive Determination of Thickness and Refractive Index of Transparent Films,” *IBM J. Res. Develop.*, **8**, 43-51 (1964).

7. S. Wolf and R. Tauber, *Silicon Processing for the VLSI Era*, Lattice Press, Sunset Beach, CA, 2000.

8. *SSUPREM3 User’ Manual, Silvaco* International, Santa Clara, CA, 1995.

9. H. Massound, C. Ho, and J. Plummer, in J. Plummer, Ed., *Computer*

Aided Design of Integrated Circuit Fabrication Processes for VLSI Devices, Stanford University Technical Report, Stanford, CA, 1982.

習題（*指較難習題）

1. 一 p 型 <100>–方向的矽晶圓，其電阻係數為 10 Ω-cm 。將之置於濕式氧化的系統，於 1050°C 成長 0.45 μm 之場氧化層。試決定所需之氧化時間。

*2. 習題 1 中第一次氧化後，在氧化層上開一個窗口，並以乾氧法，於窗口內以 1000°C，20 min 成長閘極氧化層。試決定閘極氧化層的厚度及場氧化層的總厚度。

3. 試證明當時間較長時，式(11)可簡化為 $x^2 = Bt$，時間較短時，則可簡化為 $x = B/A(t+\tau)$。

4. 試決定對 <100>–方向的矽晶圓樣本，於 980 ℃ 及一大氣壓時進行乾式氧化的擴散係數 D。

5. 描述析出係數之定義。

6. 假設氣相沉積後，利用原子吸附儀量測出 Cu 於 SiO_2 中濃度為 5×10^{13} atoms/cm^3。以 HF / H_2O_2 溶解 SiO_2 後，量測出 Cu 於 Si 層中濃度為 3×10^{11} atoms/cm^3。試計算 Cu 於 SiO_2 / Si 層的析出係數。

*7. 一個表面無物且沒摻雜的<100>–方向矽晶圓樣本，在 1100°C 下乾式氧化 1 小時。在矽晶圓被氧化層覆蓋後移除一半晶圓上的氧化層。緊接著，在 1000°C 下濕式氧化 30 分鐘。使用 SUPREM 算出此兩區域的厚度。另外，表面及矽基板（指界面）的階梯差高度各為多少？

第四章 微影

微影（photolithography，或譯雕像術）是將光罩（mask）上的幾何形狀圖案轉換於覆蓋在半導體晶圓上之感光薄膜材質（稱為光阻，photoresist，通常簡稱 resist）的一種步驟[1]。這些圖案用來定義積體電路中各種不同區域，例如：佈植區、接觸窗口（contact window）與焊接墊（bonding-pad）區。而由微影步驟所形成的光阻圖案，並不是電路元件的最終部分，而只是電路圖形的模圖。為了製造電路圖形，這些光阻圖案必須再次轉移圖案至下層的元件層上。此種圖案轉移（pattern transfer）是利用蝕刻（etching）或植入（implant）製程，選擇性的將一層未被遮罩的區域去除[2]（見第五章）。圖案轉移已簡述於 1.4.2 節中。本章包含了以下幾個主題：

- 無塵室（clean room，或譯潔淨室）對微影的重要性。
- 最廣為使用的微影術——光學微影與其解析度的改善技巧。
- 其它微影術的優點與限制。

4.1 光學微影

在積體電路製造中，極大多數的微影設備是利用紫外光（ultraviolet）（波長 $\lambda \cong 0.2\text{–}0.4\ \mu m$）的光學儀器。在本節中，我們將考慮用於光學微影（optical lithography）的曝光機器、光罩、光阻與解析度的改善技巧，並且考慮圖案轉移的過程，此為其它微影系統之基礎。首先，我們將簡述無塵室，因為所有的微影製程都必須在超潔淨的環境中進行。

4.1.1 無塵室

IC 製造工廠需要一個乾淨的製程廠房，特別是在微影的工作區域。無塵室的需要起因為空氣中的灰塵粒子可能會附著於半導體晶圓或微影的光罩上，並造成元件的缺陷，使電路故障。例如，半導體表面的一個灰塵粒子可以打亂磊晶膜的單晶成長，造成差排（dislocation）的形成。灰塵粒子併入閘極氧化層，將導致氧化層的傳導係數增加，並造成元件因低崩潰電壓而故障。這種情況在微影工作區域更形重要，因為當灰塵粒子黏附於光罩表面，它就如同在光罩上不透明的圖案，而這些圖案連同光罩上的電路圖案，一起轉移到光阻下的元件層上。圖 4.1 顯示光罩上的三個灰塵粒子[3]，粒子 1 可能造成下面的元件層產生針孔（pinhole）；粒子 2 位於圖案的邊緣，可能造成金屬導線上，電流的緊縮現象；粒子 3 可能導致兩個導電區域的短路現象，而使得電路失效。

在無塵室中，每單位體積的灰塵粒子總數，連同溫度與濕度變化，都必須嚴格的控制。圖 4.2 顯示對不同等級之無塵室，其不同大小粒子

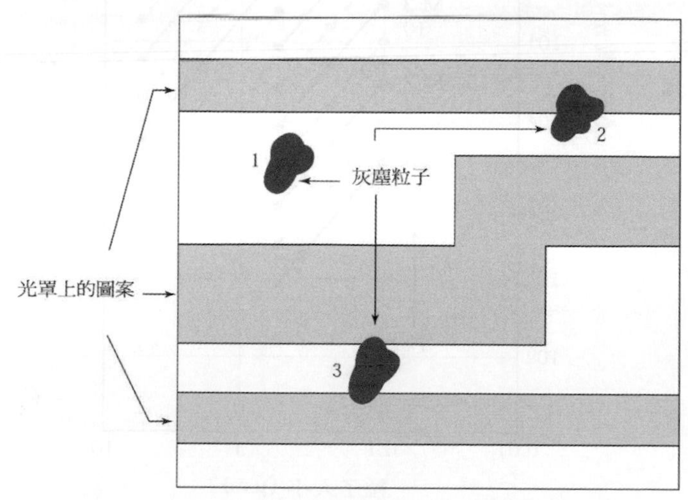

圖 4.1　灰塵粒子對光罩圖案不同方式的妨礙[3]。

的分佈曲線。我們有兩種系統來定義無塵室的等級 [4]，在英制系統，無塵室的設計等級數值，是每單位立方英尺中，大於或等於 0.5 μm 粒子總數的最大容許值。在公制系統，是每單位立方公尺中，大於或等於 0.5μm 粒子總數之對數（底數為 10）的最大容許值。例如，等級為 100 的無塵室（英制），直徑大於 0.5 μm 灰塵的總數量不得多於 100 粒子數／立方英尺（particles/ft^3）而等級為 M 3.5 的無塵室（公制），直徑大於 0.5 μm 灰塵的總數量不得多於 $10^{3.5}$，或約 3500 particles/m^3。因為 100 particles/ ft^3 = 3500 particles/m^3，故一個英制等級 100 的無塵室相當於公制等級 M 3.5 的無塵室。

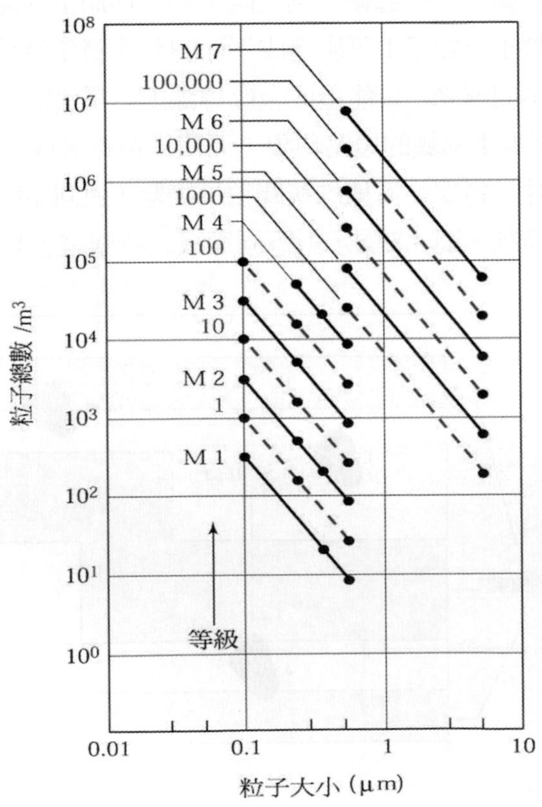

圖 4.2 粒子大小的分佈曲線與無塵室等級，英制（---）與公制（—）[4]。

因為灰塵粒子的總數隨著粒子的尺寸縮小而增加，所以當 IC 的最小特徵長度（feature length）縮小到深次微米的範圍時，對無塵室的環境控制要求將更形嚴苛。對大部分的 IC 製造區域，需要等級 100 的無塵室，亦即其灰塵粒子總數必須比一般室內空氣約低四個數量級。然而，在微影區域，則需要等級 10 或灰塵數更低的無塵室。

範例 1

如果我們將一片 200 mm 的晶圓曝露在 30 m/min 的層流設備（laminar flow）的空氣流中 1 分鐘，若無塵室為等級 10，求將有多少灰塵粒子降落在晶圓上？

≺解≻

對等級 10 的無塵室，每立方公尺有 350 個粒子（0.5 μm 或更大），一分鐘內流經晶圓表面的空氣體積為：

$$(30\ \text{m/min}) \times \pi\left(\frac{0.2\ \text{m}}{2}\right)^2 \times 1\ \text{min} = 0.942\ \text{m}^3$$

此空氣體積中包含灰塵粒子（0.5 μm 或更大）為：

$$350 \times 0.942 = 330\ 粒子$$

因此，如果晶圓上有 400 個 IC 晶方（chip，或譯晶粒），則此粒子數相當於 82 %的晶方會有一個粒子附著。幸好只有部分的降落粒子會附著在晶圓表面，而這些附著粒子只有少部分會附著在電路上關鍵性位置而造成電路故障。此計算可以顯示無塵室的重要。

4.1.2 曝光機台

圖案的轉移過程是利用微影曝光機台（exposure tool）來完成。曝光機台的性能可由下面三個參數來判別：解析度（resolution）、對正誤差（registration）與產出（throughput，或譯產率，即單位時間內處理晶圓的片數）。解析度是指能以高忠實度，轉移到晶圓表面的光阻膜上之最小特徵尺寸，對正誤差是量測後續光罩能多精確對準（或疊對，overlay）於先前晶圓上所定義之圖案，而產能則是對一給定的光罩層，每小時能曝光的晶圓數目。

基本上，光學的曝光方法可分為陰影曝印法（shadow printing）與投影曝印法（projection printing）兩大類[5,6]。陰影曝印法可分為光罩與晶圓彼此直接接觸的接觸曝印法（contact printing）或是二者緊密相鄰的鄰近曝印法（proximity printing），如圖 4.3 所示。圖 4.3a 顯示接觸曝印法的基本裝設，其中塗有光阻的晶圓與光罩實際接觸。利用一幾近平行的紫外光源，經由光罩背面照射一固定時間，使光阻曝光。由於光罩與晶圓的緊密接觸，可提供~1 μm 的解析度。然而，接觸曝印法有一因灰塵粒子所造成的重大缺點。晶圓上的灰塵粒子或是矽微粒，在晶圓與光罩接觸時，都可能嵌入光罩中，這些嵌入的粒子將造成光罩永久損壞，而在後續每次曝光步驟中產生晶圓上的缺陷。

為了減少光罩可能的損壞，可以使用鄰近曝光法。圖 4.3b 顯示其基本裝設。它與接觸曝印法相似，唯一不同是在曝光時，光罩與晶圓間有一間隙，約 10 到 50 μm。然而，此一小間隙卻會在光罩上所設計的電路圖案中的縫隙處造成光學繞射（diffraction）的情形。換言之，當光穿越不透光的光罩圖案的邊緣時，因光繞射導致而有部分光線入射至不透光圖案下的光阻上並使之感光，導致圖形的失真並使解析度劣化至 2 到 5 μm 範圍。

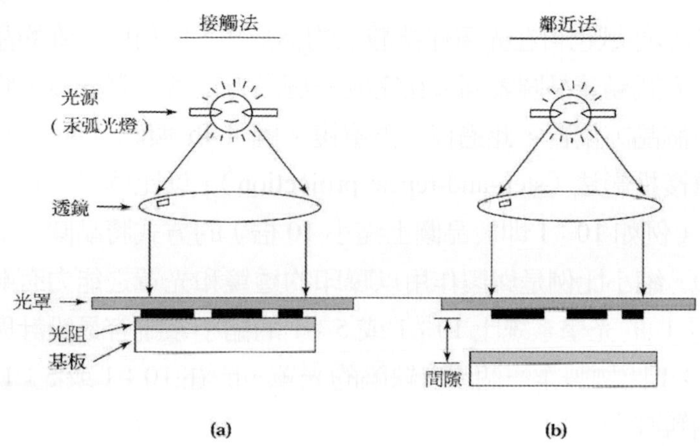

圖 4.3　光學陰影曝印技術的示意圖[1]：(a) 接觸曝印法，(b) 鄰近曝印法。

在陰影曝印法，能被曝印出的最小線寬〔或臨界尺寸（CD），critical dimension〕大約為：

$$\mathrm{CD} \cong \sqrt{\lambda g} \tag{1}$$

λ 是曝光光源的波長，g 是光罩與晶圓間的間隙距離，並包括光阻厚度。當 $\lambda = 0.4$ μm，g = 50 μm，CD 等於 4.5 μm。如果 λ 減少至 0.25 μm（波長範圍 0.2 到 0.3 μm 等於深紫外線光譜區），且 g 減至 15 μm，CD 就變成 2 μm。因此減少 λ 與 g 是有利的。然而當給定一個距離 g，任何直徑大於 g 的微塵粒子都有可能造成光罩損壞。

為了避免陰影曝印法中光罩的損壞問題，投影曝印法的曝光機台於焉誕生，以用來將光罩上圖案的影像投影至相距好幾公分塗有光阻的晶圓上。為增加解析度，一次只曝光一小部分光罩圖案。這一小部分的影像面積藉由掃描（scan）或步進（step），來涵蓋整片晶圓表面。圖 4.4a 顯示一個 1：1 的晶圓掃描投影系統[6,7]。一個寬度~ 1 mm 窄弧形影像域連續地將細長的影像從光罩轉移至晶圓上，晶圓上的影像尺寸與光罩上相同。

這個小的影像域也可在光罩保持靜止的情形下，只利用二維的晶圓平移，以步進方式涵蓋晶圓表面。在完成一個晶方位置的曝光後，將晶圓移動至下一個晶方位置，此過程一再重複。圖 4.4b 與圖 4.4c 分別顯示利用步進重複投影法（step-and-repeat projection），以比例 1：1 或縮小比例 M：1（例如 10：1 即於晶圓上縮小 10 倍）的方式將晶圓影像分割（partition）。縮小比例是與製作用以曝印的透鏡和光罩之能力有關的重要因子。1：1 的光學系統比 10：1 或 5：1 的縮小系統容易設計與製作，但要在 1：1 比例製作一個沒有缺陷的光罩，比在 10：1 或 5：1 的縮小比例下困難許多。

縮小投影之微影可以在不用重新設計步進機透鏡下，曝印較大的晶圓，只要透鏡的透光域尺寸（field size，即晶圓本身上的曝光面積）可以包含至少一個或數個 IC 晶方。當晶方尺寸超過透鏡的透光域尺寸時，進一步的分割光罩上的影像是必要的。

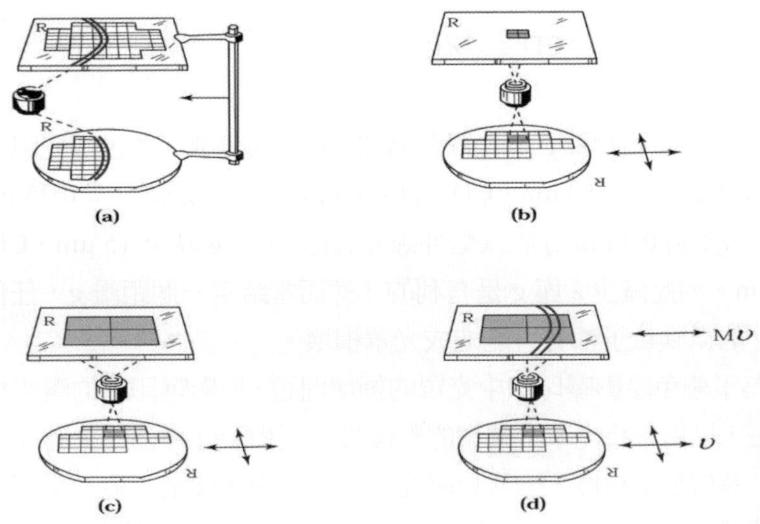

圖 4.4　投影曝印法的影像分割技術：(a) 整片晶圓掃描，(b) 1：1 步進重複，(c) M：1 縮小的步進重複，(d) M：1 縮小的步進掃描[6, 7]。

在圖 4.4d，對一個 M：1 的步進掃瞄投影微影，其光罩上之影像域可呈窄弧形。對步進掃瞄系統，晶圓有一速度為 v 的二維平移，而光罩則有一速度為晶圓速度 M 倍的一維平移。

一個投影系統的解析度（定義可視為與第一章所介紹的技術節點（technology node）相同）可以表示為：

$$l_m = k_1 \frac{\lambda}{\mathrm{NA}} \tag{2}$$

其中 λ 為曝光波長，k_1 為一與製程相依的因子，NA 為數值孔徑（numerical aperture），定義為：

$$\mathrm{NA} = \bar{n} \sin\theta \tag{3}$$

$\bar{n}$ 為影像介質的折射率（通常為空氣，其 $\bar{n}=1$），θ 為圓錐體光線聚於晶圓上一影像點的半角角度值，如圖 4.5 所示[5]。圖 4.5 同時顯示聚焦深度（depth of focus，DOF），可表示為：

$$DOF = \frac{\pm l_m/2}{\tan\theta} \approx \frac{\pm l_m/2}{\sin\theta} = k_2 \frac{\lambda}{(\mathrm{NA})^2} \tag{4}$$

其中 k_2 為另一個與製程相依的因子。

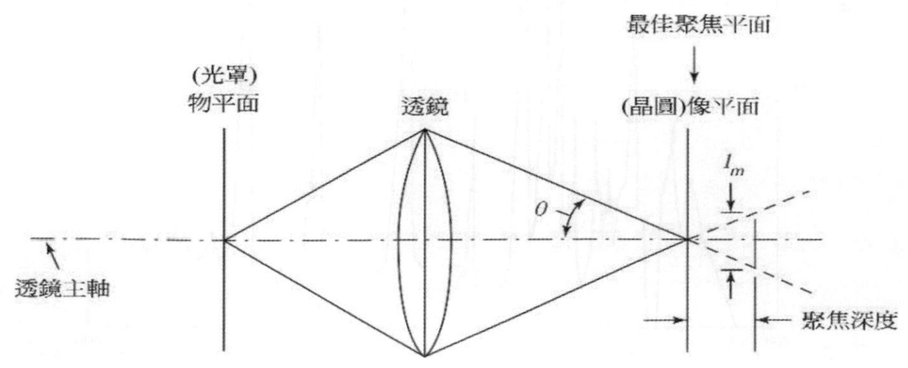

圖 4.5 簡單的影像系統[5]。

式(2)說明解析度可以經由縮短光源波長，或增加 NA，或兩者並行而改善（即較小的 l_m）。然而，式(4)指出，增加 NA 值比縮短光源波長 λ，對 DOF 的劣化更快。這解釋了為何光學微影朝較短波長的趨勢。

由於有高的光強度與可靠度，所以汞弧光燈（mercury-arc lamp）被廣泛作為曝光光源。圖 4.6 顯示汞弧光燈光譜由幾個峰值所組成。被稱為 G-line、H-line 與 I-line 的峰值波長分別為 436 nm、405 nm 與 365 nm。配合解析度改善技術，5：1 的 I-line 步進重複投影之微影系統，可以提供 0.3 μm 的解析度（詳細討論見 4.1.6 節）。但更細微的解析度則須仰賴更先進的曝光機台，如採用 4：1 的 KrF 準分子雷射（excimer laser）的

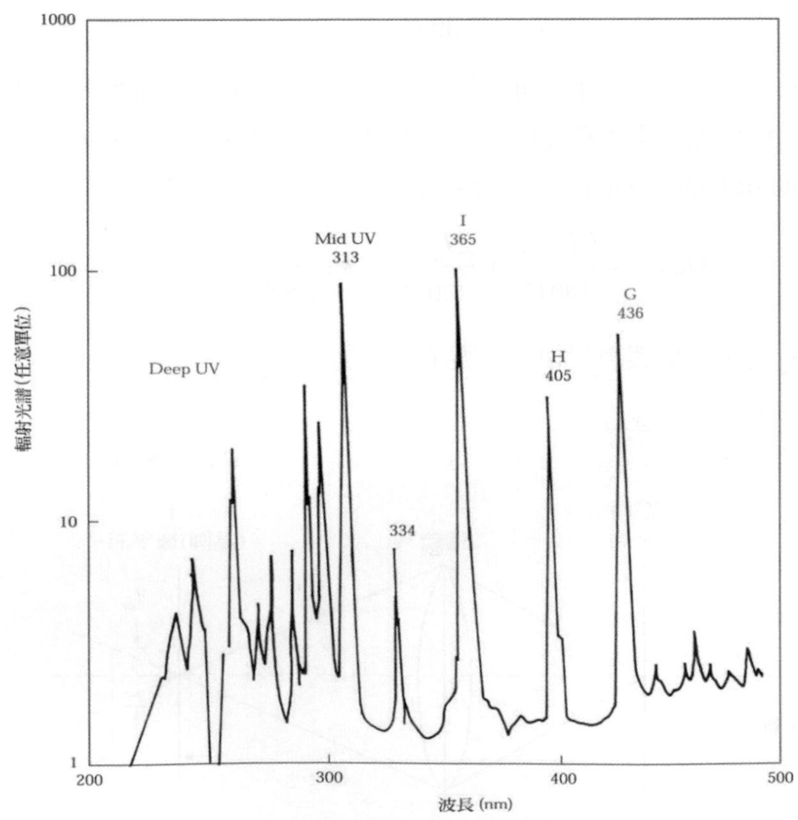

圖 4.6　典型汞弧光燈的光譜。

248 nm 微影系統，其解析度可達 0.18 μm（180nm）；採用 4：1 的 ArF 準分子雷射 193 nm 微影系統，其解析度可至 0.09 μm（90nm）左右。在 193 nm 曝光系統的顯像鏡頭前，滴上一層水可以讓波長變短（水的折射率 1.44，所以波長變為 134 nm），可以進一步改良影像的解析度，此為浸潤式微影（immersion lithography）技術的原理。經過精密儀器的設計與改良，目前最先進的浸潤式微影系統解析度約可達 38 nm 左右。未來若要進一步改良機台本身的解析度，則有賴更短波長的光源，如使用波長為 13 nm 的極紫外光（extreme ultra-violet，EUV）。此部分將在 4.2.2 節中討論。

4.1.3 光罩

用於 IC 製造的光罩（mask）通常為縮小倍數的光罩（reduction reticle，簡稱 reticle）。光罩製作的第一步為設計者以電腦輔助設計（computer-aided design，CAD）系統，完整地將電路圖敘述出來。然後，將 CAD 系統產生的數位資料傳送到電子束微影系統的圖形產生器（將於 4.2.1 節敘述），再將圖案直接轉移至對電子敏感的光罩上。此光罩是由熔凝矽土（fused silica）或是石英的基板覆蓋一層鉻膜組成。電路圖案先轉移至電子敏感層（電子光阻），進而藉由一蝕刻程序將圖案轉移至底下之鉻膜層，去除電子光阻後光罩於焉完成。詳細的圖案轉移將於 4.1.5 節說明。

光罩上的圖案代表 IC 設計的一層。組成的佈局圖（layout）依 IC 製程順序分成各層光罩，如：隔離區為一層、閘極區為另一層等依此類推。一般而言，一組完整的 IC 製程流程依據其複雜度需要 15 到 50 道不同的光罩層。

標準尺寸的光罩基板為 15×15 cm^2，0.6 cm 厚的熔凝矽土或石英平板。尺寸必須滿足 4：1 與 5：1 的光學曝光機中透鏡透光域的尺寸，厚

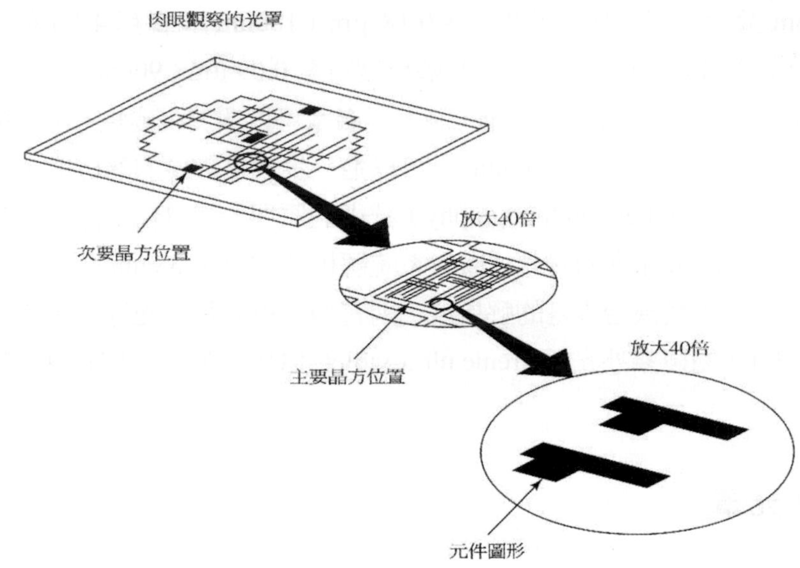

圖 4.7 積體電路光罩 [1]。

度則須滿足將因基板變形所導致的圖案安置誤差減至最低的要求。熔凝矽土或石英平板則取其低熱膨脹係數、在較短波長時之高穿透率與高機械強度。圖 4.7 顯示已完成幾何形狀圖案之光罩，用於製程評估的一些次要晶方位置亦包含在光罩內。

光罩的主要考量之一是缺陷密度。光罩缺陷可能在製造光罩時、或是在後續的微影製程步驟中產生。即使是一個很小的光罩缺陷密度都會對最後 IC 的良率產生極深的影響。良率（yield）的定義是，每一晶圓中良好的晶片數與總晶片數之比。若取一階近似，某一層光罩的良率 Y 可表示為：

$$Y \cong e^{-DA} \tag{5}$$

其中 D 為每單位面積「致命」缺陷的平均數，A 為一個 IC 晶方的面積。若 D 對所有的光罩層都保持相同值（如，$N=10$ 層），則最後良率為：

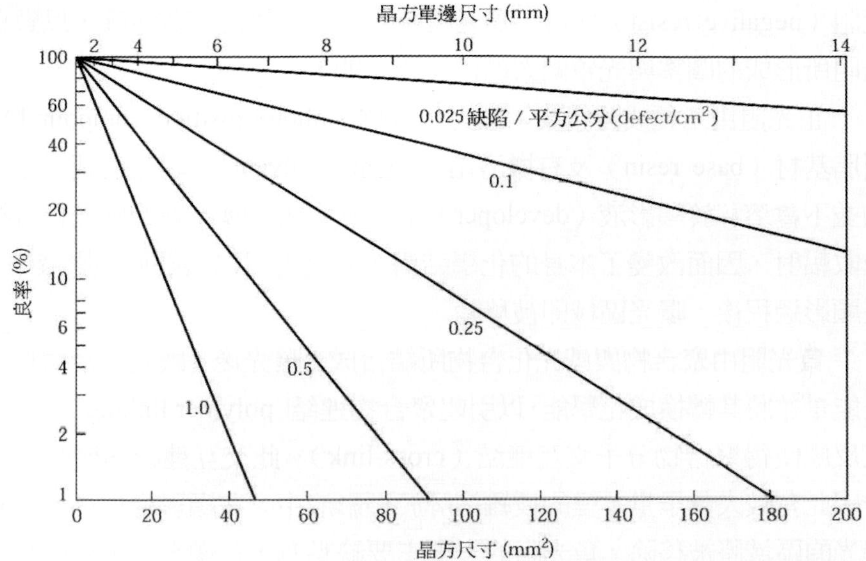

圖 4.8　以每道光罩中不同缺陷密度對一個 10 道光罩微影製程之良率的影響。

$$Y \cong e^{-NDA} \tag{6}$$

圖 4.8 顯示一個 10 層光罩的微影製程，在不同的缺陷密度下，受限於光罩的良率對晶方尺寸之函數。例如，當 $D=0.25$ 缺陷/平方公分時，對 90 mm^2 大小的晶方，其良率為 10%；當晶方面積變為 180 mm^2 時，良率降到約 1%。因此，在大面積晶方上要達到高良率，光罩的檢視與清洗是很重要的。當然，超高潔淨的製程區對微影製程不可或缺的。

4.1.4 光阻

光阻為對輻射(光子)敏感的化合物。光阻可以依其對照射的反應，分成正光阻與負光阻。對正光阻（positive resist）而言，曝光的區域將變得較易溶解，因此可以在顯影（develop）步驟時較容易被移除。其結果為以正光阻產生的圖案（或稱影像）將會與光罩上的圖案一樣。對負光阻（negative resist）而言，曝光區域的光阻將變得較難溶解，以致負光阻所形成的圖案與光罩圖案顛倒（圖 4.9b）。

正光阻由三種成分組成：感光化合物（photosensitive compound）、樹脂基材（base resin）及有機溶劑（organic solvent）。曝光前感光化合物並不會溶解於顯影液（developer）中。曝光後，曝光區的感光化合物吸收輻射，因而改變了本身的化學結構，而變得可以溶解於顯影液中。在顯影過程後，曝光區域即被移除。

負光阻由聚合物與感光化合物所結合成。曝光後，感光化合物吸收光能量並將其轉換成化學能，以引起聚合物連結（polymer linking）反應。此反應使得聚合物分子交互連結（cross-link）。此交互連結的聚合物分子因此有較大分子量，變的較難溶解於顯影液中。在顯影過程後，未被曝光的區域將被移除。負光阻的一項主要缺點為，在顯影的步驟中光阻會吸收顯影液而造成腫脹。此腫脹現象會限制負光阻的解析度。

圖 4.9a 為典型正光阻的曝光反應曲線與影像截面圖[1]。反應曲線描述在曝光與顯影過程後，殘存光阻的百分率與曝光能量間之關係。值得注意的是，即使未被曝光，光阻於顯影液中也有少量的溶解度。當曝光能量增加，光阻的溶解度也會逐漸增加，直到臨界能量（threshold energy）E_T 時，光阻會變得可完全溶解。正光阻的感光度是利用曝光區域光阻產生完全溶解時，所需的能量來定義。因此，E_T 相當於光阻的感光度。除 E_T 外，另一稱為對比值（contrast ratio，γ）的參數也被用來定義光阻的特性：

$$\gamma \equiv \left[\ln\left(\frac{E_T}{E_1} \right) \right]^{-1} \tag{7}$$

其中 E_1 為從 E_T 畫一正切線與 100%光阻厚度相交時的曝光能量，如圖 4.9a 所示。當 γ 值越大，即表示曝光能量增加時，光阻溶解度增加越快，因此可得一個較分明的影像。

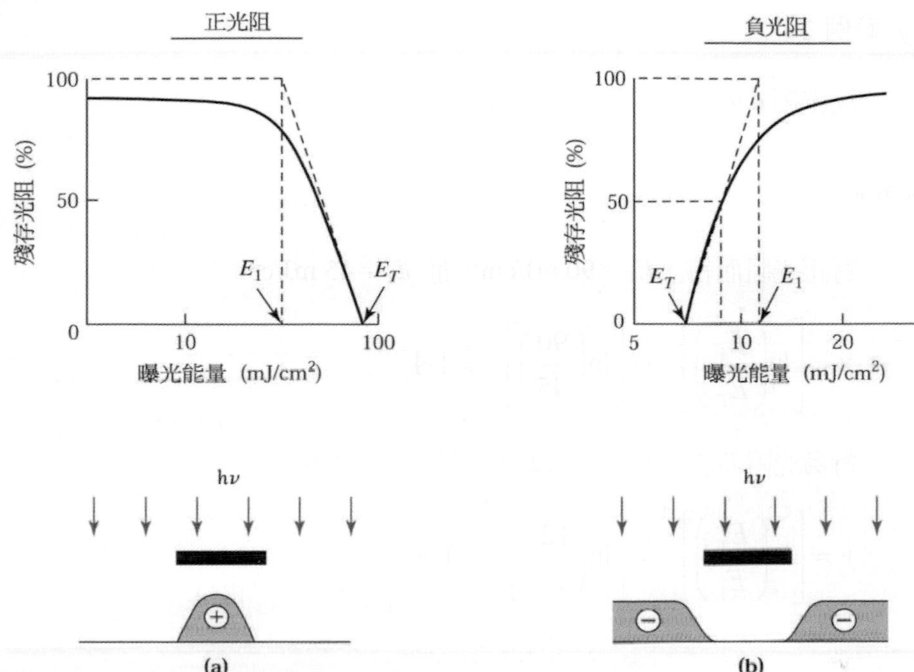

圖 4.9　曝光反應曲線與顯影後光阻影像的截面圖[1]：(a) 正光阻，(b) 負光阻。

圖 4.9a 的影像截面圖說明光罩影像邊緣與顯影後對應的正光阻影像邊緣之關係。由於繞射光強度的變化，光阻影像的邊緣一般並不位於光罩邊緣垂直投影的位置，而是位於光總吸收能量等於其臨界能量 E_T 處。

圖 4.9b 為負光阻的曝光反應曲線與影像的截面圖。在曝光能量小於臨界能量 E_T 時，負光阻依然可以完全溶於顯影液中。當能量高於 E_T 時，在顯影的步驟後，大部分的光阻依然保留著。當曝光能量為臨界能量的兩倍時，光阻薄膜基本上已經不會再溶解於顯影液中。負光阻感光度的定義為保留曝光區光阻原始厚度的 50%所需的能量。參數值 γ 的定義與式(7)類似，只是將 E_1 與 E_T 互相交換。而負光阻的截面圖（如圖 4.9b）也會受到繞射效應的影響。

範例 2

找出圖 4.9 中光阻的參數γ值。

≺解≻

對正光阻而言，$E_T = 90$ mJ/cm^2 而 $E_1 = 45$ mJ/cm^2：

$$\gamma = \left[\ln\left(\frac{E_1}{E_T}\right)\right]^{-1} = \left[\ln\left(\frac{90}{45}\right)\right]^{-1} = 1.4$$

對負光阻而言，$E_T = 7$ mJ/cm^2 而 $E_1 = 12$ mJ/cm^2：

$$\gamma = \left[\ln\left(\frac{E_T}{E_1}\right)\right]^{-1} = \left[\ln\left(\frac{12}{7}\right)\right]^{-1} = 1.9$$

對深紫外光（如 248 及 193 nm）微影而言，我們不能再使用傳統的光阻，因為這些光阻在深紫外光區域需要高劑量的曝光，將造成透鏡的損壞與降低產出量。化學放大光阻（chemical amplified resist，CAR）乃因應而生，專供深紫外光製程使用。CAR 包含光酸產生器（photo-acid generator）、聚合物樹脂（resin polymer）與溶劑。CAR 對深紫外光非常敏感且曝光與非曝光區在顯影液的溶解度差別甚大。

4.1.5 圖案轉移

圖 4.10 闡明將 IC 圖案從光罩轉移至表面有 SiO_2 絕緣層的矽晶圓之步驟 [8]。由於光阻對波長大於 0.5 μm 的光並不敏感，所以晶圓會被置於通常由黃光照射的無塵室中（一般稱為黃光室）。為了確保符合要求的光阻附著力，晶圓表面必須由親水性（hydrophilic）改變為斥水性（hydrophobic）。這種改變可以利用附著力促進劑，以對光阻提供一個

化學性質相近的表面。在矽 IC 製程中，光阻的附著力促進劑一般會使用 HMDS（hexa-methylene-di-siloxane，六甲基二矽胺）。在將此附著層塗佈完成後，晶圓被置於一真空吸附的旋轉盤上，並將 2 至 3 cc 的光阻液滴在晶圓中心處。然後晶圓被快速地加速至一固定的轉速，此固定的轉速維持約 30 秒。要均勻塗佈厚度為 0.5 至 1 μm 的光阻，其旋轉速度一般為 1,000 至 10,000 rpm（rounds/min，每分鐘的轉數），如圖 4.10a 所示。而光阻的厚度與光阻的黏滯性也有關係。

在旋轉的步驟後，晶圓被施以軟烤（soft bake）（一般溫度為 90°~120℃，時間為 60~120 秒）以將光阻中的溶劑移除，並增加光阻對晶圓的附著力。然後利用光學微影系統，將晶圓與光罩上的圖案對準，並利用紫外光將光阻曝光，如圖 4.10b 所示。如果使用的是正光阻，曝光的光阻區將會溶解於顯影液中，如圖 4.10c 左圖所示。光阻的顯影步驟，一般是利用顯影液將晶圓淹沒，再將晶圓沖水並且旋乾。顯影完成後，為了增加光阻對基板的附著力，或許需要再將晶圓以 100°~180℃做曝光後烘烤（post baking）。然後晶圓將被置於蝕刻的環境中，蝕刻暴露的介電層，而不侵蝕光阻，如圖 4.10d。最後，將光阻除去（例如：使用溶劑或是電漿氧化），而留下一個絕緣體的圖像（或圖案），此圖案與光罩上不透光的圖像是一樣的（圖 4.10e 的左圖）。

如果使用的是負光阻，前面描述的步驟都一樣，唯一的不同點是未被曝光的光阻被移除。最後的絕緣體圖像與光罩上不透光的圖像顛倒（圖 4.10e 的右圖）。

絕緣體圖像可以當作接下來製程的遮罩，例如，可以離子佈植（見第七章）摻雜暴露的半導體區域，而不會摻雜有絕緣體覆蓋的區域。對負光阻而言，摻質的圖案與光罩上所設計圖案相同；對正光阻而言，摻質的圖案則是其互補的圖案。而完整的電路製作，是重複微影轉移的步驟，將下一道光罩對準先前的圖案而得。另一相關的圖案轉移製程為舉離（lift-off）技術，如圖 4.11 所示。利用正光阻在基板上形成光阻圖案（圖 4.11a 與圖 4.11b），再沉積一層薄膜（如，鋁）覆蓋光阻與基板表

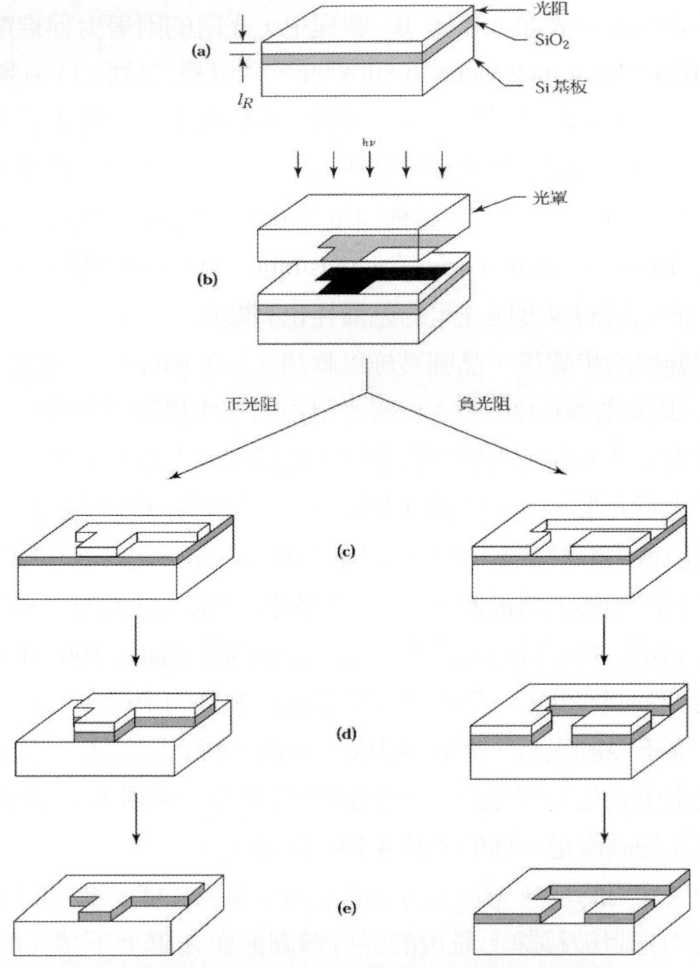

圖 4.10　光學微影的圖案轉移之詳細步驟[8]。

面（圖 4.11c）；此層薄膜厚度必須比光阻薄。然後，選擇性地將光阻溶解於適當的蝕刻溶液，因此覆蓋在光阻上的薄膜會被舉離而移除（圖 4.11d）。舉離技術有高解析度能力因此廣泛用於分立式元件，如高功率的 MESFET。然而，由於乾式蝕刻技術為更好的技術，因此舉離技術並不常被用於極大型積體電路。

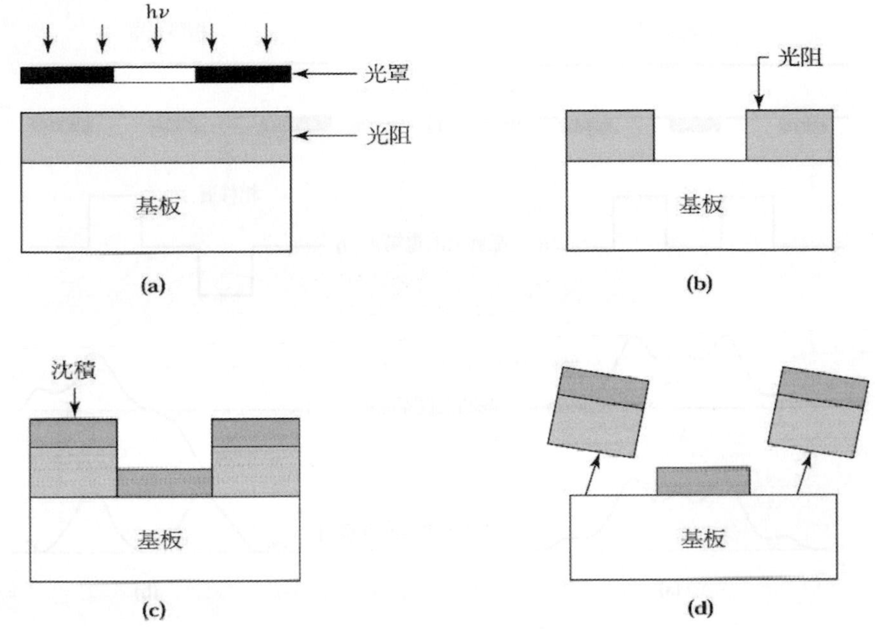

圖 4.11　用於圖像轉移的舉離（liftoff）製程。

4.1.6 解析度的增強技巧

在 IC 製程中，提供較佳的解析度、較深的聚焦深度（depth of focus，DOF）與較廣的曝光容忍度（latitude）一直是光學微影系統的持續挑戰。這些挑戰已經可以用縮短曝光機台的波長與發展新光阻來克服。另外為了得到較小的線寬，許多解析度的增強技巧（resolution enhancement techniques，RET）也陸續被開發並運用於實際的量產，可以將光學微影的應用延伸到更小的特徵長度。以下介紹幾種常見技巧的原理與實施方式。

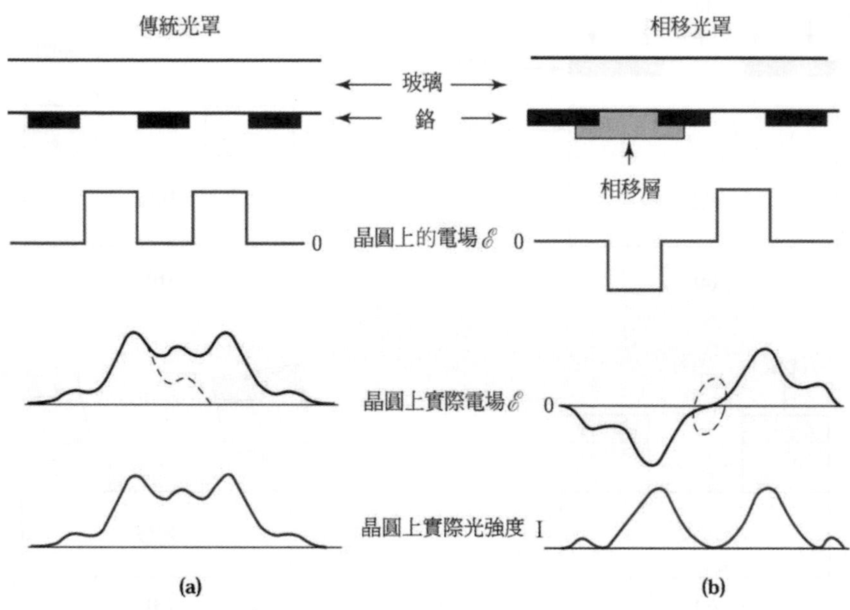

圖 4.12　相移技術的原理：(a) 傳統技術，(b) 相移技術[9]。

相移光罩（phase-shifting mask，PSM）是一項重要的解析度增強技巧，基本概念如圖 4.12 所示[9]。對於傳統的光罩而言，在每個孔隙（透光區）通過的光的電場具有相同的相位，如圖 4.12a 所示。繞射與光學系統的解析度之限制，使得晶圓上之電場分佈散開，如此圖之虛線所示。相鄰孔隙的繞射現象，使得光波被干涉，而增強孔隙間之電強度。因為光強度 I 正比於電場的平方，因此兩個投影的影像若太接近，就不易分辨出來。將相移層覆蓋於相鄰的孔隙上，將使電場反相，如圖 4.12b 所示。因為光罩上的光強度並未改變，晶圓上的影像電場將可被抵銷。因此，相鄰的投影影像即可分辨出來。要得到 180°的相位改變，可用一透明層，其厚度為 $d = \lambda/2(\bar{n}-1)$，其中 $\bar{n}$ 為折射率，λ 為波長（其長可蓋過一個孔隙），如圖 4.12b。

光學鄰近修正（optical proximity correction，OPC）是另一種增強解析度的技術。此法是利用鄰近的次解析（sub-resolution）幾何圖形的修正圖像來改善影像能力。例如，一個方形的接觸孔（contact hole），當其尺寸接近解析度的極限時，曝印出圖像將變成幾近圓形。將光罩上的接觸孔圖案加以修飾，在方形的邊角加上一些幾何圖形，可以曝印出較準確的方形孔。

在 4.1.2 節中曾提到，目前最先進的浸潤式微影系統解析度約可到 38 nm 左右，對於 32 nm 節點與更小尺寸電路的量產無法勝任。在未找到更先進可量產的設備前，可以使用雙重成像（double patterning）的方式，來達成更精細圖案尺寸與密度的要求。所謂雙重成像的原理，是指運用兩次微影曝光與（或）兩次蝕刻的手段，來達成更精細與高密度的圖像。

圖 4.13 展示兩種典型的雙重成像做法。圖 4.13a 的做法是使用連續兩次的微影／蝕刻程序來定義圖案結構，需用到兩道光罩來完成。此方式首先是在待蝕刻層上沉積一硬罩層並以第一道光罩微影程序來定義（步驟 i、ii），接下來以第二道光罩微影程序形成第二光阻層圖案（步驟 iii），接續以硬罩層與第二光阻層同時作為蝕刻硬罩層並進行結構的蝕刻（步驟 iv、v）。

圖 4.13b 是另一種作法：首先以一光學微影程序形成一由犧牲層（sacrificial layer）組成的虛置結構（dummy structure）在晶圓表面上（步驟 i），接著沉積一硬罩層，並以一異向性蝕刻（見第五章的說明）於虛置結構的兩邊側壁上形成以該硬罩層建構的邊襯（spacer）（步驟 ii、iii），之後去除虛置結構（步驟 iv），留下來的硬罩層邊襯作為蝕刻下面材料的硬罩層並完成蝕刻（步驟 v、vii）。與圖 4.13a 的方法相較，此種方式僅需一道光罩即可完成，稱為自我對準雙重定義成形（self-aligned double patterning，SADP）。與傳統以一次光學微影成像的製程相比，上述雙重成像技巧可以使圖案的密度（單位長度內形成的圖案結構數目）縮短一倍，有效增加圖案的密度。雙重成像做法已實際應用於先進晶片的量產，形成包括閘極、接觸孔（contact hole）與鰭式場效電晶體（FinFET）製

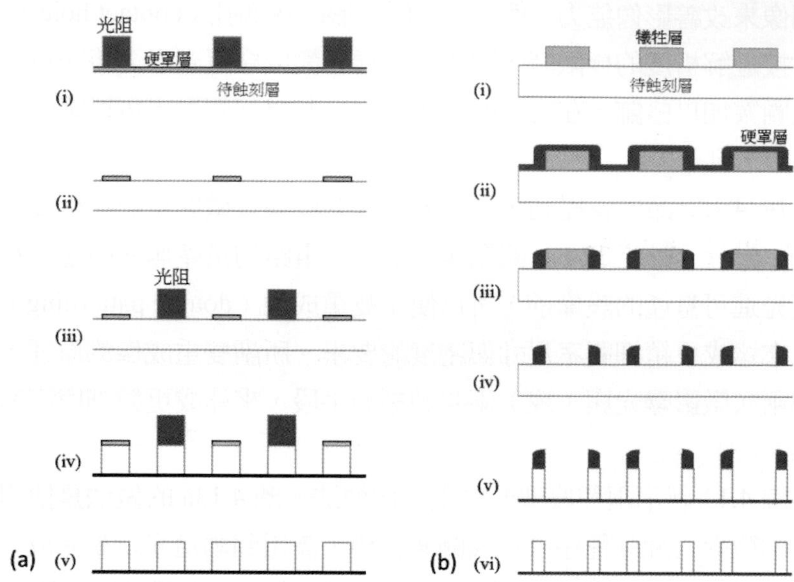

圖 4.13 兩種雙重成像技巧：（a）使用連續兩次光學微影/蝕刻程序的作法。（b）自我對準雙重成像的流程。

程的鰭通道（fin channel）等奈米精密結構。這些做法可以重複多次讓圖案更精細，但由於製程步驟與複雜度增加、當然製程控制難度與成本會明顯增加。

4.2 下世代的微影技術

為何光學微影會被如此廣泛使用？是什麼使光學微影如此被看好？答案是因為它的高產出、好的解析度、低成本且容易操作。

然而，為了滿足奈米 IC 製程的需求，光學微影有一些限制，至今仍懸而未決。雖然我們可以利用 PSM、OPC 與雙重定義成形，來延長光學微影的使用時間，但是複雜的光罩製作與光罩檢查並不容易解決。

另外，光罩成本也很高。因此我們需要找出後光學微影技術，來製作新一代奈米級的 IC。

本節將討論各種用於 IC 製造的下世代微影方法，也將討論電子束微影、極紫外光微影、X 光微影與離子束微影這些微影方法的不同處。

4.2.1 電子束微影

電子束微影（electron-beam lithography）主要用於製作光罩。只有相當少數機台是致力於將電子束直接對光阻曝光，而不須使用光罩。圖 4.14 為電子束微影系統的示意圖 [10]。電子鎗是用來產生一具有適當電流密度之電子束的元件。電子鎗利用鎢熱離子發射陰極，或是單晶的六硼化鑭（LaB_6）來產生電流。聚焦透鏡是用來將電子束聚焦成直徑為 10~25

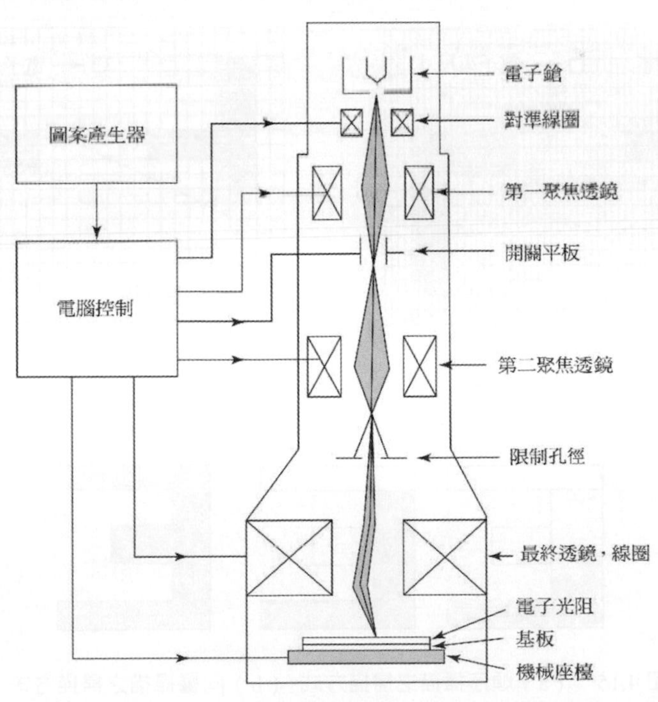

圖 4.14　電子束機台的示意圖 [10]。

nm 的光點。電子束開關平板用來控制電子束的開關，而電子束偏移線圈是由電腦控制，通常操作在 MHz 或是更高的範圍，來將聚焦電子束導引到基板上掃瞄域（scan field）之任意位置。因為掃瞄域（典型為 1 cm）通常比基板直徑來的小，因此會用一個精準的機械座檯來將要被曝光的基板定位。

電子束微影的優點包含：可以產生次微米的光阻幾何圖案、高自動化及高精準度控制的操作，比光學微影有較大的聚焦深度，與不用光罩可直接在半導體晶圓上描繪圖案。缺點為電子束微影機台產出低，在解析度小於 0.25 μm 時，約為每小時 10 片晶圓。這樣的產能對光罩生產、需求量小的訂作電路及證明設計可行性的情況而言是足夠的。然而，對於不用光罩的直寫（direct writing，或譯直寫）方式，機台必須要儘可能提高產出，故要採用與元件最小尺寸相容的最大光束直徑。

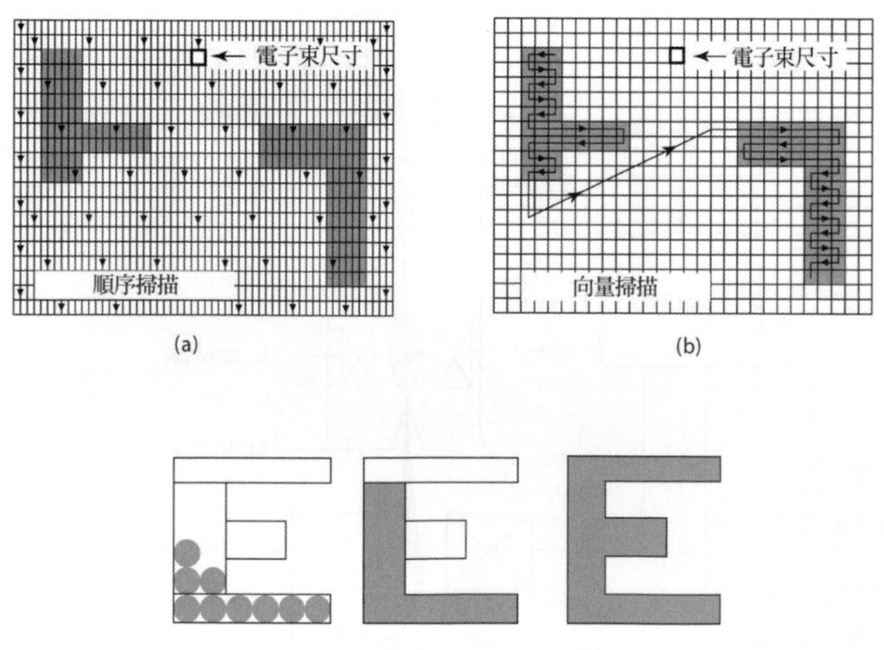

圖 4.15　（a）順序掃描之掃描方式，（b）向量掃描之掃描方式，（c）電子束形狀：圓形、可變形狀、單元投影[12]。

基本上聚焦電子束的掃瞄分成順序掃瞄（raster scan）與向量掃瞄（vector scan）[11]兩種形式。在順序掃瞄系統中，光阻圖案是利用電子束規則的垂直移動來描寫出來，如圖 4.15a 所示。電子束依序掃瞄光罩上需曝光的位置，在不需要曝光的區域則適時的關閉。在描寫區域上的所有圖案必須被細分成個別的位址（address），而且一給定的圖案必須有一個最小的增量間隔，而這些間隔亦可被電子束位址大小來平均分割。

在向量掃瞄系統，如圖 4.15b，電子束只被導引到需要的圖案特徵處，且電子束從一個圖案特徵處跳至另一個圖案特徵處，而不須如順序掃瞄般掃瞄整個晶方。對許多晶方而言，平均的曝光區域，只有全部面積的 20%，所以用向量掃瞄系統，我們可節省曝光時間。

圖 4.15c 為電子束微影中利用到的數種電子束的類型：高斯點狀電子束（Gaussian spot beam，即圓形電子束）、可變形狀電子束（variable-shaped beam）與單元投影（cell projection）。在可變形狀電子束系統中，繪圖的電子束有可調整面積大小及長寬比的矩形截面。它有可同時曝光數個位址的優點，因此，在向量掃瞄方法中，利用可變形狀電子束時，可比利用傳統的高斯點狀電子束法，有較高的產出。而利用單元投影的方法，可以讓電子束系統在一次曝光下，完成一個複雜的幾何形狀，圖 4.15c 的最右邊為此法的圖示。單元投影技術[12]特別適合高度重複性的設計，如 MOS 記憶胞，因為數個記憶胞的圖案，可經由一次曝光就完成。但單元投影技術的產出尚未達到光學微影曝光機台的水準。

電子光阻

電子光阻（electron resist）為聚合物。電子光阻的性質與光學用光阻類似，換言之，經由照射引起光阻之化學或物理變化。這種變化可使光阻被圖案化。對正電子光阻而言，聚合物與電子之間的交互作用。造成化學鍵的破壞（鍊斷裂，chain scission），而形成較短的分子片段，如圖 4.16a[13]，結果造成照射區的光阻分子量變小，而在接下來的顯影步

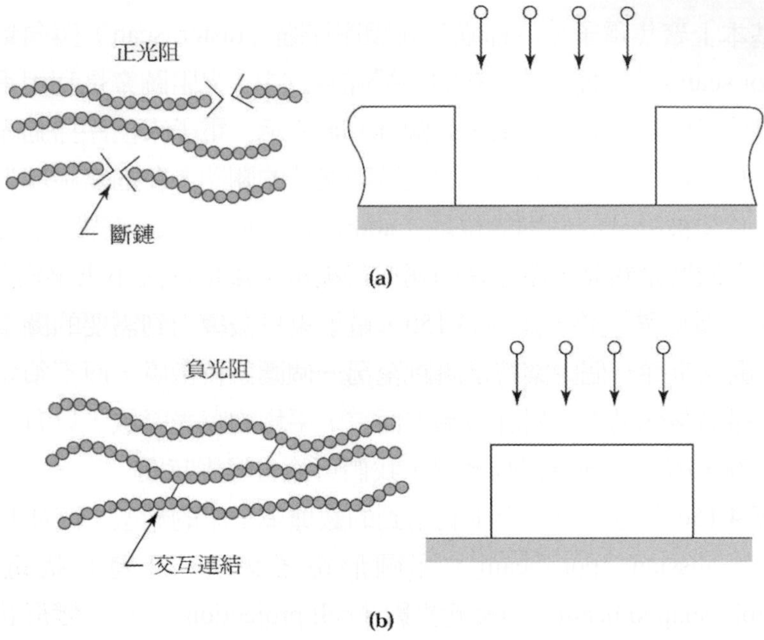

圖 4.16 電子束微影系統所使用到的正光阻與負光阻示意圖[13]。

驟中，會因顯影液侵蝕分子量較小的材質而溶解。一般的正電子光阻包括 PMMA（poly-methyl methacrylate，聚甲基丙烯酸甲酯）與 PBS（poly-butene-1 sulfone，聚丁烯-[1]石風）。而正電子光阻的解析度可達 0.1 μm 或更精細。

對負電子光阻而言，照射造成聚合物連結在一起，如圖 4.16b。此種交互連結產生一複雜的三維結構，其分子量比未經輻射處理之聚合物大。未經照射的光阻能夠溶解於顯影液中，而顯影液並不會侵蝕高分子量的材質。COP（poly-glycidyl methacrylate-co-ethyl acrylate，聚甘油丙烯酸甲酯－丙烯酸乙酯）為一種常用的負電子光阻。COP 就如同大部分的負光阻，在顯影時會腫大，所以其解析度之極限約在 1 μm。

鄰近效應

在光學微影中，解析度的極限是由光的繞射來決定。而在電子束微影中，解析度並非受限於繞射(因為具有數個 keV 或是更高能量的電子，其對應的波長比 0.1 nm 更短)，而是受限於電子散射。當電子穿透過光阻膜與下層的基板時，這些電子將經歷碰撞。這些碰撞造成能量損失與路徑的改變。因此這些入射電子在它們穿越物質時會散開，直到它們的能量完全喪失，或是因背向散射而離開材質。

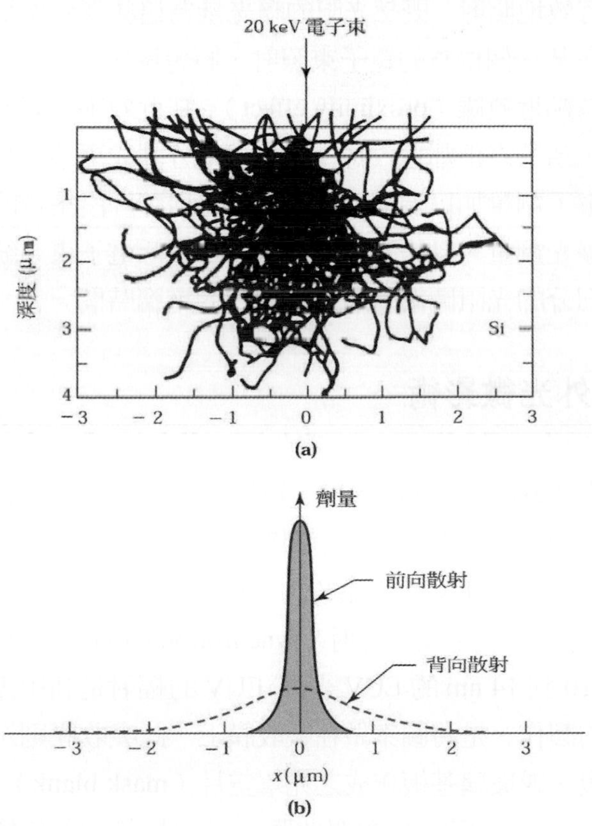

圖 4.17 (a)能量為 20keV 的電子束中 100 個電子在 PMMA 中之軌跡模擬[15]，(b)在光阻與基板界面間，前向散射與背向散射的劑量分佈。

圖 4.17a 為計算出的 100 個電子的軌跡，其初始能量為 20 keV，入射於厚矽基板上 0.4 μm 厚 PMMA 薄膜層之原點 [14]。此電子束沿著 z 軸方向入射，而所有的電子軌跡都投影在 xz 平面上，此圖定性上顯示，電子的分佈形狀像一個長橢圓形的西洋梨，而其直徑大小與電子的穿透深度約為同一數量級（~ 3.5 μm）。另外，許多電子也因經歷背向散射碰撞，而從矽基板反向行進，進入 PMMA 光阻再離開材質。

圖 4.17b 顯示在光阻與基板界面，正向散射與背向散射電子的歸一化分佈圖。由於背向散射的關係，這些電子可以將距曝光束中心點數微米的區域，有效地照射。既然光阻的曝光量為這些環繞區域照射劑量的總和，所以在某一個位置的電子束照射，將會影響到鄰近位置的照射。此現象稱之為鄰近效應（proximity effect）。鄰近效應會限制圖案特徵間的最小間距。為了修正鄰近效應，可將圖案分割成更小的片段。將每個片段的入射電子劑量加以調整，使其與所有相鄰片段集合的總電子劑量，恰為正確的曝光劑量。但此方法會更進一步降低電子束系統的產出速度，因為要將更細分的光阻圖案曝光需要額外的電腦時間。

4.2.2 極紫外光微影術

極紫外光（extreme ultraviolet，EUV）微影極有希望在不久的將來成為下一世代微影技術 [15]，因為它可將最小線寬與結構的間距延伸到 10 nm 以下。圖 4.18 為 EUV 微影系統的示意圖。雷射產生的電漿激發出的光源（主流技術），或是同步輻射（synchrotron radiation）設施，皆可作為波長 λ 為 10 到 14 nm 的 EUV 光源。EUV 的輻射是利用光罩的反射，而光罩圖案的製作，是將圖案做在吸收膜上，此吸收膜則沉積在多層覆蓋的平矽基板、或玻璃基板作成之光罩空片（mask blank）上。而 EUV 輻射是由光罩上的非圖案區（無吸收膜區）反射，經由四倍的微縮照相，將影像轉移至晶圓上的薄光阻層。

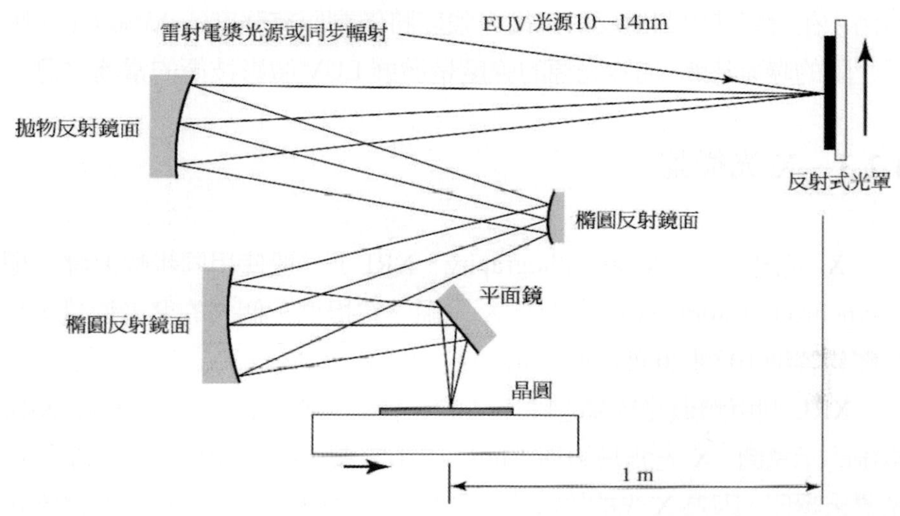

圖 4.18 EUV 微影系統的示意圖 [15]。

因為 EUV 輻射束很窄，因此必須利用光束掃瞄的方式將描述電路的光罩層完全掃瞄。再者，對於一個四面鏡子（即一個拋物面鏡、兩個橢面鏡、一個平面鏡）的四倍微縮照相機，晶圓必須以光罩移動之四分之一速度、且反方向被掃描，以在晶圓表面上之所有晶片位置複製所要之影像域。一個精密的系統必須在掃描曝光過程中具備對晶片位置的對準功能、控制晶圓與光罩基座的移動，和曝光劑量的控制。

EUV 微影雖有曝印出 10 nm 以下圖案的能力，然而，製造 EUV 曝光機台將面臨幾項挑戰。因為所有的材質對 EUV 光都有強的吸收能力，所以微影過程必須在真空下進行。傳統光學微影設備採用的穿透式光學系統也不再適用，照相機必須使用反射透鏡元件，而這些鏡子必須覆蓋多層的覆蓋層，如此才可以產生分佈式四分之一波長之布拉格反射鏡。另外，光罩空片必須要多層膜覆蓋，以便在波長為 10 到 14 nm 時得到最大的反射率。目前 EUV 可否量產最大的瓶頸在於產出速度太慢（雖然已遠比電子束微影技術為佳），這與其需使用反射式的光學系統有關聯：EUV 每次反射後光強度將衰減為反射前的 60%或更低。以此圖 4.18

為例，在行經其中四道反射鏡後光強度將僅剩原有強度的 13%以下，影響光阻的曝光時間。加強光源的強度是發展 EUV 微影技術的當務之急。

4.2.3 X 光微影

X 光微影[16]（X-ray lithography，XRL）一般使用同步輻射儲存環（synchrotron storage ring）作為 X 光源。它提供一個大的聚光通量，且可輕易容納 10 到 20 部的曝光機台。

XRL 利用類似光學鄰近曝印法的一種陰影曝印法。圖 4.19 為 XRL 系統的示意圖。X 光波長約為 1 nm，經由緊鄰（10 到 40 μm）晶圓的 1× 光罩來曝印。因為 X 光的吸收由材質的原子數決定，而大部分的材質在波長為 1 nm 時有很低的透光率，因此光罩的基板必須為薄的鼓膜層（1 到 2 μm 厚），且必須由低原子數的材質製成，如碳化矽或矽。圖案本身則是定義在一層有較高原子數的薄（約 0.5 μm 厚）材質中，如鉭、鎢、金，或是它們的合金，而此層由薄的鼓膜層來支撐。

光罩為 XRL 系統中最困難且關鍵的部分，而且 X 光光罩的製作比光學光罩來的複雜。為了避免 X 光在光源與光罩間被吸收，通常曝光都是在氦的環境下完成。X 光在真空中產生，它是由一薄的真空窗（通常為鈹）與氦隔開。光罩基板會吸收 25%到 35%的入射通量，因此必須加以冷卻。而 1 μm 厚的 X 光光阻約吸收 10%的入射通量，且基板不會反射所以無駐波的產生，因此不需要覆蓋抗反射層。我們可以利用電子光阻作為 X 光光阻，因為當原子吸收 X 光時會進入激發狀態而放射出電子。激發狀態原子回到基態時，會放射出 X 光，此 X 光與入射 X 光波長不同。此 X 光又被其他光阻中的原子吸收，上述步驟可一再重複發生。因為所有這些步驟都會造成電子的放射，所以光阻薄膜在 X 光的照射下，就相當於被大量的二次電子照射。一旦光阻薄膜被照射，視光阻的型態而定，鍊斷裂或是鍊連結將會發生。

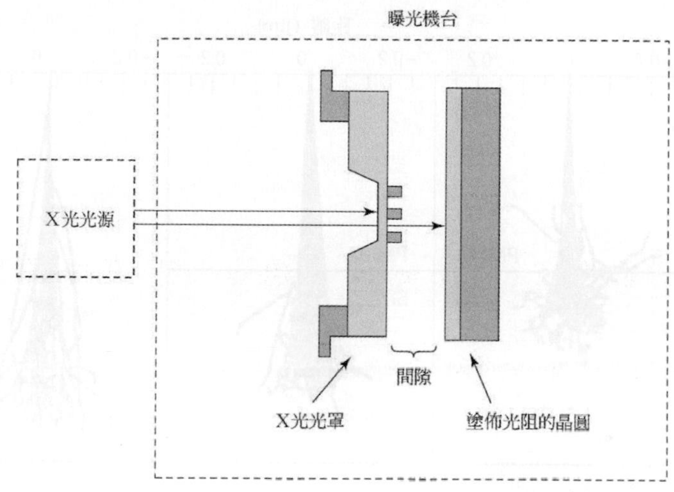

圖 4.19 鄰近 X 光微影系統的裝置示意圖[17]。

4.2.4 離子束微影

離子束微影（ion-beam lithography）比光學、X 光與電子束微影技術可達較高的解析度，因為離子有較高的質量，因此散射比電子少。它最重要的應用為修補光學微影用的光罩，而市面上有專門針對此用途而設計的系統。

圖 4.20 為能量 60 keV 的 50 個 H^+ 離子，佈植入 PMMA 及不同基板中的電腦模擬軌跡[17]。注意在深度為 0.4 μm 時，在所有情形下離子束散開的範圍只有 0.1 μm（與圖 4.17a 的電子比較）。對矽基板而言，背向散射幾乎完全消失，只有在金的基板時有少數量的背向散射。然而，離子束微影可能遭受隨機（或離散）空間電荷效應而使離子束變寬。離子束微影系統有掃瞄聚焦離子束與遮罩離子束兩種類型。前者與電子束的機台類似（圖 4.14），其中離子源可為 Ga^+與 H^+。後者系統與 5×光學微縮投影的步進重複系統類似，它經由一個有圖案模板的光罩（stencil mask）投射 100 keV 的輕離子（如 H_2^+）。

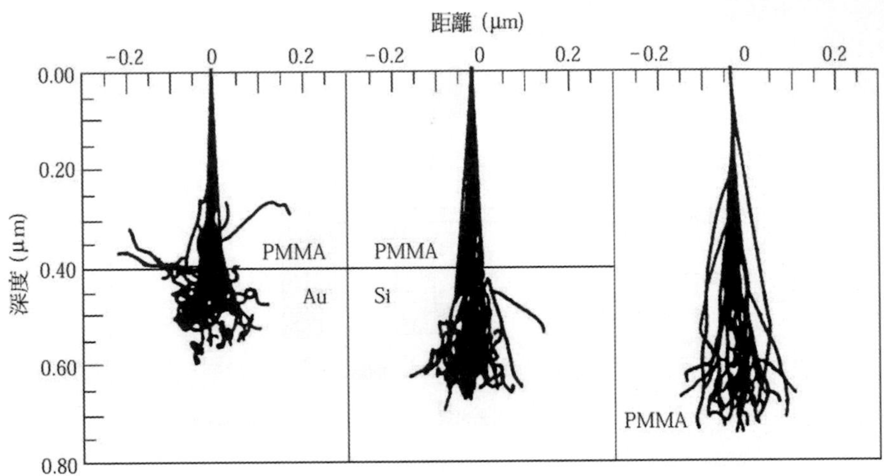

圖 4.20 能量為 60keV 的 H^+ 離子，經過 PMMA 光阻，進入金、矽與 PMMA 基板中的軌跡分佈[17]。

4.2.5 不同微影方法的比較

上面討論的微影方法，都能達成小於 100 nm 的解析度。不同微影技術的比較列於表 4.1。然而，每種方法都有其限制：光學微影中的繞射效應、電子束微影中的鄰近效應，X 光微影中光罩的製作複雜、EUV 微影中的產出速度限制與離子束投影微影中隨機空間電荷效應。以現況評估，EUV 微影技術是其中最為看好也可能是量產應用的終極技術，雖然還有很多困難需要克服。

對於 IC 的製造，多道光罩是必須的。然而，並非每一道光罩都需要使用相同的微影方法。採用混合搭配（mix-and-match）的方法，依據各光罩層解析度的需求、成本與產出速度等因素，選擇適當的製程機台來完成。例如，將目前最先進的 ArF193 nm 浸潤式（將來或會使用 EUV）方法用於最關鍵（最精細）的光罩層，其他製程成本較低的光學微影系統則可用於其餘的光罩層。

表 4.1 不同微影技術的比較

		光學 248/193 nm	SCALPEL[a]	EUV[a]	X 光	離子束
曝光機台	光源	雷射	燈絲	雷射電漿	同步輻射	多尖端
	繞射限制	是	否	是	是	否
	光學曝光法	折射式	折射式	折射式	直接照光	全域折射式
	步進與掃描	是	是	是	是	步進機
	12 吋晶圓的產出/hr	>150	15~20	75（持續進步中）	30	15~20
光罩	縮小倍率	4X	4X	4X	1X	4X
	光學鄰近修正	是	否	是	是	否
	輻射路徑	穿透	穿透	反射	穿透	圖案模板
光阻	單層或多層	單層	單層	表面成像	單層	單層
	化學放大光阻	是	是	否	是	否

[a]SCALPEL，角度限制散射之投影電子束微影；EUV，極紫外光

運用 ArF193 nm 浸潤式曝光機台搭配雙重成像技術，目前微影製程已可達 16/14 nm 量產技術要求，也即將進入 10 nm 技術。考量成本與隨著每個新技術世代，由於較小特徵尺寸的需求與更嚴謹的疊對（overlay）容忍度，微影技術更成為推動半導體工業的關鍵性技術先驅。此外，在 IC 的製造設備中，微影機台成本與總設備成本相比也是越來越高。目前下世代的微影技術已由跨國研究計畫或工業上的伙伴一起聯合發展。

4.3 微影模擬

如氧化（見第三章）的例子，對於研究微影製程，電腦模擬也是一項重要的工具。SUPREM 套裝軟體無法微影模擬，還好另一種普遍的工具，PROLITH，就能提供此能力。

PROLITH 是視窗下執行的程式，它使用起初由 Chris Mack[18] 研發的

正負光阻光學微影模型。透過光阻曝光和顯影，從虛幻的影像形成，PROLITH 完整模擬了一維跟二維的光學微影製程。程式的輸出結果為最終光阻輪廓的正確預測，可用各種影像、平面圖、圖表和計算結果來呈現。特別地，PROLITH 能夠模擬下列敘述：

- 藉由光學投影系統，光罩的影像形成。
- 藉此影像將光阻曝光。
- 影像繞射。
- 曝光光阻顯影。

PROLITH 用資料夾和輸入參數的形式接收微影資訊，使用這資訊來模擬標準與先進的微影製程。使用者只要簡單地敲擊視窗開始目錄下 PROLITH 的圖案就能跑 PROLITH。在成功許可搜尋後，會出現影像工具參數視窗（見圖 4.21）。由於使用者從選項單做選擇，為了能看模擬結果，PROLITH 顯示了參數可能輸入的視窗。這些能從圖表選單中觀察的到。這些概念可從範例 3 用圖表解釋。

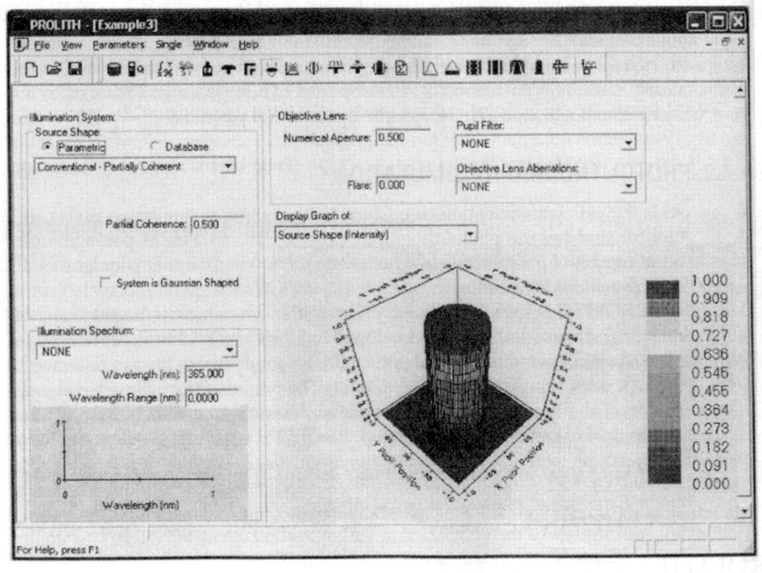

圖 4.21　PROLITH 的影像工具視窗。

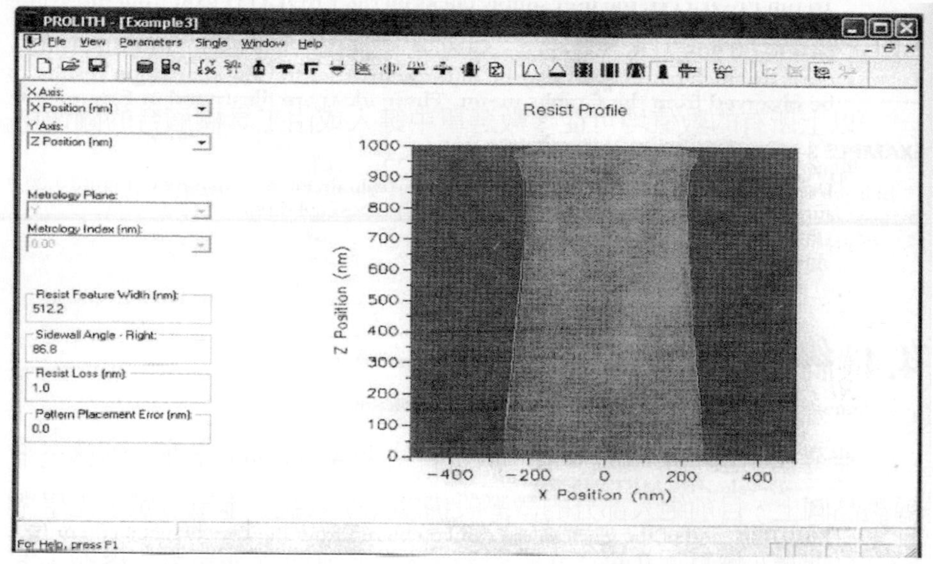

圖 4.22　以圖 4-21 與範例 3 所述之光罩特徵所得之光阻外型。

範例 3

如圖 4.21，圓柱型光罩在曝光和顯影後，使用 PROLITH 來看光阻的輪廓。假設下列的製程條件：

光阻型態：SPR500

預烤溫度：95℃

預烤時間：60 sec

透鏡的數值孔徑：0.5

曝光波長：365 nm

曝光能量：150 mJ/cm^2

曝後烤溫度：110℃

曝後烤時間：60 sec

顯影時間：60 sec

顯影劑：MFT 245/501

≺解≻

以上所有的數值均可從參數選單中鍵入或由工具欄適合的圖像中點入。產生的光阻輪廓顯示在圖 4.22 。

4.4 總結

半導體工業的持續成長是因為可將越來越小的電路圖案，轉移至半導體晶圓上。目前絕大部分的微影設備為光學系統，本章考慮了光學微影的各種曝光機台、光罩、光阻與無塵室。限制光學微影解析度的主要原因為繞射。然而，因為準分子雷射、光阻化學、及解析度增加技術如：PSM 與 OPC 的進步，以及雙重成像技術的應用，光學微影至少在 10 nm 世代前，維持為主流技術。

電子束微影是作為光罩製作和用於探索新元件概念的奈米製作之最佳選擇。其他微影製程技術為 EUV、X 光與離子束微影。雖然這些技術都具有 50 nm 或更高的解析度，但每一個製程都有其限制：電子束微影中的鄰近效應、EUV 微影中光罩的製作困難與光源的限制、X 光微影中光罩的製作複雜、與離子束微影中的隨機空間電荷。

以現況來看，EUV 微影技術最有可能作為光學微影的接班人。然而，在 IC 的製作中並非每一道光罩都需求最精細的線寬與圖案密度。一般生產都會依據各層結構的解析度需求，採用混合搭配的方式，例如使用 I-line、KrF 248 nm, ArF 193 nm 等各種設備，可以擷取每一種微影製程的特殊優點，來改善解析度、增大產出與降低成本。

參考文獻

1 For a more detailed discussion on lithography, see (a) K. Nakamura, "Lithography," in C. Y. Chang and S. M. Sze, Eds., *ULSI Technology*, McGraw-Hill, New York, 1996. (b) P. Rai-Choudhurg, *Handboolk of Microlithography, Micromachining, and Microfabrication,* Vol. 1, SPIE, Washington, 1997. (c) D. A. McGillis, "Lithography," in S. M. Sze. Ed, *VLSI Technology*, McGrow Hill, New York, 1983.

2 For a more detailed discussion on etching, see Y. J. T. Liu, "Etching," in C. Y. Chang and S. M. Sze, Eds, *ULSI Technology*, McGraw-Hill, New York, 1996.

3 J. M. Duffalo and J. R. Monkowski, "Particulate Contamination and Device Performance," *Solid State Technol.* **27**(3), 109 (1984).

4 H. P. Tseng and R. Jansen, "Cleanroom Technology," in C. Y. Chang and S. M. Sze, Eds., *ULSI Technology*, McGraw Hill, New York,1996.

5 M. C. King, "Principles of Optical Lithography," in N. G. Einspruch, Ed., *VLSI Electronics*, Vol. 1, Academic, New York, 1981.

6 J. H. Bruning, "A Tutorial on Optical Lithography," in D. A. Doane *et al.*, Eds. *Semiconductor Technology*, Electrochemical Soc., Penningston, 1982.

7 R. K. Watts and J. H. Bruning, "A Review of Fine-Line Lithographic Techniques: Present and Future, " *Solid State Technol.*, **24** (5), 99 (1981).

8 W. C. Till and J. T. Luxon, *Integrated Circuits*, *Materials, Devices, and Fabrication*, Princeton-Hall, Englewood Cliffs, NJ, 1982.

9 M. D. Levenson, N. S. Viswanathan, and R. A. Simpson, "Improving Resolution in Photolithography with a Phase-Shift Mask," *IEEE Trans. Electron Dev.*, **29,** 18 (1982).

10 D. P. Kern *et al.*, "Practical Aspects of Microfabrication in the 100-nm

Region," *Solid State Technol*., **27**, 2, 127 (1984).

11 J. A. Reynolds, "An Overview of e-Beam Mask-Making," *Solid State Technol*., **22** (8), 87 (1979).

12 Y. Someda *et al*., "Electron-beam Cell Projection Lithography: Its Accuracy and Its Throughput," *J. Vac. Sci. Technol*., **B12**(6), 3399 (1994).

13 W. L. Brown, T. Venkatesan, and A. Wagner, "Ion Beam Lithography," *Solid State Technol*., **24** (8), 60 (1981).

14 D. S. Kyser and N. W. Viswanathan, "Monte Carlo Simulation of Spatially Distributed Beams in Electron–Beam Lithography," *J. Vac. Sci. Technol*., **12**, 1305 (1975).

15 Charles Gwyn *et al*., *Extreme Ultraviolet Lithography-White Paper*, Sematech, Next Generation Lithography Workshop, Colorado Spring, Dec. 7-10, 1998.

16 J. P. Silverman, *Proximity X-ray Lithography-White Paper*, Sematech, Next Generation Lithography Workshop, Colorado Spring, Dec. 7-10. 1998.

17 L. Karapiperis *et al*., "Ion Beam Exposure Profiles in PMMA-Computer Simulation," *J. Vac. Sci. Technolo*., **19**, 1259 (1981).

18 *PROLITH/2 User's Manual*, FINLE Technologies, Austin, TX, 1998.

習題

4.1 節 光學微影

1 對等級為 100 的無塵室，試依粒子大小計算每單位立方公尺中灰塵粒子總數（a）0.5 到 1 μm 之間，（b）1 到 2 μm 之間，（c）比 2 μm 大。

2 試找出一有 9 道光罩製程的最後良率？其中有 4 道之平均致命缺陷密度為 0.1/每平方公分，另 4 道為 0.25/每平方公分，另 1 道為 1.0/每平方公分。晶方面積為 50 mm^2。

3. 一個光學微影系統，其曝光功率為 0.3 mW/cm^2. 正光阻要求的曝光能量為 140 mJ/cm^2，負光阻為 9 mJ/cm^2。假設忽略裝卸晶圓的時間，試比較正光阻與負光阻的晶圓產能。

4. （a）對波長為 193 nm 的 ArF 準分子雷射光學微影系統，其 $NA = 0.65$，$k_1 = 0.60$ 與 $k_2 = 0.50$。此曝光機台理論的解析度與聚焦深度為何？（b）實際上我們可以如何修正 NA，k_1，與 k_2 參數來改善解析度？（c）相移光罩 (PSM) 技術改變哪一個參數而改善解析度？

5. 圖 4.9 為微影系統的反應曲線（response curves）：（a）使用較大γ 值的光阻有何優缺點？（b）傳統的光阻為何不能用於 248 nm 或 193 nm 微影系統？

4.2 節 下世代的微影技術

6. （a）解釋在電子束微影中為何可變形狀電子束比高斯電子束擁有較高的產能，（b）電子束微影如何作圖案對準？為何 X 光微影的圖案對準如此困難？（c）X 光微影相較於電子束微影的潛在優點為何？

7. （a）為何光學微影系統的操作模式，由鄰近曝印法演化到 1：1 投影曝印法，最後演化到 5：1 的步進重複投影法？（b）X 光微影系統是否可能使用步進掃描系統？為何可行？或為何不可行？

4.3 節 微影模擬

8. 使用下列修正的參數條件，重做範例 3。

   預烤溫度：100℃
   預烤時間：5 分鐘
   曝光能量：50 mJ/cm^2
   曝後烤溫度：120℃
   曝後烤時間：60 sec
   顯影時間：60 sec
   顯影劑：MFT 319

   解釋在光阻輪廓中任何的差異。

第五章 蝕刻

前一章所討論微影（lithography）是將光罩上的圖案轉換至覆蓋在半導體晶圓表面上之光阻（photoresist）的一種步驟。為了製造電路的圖形，這些光阻圖案必須再次轉移至下層的材料以形成元件的結構，此種圖案轉移（pattern transfer）是利用蝕刻（etching）製程，選擇性的將未被光阻遮蓋區域的下層材料去除[1]。蝕刻製程已簡述於 1.4.2 節中，本章的主要是包括下列幾個主題：

- 半導體、絕緣體與金屬膜的濕式化學蝕刻機制。
- 用於高精確度圖案轉移的電漿輔助蝕刻法（又稱乾式蝕刻，dry etching）。

5.1 濕式化學蝕刻

濕式化學蝕刻廣泛地應用在半導體製程，從晶錠切片後的半導體晶圓開始（第二章），化學蝕刻劑就被利用在晶面的研磨與拋光（polishing），以便得到光學上平整與無損壞的表面。在熱氧化（第三章）或磊晶成長（第八章）之前，半導體晶圓須經由化學清洗，以去除在處理與儲存過程中所產生的污染。濕式化學蝕刻尤其適合用於去除覆蓋於晶圓表面整層的複晶矽（polysilicon）、氧化層、氮化矽、金屬與三五族化合物等薄膜。

濕式化學蝕刻的機制包含下面三個主要步驟，如圖 5.1 所示：反應物經由擴散（diffusion）方式傳送到基板表面，之後於基板表面上進行化學反應，反應生成物再以擴散方式從表面移除。攪動與蝕刻溶液的溫度皆會影響蝕刻率，即單位時間內蝕刻膜被移除的量。在 IC 製程中，大多數的濕式化學蝕刻製程是將晶圓浸入化學溶液中，或是將蝕刻溶

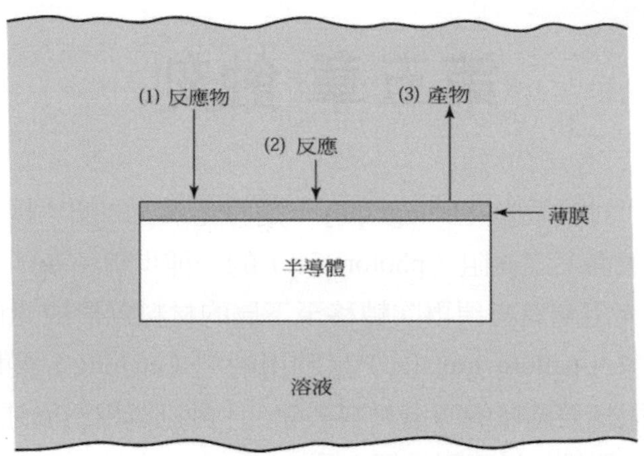

圖 5.1 濕式化學蝕刻的基本機制。

液噴灑在晶圓表面。對於浸入式蝕刻（immersion etching），晶圓浸泡在蝕刻溶液中，通常需要機械攪動，以確保蝕刻的均勻度與前後一致的蝕刻率。噴灑式蝕刻（spray etching）已逐漸取代浸入式蝕刻，因為經由不斷地提供新的蝕刻劑至晶圓表面，可大幅增加蝕刻率與其均勻度。

對半導體生產線而言，高度均勻的蝕刻率是很重要的。這方面的要求包括對晶圓上的每一點，不同晶圓之間，不同批貨之間，與不同的特徵尺寸與圖案密度，都能保持良好的均勻性。蝕刻率均勻度（etch rate uniformity）可以下面的方程式表示：

$$\text{蝕刻率的均勻度}(\%) = \frac{(\text{最大蝕刻率} - \text{最小蝕刻率})}{(\text{最大蝕刻率} + \text{最小蝕刻率})} \times 100\% \qquad (1)$$

範例 1

假設在一 200 mm 晶圓的中間、左邊、右邊、上邊與下邊鋁的蝕刻率分別為 750、812、765、743、與 798 nm/min，計算其平均蝕刻率與蝕刻均勻度。

≺解≻

鋁的平均蝕刻率 = (750+812+765+743+798) ÷ 5 = 773.6 nm/min

蝕刻均勻度 = (812–743) ÷ (812+743) × 100% = 4.4 %

5.1.1 矽蝕刻

對半導體材質而言，濕式化學蝕刻通常先進行氧化，之後再將該氧化層以化學反應加以溶解。對矽而言，最常使用的蝕刻劑為在水或醋酸（CH_3COOH）中，加入硝酸（HNO_3）與氫氟酸（HF）的混合溶液。硝酸會先將矽氧化形成 SiO_2 層 [2]，此氧化反應為：

$$Si + 4HNO_3 \longrightarrow SiO_2 + 2H_2O + 4NO_2 \qquad (2)$$

再利用氫氟酸將 SiO_2 溶解，反應式為：

$$SiO_2 + 6HF \longrightarrow H_2SiF_6 + 2H_2O \qquad (3)$$

水可以作為上述蝕刻劑的稀釋劑。但一般認為醋酸較水的效果更好，因為它可減緩硝酸的分解。

對於單晶矽而言，一些蝕刻劑溶解某個晶面的速率比其他晶面快，可以得到與晶面相依的蝕刻效果 [3]。對矽晶格而言，（111）的晶面單位面積的鍵結數目比（110）與（100）晶面為多，因此，（111）晶面預期有較低的蝕刻率。通常在對矽做晶面相依蝕刻（orientation dependent etching）時，會用氫氧化鉀（KOH）水溶液與異丙醇（isopropyl alcohol）的混合溶液。例如，一重量百分比濃度為 19 wt% 的 KOH 去離子（deionized，DI）水溶液，在約 80℃ 時，蝕刻（100）晶面的速率比（110）與（111）晶面要快許多。（100）、（110）、與（111）晶面的蝕刻率比為 100：16：1 。

利用圖案化二氧化矽當遮罩，對 <100> 晶向的矽做晶向相依蝕刻，會產生清晰的 V 型溝槽 [4]，溝槽的邊緣為（111）晶面，且與（100）晶面呈 54.7° 的夾角，如圖 5.2a 中之左邊的形狀。如果遮罩上的圖案窗夠大或是蝕刻時間夠短，則會形成一個 U 型的溝槽，如圖 5.2a 中之右邊的形狀，其底部表面的寬度為：

$$W_b = W_0 - 2l \cot 54.7° \quad 或 \quad W_b = W_0 - \sqrt{2}\ l \tag{4}$$

其中 W_0 為晶圓表面圖案開口的寬度，l 為蝕刻深度。如果使用的是 $<\bar{1}10>$晶向的矽，基本上會形成邊緣為（111）晶面的直立側壁溝槽，如圖 5.2b 所示。我們可以用此類具有大晶向相依蝕刻率的蝕刻技巧，來製作具有次微米特徵長度的元件結構。

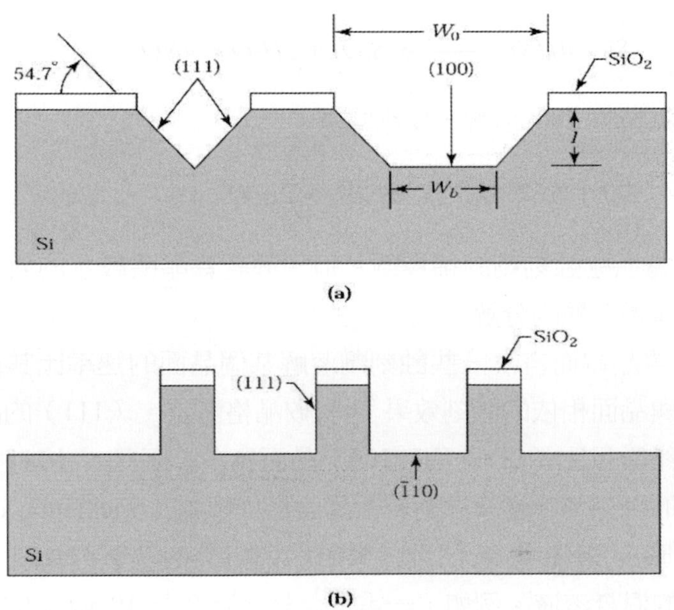

圖 5.2 晶向相依蝕刻 [4]：（a）經由 <100>–晶向矽上的圖案窗，（b）經由<110>–晶向矽上的圖案窗。

5.1.2 二氧化矽的蝕刻

二氧化矽的濕式蝕刻通常利用有或無填加氟化銨（NH_4F）的氫氟酸（HF）稀釋溶液。加入氟化銨時一般稱為緩衝氫氟酸溶液或緩衝氧化層蝕刻（buffered-oxide-etch，BOE），目的在於控制溶液酸鹼值，並可以補充氟化物離子的缺乏，藉此維持穩定的蝕刻性能。二氧化矽蝕刻的整體反應式與式(3)一致，其蝕刻率由蝕刻溶液、蝕刻劑的濃度、攪動與溫度等因素有關。另外，氧化層的密度、多孔性、微結構與其內含的雜質皆會影響蝕刻率。例如，氧化層中若含有高濃度的磷會導致蝕刻率的急遽增加；以 CVD 氧化層或是濺鍍方式製備的氧化層，因其結構較鬆散所以蝕刻率比熱成長氧化層為快。

二氧化矽也可利用氣相的 HF 蒸氣來蝕刻，同時因為此種製程控制容易，對於次微米圖案的蝕刻深具潛力。

5.1.3 氮化矽與複晶矽的蝕刻

氮化矽薄膜可以在室溫下利用高濃度 HF 或是 BOE 溶液，或是利用沸騰的磷酸（H_3PO_4）溶液來蝕刻。由於濃度 85%的磷酸溶液在 180°C 時對二氧化矽的侵蝕非常慢，所以可利用它來進行氮化矽對氧化層的選擇性蝕刻。它對氮化矽的蝕刻率一般為 10 nm/min，而對二氧化矽則低於 1 nm/min。然而，此種沸騰的磷酸蝕刻會有使光阻剝離的問題，所以在塗佈光阻前，須先在氮化矽薄膜上沉積一薄氧化層，然後先將光阻圖案轉移到氧化層，而在接下來的氮化矽蝕刻中利用此氧化層作為蝕刻遮罩，以達到較佳的圖案轉移效果。

蝕刻複晶矽與蝕刻單晶矽類似，但由於複晶矽中存在許多晶界，所以蝕刻速率快了許多。為了確保下方的閘極氧化層不被侵蝕，蝕刻溶液組成比例通常會加以調整。複晶矽中摻質的濃度和溫度也會影響蝕刻率。

5.1.4 鋁蝕刻

鋁和鋁合金薄膜通常利用加熱的磷酸、硝酸、醋酸和去離子水混合溶液來蝕刻。典型的蝕刻劑為 73 % 的磷酸、4 % 的硝酸、3.5 % 的醋酸、以及 19.5 % 的去離子水溶液，而溫度則控制在 30 至 80°C 之間。鋁的濕式蝕刻依下列步驟進行：硝酸先將鋁氧化、磷酸接著溶解氧化鋁。鋁的蝕刻率仰賴蝕刻劑的濃度、溫度、晶圓的攪動，及鋁薄膜內的雜質成分濃度或合金類型，例如，將銅加入鋁中，會降低材料的蝕刻率。

絕緣與金屬薄膜的濕式蝕刻過程類似，通常利用化學溶液將塊狀形態的材料，溶解轉換成可溶的鹽類或複合物。一般薄膜的蝕刻率要比該材料為一厚塊（bulk）結構時快許多。再者，當材料的微結構脆弱、內部存在應力、化學組成背離穩定的比例、或經放射線照射而有內損傷時，都將使薄膜的蝕刻率變快。表 5.1 整理出一些常見用於絕緣與金屬薄膜的蝕刻劑。

5.1.5 砷化鎵的蝕刻

多種砷化鎵（gallium arsenide）的蝕刻已經被廣泛的研究，但幾乎不存在真正的等向性蝕刻[5]，此乃由於（111）鎵晶面與（111）砷晶面的表面活性迥異。大多數的蝕刻會在砷的晶面上形成拋光的表面，然而對鎵的晶面則會有產生晶格缺陷的傾向，且蝕刻率較慢。最常使用的砷化鎵蝕刻劑為 H_2SO_4-H_2O_2-H_2O 與 H_3PO_4-H_2O_2-H_2O 系統。體積比為 8:1:1 的 H_2SO_4-H_2O_2-H_2O 蝕刻劑，對＜111＞鎵晶面蝕刻率為 0.8 μm/min，對其他晶面則為 1.5 μm/min。而體積比為 3:1:50 的 H_3PO_4-H_2O_2-H_2O 蝕刻劑，對＜111＞鎵晶面蝕刻率為 0.4 μm/min，對其他晶面則為 0.8 μm/min。

表 5.1　絕緣體與導體的蝕刻劑

材質	蝕刻劑成分	蝕刻率（nm/min）
SiO_2	28ml HF 170ml HF 113g NH_4F } Buffered HF	100
	15ml HF 10ml HNO_3 300ml H_2O } P – Etch	12
Si_3N_4	Buffered HF	0.5
Al	H_3PO_4	10
	4 ml HNO_3 3.5 ml CH_3COOH 73 ml H_3PO_4 19.5 ml H_2O	30
Au	4 g KI	1000
Mo	1 g I_2 40 ml H_2O 5 ml H_3PO_4 2 ml HNO_3 4 ml CH_3COOH 150 ml H_2O	500
Pt	1 ml HNO_3 7 ml HCl 8 ml H_2O	50
W	34 g KH_2PO_4 13.4 g KOH 33g $K_3Fe(CN)_6$ H_2O 製成1升溶液	160

5.2 乾式蝕刻

在圖案轉移的操作過程中，由微影製程所形成的光阻圖案，是用來當作蝕刻下層材質的遮罩（圖 5.3a）[6]。大部分的下層材質為非晶或複晶型態的薄膜（例如：SiO_2、Si_3N_4與沉積金屬）。當它們以濕式化學蝕刻劑蝕刻時，蝕刻率一般為等向性（isotropic，亦即水平方向與垂直方向的蝕刻率一樣），如圖 5.3b 所示。假設 h_f為下層材質的厚度，l 為光阻底下的側面蝕刻距離，我們可以定義非等向性（anisotropy）的程度 A_f 為：

$$A_f \equiv 1-\frac{l}{h_f}=1-\frac{R_l t}{R_v t}=1-\frac{R_l}{R_v} \tag{5}$$

其中 t 為時蝕刻間，而 R_l 與 R_v 則分別為水平方向與垂直方向的蝕刻率。對等向性蝕刻而言，$R_l = R_v$ 且 $A_f = 0$。

濕式化學蝕刻用於圖案轉移的主要缺點為遮罩層下面的底切（undercut）現象，導致對蝕刻圖案解析度的劣化。就等向性蝕刻而言，實際薄膜的厚度必須為所需解析度的三分之一或是更小，如果圖案要求的解析度遠小於薄膜的厚度，就必須使用非等向性蝕刻（亦即 $1 \geq A_f > 0$），且實際多數應用會傾向選擇 A_f 值靠近 1。圖 5.3c 顯示當 $A_f = 1$ 時的極限情形，可以得到側壁垂直（或 $R_l = 0$）的蝕刻結構。

在極大型積體電路中，為了達到對光阻圖案的高準確度轉移，須使用乾式蝕刻法。乾式蝕刻與電漿輔助蝕刻其實是同義詞。利用多種低壓放電型式的電漿進行蝕刻的乾式蝕刻法，包括有電漿蝕刻（plasma etching）、活性離子蝕刻（reactive ion etching，RIE）、濺鍍蝕刻（sputtering）、磁場增強活性離子蝕刻（magnetically enhanced RIE，MERIE）、活性離子束蝕刻、與高密度電漿（high-density plasma，HDP）蝕刻等類型。

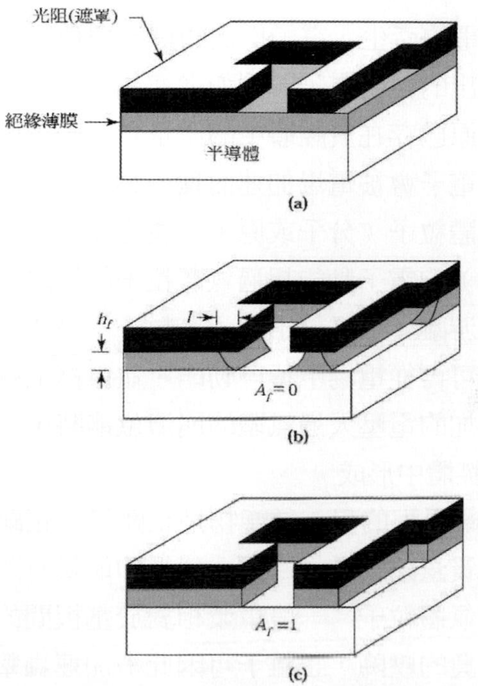

圖 5.3 濕式化學蝕刻與乾式蝕刻的圖案轉移比較[6]。

5.2.1 電漿的組成與基本性質

電漿是部分或完全游離的氣體，包含等數的正、負電荷與一些不同數目的未游離分子或原子。電漿可以是人造或自然生成，實際上自然界存在多種形式的電漿，如太陽的組成，南北極的極光現象等。

半導體製程加工使用的電漿使用直流或交流式的電源來游離氣體，由於相伴而生的亮光，此類技術一般統稱為輝光放電（glow discharge）。電漿中的主要組成粒子包括有電子、正離子、負離子、自由基（radical）、光子等，相當複雜。各種粒子的特性相當不同，了解其性質後可以設計各式電漿裝置運用於不同的製程，包括佈植、沉積、蝕刻以及微影與退火所需的光源。

對於輝光放電的產生，電子扮演關鍵的角色。換言之，電漿是由因某種方式而釋出的自由電子（例如從負偏壓電極之場發射所釋放之自由電子，或是原已存在於腔體中的微量熱電子）所誘發。當電源開啟後，這些自由電子會被電場加速而獲得動能，在它們穿越氣體的過程中，將會與氣體粒子（分子或原子）產生碰撞而損失能量。其中一部分（比例不高）的電子動能超過氣體粒子的游離能時，能量經轉換並使得氣體粒子游離（即釋放出電子，粒子本身成正離子）。被釋放出來的自由電子可再從電場中獲得動能，並重複上述碰撞游離的程序。因此，只要當外加的電壓大過氣體的崩潰位能時，一個持續的電漿就會迅速地在反應腔體中形成。

上述碰撞游離過程的另一種產物是正離子。正離子雖然也會被電場加速，但因為質量遠較電子為重，獲得的能量有限，在電漿氛圍中不會游離其他的氣體粒子。一般電漿相對於基板間的電位較高，在基板表面上形成一負的壓降，正離子可因此被加速轟擊基板表面，此對於蝕刻應用而言有其重要性，將於後面詳細說明。負離子的存在與否則與氣體的成分的電子親和力（electron affinity）有密切的關連性。實際上，除了氦氣與鈍氣（inert gas）外，其他多數的氣體的電漿都會形成負離子，但其濃度大多遠較正離子為低。

另外一項重要的粒子是自由基（radical）。所謂的自由基是指具有不完整化學鍵結的原子或分子。在電漿中，主要是由於具足夠能量的自由電子將分子的一或複數個化學鍵打斷而形成，此過程稱為解離（dissociation）。以 CF_4 氣體為例，其中的碳的 4 個鍵分別與 4 個氟原子形成化學鍵，經電子打斷後可能會形成下列形式的自由基：CF_3、CF_2、CF、F、C 等。由於化學鍵的鍵結能（binding energy）一般較分子或原子的游離能為低，所以電漿中自由基的濃度常較電子與離子濃度高出甚多。例外的狀況是純鈍氣電漿，如氬氣，因為沒有分子的結構存在，所以純氬氣電漿中不會有自由基的存在。自由基由於化學鍵結不完整，通常具有很強的活性（reactivity）可從事特定的化學反應，此特徵對於化學氣相薄膜沉積（chemical vapor deposition）與活性離子蝕刻（reactive ion etching，RIE）等應用而言非常重要。

就乾式蝕刻與電漿輔助沉積而言，電漿中的電子濃度相當低，典型的值為 10^9 到 10^{12} cm^{-3}。在壓力為 1 Torr 時，氣體分子的濃度為電子濃度的 10^4 到 10^7 倍，因此平均氣體的溫度不受電子能量的影響而約維持在 50 到 100 ºC 之間，所以電漿輔助乾式蝕刻為一種低溫製程。電漿輔助沉積則視製程需求可將溫度調高（一般不超過 400°C），可用於需要低溫的後段金屬連線製程。

範例 2

活性離子蝕刻（RIE）系統與高密度電漿（HDP）系統中，電子的密度範圍分別為 $10^9 \sim 10^{10}$ 與 $10^{11} \sim 10^{12}$ cm^{-3}。假設 RIE 的腔體壓力為 200 mTorr，而 HDP 的腔體壓力為 5 mTorr，計算在室溫時，RIE 反應器與 HDP 反應器的離子化效率。離子化效率指電子密度與分子密度的比值。

＜解＞

$PV = nRT$ 其中 P 為壓力值，以 atm 為單位（1 atm = 760,000 mTorr）；V 為體積，以升為單位；n 為莫爾數；R 為氣體常數（0.082 liter·atm/mole-K）；T 為絕對溫度。

對 RIE 系統：

$$n/V = P/RT = (200/760{,}000) / (0.082 \times 300) = 1.06 \times 10^{-5} \text{ (mol/liter)}$$
$$= 1.06 \times 10^{-5} \times 6.02 \times 10^{23} \div 1000$$
$$= 6.38 \times 10^{15} (cm^{-3})$$

離子化效率 $= (10^9 \sim 10^{10})/(6.38 \times 10^{15})$
$$= 1.56 \times 10^{-7} \sim 1.56 \times 10^{-6}$$

對 HDP 系統：

$$n/V = P/RT = (5/760{,}000) / (0.082 \times 300) = 2.66 \times 10^{-7} \text{ (mol/liter)}$$

$$= 2.66 \times 10^{-7} \times 6.02 \times 10^{23} \div 1000$$
$$= 1.6\times 10^{14}(cm^{-3})$$

離子化效率$= (10^{11} \sim 10^{12}) / (1.6 \times 10^{14})$

$$= 6.25 \times 10^{-4} \sim 6.25 \times 10^{-3}$$

因此 HDP 系統比 RIE 系統有較高的離子化效率。

5.2.2 蝕刻機制、電漿偵測與終點的控制

電漿蝕刻是利用電漿中基態（ground-state）或激發態（excited-state）的中性物種與固態薄膜進行化學反應並將之移除的過程，此類蝕刻反應常藉由氣體放電過程所產生的高能量離子所增強或是引發。基本的蝕刻機制、電漿偵測與蝕刻終點控制的原理將在本節中扼要介紹。

蝕刻機制

電漿蝕刻是在一低壓氣體所產生的電漿中進行，其型式分為物理與化學兩種基本蝕刻方式。前者包含濺鍍蝕刻（sputtering etching），後者則包含純化學蝕刻（pure chemical etching）。在物理蝕刻機制中，正離子高速轟擊基板的表面（見 5.2.1 節的說明），少量在電漿中產生的負離子難以到達晶圓表面，因此在電漿蝕刻中並未扮演任何直接的角色。在化學蝕刻機制中，由電漿產生的中性反應物種（也就是前面所提的自由基）與材質表面進行反應並產生揮發性產物。化學與物理的蝕刻機制有不同的特性：化學蝕刻展現高蝕刻率、好的選擇比（即不同材質間的蝕刻率比例），低程度的離子轟擊損傷，不過蝕刻輪廓為等向性（即有明顯的側向蝕刻）；另一方面，物理蝕刻可以產生非等向性的外形輪廓，但是伴隨著低的蝕刻率與不同材料間的選擇比，與高程度的離子轟擊損傷。

電漿蝕刻以五個步驟進行，如圖 5.4 中所示。蝕刻製程始於電漿中蝕刻劑物種（自由基）的產生。這些蝕刻劑作為反應物並利用擴散的方式，傳輸穿過一停滯氣體層而到達並吸附在薄膜表面上。經由與薄膜產生的化學反應，產生揮發性化合物（產物）。這些化合物最後會離開表面，擴散進入氣體主體中並被真空系統抽走[7]。過程中伴隨著離子撞擊物理效應（圖中未示），即正離子經加速後撞擊基板的表面，可使表面固體材料內的原子鍵結弱化且使其局部溫度上升，使得蝕刻率大幅增加。由於離子撞擊的方向主要為垂直基板表面，適當的調和上述結合物理與化學蝕刻的過程，將可大幅增加垂直方向的蝕刻率，藉此獲得非等向性蝕刻輪廓、合理的選擇比與適度之離子轟擊引致損壞。此即為活性離子蝕刻（RIE）的基本原理。

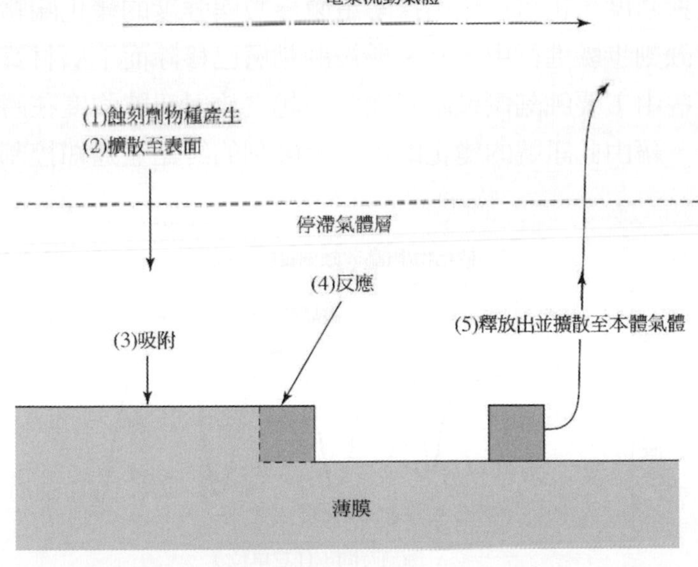

圖 5.4 乾式蝕刻製程的基本步驟[7]

電漿診斷與蝕刻終點控制

乾式蝕刻與濕式化學蝕刻的不同點，在於乾式蝕刻對下層材質通常具有較低的蝕刻選擇比。在蝕刻過程中，如能有一蝕刻終點（end point）的監測，將有助於結構的控制與良率的提升。因此，電漿反應器常會配備一個用來指出何時必須終止蝕刻製程的監視器，亦即終點偵測（end point detection，EPD）系統。常見的偵測原理有光學發射光譜儀（optical emission spectroscopy，OES）與雷射干涉度量法（laser interferometry）兩種。

大多數製程中的電漿所發出輻射線的範圍為紅外光到紫外光之間，光學發射光譜儀是一個簡單與最常見的分析技巧，用來量測這些放射光線的強度與波長之關係。利用觀察到的光譜峰值，與先前已知的光譜序列進行比對後，通常可以決定出中性自由基或離子物種的成份。物種的相對濃度，也可以經由探索電漿參數與強度的變化關聯性而獲得。在一蝕刻步驟進行中，當主要被蝕刻層已移除而下層材質開始出現時，這些由主要蝕刻劑或副產物所引起之放射訊號強度在將開始上升或下降。藉由此訊號的變化即可決定蝕刻的終點並通知控制電腦停止製程。

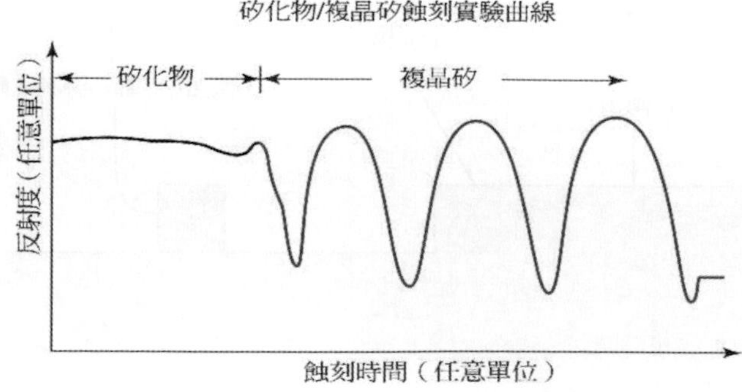

圖 5.5 矽化物 / 複晶矽組合層之蝕刻表面的相對反射度。蝕刻的終止點可由反射度振盪的終止顯示。

雷射干涉度量法（laser interferometry）是運用量測晶圓表面的反射度（reflectivity）訊號來持續監控蝕刻率並決定終止點。在蝕刻過程中，從薄膜表面反射的雷射光強度會有來回振盪的情形，這種振盪現象源自蝕刻層的上界面反射光與下界面反射光之間的相位干涉，因此這一層被蝕刻材質在光學上必須是可透光或是半透光，才能觀察到振盪現象。圖 5.5 顯示矽化物／複晶矽閘極蝕刻的典型訊號。振盪週期與薄膜厚度的變化關係為：

$$\Delta d = \lambda / 2\bar{n} \quad (6)$$

其中Δd 為反射光強度的一個振盪週期過程薄膜厚度的變化，λ為雷射光的波長，$\bar{n}$ 為蝕刻層的折射率（refractive index）。例如，對複晶矽而言，利用波長λ ＝ 632.8 nm 的氦氖雷射光源，所測得的Δd＝80 nm。此技巧的主要限制在於雷射點只能照射晶圓上一局部的區域無法大面積監測，所以一般用於實驗與評估性質的工作。

5.2.3 活性電漿蝕刻技術與設備

自從首次應用於 IC 製程中的去除光阻步驟後，電漿反應器（plasma reactor）技術的發展已有顯著的變革。一個電漿蝕刻反應器包含真空腔體、幫浦系統、電源供應產生器、壓力感測器、氣體流量控制器、終點偵測器與控制電腦等組成。表 5.2 整理多種商用蝕刻設備的基本特徵，與之間相似與相異之處。圖 5.6 則比較不同型態的反應器之壓力操作範圍與離子能量的關係。每一種蝕刻機台都是針對蝕刻的材料與經由實作經驗而設計，採用特定的蝕刻氣體、壓力、電極組態與型式，和電漿源頻率等參數條件，以有效控制化學與物理兩種主要的蝕刻機制。對於大部分量產用的蝕刻機台，較高的蝕刻率與機台的自動化操作是主要的要求。

表 5.2 電漿反應器的蝕刻機制與壓力範圍

蝕刻機台組態	蝕刻機制	壓力範圍（Torr）
桶狀蝕刻	化學機制	0.1~10
下游式電漿蝕刻	化學機制	0.1~10
活性離子蝕刻	化學與物理機制	0.01~1
磁性增強 RIE	化學與物理機制	0.01~1
磁限制三極體 RIE	化學與物理機制	0.001~0.1
電子迴旋共振電漿蝕刻（ECR）	化學與物理機制	0.001~0.1
電感耦合電漿（ICP）或變壓器耦合電漿（TCP）	化學與物理機制	0.001~0.1
表面波耦合電漿（SWP）或螺旋波電漿蝕刻	化學與物理機制	0.001~0.1

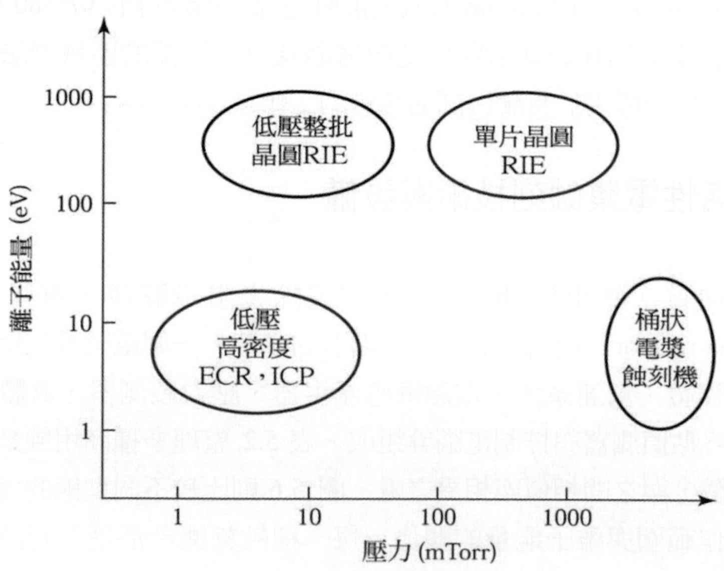

圖 5.6 不同類型電漿反應器的離子能量與操作壓力範圍比較。

活性離子蝕刻機

活性離子蝕刻（RIE）已被廣泛地應用於微電子工業。此種技術採用平行板二極式（parallel-plate diode）系統，其中晶圓被放置於一電容性耦合（capacitively coupling）於一射頻（radio frequency，rf）電源的下電極上，並以包括腔體本身作為接地的電極以增加該電極的面積。較大的接地面積結合較低的操作壓力（<500 mTorr），可使晶圓表面具有大而且為負的自感偏壓（self-bias），電漿中的正離子可藉此偏壓被加速至一足夠能量並對晶圓表面進行轟擊。

由於存在強烈的物理濺鍍效應，此類系統的蝕刻選擇比較傳統的桶狀（barrel）蝕刻系統為低。然而，可藉由選擇適當的化學蝕刻氣體來改善選擇比。例如，以碳氟聚合物（flurocarbon polymer）使矽表面聚合化，藉以獲得高的 SiO_2 對矽的選擇比。另外也可以三極式（triode）組態的 RIE 系統來代替，如圖 5.7 所示。此類系統可以將電漿產生與離子傳輸兩個重點分開掌控。離子能量可經由晶圓底部電極另行提供之偏壓用電源來控制，因此跟大部分傳統的 RIE 系統相比，可以減少選擇比的損失與離子轟擊造成的損傷。

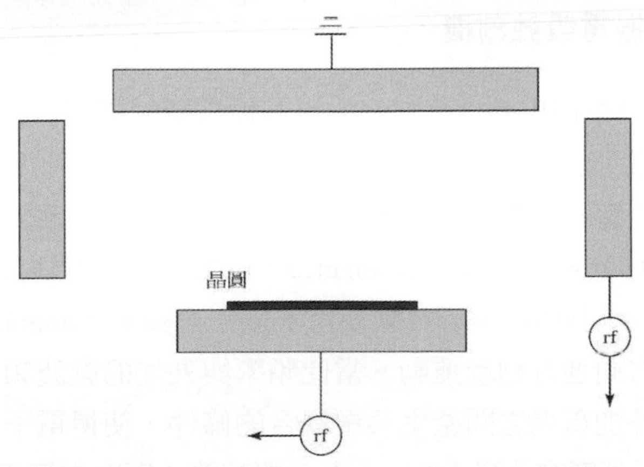

圖 5.7 三極體活性離子蝕刻反應器的示意圖。電漿主要由腔體的射頻電極產生與控制，離子能量則由底部的射頻電極偏壓獨立控制。

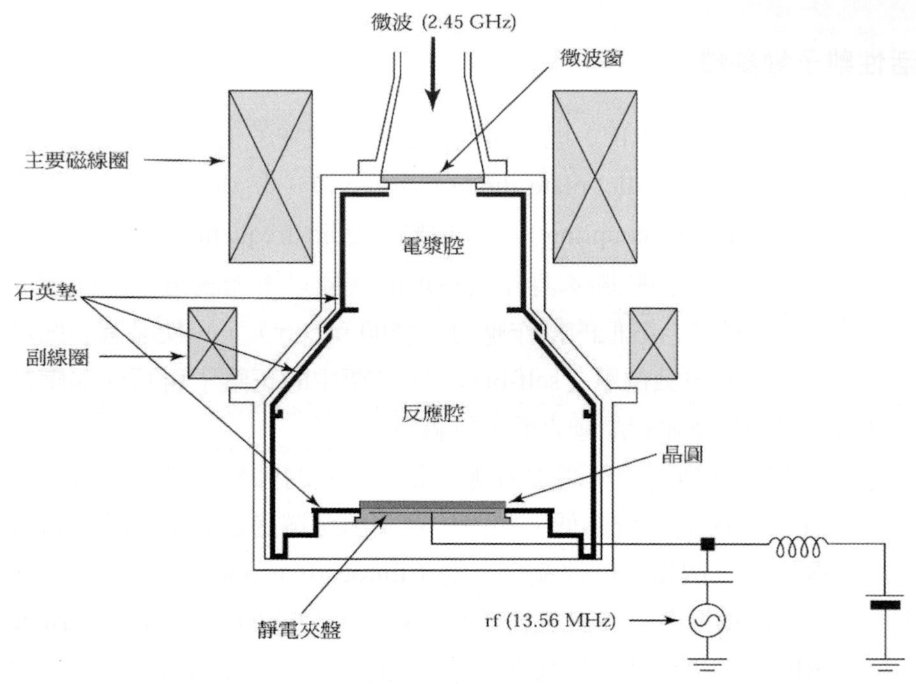

圖 5.8 電子迴旋共振反應器的示意圖。

電子迴旋共振電漿蝕刻機

除了三極式 RIE 外，大部分的平行板電漿蝕刻機台對於重要電漿參數，包括電子能量、電漿密度與反應物密度等，都不具有獨立控制的能力，因此離子轟擊所造成的損傷效應成為一個嚴重的問題。電子迴旋共振（electron cyclotron resonance，ECR）反應器結合微波電源與靜磁場的設計，其中靜磁場可驅使電子以一角頻率（angular frequency）環繞磁力線方向進行迴旋運動。當此頻率與外加的微波頻率相同時，電子能量與外加電場之間產生共振耦合的條件，使得電子能量激增並造成氣體分子高度的分解（dissociate）與游離（ECR 游離率約為 10^{-2}，遠大於 RIE 之 10^{-6}）。圖 5.8 顯示 ECR 反應腔的組態。微波能源經由微波窗耦合導入 ECR 電漿源區域，磁線圈則用以提供磁場。除了蝕刻外，ECR 電漿系統也可用於薄膜沉積製程。由於其將反應物高效率激化的能力，使得不需藉由高溫的熱活化方式，即可於室溫下進行薄膜沉積。

其他高密度電漿蝕刻機

由於 ULSI 的特徵尺寸持續縮小，逼近傳統的 RIE 系統應用極限，除了 ECR 系統外，也已發展出其他形式的高密度電漿（high-density plasma，HDP）源，如電感耦合電漿（inductively coupled plasma，ICP）源、變壓器耦合電漿（transformer-coupled plasma，TCP）源與表面波耦合電漿（surface wave coupled plasma，SWP）源等技術。這些蝕刻機台擁有高的電漿密度（10^{11} 到 10^{12} cm^{-3}）與低的製程壓力（< 20 mTorr）。此外，它們允許晶圓電極獨立接上電源，明顯減少離子能量（藉由晶圓偏壓電源控制）與離子通量（ion flux，與電漿密度有關，藉由主電源的能量產生）兩個參數之間的耦合情形。與傳統 RIE 相較，HDP 電漿源具有較好的臨界尺寸（critical dimension，CD）控制能力、較高的蝕刻率與較佳的蝕刻選擇比等優勢。

另外，HDP 電漿源對基板的破壞較小（因為基板有獨立的偏壓源與側電極電位）與高度的非等向性（源於低壓操作與高的活性反應物密度）。然而，考量其複雜性與高成本，這些系統不一定會用於一些較不嚴謹的製程，如邊壁子（spacer）蝕刻與平坦化製程[8]。圖 5.9 為 TCP 電漿反應器的組態。高密度與低壓的電漿由一位於反應器上方的平面式螺旋線圈所產生，該螺旋線圈與電漿間由一介電層板所隔離。晶圓的位置與線圈有一距離，因此不會受到線圈所產生的電磁場影響。由於電漿產生處與晶圓表面相距只有幾個平均自由徑（mean free path），所以幾乎沒有電漿密度的損失，故能保有高密度電漿與高的蝕刻率。

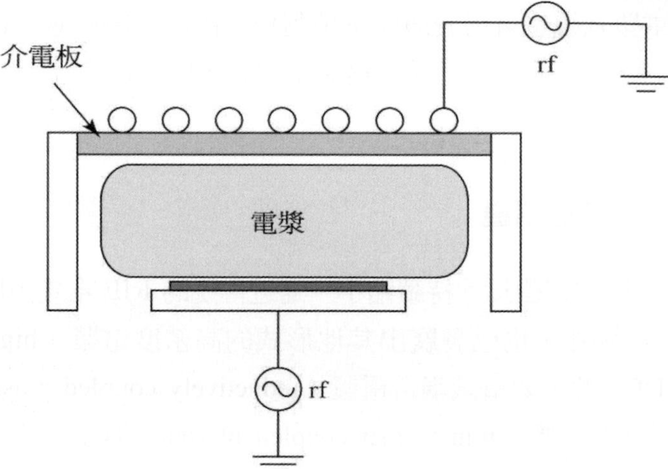

圖 5.9 變壓器耦合電漿反應器示意圖。

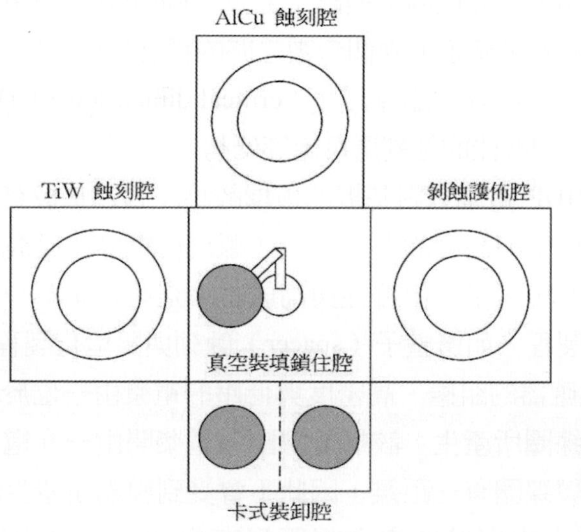

圖 5.10 集結式活性離子蝕刻機台，用來對多層金屬內連線（TiW/AlCu/TiW）的蝕刻[2]。

集結式電漿製程

半導體晶圓都是在無塵室裡進行加工製程，以減少氛圍的塵粒污染。隨著元件尺寸縮小，塵粒的污染問題愈加嚴重。為了減少塵粒的污染，集結式（clustered）電漿機台利用一晶圓運送裝置，將被處理的晶圓在真空環境中，從一個反應腔移到另一個反應腔。集結式電漿製程機台同時也可以增加產出（throughput，即單位時間內處理晶圓的片數）。圖 5.10 為一集結式機台實例，其中整合 AlCu 蝕刻、TiW 蝕刻、與剝蝕包覆層（strip passivation，一般為光阻）等反應腔，可進行多層金屬內連線（TiW/AlCu/TiW）之蝕刻製程。集結式機台提供了經濟上的優勢，因為晶圓暴露於減少污染的環境所以有較高的晶片良率，同時操作時程也可減短。

5.2.4 活性電漿蝕刻的應用

電漿蝕刻系統由早期簡單的整批式（bath）晶圓光阻剝蝕應用，快速發展至單片式（single wafer）大面積晶圓製程。為符合深次微米元件的圖案轉移要求，機台類型也由傳統的 RIE 機台，演進改良至高密度電漿蝕刻機。除了蝕刻機台外，蝕刻用的化學氣體源對於蝕刻製程性能的影響也扮演了關鍵的角色。表 5.3 列舉了不同蝕刻製程所用到的一些蝕刻化學氣體源。發展一套蝕刻製程通常須藉由調整大量的製程參數，以最佳化包括蝕刻率、選擇比、輪廓控制、關鍵尺寸和損傷程度等性能與結果。

矽塹渠（Trench）蝕刻

當元件特徵尺寸縮小時，晶圓表面用作電路元件間的隔離（isolation），以及 DRAM 記憶胞之儲存電容器的區域，也會相對地減少。這些表面區域可以利用在矽基板內蝕刻出塹渠的結構，再填入

表 5.3 不同蝕刻製程所使用的蝕刻化學

待蝕刻材質	蝕刻化學
深矽塹渠	溴化氫（HBr）/三氟化氮（NF_3）/O_2/六氟化硫（SF_6）
淺矽塹渠	$HBr/Cl_2/O_2$
Poly Si	$HBr/Cl_2/O_2$, HBr/O_2, 三氯化硼（BCl_3）/Cl_2, SF_6
Al	BCl_3/Cl_2, 四氯化矽（$SiCl_4$）/Cl_2, HBr/Cl_2
AlSiCu	$BCl_3/Cl_2/N_2$
W	SF_6 only, NF_3/Cl_2
TiW	SF_6 only
WSi_2, $TiSi_2$, $CoSi_2$	二氟二氯甲烷（CCl_2F_2）/NF_3, 四氟化碳（CF_4）/Cl_2, Cl_2/N_2/六氟乙烷（C_2F_6）
SiO_2	CF_4 /三氟甲烷（CHF_3）/Ar，C_2F_6，八氟丙烷（C_3F_8），八氟環丁烷（C_4F_8）/CO，八氟環戊烯（C_5F_8），二氟甲烷（CH_2F_2）
Si_3N_4	CHF_3/O_2, CH_2F_2, 二氟乙烷（CH_3CHF_2）

適當的介電質或導體材質來減少其所占的面積。深塹渠（deep trench）深度通常比 5μm 還深，主要是用於形成儲存電容器。而一般用於元件間隔離之淺塹渠（shallow trench），其深度通常不會超過 1 μm。

含有氯基或溴基的化學氣體源對矽有高的蝕刻率，同時對作為遮罩的二氧化矽有高的選擇比。$HBr + NF_3 + SF_6 + O_2$ 的混合氣體可用於形成深度約為 7μm 的塹渠電容器，也可用於淺塹渠隔離的蝕刻。深矽塹渠蝕刻時，常可觀察到與高寬比（aspect ratio）相關的蝕刻變動（亦即蝕刻率隨高寬比改變而變動）現象，這主要是因為離子與中性蝕刻物的傳輸會受到塹渠的影響與限制。圖 5.11 顯示矽塹渠的平均蝕刻率與高寬比之關係，可以發現隨著高寬比的塹渠的增加，蝕刻率有減慢的趨勢。

複晶矽與複晶矽化物閘極蝕刻

複晶矽與複晶矽化物（即複晶矽上覆蓋有低電阻金屬矽化物，稱為 polycide）常用來做為 MOS 元件的閘極材質。非等向性蝕刻與對閘

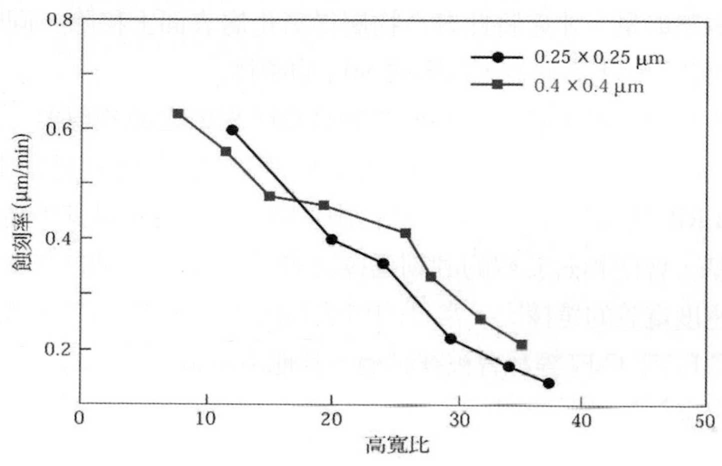

圖 5.11 矽塹渠平均蝕刻率與高寬比之關係 [2]。

極氧化層的高蝕刻選擇比，為閘極蝕刻時最重要的需求。例如，對 1G DRAM 而言，其選擇比須超過 150（亦即複晶矽化物與閘極氧化層的蝕刻率比為 150：1）。要同時得到高選擇比與非等向性蝕刻，對大部分的離子增強式蝕刻製程是困難的。因此，一般使用多重步驟的製程，即製程分為幾個不同的蝕刻步驟，針對各階段對非等向性蝕刻與選擇比的要求分別最佳化其製程條件。另一方面，電漿技術的發展趨勢為以相對較低的功率產生低壓與高密度電漿，以符合製程對非等向性蝕刻與高選擇比的需求。大多數氯基與溴基化學氣體源可用於閘極蝕刻，得到所需求的非等向性蝕刻與選擇比。

介電質蝕刻

定義介電層（尤其是二氧化矽與氮化矽）的圖案，為現代半導體元件製造之關鍵製程之一。因為介電層具有較高的鍵結能量，其蝕刻必須利用具有強勢離子增強效用的氟基電漿化學氣體源。垂直的圖案輪廓可藉由側壁護佈膜（sidewall passivation）來達成，通常是將含碳的氟化物種加入電漿中（如 CF_4，CHF_3，C_4F_8）。蝕刻必須使用較高的離子轟擊能量，才能將此聚合物層從氧化層表面上移除，同時將反應物種與氧化物表面混合，以形成 SiF_x 的產物。

低壓與高電漿密度，有利於控制高寬比相依之蝕刻現象。然而，HDP 會產生高溫電子，並進而導致高度分解的離子與自由基，比 RIE 或是 MERIE 電漿產生更多的活性自由基與離子。特別是其中高濃度的氟自由基，會使相對於矽的蝕刻選擇比變差。多種不同的方法被用來改良高密度電漿的選擇比，常見的作法為使用高 C/F 比之氣體源，如 C_2F_6 、C_4F_8 或 C_5F_8 等都曾被嘗試過。其他清除氟自由基的方法也已經被發展出來[9]。

內連線之金屬蝕刻

在 IC 製造中，金屬鍍膜層的蝕刻是一個相當重要的步驟。鋁、銅、和鎢為最常用的內連線材料，應用上通常需要非等向性蝕刻。氟與鋁反應產生非揮發性之 AlF_3，在 1240℃時，其蒸氣壓只有 1 Torr。含氯的化學氣體源（如 Cl_2 / BCl_3 的混合物）常用於鋁的蝕刻，但氯對鋁有極高的化學蝕刻率，並且在蝕刻時容易產生底切（undercut）現象。在蝕刻時，可將含碳氣體（如 CHF_3）或 N_2 加入反應氣體中，用來產生邊壁護佈以得到非等向性蝕刻的結果。

暴露於大氣環境時存在鋁蝕刻的另一隱憂：Al 邊壁與光阻上蝕刻後殘留的氯容易與大氣中的水氣反應形成 HCl 並進而腐蝕鋁。可以在晶圓暴露於大氣環境之前，先於蝕刻反應腔體內通入 CF_4 電漿，利用 F 將 Cl 取代；然後再通入氧電漿來去除光阻；緊接著立刻將晶圓浸入去離子水中，如此即可避免 Al 的腐蝕。圖 5.12 顯示晶圓上 0.35 μm 的 TiN/Al/Ti 線與間隔，置於大氣環境下 72 小時，可見經過適當處理後即使長期暴露於大氣環境中，鋁金屬也沒有產生腐蝕的現象。

在 ULSI 電路中，銅金屬材料是廣受矚目的後起之秀。銅有較小的電阻係數（約 1.7 Ω-cm），而且銅相較於鋁或鋁合金具有較佳的電子遷移（electromigration）抵抗能力。然而，由於銅的鹵化物揮發性很低，

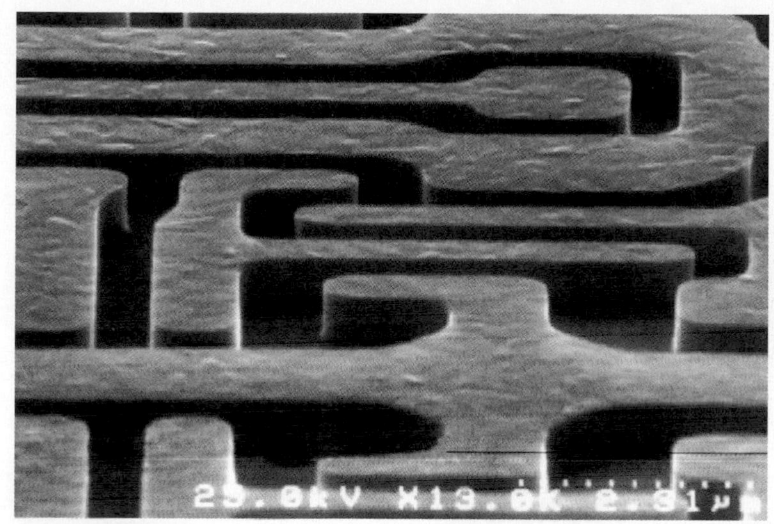

圖 5.12 晶圓上 0.35 μm 的 TiN/Al/Ti 線與間隔，經由微波剝蝕後，置於大氣環境下 72 小時，並未被腐蝕。

室溫的電漿蝕刻很困難。一般蝕刻銅膜需在製程溫度高於 200℃時才能進行。因此，銅的內連線製作須使用鑲嵌（damascene）製程，而不用乾式蝕刻。鑲嵌製程乃先在平坦的介電層上蝕刻出塹渠或渠道，然後將金屬（如銅或鋁）填入塹渠中，來形成內連線之導線。

在雙層鑲嵌法（dual damascene）製程中，如圖 5.13 所示，牽涉了另一額外的介電層蝕刻，即除了上述塹渠外，還須在塹渠內將一些孔洞（亦即接觸（contact）或層間引洞（via））蝕刻出來，再以金屬填入。填完後，接著以化學機械研磨（CMP，見第八章）將金屬與介電質的表面平坦化。鑲嵌製程的優點為免掉金屬蝕刻的步驟，正好解決 IC 工業從鋁改成銅的內連線時所遭遇的一大困難。

由於具有極佳的沉積均覆性（conformability），低壓 CVD（LPCVD）的鎢（W）沉積製程已被廣泛地運用於接觸孔的填充與第一層金屬鍍膜。氟基與氯基化學氣體源均可蝕刻鎢且有效生成揮發性產物。利用全面性鎢回蝕（blanket W etchback）來形成鎢插栓（W plug）是一項重要的鎢蝕刻製程。圖 5.14 中描繪以 LPCVD 全面性將鎢沉積

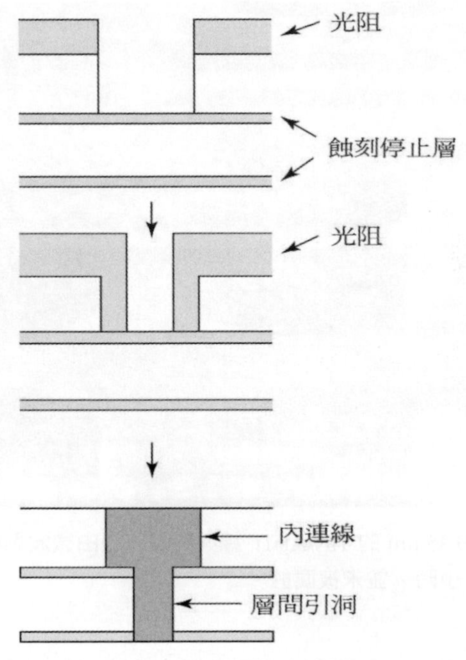

圖 5.13 雙層嵌入法中各個製程步驟。

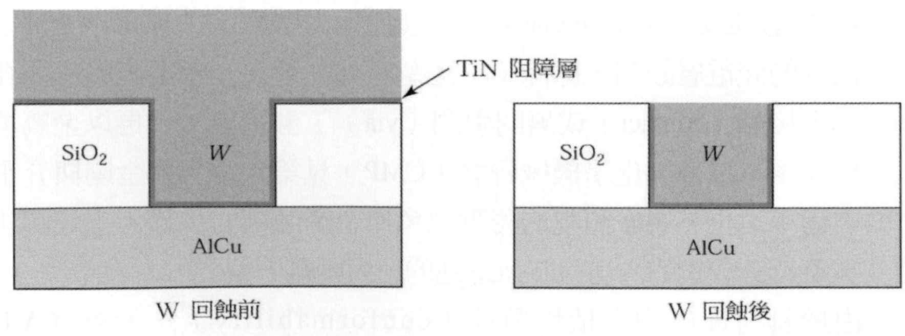

圖 5.14 利用 LPCVD 全面性沉積鎢，再用 RIE 回蝕，以於接觸孔內形成鎢插栓。

在 TiN 的阻障層上，之後的蝕刻通常使用兩段式步驟：首先，90% 的鎢以高速率來蝕刻去除，然後利用具有高的鎢對氮化鈦選擇比的蝕刻劑，以較低的蝕刻率，將剩餘的鎢去除。

5.3 蝕刻模擬

SUPREM 不僅可用來模擬蝕刻製程，也是蝕刻模擬的最佳基本工具。藉由使用 ETCH 指令可得到模擬結果，該指令可允許使用者進行蝕刻結構頂端的一特定層之全部或一部分區域。如果在結構頂層的某種材料沒有被指定，則不會有蝕刻發生；而如果被指定的蝕刻層之蝕刻量沒有加以說明，則該層將全部被移除。

範例 3

假設我們想要模擬蝕刻 0.3 μm 的氧化層，該氧化層係依據由第三章的範例 3 所描述乾－濕－乾程序而成長。

≺解≻

SUPREM 輸入如下：

```
TITLE          Etching Example
COMMENT        Initialize silicon substrate
INITIALIZE     <100> Silicon Phosphor Concentration=1e16
COMMENT        Ramp furnace up to 1100 C over 10 minutes in
N2
DIFFUSION      Time=10 Temperature=900 Nitrogen T.rate=20
COMMENT        Oxidize the wafers for 5 minutes at 1100 C in
dry O2
```

DIFFUSION Time=5 Temperature=1100 DryO2

COMMENT Oxidize the wafers for 120 minutes at 1100 C in wet O2 DIFFUSION Time=120 Temperature=1100 WetO2

COMMENT Oxidize the wafers for 5 minutes at 1000 C in dry O2

DIFFUSION Time=5 Temperature=1100 DryO2

COMMENT Ramp furnace down to 900 C over 10 minutes in N2

DIFFUSION Time=10 Temperature=1100 Nitrogen T.rate=-20

ETCH Oxide Thickness = 0.3

PRINT Layers Chemical Concentration Phosphor

PLOT Active Net Cmin=1e14

STOP End etching example

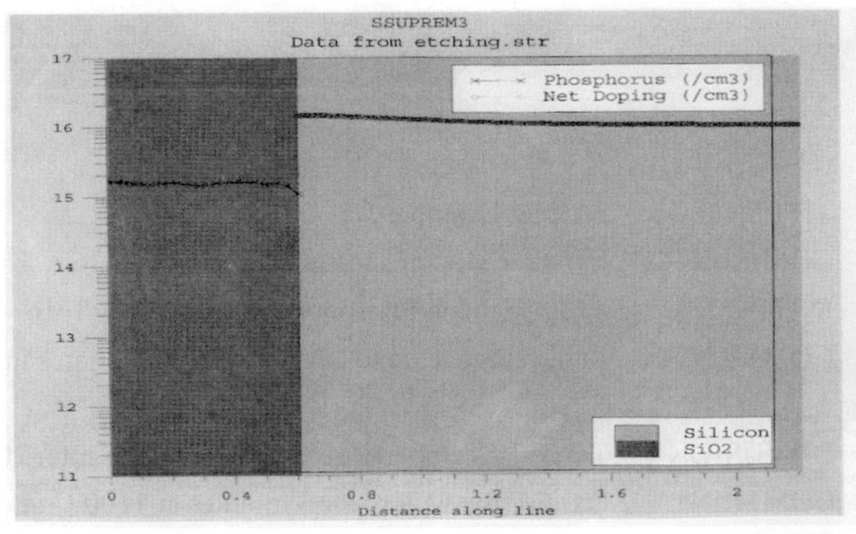

圖 5.15 利用 SUPREM 描繪磷濃度和矽基板深度之關係。

在氧化步驟完成之後，我們列印並畫出磷進入矽基板中，濃度與深度的函數關係，其結果如圖 5.15 所示，由圖可知最後的氧化層厚度為 0.609 μm，且顯示有磷進入氧化層中。

5.4 總結

在 IC 製造中，圖案轉移的兩種主要製程為光學微影與蝕刻。濕式蝕刻在半導體製程中已被廣泛的採用，它特別適用於全面性的蝕刻。本章討論了對矽、砷化鎵、絕緣體與金屬內連線等材料的濕式蝕刻製程。濕式化學蝕刻以往被用於圖案的轉移；然而，罩幕層下的底切現象將導致蝕刻圖形解析度的劣化。

乾式蝕刻法可用於高精確度的圖案轉移程序，它和電漿輔助蝕刻是同義的。本章說明電漿的基本原理與各種乾式蝕刻系統，從早期相當簡單的平行板結構，進展到使用多個頻率電源產生器與多種製程控制感測器組合而成的複雜反應腔。

未來蝕刻技術的挑戰包括：高的蝕刻選擇比、更好的臨界尺寸控制、低的高寬比相依性蝕刻與低程度電漿損傷影響。為了達到這些要求，低壓、高密度電漿反應器是必要的。持續改進的蝕刻均勻度對製程由 200mm 進展到 300 mm，甚至更大的晶圓時是必要的。而對於更先進的積體電路製作，必須發展更新的氣體化學，以提供更好的選擇比。

參考文獻

1. For a more detailed discussion on etching, see Y. J. T. Liu, "Etching," in C. Y. Chang and S. M. Sze, Eds, *ULSI Technology*, McGraw-Hill, New York, 1996.
2. H. Robbins and B. Schwartz, "Chemical Etching of Silicon II, The System HF, HNO_3, H_2O and $HC_2H_3O_2$, " *J. Electrochem. Soc.*, **107**, 108 (1960).
3. K. E. Bean, "Anisotropic Etching in Silicon," *IEEE Trans. Electron Dev.*, **25**, 1185 (1978).
4. D. P. Kern *et al.*, "Practical Aspects of Microfabrication in the 100-nm Region," *Solid State Technol.*, **27**(2), 127 (1984).
5. S. Iida and K. Ito, "Selective Etching of Gallium Arsenide Crystal in H_2SO_4-H_2O_2-H_2O System," *J. Electrochem. Soc.*, **118**, 768 (1971).
6. E. C. Douglas, "Advanced Process Technology for VLSI Circuits," *Solid State Technol.*, **24** (5), 65 (1981).
7. J. A. Mucha and D. W. Hess, "Plasma Etching," in L. F. Thompson and C. G. Willson, Eds., *Microcircuit Processing*: *Lithography and Dry Etching*, American Chemical Society, Washington, D.C., 1984.
8. M. Armacost *et al.*, "Plasma-Etching Processes for ULSI Semiconductor Circuits," *IBM, J. Res. Develop.*, **43**, 39 (1999).
9. C. O. Jung *et al.*, "Advanced Plasma Technology in Microelectronics," *Thin Solid Films*, **341**, 112 (1999).

習題（*指較難習題）

5.1 節　濕式化學蝕刻

1. 如果蝕刻遮罩與基板不能被某一蝕刻劑蝕刻，試畫出厚度為 h_f 的薄膜經等向性蝕刻後，其圖案的邊緣輪廓。蝕刻條件：(a）剛好完全蝕刻，（b）100% 過度蝕刻，（c）200% 過度蝕刻。
2. 一個 <100>晶向的矽晶圓，於其上的二氧化矽層中定義 1.5 μm × 1.5 μm 的窗口，再以 KOH 溶液蝕刻窗口中露出的矽。垂直於 (100) 晶面的蝕刻率為 0.6 μm/min。而 (100)：(110)：(111)–晶面的蝕刻率比為 100：16：1。試畫出 20 秒、40 秒與 60 秒後的蝕刻輪廓。
3. 重複上題，一個<$\bar{1}$10>晶向矽晶圓利用薄的 SiO_2 當遮罩，在 KOH 溶液中進行蝕刻。畫出在 <$\bar{1}$10>矽上的蝕刻圖案輪廓。
4. 一個直徑 150 mm <100>晶向的矽晶圓，其厚度為 625 μm。晶圓上有面積為 1000 μm × 1000 μm 的 IC。這些 IC 晶片將利用晶向相依的蝕刻方式來隔開。敘述兩種可行的方法，並計算使用這些製程方法損失的表面面積所占之比例。

5.2 節　乾式蝕刻

*5.粒子碰撞間移動距離的平均值稱為平均自由徑（λ），可表示為：$\lambda = 5 \times 10^{-3}/P$（cm），其中 P 為壓力（單位為 Torr)。一般可能用到的電漿，其反應腔壓力範圍為 1 Pa 到 150 Pa。試算其對應的氣體分子密度（cm^{-3}）與平均自由徑為何？

6. 氟原子（F）蝕刻矽的蝕刻率為

$$\text{蝕刻率（nm/min）} = 2.86\times10^{-13}\times n_F \times T^{1/2}\, e^{-E_a/RT}$$

其中 n_F 為氟原子的濃度（cm^{-3}），T 為絕對溫度（K），E_a 與 R 分別為活化能（2.48 kcal/mol）與氣體常數（1.987 cal-K）。如果 n_F 為 3×10^{15}，試計算室溫時矽的蝕刻率。

7. 重複上題，以氟原子蝕刻 SiO_2 的蝕刻率也可表示為

$$\text{蝕刻率（nm/min）} = 0.614\times10^{-13}\times n_F\times T^{1/2}e^{-E_a/RT}$$

其中 n_F 為 3×10^{15}（cm^{-3}），E_a 為 3.76 kcal/mol。計算室溫時 SiO_2 的蝕刻率，及 SiO_2 對 Si 的蝕刻選擇比。

8. 蝕刻薄閘極氧化層上的複晶矽閘極時，必須使用多重步驟的蝕刻製程。試問如何設計一個：沒有微遮罩效應（micromasking）、具有非等向性的蝕刻輪廓、且對薄的閘極氧化層有適合選擇比的蝕刻製程？

9. 蝕刻 400 nm 複晶矽，而不會移去超過 1 nm 厚的底部閘氧化層，試求其所需的蝕刻選擇比為多少？假設複晶矽的蝕刻製程有 10 % 的蝕刻率均勻度。

10. 1 μm 厚的 Al 薄膜沉積在平坦的場氧化層區域上，並以光阻來定義圖案。接著金屬層利用 Helicon 蝕刻機，在溫度設為 70 °C 的條件下以 BCl_3/Cl_2 混合氣體，蝕刻 Al 薄膜。Al 對光阻的蝕刻選擇比維持在 3。假設有 30% 的過蝕刻，為確保光阻覆蓋的金屬上表面不被侵蝕，試問所需的最薄光阻厚度為多少？

11. 在 ECR 電漿中，一個靜磁場 B 驅使電子沿著磁力線以一個角頻率 ω_e 做圓周運動，角頻率大小為：

$$\omega_e = qB/m_e$$

其中 q 為電子電荷、m_e 為電子質量。如果微波的頻率為 2.45 GHz，試問所需的磁場大小為多少。

12. 傳統的活性離子蝕刻與高密度電漿（ECR，ICP 等）蝕刻主要的區別為何？

13. 敘述如何避免 Al 金屬線在氯基電漿蝕刻後所造成的腐蝕問題。

第六章 擴散

所謂雜質摻雜（impurity doping）是將數量受監控的摻質（dopant）引入半導體內。雜質摻雜的實際應用主要在改變半導體的電性。臨場摻雜（*in situ* doping）、擴散（diffusion）及離子佈植（ion implantation）是雜質摻雜的三種主要方式。臨場摻雜（*in situ* doping）是在沉積一半導體薄膜時將摻質直接加入薄膜內，其細節將在第八章中說明。加入擴散與離子佈植兩者都被用來製造分立元件與積體電路，因為二者可互補不足，相得益彰[1,2]。舉例而言，擴散可用於形成深接面（deep junction），如 CMOS 中的雙井（twin well）；而離子佈植（將於第七章討論）可用於幫助許多元件的結構的細微設計，包括 MOSFET 中基板、源極、汲極與閘極等區域的摻雜。

一直到一九七○年代初期之前，雜質摻雜主要是經由高溫的擴散方式來達成，如圖 6.1a 所示。在這種方式中，經由摻質之氣態源或摻雜過的氧化物之沉積，將摻質原子來源置放於晶圓表面。這些摻質濃度將從表面向基板內遞減，而摻質分佈的側圖（profile）主要是由溫度與擴散時間來決定。離子佈植則藉由一加速裝置將所需的摻質以離子形式注入基板內，其摻質分佈的側圖如圖 6.1b 所示。

本章將著重在擴散製程，而離子佈值則涵蓋在第七章，具體而言，本章包括了以下幾個主題：

- 在高溫與高濃度梯度情況下，雜質原子於晶格中的運動。
- 在固定擴散係數及與濃度相依之擴散係數下的摻質側圖。
- 橫向擴散與摻質再分佈（redistribution）對元件特性的影響。
- 使用 SUPREM 模擬擴散。

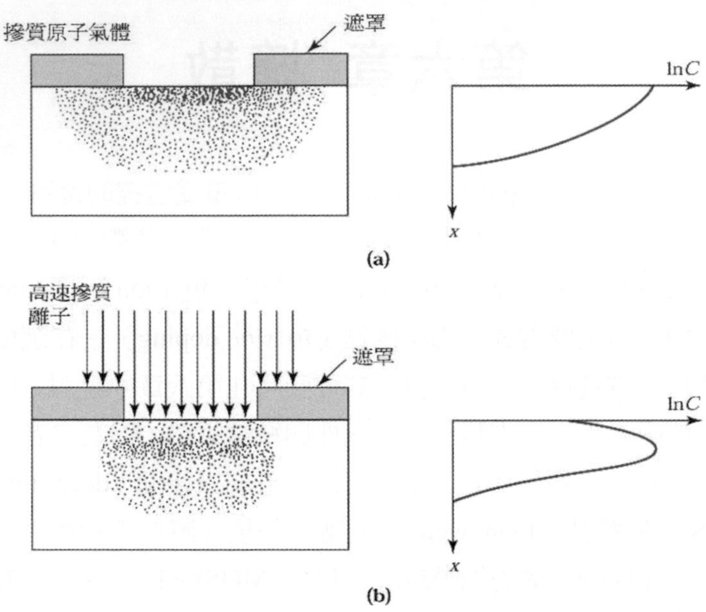

圖 6.1 選擇性將摻質引入半導體基板的技術比較（a）擴散，與（b）離子佈植。

6.1 基本擴散製程

雜質擴散通常將半導體晶圓置入經仔細控溫的高溫石英爐管中，並通入含有所需摻質之氣體混和物來完成。溫度範圍對矽而言，通常在 800°到 1200°C；對砷化鎵而言，則在 600°到 1000°C。擴散進入半導體內部的摻質原子數量與氣體混和物中的摻質雜質分壓有關。

對矽的擴散而言，硼是引入 p 型雜質最常用的摻質，而砷與磷則被廣泛使用為 n 型摻質。這三種元素在矽中，都能高度溶解，因為在擴散溫度範圍內，其溶解度高於 5×10^{20} cm^{-3}。這些摻質可由數種方式引入，包含固態源（如氮化硼（BN）之於硼，三氧化二砷（As_2O_3）之於砷及五氧化二磷（P_2O_5）之於磷），液態源（三溴化硼（BBr_3）、三氯化砷（$AsCl_3$）與氧氯化磷（$POCl_3$）），及氣態源（乙硼烷（B_2H_6）、砷化氫（AsH_3）及磷化氫（PH_3））。然而，液態源是最常使用的。圖 6.2 是用於液態源的爐管與氣流設置的示意圖，與用於熱氧化的裝置相似。使用液態源的磷擴散之化學反應範例如下

$$4POCl_3 + 3O_2 \rightarrow 2P_2O_5 + 6Cl_2 \uparrow \quad (1)$$

氧氯化磷與氧氣反應形成 P_2O_5 而 Cl_2 則被排走。

$$2P_2O_5 + 5Si \rightarrow 4P + 5SiO_2 \quad (2)$$

P_2O_5 在矽晶圓上形成一層玻璃（glass），並經由矽還原出磷，磷被釋放出並擴散進入矽中。

對砷化鎵的擴散而言，因為砷的高蒸汽壓，所以需要特別的方法，來防止砷的分解或蒸發所造成的損失 [2]。這些方法包括在含過壓砷的封閉安瓿（ampule）中之擴散，及在含有被摻雜之氧化物覆蓋層（如氮化矽）的開放爐管（open-tube furnace）中擴散。大部分有關 p 型擴散的研究被侷限在封閉法中以鋅－鎵－砷（Zn-Ga-As）合金和砷化鋅（$ZnAs_2$），及開放安瓿法中氧化鋅－二氧化矽（ZnO - SiO_2）的鋅之使用。砷化鎵中的 n 型摻質包含硒（selenium）與碲（tellurium）。

6.1.1 擴散方程式

半導體中的擴散可以視為在晶格中藉著缺位（vacancy）或間隙（interstitial，或譯插空隙）的擴散物（摻質原子）之原子移動。圖 6.3 顯示在固體中二種基本的原子擴散模型 [1,3]。空心圓圈代表佔據平衡晶格位置的主原子（host atom），而實點代表雜質原子。在提高溫度時，晶格原子將繞著平衡晶格位置振動。此時主原子有可能獲得足夠的能量，而離開晶格位置，成為間隙原子，因而產生一個缺位。當一個鄰近的雜

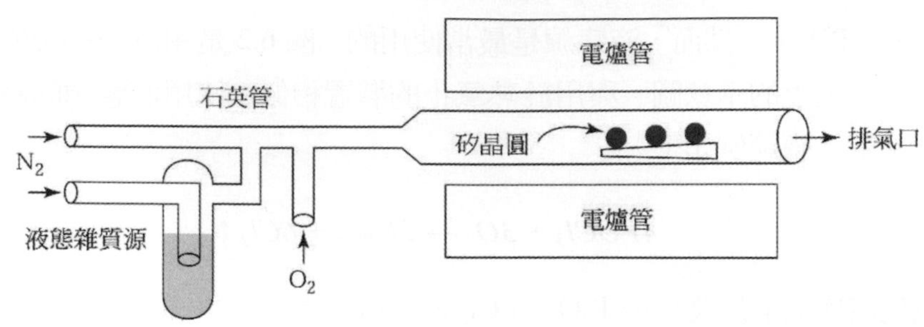

圖 6.2 典型的開放式爐管擴散系統示意圖。

質原子移進缺位時，如圖 6.3a 所示，這種機制稱作缺位擴散（vacancy diffusion）。若一個間隙原子從某位置移動到另一個間隙裡，而不佔據一個晶格位置（圖 6.3b），這種機制稱為間隙擴散（interstitial diffusion）。小於主原子的原子通常經由間隙移動。

雜質原子的基本擴散過程與第三章中討論的帶電載子擴散（電子與電洞）類似。因此我們定義通量 F 為單位時間內通過單位面積的摻質原子數量，而 C 為每單位體積的摻質濃度。由第三章的式(27)，可得

$$F = -D\frac{\partial C}{\partial x} \tag{3}$$

其中我們以 C 代替載子濃度，而比例常數 D 為擴散係數或擴散率（diffusion coefficient 或 diffusivity）。注意擴散過程的基本驅動力為濃度梯度 $\partial C/\partial x$。通量正比於濃度梯度，而摻質原子將從高濃度區流向低濃度區。

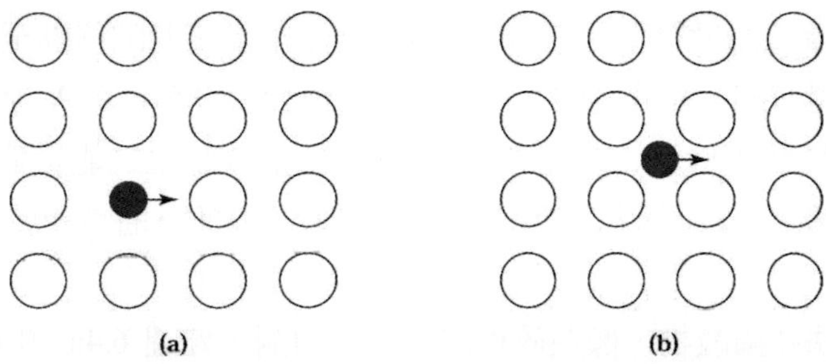

圖 6.3　二維空間晶格的原子擴散機制 [1、3]。(a) 缺位機制，(b) 間隙機制。

如果把式(3)代入第三章的一維連續方程式（式(56)），同時考慮在主半導體中並無物質生成或消耗（即 G_n=R_n=0），可得

$$\frac{\partial C}{\partial t} = -\frac{\partial F}{\partial x} = \frac{\partial}{\partial x}\left(D\frac{\partial C}{\partial x}\right) \tag{4}$$

在低摻質原子濃度時，擴散係數可視為和摻質濃度無關，則式(4)可變為

$$\frac{\partial C}{\partial t} = D\frac{\partial^2 C}{\partial x^2} \tag{5}$$

式(5)通常被稱為費克擴散方程式（Fick's diffusion equation）。

圖 6.4 顯示在矽及砷化鎵中不同摻質雜質在低濃度時所量測到的擴散係數 [4,5]。在大部分的情況下，擴散係數的對數跟絕對溫度倒數的作圖為一直線。此暗示在此溫度範圍內，擴散係數可表示為

$$D = D_0 \exp\left(\frac{-E_a}{kT}\right) \tag{6}$$

其中 D_0 是外插至無限大溫度時所得的擴散係數(單位為 cm^{-2}/s)，而 E_a 是活化能（activation energy，其單位為 eV）。

對於間隙擴散模型而言，E_a和將摻質原子從某間隙移動至另一間隙所需的能量有關。在矽與砷化鎵中，E_a之值介於 0.5 至 2 eV 之間。對缺位擴散模型而言，E_a和缺位移動所需能量與形成缺位之能量都有關。因此對缺位擴散而言，其 E_a之值大於間隙擴散 E_a之值，通常介於 3 至 5 eV 之間。

對於快速擴散物，像在矽和砷化鎵中的銅，如圖 6.4a 和 6.4b 的上半部所示，其所量測到的活化能少於 2 eV，因此間隙原子移動是其主要的擴散機制。對於較慢的擴散物，如圖 6.4a 和 6.4b 的下半部所示的元素，其 E_a大於 3 eV，因此缺位擴散是主控的機制。

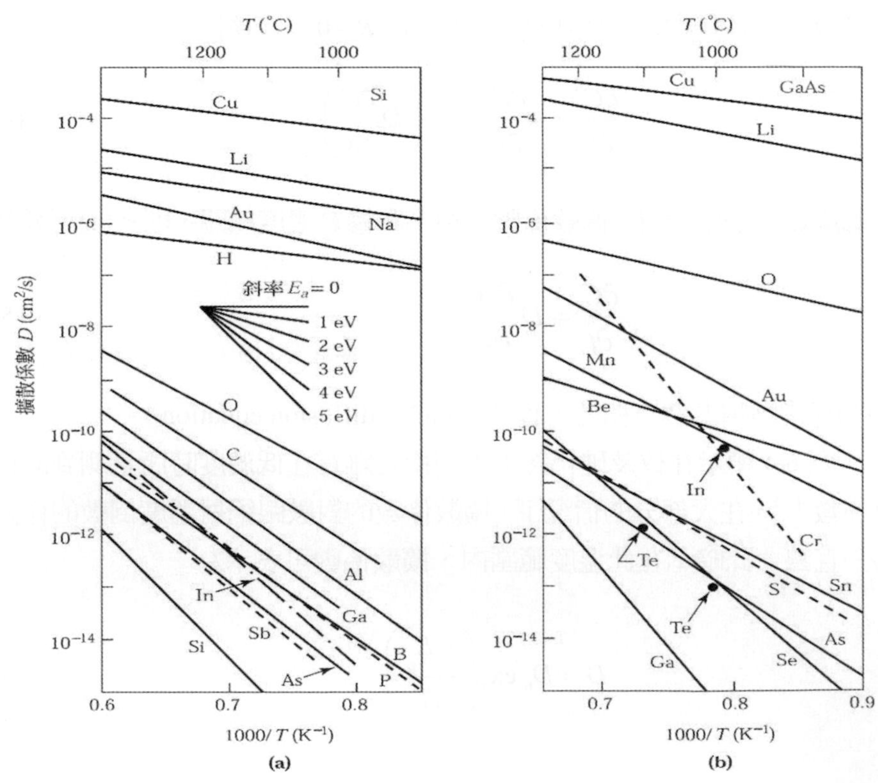

圖 6.4　擴散係數（也稱擴散率）在（a）矽，與（b）砷化鎵中以溫度倒數為函數[4,5]。

6.1.2 擴散側圖

摻質原子的擴散側圖與初始及邊界條件有關。在這小節裡，我們考慮兩個重要的例子，即固定表面濃度擴散（constant-surface-concentration diffusion）與固定總摻質量擴散（constant-total-dopant diffusion）。在第一個例子中，雜質原子經由氣態源傳送到半導體表面，然後以擴散進入半導體晶圓。在整個擴散過程期間，氣態源維持在一固定的表面濃度。在第二例子中，一定量的摻質沉積於半導體的表面，接著擴散進入晶圓中。

固定表面濃度擴散

在 $t=0$ 的初始條件為

$$C(x,0) \tag{7}$$

上式描述在主半導體（host semiconductor）的摻質濃度一開始時為零。邊界條件為

$$C(0,t)=C_s \tag{8a}$$

及

$$C(\infty,t)=0 \tag{8b}$$

其中 C_S 為表面濃度（在 x =0 處），與時間無關。第二個邊界條件陳述在距離表面極遠處，並無雜質原子。

符合初始與邊界條件之擴散方程式（式(5)）的解為 [6]

$$C(x,t)=C_s \operatorname{erfc}\left(\frac{x}{2\sqrt{Dt}}\right) \tag{9}$$

其中 erfc 為互補誤差函數（complementary error function），而 $\sqrt{Dt}$ 是擴散長度。互補誤差函數的定義與此函數的一些特性列於表 6.1。圖 6.5a

為固定表面濃度擴散情況的擴散側圖，我們同時以線性（上圖）和對數（下圖）刻度，畫出在一固定擴散溫度與一固定擴散係數下，對應三個擴散時間之三種不同擴散長度 $\sqrt{Dt}$ 的深度函數之歸一化濃度。注意摻質將隨時間增加而更深入半導體內部。

在半導體的每單位面積之摻質原子總數為

$$Q(t) = \int_0^\infty C(x,t)dx \tag{10}$$

將式(9)帶入式(10)可得

$$Q(t) = \frac{2}{\sqrt{\pi}} C_s \sqrt{Dt} \cong 1.13 C_s \sqrt{Dt} \tag{11}$$

表 6.1 誤差函數代數

$$\mathrm{erf}(x) \equiv \frac{2}{\sqrt{\pi}} \int_0^x e^{-y^2} dy$$

$$\mathrm{erfc}(x) \equiv 1 - \mathrm{erf}(x)$$

$$\mathrm{erf}(0) = 0$$

$$\mathrm{erf}(\infty) = 1$$

$$\mathrm{erf}(x) \cong \frac{2}{\sqrt{\pi}} x \quad 於\ x << 1$$

$$\mathrm{erfc}(x) \cong \frac{1}{\sqrt{\pi}} \frac{e^{-x^2}}{x} \quad 於\ x >> 1$$

$$\frac{d}{dx}\mathrm{erf}(x) = \frac{2}{\sqrt{\pi}} e^{-x^2}$$

$$\frac{d^2}{dx^2}\mathrm{erf}(x) = -\frac{4}{\sqrt{\pi}} x e^{-x^2}$$

$$\int_0^x \mathrm{erfc}(y')dy' = x\,\mathrm{erfc}(x) + \frac{1}{\sqrt{\pi}}(1 - e^{-x^2})$$

$$\int_0^\infty \mathrm{erfc}(x)dx = \frac{1}{\sqrt{\pi}}$$

這表示式可如下解釋：$Q(t)$代表圖 6.5a 中用線性刻度所繪之某一擴散側圖圖下之面積。這些側圖可用高為 C_s 底為 $2\sqrt{Dt}$ 的三角形近似之。由此得 $Q(t) \cong C_s\sqrt{Dt}$ ，很接近由式(11)所得之精確結果。

一個相關量是擴散側圖的梯度 $\partial C / \partial x$。這個梯度可經由對式(9)微分而得。

$$\left.\frac{dC}{dx}\right|_{x,t} = -\frac{C_s}{\sqrt{\pi Dt}} e^{-x^2/4Dt} \tag{12}$$

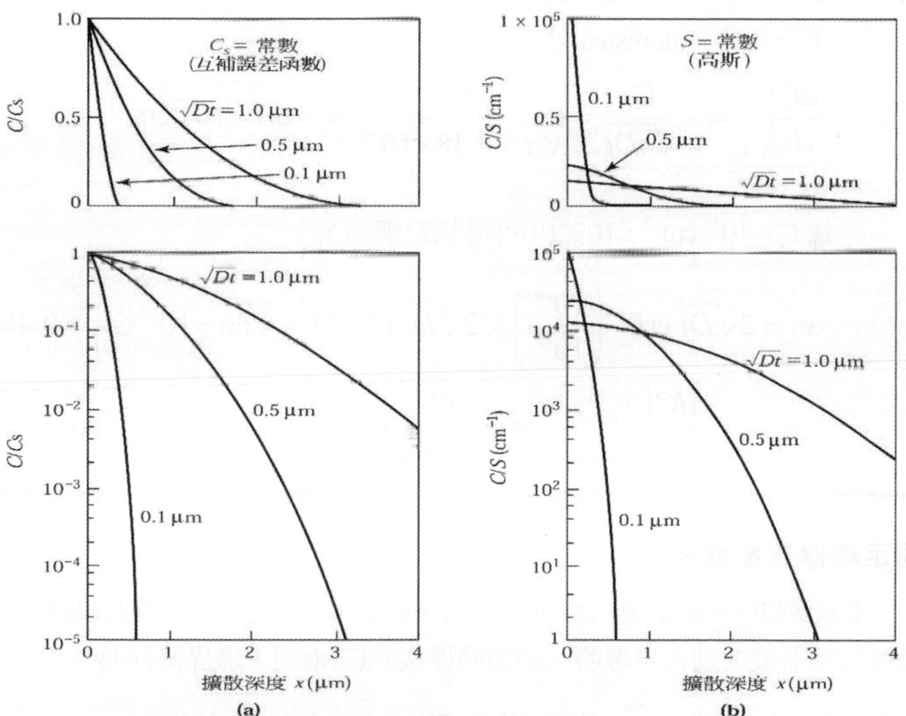

圖 6.5 擴散側圖（a）歸一化互補誤差函數在連續擴散時間下對距離作圖，（b）歸一化高斯函數對距離作圖。

範例 1

在 1000°C 下於矽中的硼擴散，表面濃度維持在 10^{19} cm^{-3}，而擴散時間為 1 小時。試求在 x=0 及在摻質濃度達 10^{15} cm^{-3} 處的 $Q(t)$ 與梯度。

≺解≻

從圖 6.4 可得，硼在 1000°C 時的擴散係數約為 2×10^{-14} cm^2/s，所以擴散長度為

$$\sqrt{Dt}=\sqrt{2\times10^{-14}\times3600}=8.48\times10^{-6}\,\text{cm}$$

$Q(t)=1.13C_s\sqrt{Dt}=1.13\times10^{19}\times8.48\times10^{-6}=9.5\times10^{13}$ 原子／平方公分（atoms/cm^2）

$$\left.\frac{dC}{dx}\right|_{x=0}=-\frac{C_s}{\sqrt{\pi Dt}}=\frac{-10^{19}}{\sqrt{\pi}\times8.48\times10^{-6}}=-6.7\times10^{23}\,\text{cm}^{-4}$$

當 $C=10^{15}$ cm^{-3}，由式(9)可得相對應的 x_j

$$x_j=2\sqrt{Dt}\,\text{erfc}^{-1}\left(\frac{10^{15}}{10^{19}}\right)=2\sqrt{Dt}\,(2.75)=4.66\times10^{-5}\,\text{cm}=0.466\,\mu\text{m}$$

$$\left.\frac{dC}{dx}\right|_{x=0.466\mu m}=-\frac{C_s}{\sqrt{\pi Dt}}e^{-x_j^2/4Dt}=-3.5\times10^{20}\,\text{cm}^{-4}$$

固定總摻質量擴散

在此例中，一固定量的摻質以一層薄膜的形式，沉積於半導體表面，而摻質接著擴散進入半導體。初始條件與式(7)相同。邊界條件為

$$\int_0^\infty C(x,t)dx=S \tag{13a}$$

與

$$C(\infty,t)=0 \tag{13b}$$

其中 S 為每單位面積摻質總量。

符合上述條件之式(5)的擴散方程式之解為

$$C(x,t)=\frac{S}{\sqrt{\pi Dt}}\exp\left(-\frac{x^2}{4Dt}\right) \tag{14}$$

此表示式為一高斯分佈（Gaussian Distribution）。因為這些摻質將隨時間增加而進入半導體，為了要保持總摻質量 S 固定，表面濃度必須下降。而事實也是如此，因為表面濃度為式(14)於 x=0 處之值：

$$C_s(t)=\frac{S}{\sqrt{\pi Dt}} \tag{15}$$

圖 6.5b 顯示出一高斯分佈的摻質側圖，我們對三個遞增之擴散長度畫出以距離為函數的歸一化濃度（C/S）。注意隨擴散時間的增加，表面濃度將減少。對式(14)微分，可得擴散側圖的梯度：

$$\left.\frac{dC}{dx}\right|_{x,t}=-\frac{xS}{2\sqrt{\pi}(Dt)^{3/2}}e^{-x^2/4Dt}=-\frac{x}{2Dt}C(x,t) \tag{16}$$

梯度（或斜率）在 x=0 與 x=∞處為 0，同時最大梯度將發生在 $x=\sqrt{2Dt}$ 。

在積體電路製程中，通常採用兩段式擴散製程。首先在固定表面濃度擴散條件下，形成一預沉積（predeposition）擴散層，接著在固定總摻質量擴散條件下，進行驅入（drive-in）擴散（也稱作再分佈擴散）。就大部分實際情況而言，預沉積擴散之擴散長度 $\sqrt{Dt}$ 比驅入擴散之擴散長度小得多。因此我們可將預沉積側圖視為在表面處之脈衝函數。而且與驅入階段所產生的最後側圖相比，預沉積側圖的穿入範圍小到可以忽略。

範例 2

經由氫化砷氣體將砷預沉積，而每單位面積的總摻質量為 1×10^{14}

atoms/cm^2。要花多少時間才能將砷驅入，以達 1 μm 的接面深度？假設背景摻雜為 1×10^{15} 原子／立方公分（atoms/cm^3），驅入溫度為 1200°C。對砷而言，$D_0 = 24\ cm^2/s$，$E_a = 4.08$ eV 。

≺解≻

$$D = D_0\,exp\left(\frac{-E_a}{kT}\right) = 24\exp\left(\frac{-4.08}{8.614\times10^{-5}\times1473}\right) = 2.602\times10^{-13}\,\mathrm{cm}^2/\mathrm{s}$$

$$x_j^2 = 10^{-8} = 4Dt\ln\left(\frac{S}{C_B\sqrt{\pi Dt}}\right) = 1.04\times10^{-12}\,t\ln\left(\frac{1.106\times10^5}{\sqrt{t}}\right)$$

$$t\cdot\log t - 10.09\,t + 8350 = 0$$

上式的解可經由方程式 $y= t\cdot\log t$ 與方程式 $y = 10.09\,t - 8350$ 之交點解出。因此，$t = 1190$ 秒$\cong$20分鐘。

6.1.3 擴散層的估算

擴散製程的結果可由三種量測方式估算，即擴散層的接面深度、片電阻與摻質側圖。如圖 6.6a 所示，在半導體內切一凹槽，並用溶液（對矽而言為 100 cm^3 HF 與數滴 HNO_3）蝕刻表面，使 p 型區染成較 n 型區為暗，因而描繪出接面深度。如果 R_0 是用來形成凹槽之工具的半徑，則可得接面深度（junction depth）

$$x_j = \sqrt{R_0^2 - b^2} - \sqrt{R_0^2 - a^2} \tag{17}$$

其中 a 和 b 如圖中所示。此外，如果 R_0 遠大於 a 和 b，則

$$x_j \cong \frac{a^2 - b^2}{2R_0} \tag{18}$$

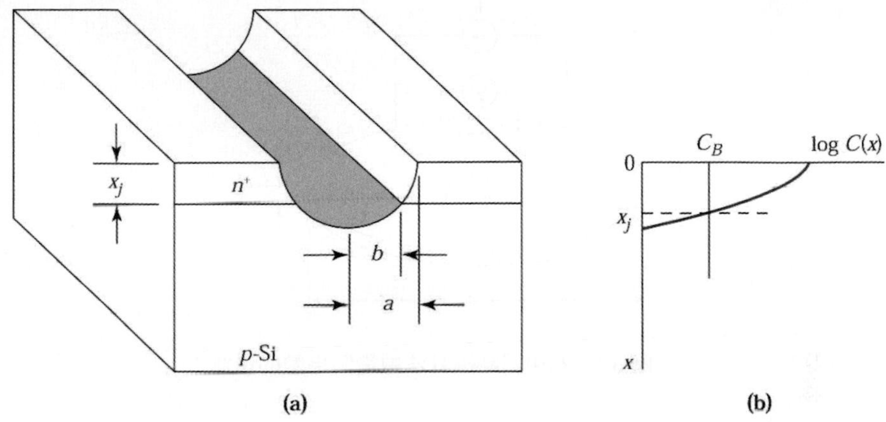

圖 6.6 接面深度量測（a）凹槽及染色，（b）摻質與基板濃度相等之處。

如圖 6.6b 所示，接面深度 x_j 是摻質濃度等於基板濃度 C_B 之位置，或

$$C(x_j) = C_B \tag{19}$$

所以，如果接面深度和 C_B 為已知，則只要擴散側圖遵行如 6.1.2 節所推導的公式，表面濃度 C_s 和雜質分佈就能計算出來。

擴散層的電阻可由如圖 6.7 描述的四點探針法來量測。此裝置中四根探針等間隔放置，來自固定電流源的小電流 I 流過外面的兩根探針，由裡面的兩根探針量電壓 V，對於厚度 W 小於直徑 d 的薄半導體樣品，其電阻率 ρ 表示為

$$\rho = \frac{V}{I} \cdot W \cdot CF \quad \Omega\text{-}cm \tag{20}$$

其中 CF 為修正因子，修正因子與 d/s 有關，而 s 為探針間距。當 d/s 大於 20，修正因子接近 4.54。

片電阻（sheet resistance）R_s 和接面深度 x_j，載子移動率 μ（其為總載子濃度的函數）及載子分佈 $C(x)$有下列關係 [7]：

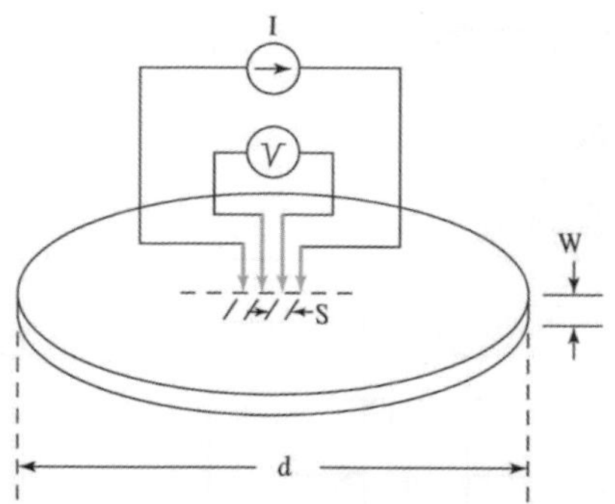

圖 6.7 利用四點探針法做電阻係數的量測[3]。

$$R_s = \frac{1}{q\int_0^{x_j} \mu C(x)dx} \tag{21}$$

對一個給定的擴散側圖，其平均電阻係數 $\overline{\rho} = Rx_j$ 和假定側圖的表面濃度 C_s 與基板濃度有特定關係。對一些簡單的擴散側圖如互補誤差函數，和高斯分佈來說，C_s 和 $\overline{\rho}$ 之設計曲線關係已被計算出來[8]。要正確使用這些曲線，我們必須先確定擴散側圖和這些假定側圖相合。對低濃度及深擴散而言，其擴散側圖一般可以前面提及的簡單函數表示。然而，如我們將在下一節所討論，對高濃度與淺擴散而言，擴散側圖就不能以這些簡單函數來表示。

擴散側圖可由使用電容–電壓技術來測得。如果雜質完全離子化，等同於雜質側圖的主要載子側圖（n），可經由量測逆偏 p-n 接面電容，或在不同外加偏壓下的蕭特基能障二極體而得。這來自於此關係式[9]

$$n = \frac{2}{q\varepsilon_s}\left[\frac{-1}{d\left(1/C'^2\right)/dV}\right] \tag{22}$$

其中 q 為電子電荷，ε_s 為半導體介電常數，C' 為樣品的單位面積電容，而 V 為外加電壓。

一個更為精確的方法為二次離子質量分析（secondary-ion-mass spectroscope，SIMS），這種技術可以分析總雜質側圖。在 SIMS 技術中，一離子束將濺擊開半導體表面的物質，同時離子分量將被測得，質量會被分析。此技術對多種元素如硼和砷都有極高的敏感度，故為一種在高濃度或淺接面擴散的側圖量測時，可提供所需準確度的理想工具[10]。

6.2 外質擴散

在 6.1 節中所述的擴散側圖是針對固定擴散率而言，這些側圖只發生在摻質濃度低於擴散溫度下之本質載子濃度 $n_i(T)$ 時。舉例而言，在 1000℃時，對 Si 與 GaAs 而言，n_i 分別等於 $5\times10^{18}\text{cm}^{-3}$ 與 $5\times10^{17}\text{cm}^{-3}$。低濃度時的擴散率通常被稱為本質擴散率。當摻質側圖的濃度小於 $n_i(T)$ 時，是為如圖 6.8 左側的本質擴散區。在此區內，n 與 p 型雜質先後或同時擴散的最終摻質側圖可以疊加法決定，亦即各個擴散可獨立分開處理。然而，當基板或摻質的雜質濃度高於 $n_i(T)$，此一半導體就變為外質，而同時擴散率也視為外質。在外質擴散（extrinsic diffusion）區內，擴散率變成和濃度相依[11]。在外質擴散區內，擴散側圖更為複雜，在先後或同時摻雜的各個擴散間，彼此會有交互作用及聯合的效應。

6.2.1 與濃度相依的擴散率

如先前所提，當一個主原子由晶格振動，獲得足夠能量，離開晶格位置，一個缺位因而產生。依照一個缺位的電荷數，我們可有中性缺位 V^0，受體缺位 V^-，雙電荷受體缺位 V^{2-}，施體（donor）缺位 V^+ 等等。我們預期對一給定荷電態的缺位密度（即每單位體積的缺位數，C_V），有相似於載子密度的溫度相依性，即

$$C_V = C_i \exp\left(\frac{E_F - E_i}{kT}\right) \tag{23}$$

其中 C_i 是本質缺位密度，E_F 是費米能階，E_i 是本質費米能階。

如果摻質擴散是由缺位機制主導，則擴散係數依理要正比於缺位密度。在低摻雜濃度時($n< n_\mathrm{i}$)，費米能階將與本質費米能階重合($E_F = E_i$)。缺位密度將等於 C_i，且與摻雜濃度無關。正比於 C_i 的擴散係數也將和摻質濃度無關。在高濃度時（$n > n_\mathrm{i}$），費米能階將會移向導電帶邊緣（對施體型的缺位），而 $\exp(E_F - E_i)/\mathrm{kT}$ 會大於一。這將使 C_V 增加，進而使擴散係數增加，如圖 6.8 右側所示。

當擴散係數隨摻質濃度而變化時，須以式(4)代替式(5)作為擴散方程式，其中 D 與 C 無關。我們考慮當擴散係數可寫成以下方式時的情況

$$D = D_s\left(\frac{C}{C_s}\right)^{\gamma} \tag{24}$$

其中 C_s 為表面濃度，D_s 為表面的擴散係數，γ 是用以描述與濃度相關性的參數。在此情況下，我們可將擴散方程式（式(4)）寫成一常微分方程式，並以數值法求解。

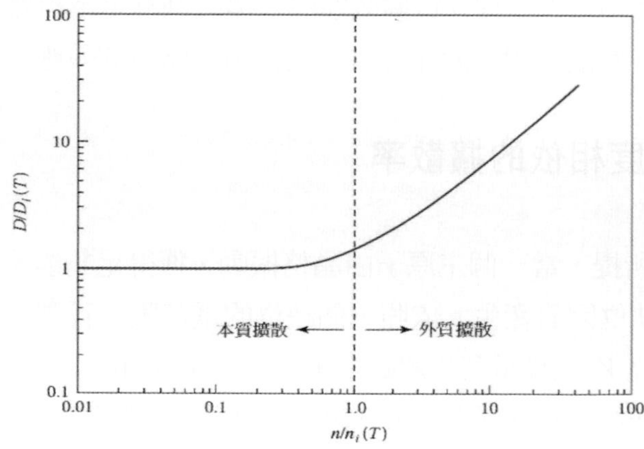

圖 6.8　施體雜質擴散率對電子濃度之作圖 [11]。圖中顯示本質與外質擴散。

圖 6.9 所示為在不同 γ 值時，固定表面濃度擴散的解[12]。對 $\gamma=0$ 而言，此即為固定擴散係數之情形，其側圖與圖 6.5a 所示一樣。對 $\gamma>0$ 而言，擴散率隨濃度下降而下降，且漸增的 γ 導致漸形陡峭及盒狀的濃度側圖，所以高度陡接面在背景為相反雜質型態下的擴散形成。摻質側圖的陡峭將導致接面深度幾乎與背景濃度無關。注意接面深度可以下列式子（見圖 6.9）表示

$$
\begin{aligned}
x_j &= 1.6\sqrt{D_s t} \quad \text{於 } D \sim C(\gamma=1) \\
x_j &= 1.1\sqrt{D_s t} \quad \text{於 } D \sim C^2(\gamma=2). \\
x_j &= 0.87\sqrt{D_s t} \quad \text{於 } D \sim C^3(\gamma=3)
\end{aligned}
\tag{25}
$$

在 $\gamma=-2$ 的例子中，擴散率隨濃度降低而增加，這將導致凹狀側圖，與其它例子中的凸狀側圖，恰異其趣。

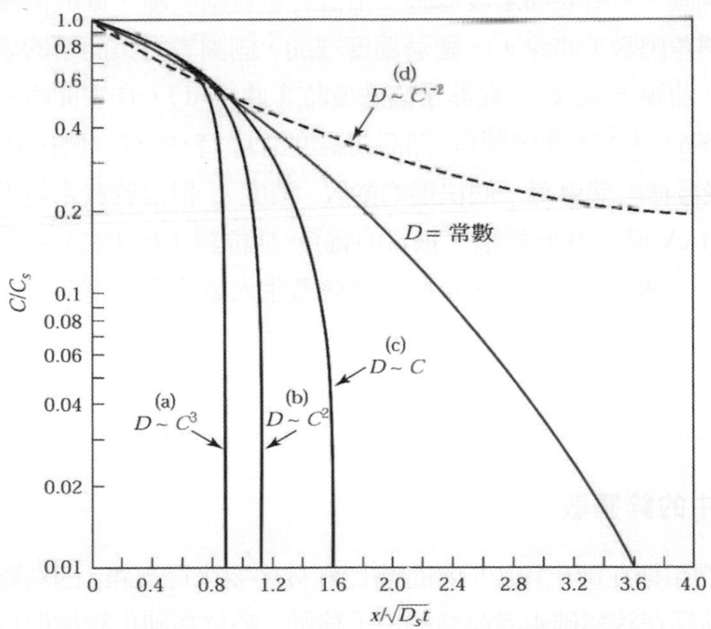

圖 6.9 外質擴散歸一化擴散側圖，其中擴散係數與濃度相依[10, 11]。

6.2.2 擴散側圖

矽內之擴散

在矽內所量測到的硼與砷之擴散係數有一與濃度相關之參數，其 $\gamma \cong 1$。如圖 6.9 曲線 c 所標明，其濃度側圖確實非常陡峭。對金與白金在矽內的擴散而言，γ 近似於-2，而它們的濃度側圖如圖 6.9 曲線 *d* 所示，呈一凹陷的形狀。

在矽內磷的擴散關係到帶雙電荷態的缺位 V^{2-}，同時在高濃度下擴散係數將隨 C^2 而變化。我們預期磷的擴散側圖（diffusion profile）會類似於圖 6.9 的曲線 b。然而，因為分解效應（dissociation effect），擴散側圖將展現出不規則的行為。

圖 6.10 顯示磷在不同表面濃度下，於 1000℃擴散進入矽一小時後的擴散側圖 [13]。當表面濃度低時，相當於本質擴散區，擴散側圖將是一個互補誤差函數（曲線 a）。隨著濃度增加，側圖變得與簡單的表示法有所差異（曲線 b 及 c）。在非常高濃度時（曲線 d），在表面附近的側圖確實與圖 6.9 中的 b 曲線類似。然而在濃度為 n_e 時，會有一個扭結（kink）產生，接著在尾端會有一個快速的擴散。濃度 n_e 相當於費米能階低於導電帶 0.11 eV 時。在此能階，耦合的雜質–缺位對（P^+V^{2-}）將會分解為 P^+，V^-及一個電子。所以，這些分解會產生大量的單一電荷態受體缺位 V^-，進而加速在側圖尾端區的擴散。在尾端區擴散率超過 10^{-12} cm^2/s，此值比 1000℃本質擴散率約大兩個數量級。由於它的高擴散率，磷通常被用來形成深接面，例如在 CMOS 中的 *n* 井（*n*-tub）。

砷化鎵中的鋅擴散

我們預期在砷化鎵中的擴散會比在矽中要來得複雜，因為雜質的擴散可牽涉到在鎵與砷兩者晶格的原子移動。缺位在砷化鎵擴散過程中扮演了一個主導的角色，因為 *p* 和 *n* 型雜質最終都必須進駐於晶格位置上。然而缺位的帶電態迄今尚未被確立。

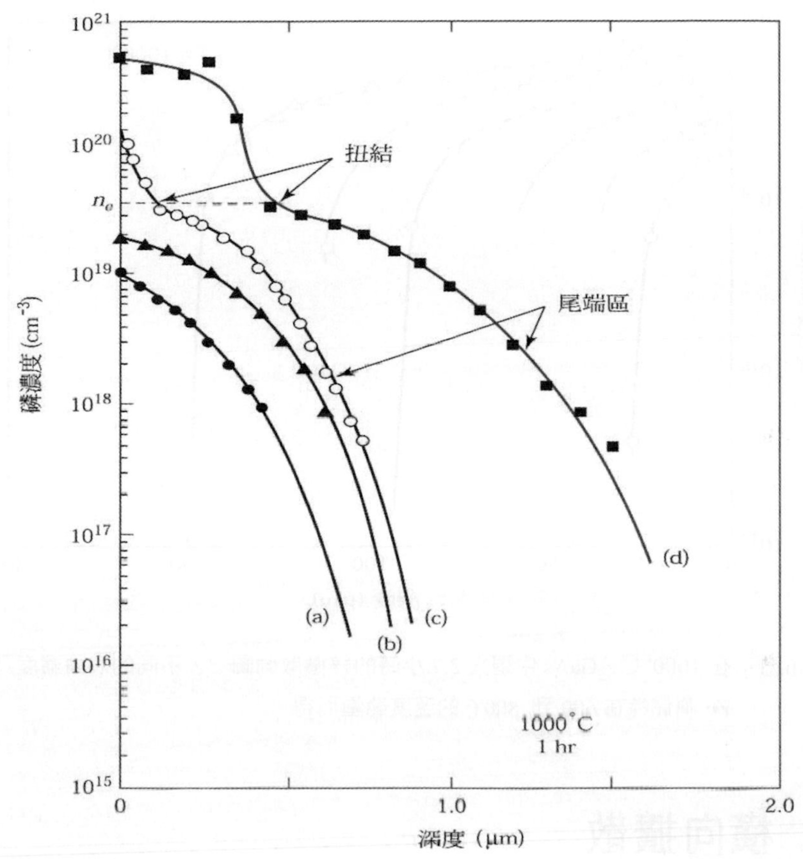

圖 6.10　磷在不同表面濃度下，於 1000°C，擴散進入矽 1 小時後之擴散側圖 [13]。

鋅是在砷化鎵中最廣為研究的擴散物。它的擴散係數被發現會隨 C^2 而變化。所以擴散側圖如圖 6.11 所示是陡峭的，而且與圖 6.9 曲線 b 相似 [13]。注意即使對最低表面濃度的情況，其擴散也是在外質擴散區，因為 GaAs 的 n_i 在 1000℃時少於 10^{18} cm^{-3}。由圖 6.11 可見，表面濃度對接面深度有重大影響。擴散率會隨鋅蒸汽的分壓做線性變化，而表面濃度正比於分壓的平方根。故從式(25)可知，接面深度會線性正比於表面濃度。

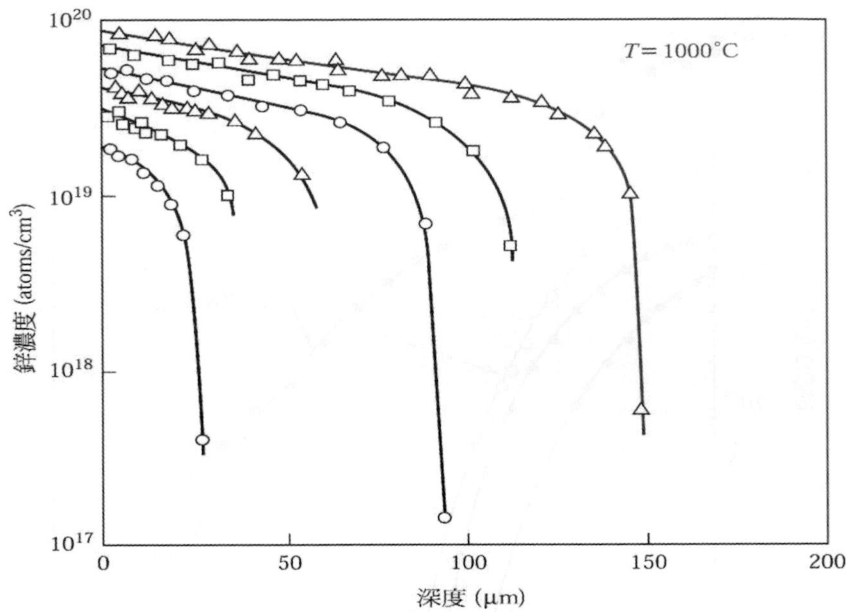

圖 6.11　在 1000°C，GaAs 中退火 2.7 小時的鋅擴散側圖 [13]。不同的表面濃度乃將 *Zn* 源保持在 600 到 800℃的溫度範圍而得。

6.3 橫向擴散

先前討論的一維擴散方程式可滿意地描述擴散過程，但在遮罩窗的邊緣例外，因為在邊緣處雜質會向下與旁邊（即橫向）擴散。在這種狀況下，我們必須考慮二維的擴散方程式，並使用數值分析技術，以得到在不同初始與邊界條件下的擴散側圖。

圖 6.12 顯示對一固定表面濃度擴散情況之固定摻質濃度的輪廓線，其中我們假設擴散率與濃度無關 [14]。在此圖之極右端，摻質濃度從 $0.5C_s$ 到 $10^{-4}C_s$（其中 C_s 為表面濃度）的變化，乃是相當於式(9)所給的互補誤差函數。輪廓線實際上是擴散到不同背景濃度而生成的接面位置圖。舉例而言，在 $C/C_s = 10^{-4}$ 時（即背景摻雜低於表面濃度 10^4 倍），由此固定

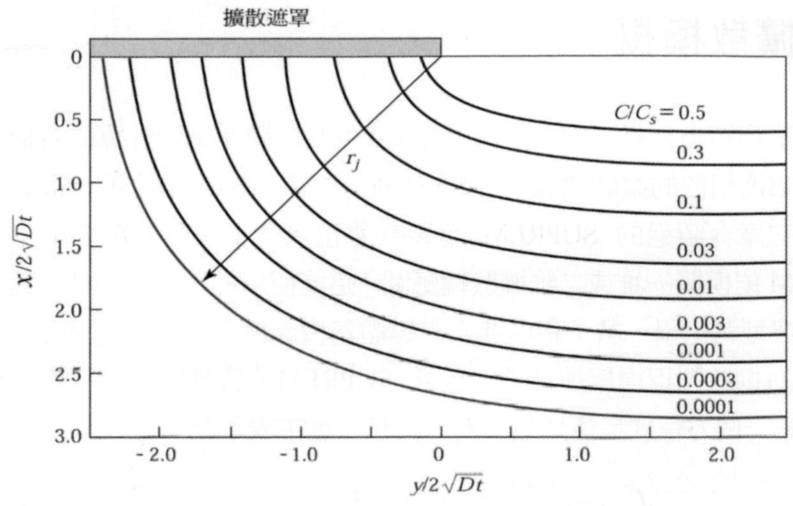

圖 6.12　氧化層窗邊緣的擴散輪廓線，r_j 為曲率半徑 [14]。

表面濃度曲線可見垂直穿入（vertical penetration）約為 2.8 μm，而橫向穿入（lateral penetration，即沿著遮罩與半導體界面擴散的穿入）約為 2.3 μm。因此，當濃度低於表面濃度達三個或更多的數量級時，其橫向穿入約為垂直穿入的 80 %。對固定總摻質量擴散情況而言，也可得到類似的結果，橫向穿入對垂直穿入的比約為 75%。對濃度相依擴散係數而言，此比例略降至約 65 %到 70 %。

因為橫向擴散（lateral diffusion）效應，接面包含了一個中央平面（或稱平坦）區，及近似於圓柱，曲率半徑為 r_j 的邊，如圖 6.12 所示。此外，如果擴散遮罩包含尖銳的角落，靠近角落的接面將因橫向擴散而近似於圓球狀。因為電場強度在圓柱與圓球接面處較強，該處雪崩崩潰電壓將遠低於有相同背景摻雜的平面接面。

6.4 擴散模擬

對於所有但卻是最簡單的例子裡，產生在擴散輪廓圖計算的各種困難（如濃度相依的擴散係數），傾向妨礙分析手算結果的使用。很幸運地，第三章介紹過的 SUPREM 套裝軟體也包含了完整的擴散模型。SUPREM 能模擬一維或二維擴散輪廓圖，這能使用擴散指令完成。程式的輸出典型為化學，載子和以進入半導體基板深度為函數的空缺濃度。

所有擴散製程模擬運算子，包含 SUPREM，皆基於三個基本方程式[15]。第一個方程式是流通量（J），其在一維中表示為

$$J_i = -D_i \frac{dD_i}{dx_i} + Z_i \mu_i C_i E \tag{26}$$

其中 Z_i 為電荷狀態，μ_i 為雜質遷移率，E 為電場強度，下標 i 表示 SUPREM 格子位置。第二個關係式是連續方程式（continuity equation），此方程式為

$$\frac{dC_i}{dt} + \frac{dJ_i}{dx} = G_i \tag{27}$$

其中 G_i 為雜質產生／復合率。最後一個主要的關係式為波松方程式（Poisson's equation），其在一維中表示為

$$\frac{d}{dx}[\varepsilon_s E] = q\left(p - n + N_D^+ - N_A^-\right) \tag{28}$$

其中 ε_s 為介電常數，n 和 p 分別為電子和電洞濃度，N_D^+ 和 N_A^- 分別為游離的施體和受體濃度。在使用者限定的一維格點上，SUPREM 同時解方程式(26)和(28)。SUPREM 使用的擴散係數值是根據 Fair 的空缺模型[11]。查詢表內包含了硼、銻和砷的 E_a 和 D_0 值。經驗模型用來解釋電場輔助、氧化增強和氧化延遲擴散。

範例 3

假設我們想要模擬在 850°C、15 分鐘，硼進入 *n* 型<110>矽晶圓的預先沉積。如果矽基板摻雜磷 10^{16} cm^{-3}，使用 SUPREM 來決定硼的摻雜輪廓圖和接面深度。

≺解≻

SUPREM 輸入參數列表如下：

```
TITLE        Predeposition Example
COMMENT      Initialize silicon substrate
INITIALIZE   <100> Silicon Phosphor Concentration=1e16
COMMENT      Diffusion Boron
DIFFUSION    Time=15 Temperature=850 Boron Solidsol
PRINT        Layers Chemical Concentration Phosphorous Boron Net
PLOT         Active Net Cmin=1e15
STOP         End predeposition example
```

注意，根據在擴散指令下 Solidsol 參數，硼的表面濃度設定成固態溶解度的極限。在預先沉積完成後，列印和繪出以進入矽基板深度為函數的硼的濃度圖。結果顯示在圖 6.13，其指出皆面深度為 0.0555 μm。

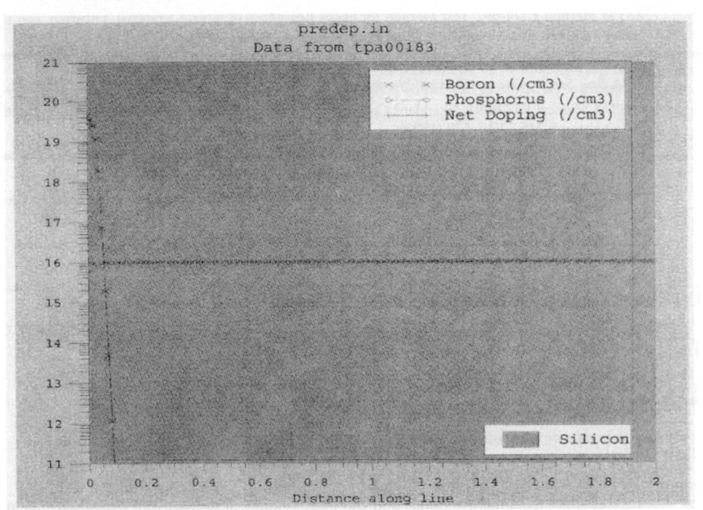

圖 6.13　利用 SUPREM 描繪硼濃度和矽基板深度之關係。

6.5 總結

擴散是雜質摻雜的關鍵方法。本章先考慮固定擴散率的基本擴散方程式，分別得到適用於固定表面濃度狀況，與固定總摻質量狀況的互補誤差函數與高斯函數。擴散製程的結果可經接面深度、片電阻、摻質側圖的量測來評估。

當摻雜濃度在擴散溫度下高於本質載子濃度 n_i，擴散率變得和濃度相依，此種相依性對摻雜側圖的結果有深遠的影響。舉例而言，在矽中砷與硼的擴散率隨雜質濃度做線性變化，它們的摻雜側圖遠比互補誤差函數來得陡峭。在矽中磷的擴散率隨濃度的平方而變化，這種相依性與分解效應使得磷的擴散率比其本質擴散率高出 100 倍。

遮罩邊緣的橫向擴散與氧化過程中的雜質再分佈是擴散對元件性能有重大影響的兩個過程。前者會大量降低崩潰電壓，後者則會影響臨界電壓與接觸電阻。

參考文獻

1. S. M. Sze, Ed., Ch. 7, 8 in *VLSI Technology*, 2nd Ed., McGraw-Hill, New York, 1988.
2. S. K. Ghandhi, Ch. 4, 6 in *VLSI Fabrication Principles*, 2nd Ed., Wiley, New York, 1994.
3. W. R. Runyan and K. E. Bean, Ch. 8 in *Semiconductor Integrated Circuit Processing Technology*, Addison-Wesley, Massachusetts, 1990.
4. H. C. Casey, and G. L. Pearson, "Diffusion in Semiconductors," in J. H. Crawford, and L. M. Slifkin, Eds., *Point Defects in Solids*, Vol. 2, Plenum, New York, 1975.
5. J. P. Joly, "Metallic Contamination of Silicon Wafers," *Microelectron. Eng.*, **40**, 285 (1998).
6. A. S. Grove, *Physics and Technology of Semiconductor Devices*, Wiley, New York, 1967.
7. ASTM Method F374-88, "Test Method for Sheet Resistance of Silicon Epitaxial, Diffused, and Ion-Implanted Layers Using a Collinear Four-Probe Array," **10**, 249 (1993).
8. J. C. Irvin, "Evaluation of Diffused Layers in Silicon," *Bell Syst. Tech. J.*, **41**, 2 (1962).
9. S. M. Sze, Ch.7 in *Semiconductor Devices*: *Physics and Technology*, 2nd Ed., Wiley, New York, 2002.
10. ASTM Method E1438-91, "Standard Guide for Measuring Width of Interfaces in Sputter Depth Profiling Using SIMS, " **10**, 578 (1993).
11. R. B. Fair, "Concentration Profiles of Diffused Dopants," in F. F. Y. Wang, Ed., *Impurity Doping Processes in Silicon*, North-Holland, Amsterdam, 1981.
12. L. R. Weisberg and J. Blanc, "Diffusion with Interstitial-Substitutional

Equilibrium, Zinc in GaAs, ” *Phys. Rev.*, **131**, 1548 (1963).

13. F. A. Cunnell and C. H. Gooch, “Diffusion of Zinc in Gallium Arsenide” *J. Phys. Chem. Solid*, **15**, 127 (1960).
14. D. P. Kennedy and R. R. O’Brien, “Analysis of Impurity Atom Distribution Near the Diffusion Mask for a Planar *p-n* Junction, ” *IBM J. Res. Dev.*, **9**, 179 (1965).
15. Ｓ. A. Campbell, Ch. 3 in *The Science and Engineering of Microelectronic Fabrication*, 2nd Ed., Oxford University Press, New York, 2001.

習題 (*指較難習題)

6.1 節 基本擴散製程

1. 試計算在中性氛圍中，950°C、30 分鐘之硼預沉積後的接面深度與摻質總量。假設基板為 n 型矽，$N_D = 1.8 \times 10^{16}$ cm^{-3} 且硼的表面濃度為 $C_s = 1.8 \times 10^{20}$ cm^{-3}。
2. 如果習題 1 的樣本放入 1050°C、60 分鐘的中性氛圍進行驅入，試計算擴散側圖與接面深度。
3. 假設測得的磷側圖可以一高斯函數表示，其擴散係數 $D = 2.3 \times 10^{-13}$ cm^2/s。測得的表面濃度為 1×10^{18} atoms/cm^3，在基板濃度為 1×10^{15} 下測得的接面深度為 1 μm。請計算擴散時間與在擴散層中全部摻質量。

*4. 為防止突然降溫而引起的晶圓彎翹，擴散爐管之溫度在 20 分鐘內自 1000 °C 線性地下降至 500 °C。就矽內之磷擴散而言，在初始擴散溫度之有效擴散時間為何？

*5. 對 1000°C 下矽中低濃度磷的驅入，若擴散時間與溫度有 1%變動的話，試找出表面濃度變化的比例。

6. 將砷於 1100 °C 擴散到摻雜有 10^{15} 硼 atoms/cm^3 之一片厚矽晶圓中，歷時 3 小時。如果表面濃度保持固定於 4×10^{18} atoms/cm^3，則砷之最後分佈為何？擴散長度及接面深度為何？

6.2 節 外質擴散

7. 如果砷在 900°C 擴散進入一個摻雜有 10^{15} boron atoms/cm^3 的一片厚矽晶圓中，達 3 小時，若表面濃度固定在 4×10^{18} atoms/cm^3，則接面深度為何？假設 D_0 = 45.8 cm^2/s，E_a = 4.05 eV，$x_j = 1.6\sqrt{Dt}$ 。
8. 解釋本質與外質擴散的意義。

6.3 節 擴散模擬

9. 使用 SUPREM 執行 1175°C，6 小時的驅入步驟，預先沉積如範例 3 所述。繪出硼的輪廓圖以及給定新的接面深度。

*10. 習題 9 中，在硼驅入步驟後，假設磷隨即預先沉積及驅入。預先沉積發生在 850°C、30 分鐘，驅入發生在 1000°C、30 分鐘。使用 SUPREM 繪出磷和硼的雜質輪廓圖以及決定接面深度。

第七章 離子佈植

離子佈植（ion implantation）是另一種主要的雜質摻雜方式。從七〇年代初開始，許多摻雜工作已改由離子佈植來達成。如圖 7.1 所示，此製程中，在一離子束（ion beam）中的摻質離子（dopant ion）藉由佈植導入半導體內。摻質濃度在半導體內會有個峰值分佈，同時摻質分佈的側圖主要由離子質量和佈植離子能量而定。此章節將探討下列主題：

- 離子佈植的製程與優點。
- 在晶格中的離子分佈，與如何移除因佈植而造成的晶格損壞（lattice damage）。
- 與佈植相關的製程，如遮罩、高能量佈值及高電流佈值。
- 使用 SUPREM 做離子佈植模擬。

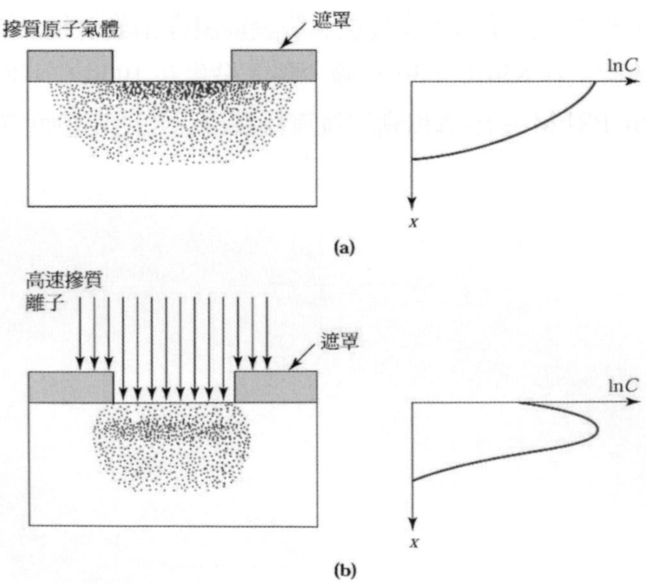

圖 7.1　選擇性將摻質引入半導體基板的技術比較（a）擴散，與（b）離子佈植。

7.1 佈植離子射程

離子佈值是一種將具有能量且帶電的粒子引入如矽之基板的過程。佈植能量一般介於 1 keV 到 1 MeV（現在也有低於 1 keV 的應用），可得平均深度範圍由 10 nm 到 10 μm 的離子分佈。離子劑量（dose）變動範圍，從用於調整臨界電壓的 10^{12} 離子／平方公分（ions/cm^2），到形成埋藏絕緣層的 10^{18} ions/cm^2。注意劑量的單位是以半導體表面上一平方公分面積內所植入的離子數表之。相較於擴散製程，離子佈植的的主要優點在於更精準的雜質摻雜控制（濃度與控制）與再現性，與有較低的製程溫度。

圖 7.2 所示為一中等能量離子佈植機（medium-energy ion implantor）之示意圖[1]。其中的離子源（ion source）有一加熱細絲用以分解氣體源，如三氟化硼（BF_3）或砷化氫（AsH_3）等，使成為帶電離子態（B^+或 As^+）。一約 40 kV 左右的萃取電壓將這些帶電離子移出離子源腔體，並將之帶入一質譜儀（mass analyzer）。藉由調整質譜儀的磁場，使只有選定的質量／電荷比之離子得以通過質譜儀的出口處而不被過濾掉。被選出來的離子接著進入加速管內，在此它們從高電壓移往接地點，以加速到一所需的佈植能量。孔徑（aperture）則用來確保離子束可以完整地保持準直（collimated）。佈植機內的壓力維持在 10^{-4} Pa 以下來降低氣體分子散射。最後利用靜電偏折盤，使這些離子束得以掃瞄晶圓表面，並植入半導體基板。

植入的離子在基板中會與電子及原子核碰撞而逐漸失去能量，直到最後會停在晶格內某一深度，其平均深度可由調整加速能量來控制。摻質劑量則可在佈植時監控離子電流來控制。主要的副作用是由離子碰撞引起的半導體晶格中斷或損壞，因此需要後續的退火（anneal）處理來移除這些損壞。

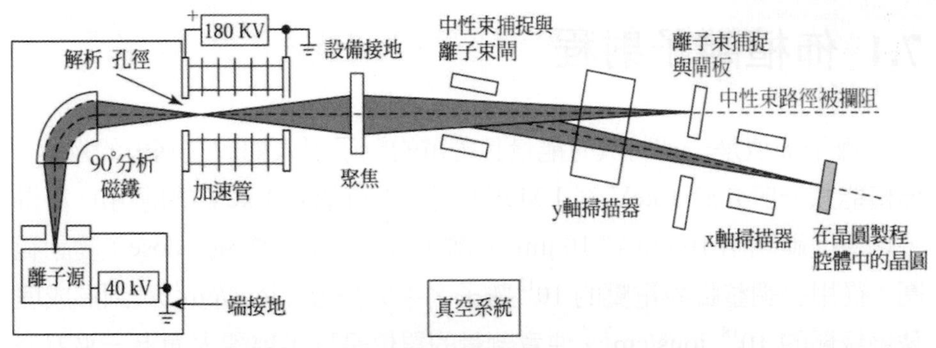

圖 7.2　中電流離子佈植機之示意圖。

7.1.1 離子分佈

一個離子在停止前所行經的總距離稱為射程（range，R），如圖 7.3a 所示[2]。此距離在入射軸方向上的投影稱為投影射程（projected range，R_p）。因為每單位距離之碰撞次數及每次碰撞之能量損失皆為隨機變數，故對於一群相同質量且相同初始能量的離子而言會有一空間分佈。投影射程的統計變動（statistical fluctuation）稱為投影散佈（projected straggle，σ_p），沿著入射軸之垂直軸方向亦有一統計變動稱為橫向散佈（lateral straggle，$\sigma_\perp$）。

離子分佈顯示於圖 7.3b。沿著入射軸，植入的雜質側圖可以一個高斯分佈函數來近似：

$$n(x) = \frac{S}{\sqrt{2\pi}\sigma_p} \exp\left[-\frac{(x-R_p)^2}{2\sigma_p^2} \right] \tag{1}$$

其中 S 為每單位面積的離子劑量。此式與第六章中，固定總摻質量下之擴散分佈的式(14)類似，除了 $4Dt$ 被 $2\sigma_p^2$ 所取代，以及分佈沿著 x 軸偏移了一個 R_p。所以對擴散而言，最大濃度位在 $x = 0$，但對離子佈植來說，最大濃度位在投影射程 R_p。位在（$x-R_p$）$=\pm\sigma_p$ 處，離子濃度比其峰值降低了 40%，到了$\pm 2\sigma_p$處則降為十分之一，在$\pm 3\sigma_p$處降為百分之一，在$\pm 4.8\sigma_p$處則降為 10 萬分之一。

在沿著垂直於入射軸的方向上，其分佈亦為具有 $\exp(-y^2/2\sigma_\perp^2)$ 形式的高斯函數分佈，也因此將會有某種程度的橫向佈植 [2]。然而從遮罩邊緣的橫向穿入（大小約為$\sigma_\perp$），遠小於 6.3 節中所討論的熱擴散製程之橫向穿入。

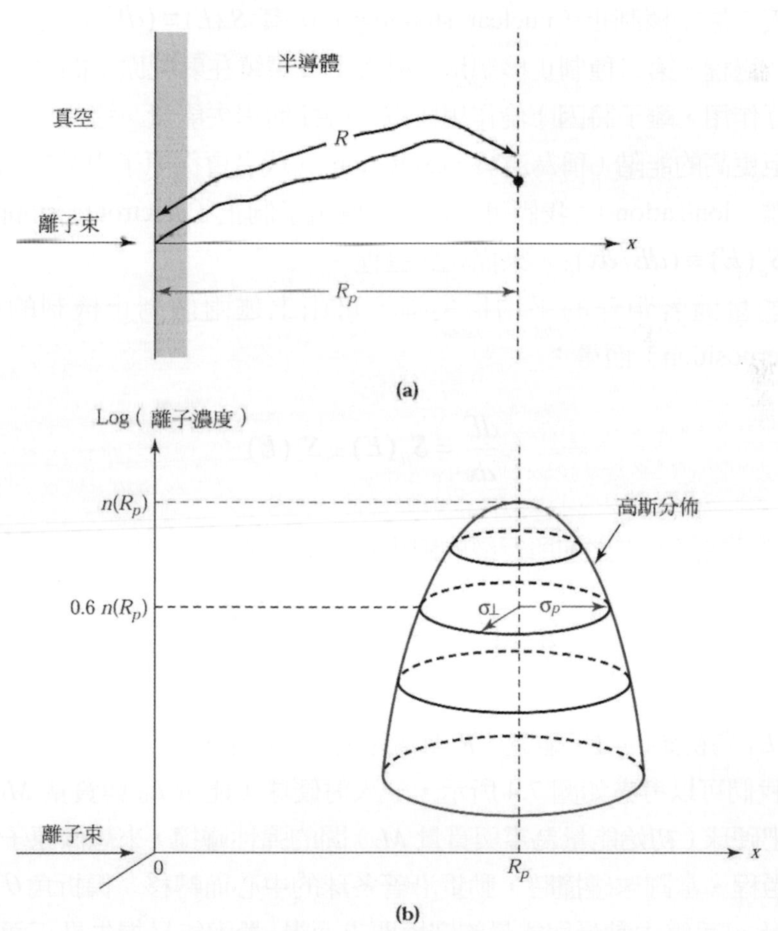

圖 7.3 （a）離子射程 R 和投影射程 R_p 之示意圖，（b）佈植離子的二維分佈 [2]。

7.1.2 離子制止（Ion Stopping)

對一帶有能量的離子在進入半導體基板（亦稱射靶，target）時，有兩種制止機制可使其停止。第一種是將其能量轉給射靶原子核，這會導致入射離子的偏折，同時也使許多射靶原子核偏離於它們原來的晶格位置。如果 E 代表某離子位於其路徑上任一點位置 x 時的能量，我們可以定義一原子核制止（nuclear stopping）功率 $S_n(E) \equiv (dE/dx)_n$，來描述此一過程。第二種制止機制是入射離子與環繞在射靶原子間之電子雲的交互作用，離子將因庫倫作用與電子碰撞而損失能量。這些電子將被激發至更高的能階（稱為激發，excitation），或者會從原子中被撞出（稱為游離，ionization）。我們可以定義一個電子制止（electronic stopping）功率 $S_e(E) \equiv (dE/dx)_e$，來描述此過程。

能量隨著距離的平均損失率，可由上述兩個制止機制的疊加（superposition）而得：

$$\frac{dE}{dx} = S_n(E) + S_e(E) \tag{2}$$

如果離子在停下來之前所行經的總距離為 R，則

$$R = \int_0^R dx = \int_0^{E_0} \frac{dE}{S_n(E) + S_e(E)} \tag{3}$$

其中 E_0 為初始的離子能量，R 則為先前定義的射程。

我們可以考慮如圖 7.4 所示，一入射硬球（能量 E_0 與質量 M_1）與一射靶硬球（初始能量為零與質量 M_2）間的彈性碰撞，來想像原子核的制止過程。當圓球碰撞時，動量沿著各球的中心而轉移。偏折角 θ 與速度 υ_1 及 υ_2 可經由動量與能量的守恆要求而得。最大能量損失是正面碰撞，在此情況下，入射粒子 M_1 所損失的能量即為轉移到 M_2 的能量：

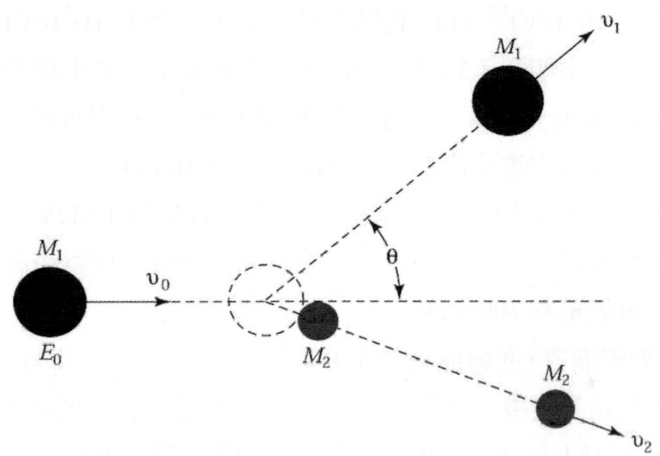

圖 7.4　硬球的碰撞。

$$\frac{1}{2}M_2\upsilon_2^2=\left[\frac{4M_1M_2}{(M_1+M_2)^2}\right]E_0 \tag{4}$$

因為通常 M_2 與 M_1 有相同的數量級，故在原子核制止過程中會有大量的能量被轉移。

經由詳細的計算顯示，原子核制止功率在低能量時隨能量的增加而呈線性增加（與式(4)類似），同時會在某一中等能量時達到最大值。在高能量時 $S_n(E)$ 則變得較小，這是因為快速的粒子和射靶原子間會沒有足夠的交互作用時間來達到有效的能量轉移。對砷、磷與硼於矽中，在不同能量下所算出的 $S_n(E)$ 如圖 7.5 所示（實線部份，符號的上標代表原子量）[3]。注意其中較重的原子，如砷，會有較大的原子核制止功率，也就是在每單位距離內會有較大的能量損失。

電子制止功率則被發現和入射離子的速度成比例，即

$$S_e(E)=k_e\sqrt{E} \tag{5}$$

其中係數 k_e 為一與原子質量和原子序相對而言較無關聯的函數。I_e 的值對矽而言約為 $10^7\ (eV)^{1/2}$ /cm；對砷化鎵而言則約為 $3\times10^7\ (eV)^{1/2}$/cm。在矽中電子制止功率如圖 7.5 所繪（點線）。在此圖中同樣也顯示出交會能量（crossover energy），即 $S_e(E)$ 等於 $S_n(E)$ 的點。對硼而言，其相較於射靶矽原子有較低的離子質量，交會能量只有 10 keV 。

這表示在大多數的佈值能量範圍內，如 1 keV 到 1 MeV 之間，主要的能量損失機制是由於電子制止。另一方面，對擁有相對較高質量的砷來說，其交會能量為 700 keV，所以在大部分能量範圍內原子核制止為主導機制。對磷而言，交會能量為 130 keV，此時對小於 130 keV 的 E_0 來講，原子核制止為主導，但對更高能量而言，電子制止則將取而代之。

一旦 $S_n(E)$ 與 $S_e(E)$ 已知，我們可從式(3)計算出射程，進而借助下述近似方程式來求得投影射程與投影散佈 [1]：

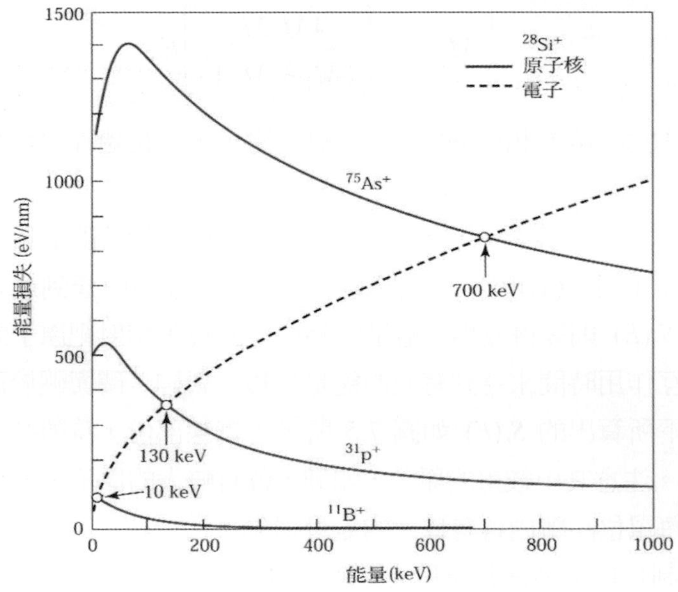

圖 7.5　在 Si 中 As、P 與 B 的原子核制止功率 $S_n(E)$ 與電子制止功率 $S_e(E)$。曲線交會處相當於原子核制止與電子制止兩者相等時的能量 [3]。

$$R_p \cong \frac{R}{1+(M_2/3M_1)} \tag{6}$$

$$\sigma_p \cong \frac{2}{3}\left[\frac{\sqrt{M_1M_2}}{M_1+M_2}\right]R_p \tag{7}$$

圖 7.6a 顯示砷、硼與磷在矽的投影射程（R_p），投影散佈（σ_p）及橫向散佈（$\sigma_\perp$）[4]。一如預期，能量損失越大者其射程就越小。同時，投影射程和散佈隨離子能量增加而增加。對某一元素而言在一定的入射能量下，σ_p 和 $\sigma_\perp$ 相差不多，通常約在±20%內。圖 7.6b 顯示氫、鋅與碲在砷化鎵中之對應值[5]。如果我們比較圖 7.6a 和圖 7.6b，可以發現大多數常用的摻質（氫例外），在矽中比在砷化鎵中有較大的投影射程。

範例 1

假設硼以 100 keV，5×10^{14} ions/cm^2 之劑量佈植於一 200 mm 的矽晶圓。試計算峰值濃度與進行 1 分鐘佈植離子束所需的電流。

<解>

從圖 7.6a，我們分別可得投影射程為 0.31 μm 和投影散佈為 0.07 μm 。

從式(1) $$n(x) = \frac{S}{\sqrt{2\pi}\sigma_p}\exp\left[\frac{-(x-R_p)^2}{2\sigma_p^2}\right]$$

$$\frac{dn}{dx} = -\frac{S}{\sqrt{2\pi}\sigma_p}\frac{2(x-R_p)}{2\sigma_p^2}\exp\left[\frac{-(x-R_p)^2}{2\sigma_p^2}\right] = 0$$

峰值濃度位於 $x = R_p$，其結果 $n(x) = 2.85 \times 10^{19}$ ions/cm^3。

植入離子的總量為 $Q = 5 \times 10^{14} \times \pi \times (\frac{20}{2})^2 = 1.57 \times 10^{17}$ 個離子

所需的離子流為 $I = \frac{qQ}{t} = \frac{1.6 \times 10^{-19} \times 1.57 \times 10^{17}}{60} = 4.19 \times 10^{-4}$ A

$= 0.42$ mA

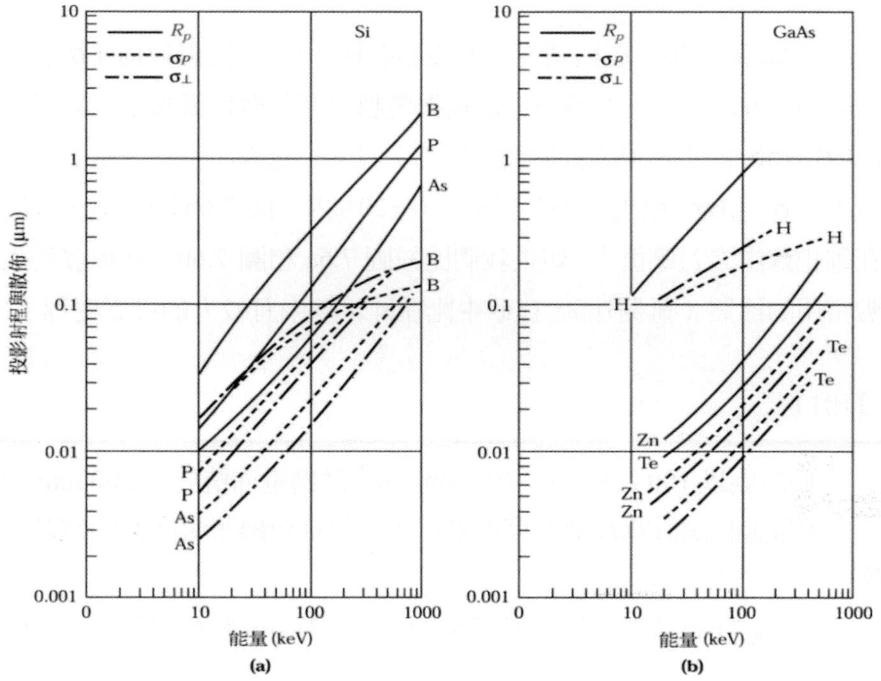

圖 7.6 (a) B、P 與 As 在 Si 中[4]，與 (b) H、Zn 與 Te 在 GaAs 中[5]的投影射程、投影散佈與橫向散佈。

7.1.3 離子通道（Ion Channeling）效應

先前討論的高斯分佈之投影射程和散佈可忠實描述對非晶性

（amorphous）或小晶粒複晶矽基板佈植的離子。只要離子束偏離低指標（low-index）晶格方向（如<111>），則矽和砷化鎵就表現得有如非晶性的半導體一般。在此情況下，靠近峰值處的實際摻質側圖，幾乎可以用式(1)來表示，即使延伸到只有峰值十分之一至二十分之一處亦然，如圖 7.7 所示 [2]。然而，即使是對 <111> 軸偏離 7°，仍舊會有一個隨距離而成指數級 $\exp(-x/\lambda)$ 變化的尾端分佈，其中 λ 典型的大小為 0.1 μm。

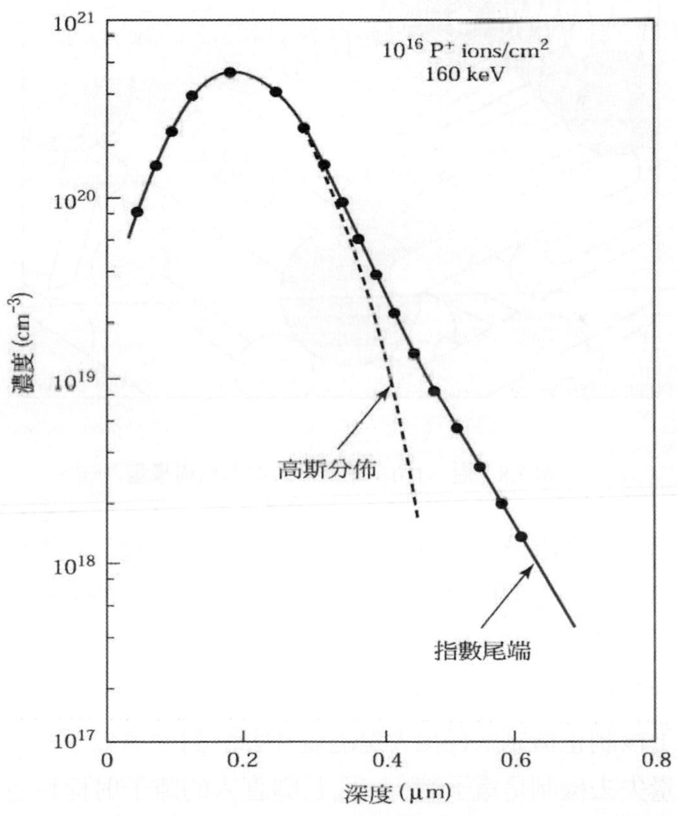

圖 7.7　在一特意不對準射靶內的雜質側圖。離子束從 <111> 軸偏斜 7°入射 [2]。

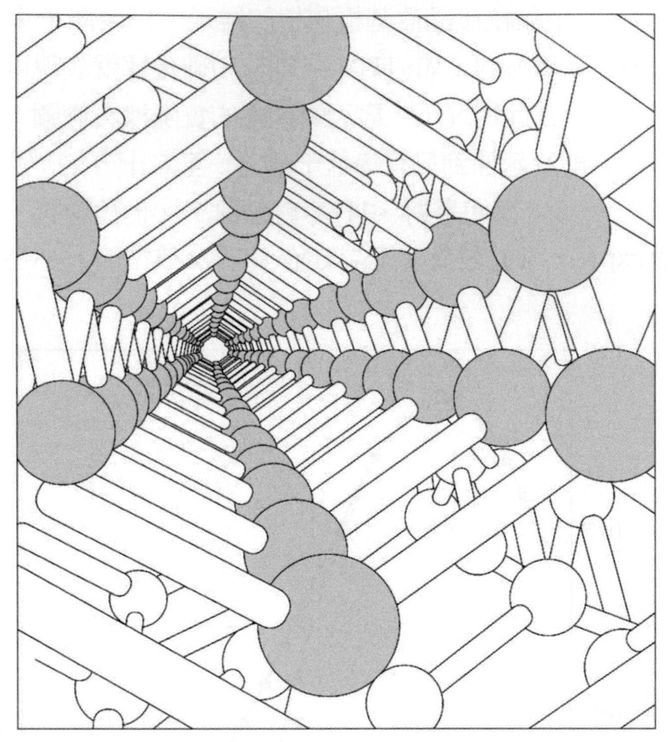

圖 7.8　沿 <110> 軸觀察的鑽石結構模型 [6]。

這種指數級尾端分佈和離子通道（ion channeling）效應有關。當入射離子對準於一個主要的晶向，且被引導於晶體原子的列與列之間時，通道效應就會發生。圖7.8所示為一沿著 <110> 方向望去的鑽石晶格 [6]。當離子沿 <110> 方向的軌跡植入時，因無法很接近射靶原子，以致於無法以原子核制止機制來耗損大量能量。因此，對通道效應的離子來說，唯一的能量失去機制是電子制止，而長驅直入的離子射程將遠大於它在非晶性射靶中的射程。離子的通道效應對低能量佈植與重離子而言特別重要。

通道效應可藉幾個技巧來降低，包括：覆蓋一層非晶性的表面層，將晶圓偏向，或在晶圓表面製造一個被破壞的表層。常用的覆蓋非晶層

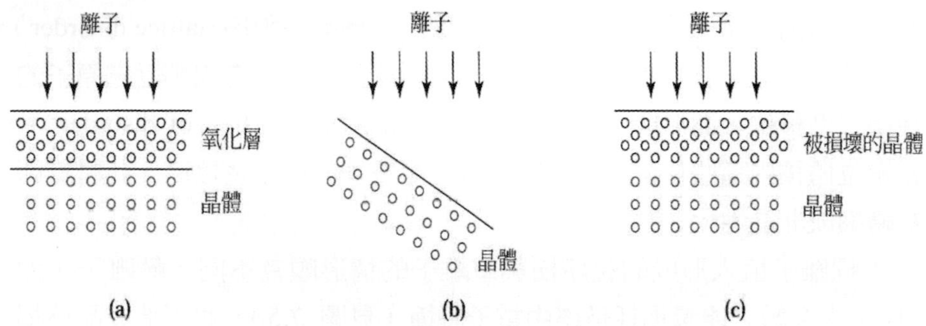

圖 7.9　(a) 經過非晶氧化層的佈植，(b) 對所有晶向軸的偏向入射，(c) 在晶體表面的預先損壞。

只是一層薄的氧化層（圖 7.9a），此層可使離子束的方向隨機化，使離子以不同角度進入晶圓而不直接進入晶體通道。將晶圓偏離主平面 5° 到 10°也有防止離子進入通道的效果（圖 7.9b）。利用這種方法，大部分的佈植機器將晶圓傾斜 7°，並從平邊扭轉 22°，以防止通道效應。最後的作法是以大量的矽或鍺佈植以破壞晶圓表面，可在晶圓表面產生一個佈植隨機化的薄層（圖 7.9c）。然而，這種方式增加了昂貴離子佈植機的使用次數。

7.2 佈植損壞與退火

7.2.1 佈植損壞

當具能量的離子進入半導體基板後，經由一系列的原子核與電子碰撞而損失能量直到最後停下來。電子能量的損失可以使被碰撞的電子被激發至更高的能階，或是產生電子電洞對，然而電子碰撞並不會使半導體原子離開它們的晶格位置。只有原子核碰撞可轉移足夠的能量給晶格，使得靶材內的原子移位而造成佈植損壞[7]（亦稱晶格脫序，lattice disorder）。這些移位的原子有時會獲得大部分的入射能量，進而造成鄰近處原子的連串二度移位，而形成一個沿著離子路徑的脫序樹（tree of disorder）。當單位體積內這些移位原子的數目接近半導體的原子密度時，此材質即被轉換成非晶性。

輕離子植入形成的脫序樹與重離子的情形頗為不同。輕離子（如 $^{11}B^+$）大多數之能量損耗是經由電子碰撞（見圖 7.5），並不造成晶格損壞，所以這些離子可以更深入基板。最後離子的能量會減低至交會能量（對硼而言約為 10 keV），此時原子核制止才會成為主導。因此大部分的晶格脫序發生在最後的離子位置附近，如圖 7.10a 所示。

我們可以估算一個 100 keV 硼離子所造成的損壞。其投影射程為 0.31 μm（圖 7.6a），而它的初始原子核能量損失只有 3 eV/Å（圖 7.5）。因為在矽中晶格平面的距離約為 2.5 Å，這表示硼離子經過每個晶格平面時因原子核制止而喪失的能量為 7.5 eV。要使一個矽原子從其晶格位置移位所需的能量約為 15 eV，所以入射的硼離子在它剛進入矽基板時，並不會從原子核制止過程中釋放出足夠的能量來移位一個矽原子。當離子能量降到約為 50 keV 時（在 1500 Å 深度），由於原子核制止的能量損失對每一平面而言增加到 15 eV（即 6 eV/Å），足夠產生晶格脫序。假設在剩下的離子射程內，每個晶格平面可有一個原子產生移位，則將會有 600 個晶格原子（即 1500 Å/2.5 Å）被移位。如果每一個移位原子從其原來位置約移動 25 Å，被損壞的體積則為 $V_D \cong \pi(25\text{ Å})^2(1500\text{Å})=3\times10^{-18}$ cm^3，損壞密度則為 $600/V_D \cong 2\times10^{20}\ \text{cm}^{-3}$，大約只有所有原子的 0.4%。所以對於輕離子而言，需要非常高的劑量才能產生非晶層。

對重離子而言，能量的損耗主要經由原子核碰撞過程，因此可預期會造重大的損壞。考慮一個 100 keV 的砷離子，其投影射程為 0.06 μm（或 60 nm），在整個能量範圍內的平均原子核能量損失約為 1320 eV/nm （圖 7.5）。這表示在砷離子經過每一晶格平面的平均損失約為 330

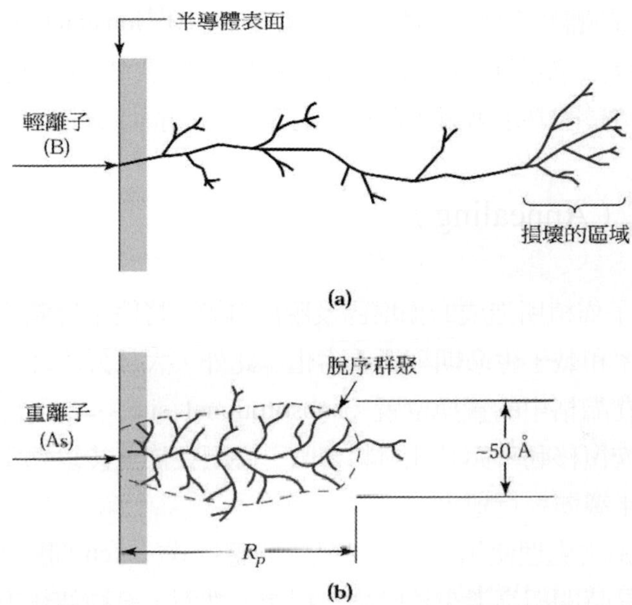

圖 7.10 因（a）輕離子，（b）重離子而導致的佈植脫序。

eV，大部分的能量都給了一個主矽原子（primary silicon atom），每一主原子隨後將再撞擊產生 22 個（即 330 eV/15 eV）移位的目標原子（target atoms）。全部的移位原子數為 5280。假設移位原子有一 2.5 nm 的範圍，損壞的體積 $V_D \cong \pi(2.5\ \text{nm})^2(60\ \text{nm}) = 10^{-18}\ \text{cm}^3$，損壞密度則為 $5280/V_D \cong 5 \times 10^{21}\ \text{cm}^{-3}$，約占 V_D 體積內總原子的 10%。因此重離子佈植的結果已使此材質變得幾乎已呈非晶性。圖 7.10b 顯示在整個投影射程內，因損壞而形成一個脫序群聚（disorder cluster）的情形。

要預估將一結晶材質轉換為非晶性所需的劑量，我們可利用能量密度和需要熔化此一材質之能量（即 10^{21} keV/cm^3）應屬同一數量級的準則。對 100 keV 的砷離子來說，需要形成非晶矽的劑量為

$$S = \frac{(10^{21}\text{keV/cm}^3)R_p}{E_0} = 6\times10^{13}\ ions/cm^2 \qquad (8)$$

對 100 keV 的硼離子而言，所需的劑量為 3×10^{14} ions/cm^2 ，因為其 R_p 是砷的五倍大。然而實際上在室溫下硼離子需要較高的劑量（$>10^{16}$ ions/cm^2），這是因為沿著離子路徑會有不均勻的損壞分佈。

7.2.2 退火（Annealing）

由於離子佈植所造成的損壞區及脫序群聚，將使半導體的一些參數如載子移動率和載子生命期等嚴重劣化。此外，大部分的離子在被植入時，並不是在晶格中的置換位置（substitutional site）。為了要活化被植入的離子及恢復移動率與其他材料參數，必須在佈值後以適當的時間與溫度條件對半導體進行退火。

傳統的退火處理使用類似於熱氧化的整批式(batch)開放爐管系統，此製程需要長時間與高溫來移除佈植損壞。然而，這種傳統方法可能造成嚴重的摻質擴散，無法符合淺接面及窄摻雜側圖的要求。快速熱退火（rapid thermal annealing，RTA）是採用多種能量源，有寬的時間範圍（從 100 秒低到幾奈秒，但與傳統爐管退火處理相比都很短）的一種退火製程。RTA 可以在大幅減少擴散再分佈的情況下，完全活化摻質與修補缺陷。

硼與磷的傳統退火

退火的特性與摻質種類及劑量有關。圖 7.11 顯示被植入矽基板內的硼與磷的退火行為 [4]，在佈植時基板處於室溫。在一給定的離子劑量下，退火溫度被定義為在一傳統退火爐管中，退火三十分鐘可有 90%的植入離子被活化的溫度。對硼佈植而言，較高的劑量需要較高的退火溫度。對磷來講，在較低劑量時，退火行為類似於硼。然而當劑量大於 10^{15} cm^{-2} 時，退火溫度降低到約 600°C。這種現象和固相磊晶（solid-phase epitaxy）過程有關。當磷的劑量大於 6×10^{14} cm^{-2} 時，矽的表面層變成非晶性。在

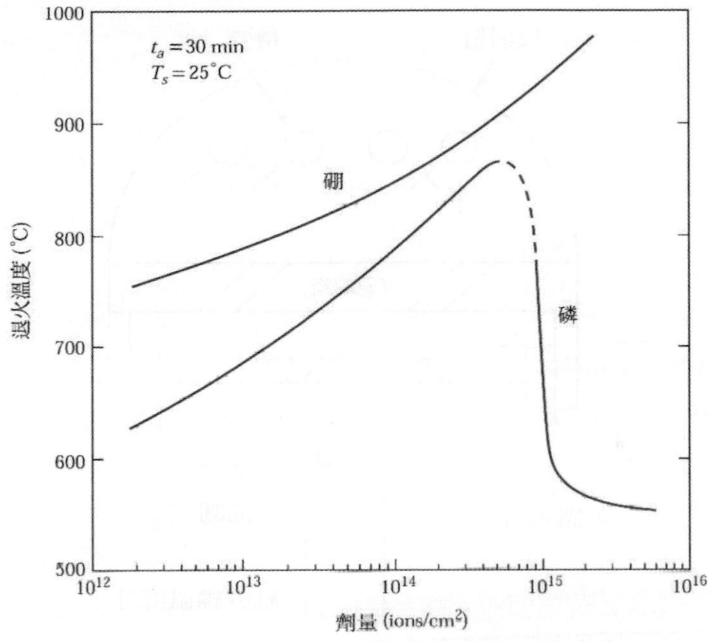

圖 7.11　硼與磷的 90%活化之退火溫度對劑量作圖 [4]。

非晶層下的單晶矽可作為非晶層再結晶時的晶種層。沿著<100>方向的磊晶成長率在 550°C 時 10 nm/min，而在 600°C 為 50 nm/min，其活化能為 2.4 eV。因此 100 nm 到 500 nm 的非晶層可在幾分鐘內被再結晶。在固相磊晶過程中，雜質摻質原子與主原子一塊被併入晶格位置，因此在相對低溫下可以達成完全活化。

快速熱退火（Rapid-Thermal Annealing，RTA）

一個具有燈管可瞬間加熱的快速熱退火機台如圖 7.12 所示。從被加熱的晶圓上所量測的溫度一般在 600°到 1100°C [8] 之間，但有些先進的系統最高溫可達到 1300°C 左右或更高。在等熱（isothermal）狀況，晶圓可以在常壓或低壓下被快速加熱。RTA 系統中的燈管多採用鎢絲或弧光燈。製程腔是以石英、碳化矽、不鏽鋼或鋁材質做成，並有石英透明

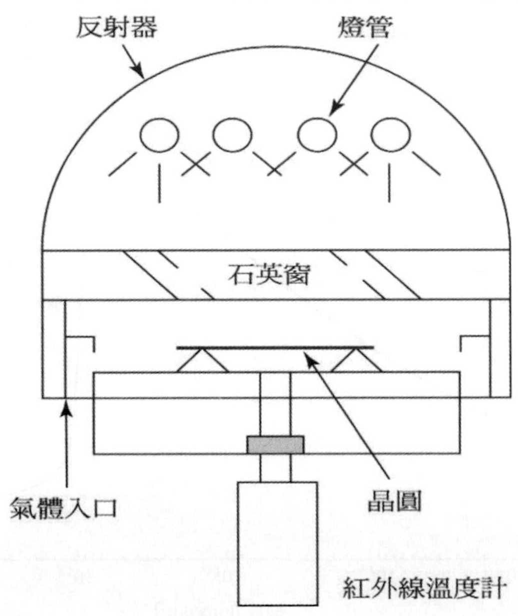

圖 7.12　由光加熱的快速熱退火系統（RTA）。

窗以讓光輻射通過而照射晶圓。晶圓支撐架通常以石英做成，並以最少的接觸點和晶圓接觸。量測系統則被置於一控制回路中，以設定晶圓溫度。RTA 系統、氣體控制系統以及控制系統以電腦介面串接操作。一般來說，RTA 系統中的晶圓溫度是以非接觸式光學溫度計來量測，其原理是根據輻射出的紅外線能量來推算溫度。

表 7.1 整理比較傳統爐管和 RTA 技術。為達較短的製程時間而使用 RTA，須在溫度和製程的不均勻性、溫度量測與控制、晶片的應力與產能等考量點間作些取捨。此外，尚須顧慮在非常快速的溫度暫態（100 至 300°C/s）下，可能造成有電性作用的晶圓缺陷。因快速加熱而造成晶圓中的溫度梯度，會造成因熱應力而導致滑動差排（slip dislocation）形式之晶圓損壞。另一方面，傳統的爐管製程則與生俱來伴有諸如熱管壁產生的粒子，開放式系統對氛圍控制的侷限，及因大的熱質量（thermal mass）迫使能掌控的加熱時間須長達數十分鐘之久的嚴重問題。當元件

表 7.1 技術比較

決定因素	傳統爐管	快速熱退火
製程	整批	單一晶圓
爐管	熱管壁	冷管壁
加熱率	低	高
週期時間	高	低
溫度監控	爐管	晶圓
熱預算	高	低
粒子問題	是	最小
均勻性與再現率	高	低
產能	高	低

持續微縮時，元件受熱的時間過久將使摻雜的摻質過度的擴散，使元件的性能劣化甚至喪失功效。

考量元件微縮所需更嚴格的製程與污染控制，及製程機台空間成本等方面的需求，已使得退火製程的趨勢由爐管往RTA製程發展。事實上，前述以燈管加熱的 RTA 方式在升降溫的能力，已不符 90 奈米與以下尺寸元件製造的需求。針對此，目前已有改良加熱燈管功能更先進 RTA 機台應用在奈米級的生產線上，可以在 10^{-3} 秒內完成 1000°C 以上溫度的退火程序，維持摻雜物的分布。未來更小尺寸的元件的製造可能會採用更先進的雷射退火裝置。

7.3 佈植相關製程

在本節裡我們將考慮一些與佈植相關的製程，如多次佈植（multiple implantation）、遮罩（masking）、傾斜角佈植（tilt-angle implantation）、高能量佈植及高電流佈植。

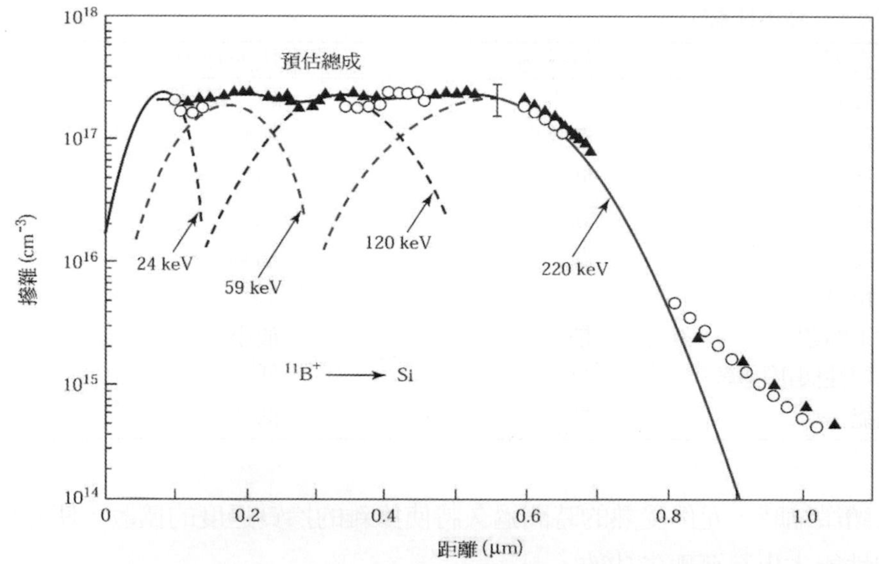

圖 7.13　使用多次佈植的合成摻雜側圖 [9]。

7.3.1 多次佈植及遮罩

在許多應用中所需的的摻質側圖並非只是簡單的高斯分佈。其中一例是在矽內預先佈植惰性離子（inert ion），以使矽表面變成非晶性。此方法使摻雜側圖有準確之控制，且如前述可讓近乎百分之百的摻質能在低溫活化。在此情況下，深的非晶層是必須的。為了要得到這種區域，我們必須作一系列不同能量與劑量的佈植。

多次佈植也可如圖 7.13 所示，用於形成一平坦的摻雜側圖，其中使用四次的硼佈植入矽中以提供一合成的摻質側圖 [9]。量測和利用射程理論所預測的載子濃度也於圖中展示。其他不能經由擴散方法得到的摻質側圖，也可用不同雜質劑量與佈植能量的組合來達成。多次佈植也用來保持 GaAs 在佈植與退火時的化學組成完整性，這種方法於退火前先行佈植等量的鎵與 *n* 型摻質（或砷及 *p* 型摻質），可產生較高的載子活化。

為了要在半導體基板中選定的區域內形成 *p-n* 接面，佈植時須要一道適合的遮罩。因為佈植屬於低溫製程，所以有很多遮罩材質可以使用。要阻擋一定比例的入射離子所需用的遮罩材質，其最小厚度可從離子的射程參數來估算。圖 7.14 的內插圖顯示在遮罩材質內的佈植側圖，在某一深度 *d* 之後的佈植量（陰影所示），可由對式(1)作積分而得：

$$S_d = \frac{S}{\sqrt{2\pi}\,\sigma_p}\int_d^\infty \exp\left[-\left(\frac{x-R_p}{\sqrt{2}\sigma_p}\right)^2\right]dx \tag{9}$$

從表 6.1 我們可導出以下的表示式

$$\int_x^\infty e^{-y^2}dy = \frac{\sqrt{\pi}}{2}\,\mathrm{erfc}\,(x) \tag{10}$$

因此「穿透」深度 *d* 的劑量之百分比可由傳送係數（transmission coefficient，*T*）而得

$$T \equiv \frac{S_d}{S} = \frac{1}{2}\,\mathrm{erfc}\left(\frac{d-R_p}{\sqrt{2}\,\sigma_p}\right) \tag{11}$$

一旦得知 *T*，對任一給定之 R_p 和 σ_p，我們都可求得遮罩厚度 *d*。

對於 SiO_2，Si_3N_4 與光阻等遮罩材質，要阻擋 99.99%的入射離子（$T = 10^{-4}$）所需之 *d* 值如圖 7.14 所示[4,10]，包括對佈植於矽裡的硼、磷與砷等摻質（摻質種類則示於括號內）。這些遮罩厚度亦可用於作為砷化鎵的雜質遮罩之準則。因為 R_p 與 σ_p 大致與能量有線性關係，遮罩材質的最低厚度也隨能量增加而呈線性增加。在某些應用時，這些遮罩並不完全阻擋離子束，而只是用來作入射離子的衰減器，提供一層對入射離子而言的非晶層，以減低通道效應。

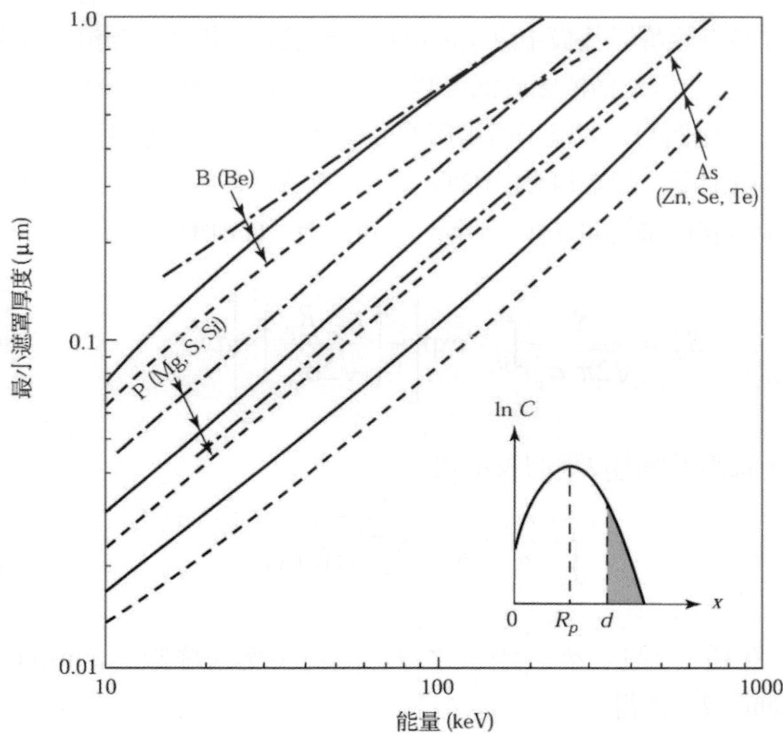

圖 7.14 用以產生 99.99 % 阻擋率的 SiO_2 (—)， Si_3N_4 (------)，及光阻 (—·—·)之最小厚度 [4,10]。

範例 2

當硼離子以 200 keV 佈植時，需要多少厚度的 SiO_2，來阻擋 99.996%的入射離子（$R_p = 0.53$ μm，$\sigma_p = 0.093$ μm）？

≺解≻

若自變數（argument）值很大（見表 1），則式（11）中的互補誤差函數可以近似如下

$$T \cong \frac{1}{2\sqrt{\pi}} \frac{e^{-u^2}}{u}$$

其中參數 u 代表 $(d-R_p)/\sqrt{2}\sigma$。若 $T=10^{-4}$，我們可以解出上面的方程式，而得 $u=2.8$。因此

$$d = R_p + 3.96\sigma_p = 0.53 + 3.96 \times 0.093 = 0.898\ \mu\text{m}$$

7.3.2 傾斜角度（Tilt-Angle）離子佈植

在元件微縮到次微米尺寸時，同時將垂直方向的摻質側圖微縮是很重要的。我們須要作出遠小於 50 nm 的接面深度，這還包含摻質活化與後續製程步驟中須盡量避免的擴散，即製程要低溫化或採用 RTA 處理。現代元件使用的結構如淡摻雜汲極（lightly-doped drain，LDD），需要垂直與橫向摻質分佈的精確控制。垂直於表面的離子速度決定佈植離子分佈的投影射程。如果晶圓相對於離子束傾斜了一個很大的角度，則等效離子能量將大為減少。圖 7.15 闡明傾斜角對 60 keV 砷離子的關係，顯示當以高傾斜角度（86°）佈植時可得到一極淺的分佈。在傾斜角度離子佈植時，我們須考慮有圖案化（patterned）晶圓的陰影效應（shadow effect，見圖 7.15 之內插圖）。較小的傾斜角度會有較小的陰影區。舉例來說，若圖案化遮罩的高度為 0.5 μm 且具垂直側壁，則 7°的入射離子束將導致一個 61 nm 的陰影區。此種陰影作用可能使元件產生一個未預期的串聯電阻。

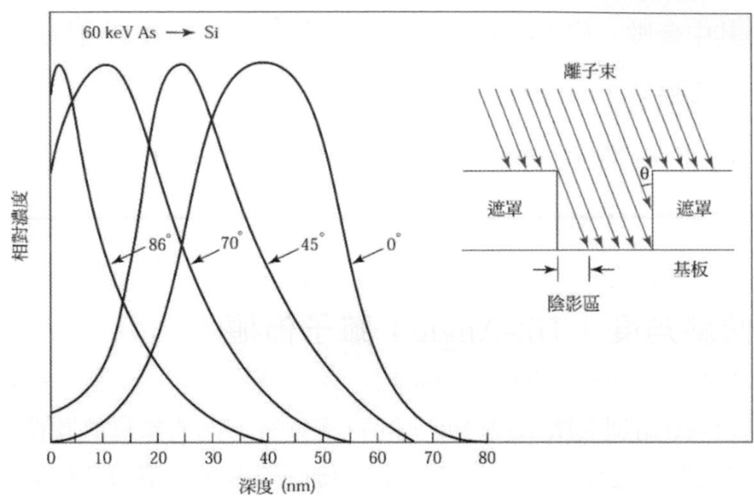

圖 7.15 60 keV 砷佈植入矽中，其與離子束傾斜角度之函數。內插圖所示乃傾斜角度離子佈植的陰影區。

7.3.3 高能量與高電流佈植

能量可高至 1.5 至 5 MeV 的高能量佈植機已用於多種新穎用途，主要特色為其摻雜深度可達半導體內數微米深之能力，而不需使用高溫長時間的擴散。例如，CMOS 元件中距離表面深達 1.5 到 3 μm 的低電阻埋藏層（buried layer）即可由高能量佈植來達成。

高電流佈植機（10-20 mA）操作在 25 到 30 keV 範圍下，被例行地用於擴散技術中的預沉積步驟，這是因為其總摻質量能夠精確的控制。在預沉積後，這些摻質雜質可以高溫擴散步驟驅入，同時表面區的佈植損壞也一併被修補。另一用途為 MOS 元件中的臨界電壓調整，精確控制的摻質量（如硼）經由閘極氧化層，佈植入通道區中 [11]，如圖 7.16a。因為硼在矽與二氧化矽中的投影射程相近，如果我們選擇適當的入射能量，離子將會只穿過薄的閘極氧化層而不會穿過較厚的場氧化層。臨界電壓與植入劑量的多寡有近似線性的關係。在硼佈植後，即可沉積並圖案化複晶矽，以形成 MOSFET 的閘極電極。圍繞閘極電極的薄氧化層隨後被去掉，接著如圖 7.16b 所示，利用另一次的高劑量砷佈植以形成汲極和源極區域。

目前能量範圍介於 150 到 200 keV 的高電流離子佈植機已有實際應用，其主要用途是製作高性質矽層，該矽層經由佈植的氧所產生之二氧化矽中介層（intervening layer）而與基板絕緣隔離。此種氧佈植隔絕（separation by implantation of oxygen，SIMOX）是一種絕緣層上覆矽（silicon on insulator，SOI）的關鍵技術。SIMOX 製程使用高能量 O^+ 離子束，通常在 150 到 200 keV 的範圍，所以這些氧離子有 100 到 200 nm 的投影射程。再加上 1–2 × 10^{18} ions / cm^2 的重劑量，來製出 100 到 500 nm 厚的 SiO_2 絕緣層。SIMOX 材質的使用使得 MOS 元件中的源極／汲極寄生電容顯著地減少。而且，它也能降低了元件間的耦合，因此可以容許更緊密的元件配置而無閂鎖（latch-up）問題，對先進高速 CMOS 電路而言具有相當的潛力。

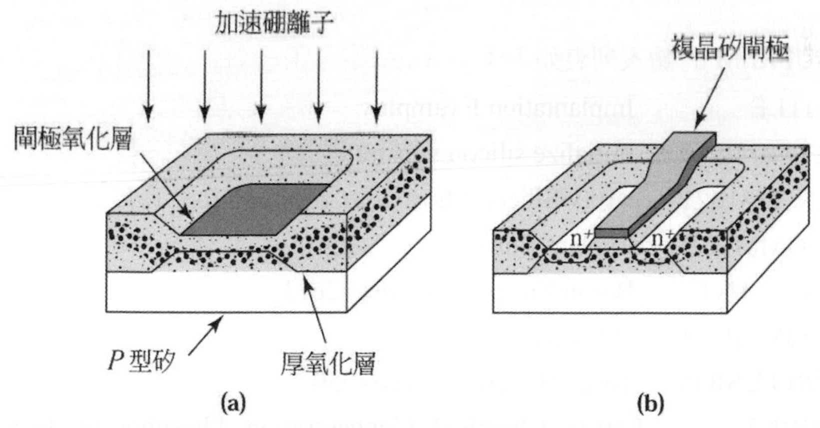

圖 7.16　以硼離子佈植作為臨界電壓調整 [11]。

7.4 離子佈植模擬

SUPREM 可以用來模擬離子佈植的分佈側圖。可以使用 IMPLANT 指令來模擬佈植和活化後的分佈側圖，及使用 DIFFUSION 指令來模擬之後的驅入（drive-in）。SUPREM 包含大部份一般摻質的佈植參數，但也允許使用者對不常使用的佈植材料做輸入射程與散佈數值。SUPREM 也可以模擬通過多層結構的佈值。

範例 3

假設我們要模擬劑量為 2×10^{13} cm^{-2} 的 boron 於 30 keV 佈值於 *n* 型 <100>矽晶圓，佈值後緊接著於 950°C 作驅入 60 分鐘。假設矽基板是摻雜 10^{15} cm^{-3} 的 phosphorous，使用 SUPREM 來決定 boron 摻雜分佈側圖和接面深度。

≺解≻

SUPREM 的輸入列表如下：

```
TITLE        Implantation Example
COMMENT      Initialize silicon substrate
INITIALIZE   <100>Silicon Phosphor Concentration=1e15
COMMENT      Implant Boron
IMPLANT      Boron Energy=30 Dose=2e13
COMMENT      Diffusion boron
DIFFUSION    Time=60 Temperature=950
PRINT        Layers Chemical Concentration Phosphorous Boron
             Net
PLOT         Active Net Cmin=1e14
STOP         End implantation example
```

當模擬結束後，我們列印且劃出硼濃度與深入矽基板的深度關係，結果如圖 7.17 所顯示，指出接面深度為 0.4454 μm 。

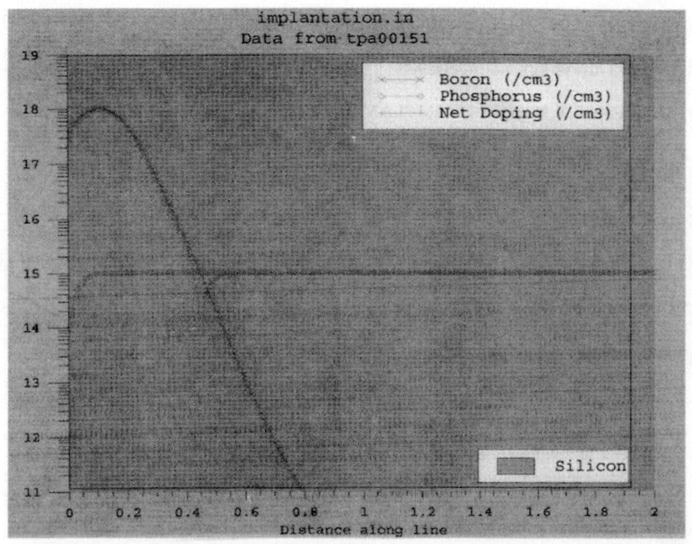

圖 7.17 利用 SUPREM 描繪硼濃度和矽基板深度之關係。

7.5 總結

離子佈植是摻入雜質的主要方法，其關鍵參數為投影射程 R_p 與標準差 σ_p，後者也稱為投影散佈。佈植側圖可由高斯分佈近似，其峰值位在距離半導體基板表面 R_p 之處。相較於擴散製程，離子佈植製程的好處在於更精確控制的摻質量，更具再現性的摻雜側圖與低的製程溫度。

本章中提到不同元素在矽與在砷化鎵中的 R_p 和 σ_p，同時也討論了通道效應與減低此效應的方法。然而佈植可能對晶體晶格造成嚴重損壞，為了要移除佈植損壞，並恢復移動率與其他元件參數，我們必須以適當的時間與溫度組合來對半導體進行退火。目前，快速熱退火（RTA）比傳統爐管退火更廣泛地被採用，這是因為 RTA 可在不因加熱時間過長而加寬摻雜側圖的前提下，有效地移除佈植的損壞。為了要移除佈植損壞，並恢復移動率與其他元件參數，我們必須以適當的時間與溫度組合來對半導體進行退火。目前，快速熱退火（RTA）比傳統爐管退火更廣泛地被採用，這是因為 RTA 可在不因加熱時間過長而加寬摻雜側圖的前提下，有效地移除佈植的損壞。

離子佈植對先進半導體元件製作可說是用途廣泛，包括有：(a)多次佈植以形成新穎的分佈，(b)選擇適當遮罩材質與厚度，以阻擋一定比例的入射離子進入基板，(c)傾斜角度佈植，以形成超淺接面，(d)高能量佈植以形成埋藏層，及(e)高電流佈植以作為預沉積、臨界電壓調整，及作為絕緣層上覆矽應用的絕緣層。

參考文獻

1. I. Brodie, and J. J. Muray, *The Physics of Microfabrication*, Plenum, New York, 1982.
2. J. F. Gibbons, "Ion Implantation," in S. P. Keller, Ed., *Handbook on Semiconductor*s, Vol. 3, North-Holland, Amsterdam, 1980.
3. B. Smith, *Ion Implantation Range Data for Silicon and Germanium Device Technologies*, Research Studies, Forest Grove, OR., 1977.
4. K. A. Pickar, "Ion Implantation in Silicon – Physics, Processing, and Microelectronic Devices," in R. Wolfe, Ed., *Applied Solid State Science*, Vol. 5, Academic, New York, 1975.
5. S. Furukawa, H. Matsumura, and H. Ishiwara, "Theoretical Consideration on Lateral Spread of Implanted Ions," *Jpn. J. Appl. Phys*., **11**, 134 (1972).
6. L. Pauling and R. Hayward, *The Architecture of Molecules*, Freeman, San Francisco, 1964.
7. D. K. Brice, "Recoil Contribution to Ion Implantation Energy Deposition

Distribution," *J. Appl. Phys.,* **46**, 3385 (1975).

8. C. Y. Chang and S. M. Sze, Eds., Ch. 4 in *ULSI Technology*, McGraw-Hill, New York, 1996.
9. D. H. Lee and J. W. Mayer, "Ion-Implanted Semiconductor Devices," *Proc. IEEE*, **62**, 1241 (1974).
10. G. Dearnaley, et al., *Ion Implantation*, North-Holland, Amsterdam, 1973.
11. W. G. Oldham, "The Fabrication of Microelectronic Circuit," in *Microelectronics*, Freeman, San Francisco, 1977.

習題 （*指較難習題）

7.1 節 佈植離子射程

1. 假設對一 100-nm 直徑 GaAs 晶圓，以 100-keV 等離子束電流 10 A 均勻植入鋅離子 5 分鐘，求其單位面積之劑量與峰值的離子濃度為何？

   在一八吋晶圓硼離子佈植系統中，假設離子束電流為 10 μA。對 p 通道電晶體來說，試計算將臨界電壓由 –1.1 V 降低到 –0.5 V 所需的佈植時間。假設被佈植入的受體在矽表面的下方形成一負電荷層，而氧化層厚度是 10 nm。
2. 一個矽 *p-n* 接面係由佈植 80 keV 之硼穿過一個氧化層上所開的窗而形成。如果硼的劑量為 2×10^{15}cm^{-2}，而 *n* 型基板的濃度為 10^{15} cm^{-3}，試找出冶金接面的位置。
3. 通過厚度為 25 nm 的閘極氧化層，作一臨界電壓調整的佈植。基板為<100> 方向的 *p* 型矽，其電阻係數為 10 Ω-cm。如果 40 keV 硼佈植造成的臨界電壓增量為 1 V，試求每單位面積的總佈植劑量？並預估硼濃度的峰值位置。

* 4. 同習題 3 中的基板，請問在矽中的劑量佔總劑量之百分比多少？

7.2 節 佈植損壞與退火

5. 如果 50 keV 的硼佈植入矽基板，試計算損壞密度。假設矽原子密度為 5.02×10^{22} atoms/cm^{-3}，而矽的移位能量為 15 eV，範圍為 2.5 nm，矽晶格平面間距離為 0.25 nm。
6. 解釋為何高溫 RTA 比低溫 RTA 較適於無缺陷淺接面的形成。
7. 如果閘極氧化層厚度為 4 nm，試計算將 p 通道臨限電壓降低 1 V 所需的佈植計量。假設佈植電壓被調整到可使分佈的峰值發生在氧化矽與矽的界面，因此只有一半的佈植進入矽中。進而假設 90% 矽中的佈植離子經由退火製程而被電性活化，這些假設使 45% 被佈植的離子可用於臨界電壓調整。同時也假設所有在矽中的電荷都位於矽－二氧化矽界面。

7.3 節 佈植相關製程

8. 我們要在次微米 MOSFET 的源極與汲極形成一個 0.1 μm 深，重摻雜的接面。試比較在此一應用中，能夠引入並活化雜質的幾種方法選擇。你會推薦哪一種選擇？為什麼？
9. 當使用 100 keV 的砷佈植，而光阻的厚度為 400 nm。試推算此光阻遮罩防止離子穿透的有效度 ($R_p = 0.6$ μm，$\sigma_p = 0.2$ μm)。

   如果光阻厚度改為 1 μm，請計算遮罩的有效度。
10. 參考範例 2，試求遮蔽 99.999% 的佈植離子所需之二氧化矽厚度？

7.4 節 離子佈植模擬

11. 在一個具有 phosphorous 摻雜濃度為 10^{14} cm^{-3} 的<100>矽基板作 boron 佈值，佈值能量為 30 keV 且劑量為 10^{13} cm^{-2}。使用 SUPREM 劃出 boron 的分佈側圖，並說明(a)佈值分佈側圖的峰值深度為何？

(b)於峰值得 boron 濃度為何？ (c)接面深度為何？

*12. 使用 SUPREM 去設計一個佈值步驟，使其可得到如第六章裡中擴散範例 3 的摻雜側圖。

第八章 薄膜沉積

為製作分立元件與積體電路，我們使用很多不同種類的薄膜。一般可將薄膜分為五類：熱氧化層、介電層、磊晶層、複晶矽、及金屬膜等。熱氧化層的成長已經在第三章裡討論過，在本章中將介紹其他薄膜的沉積技巧。

磊晶成長與第二章所討論的晶體成長有密切關係，其牽涉到在單晶的半導體基板上成長另一層單晶半導體的過程。磊晶（epitaxy）這個字乃是由希臘字 epi（意思為「在上」）和 taxis（意思為「排列」）演變而來的。磊晶層和基板的材料可以是相同的，此稱為「同質磊晶（homoepitaxial）」，例如，n 型矽可利用磊晶方式成長在 n^+ 型矽基板上。反之，如果磊晶層的化學組成或晶體結構與基板不相同，就是所謂的「異質磊晶」（heteroepitaxy），例如：將砷化鎵鋁（$Al_xGa_{1-x}As$）磊晶成長在砷化鎵（GaAs）上即為一例。

介電層如二氧化矽（silicon dioxide）與氮化矽（silicon nitride）可用於隔離導電層、作為擴散（diffusion）及離子佈植（ion implantation）的遮罩（mask）、覆蓋摻雜膜以避免摻質（dopant）損失，以及表面的護佈（passivation）等用途。複晶矽（polycrystalline silicon）用來作為金氧半元件之閘極電極材質或多層金屬鍍膜（multilevel metallization）的導通材料，及淺接面（shallow junction）元件的接觸材料。金屬膜如鋁（aluminum）及金屬矽化物（silicide）則可用來形成低電阻值的內連線（interconnection）、歐姆接觸（ohmic contact）及整流金半能障（rectifying metal-semiconductor barriers）。

本章包括了以下幾個主題：

- 磊晶的基本技術，也就是在單晶的半導體基板上成長另一層單晶半導體膜。
- 晶格匹配及形變層磊晶成長的結構和缺陷。
- 形成低或高介電常數薄膜，以及複晶矽膜的沉積技術。

- 形成低或高介電常數薄膜，以及複晶矽膜的沉積技術。
- 形成鋁與銅內連線的沉積技術，及相關的全面平坦化（global planarization）製程。
- 這些薄膜的特性與其在積體電路製程的相容性。

8.1 磊晶成長技術

在磊晶製程中，基板晶圓作用為晶種晶體（seed crystal ）。磊晶製程和之前第二章裡所描述熔融液晶體成長過程的不同處，在於磊晶層可在低於熔點甚多（一般約低 30 至 50 %）的溫度成長。常見的磊晶成長技術包括化學氣相沉積（chemical vapor deposition，CVD）和分子束磊晶成長（molecular-beam epitaxy，MBE）等。

8.1.1 化學氣相沉積

磊晶的化學氣相沉積（CVD）也稱為氣相磊晶（vapor-phase epitaxy，VPE）。CVD 是藉著氣體化合物間的化學作用而形成磊晶層的製程。CVD 可在常壓（APCVD）或低壓（LPCVD）下進行。

圖 8.1 顯示三種常用於磊晶成長的的承受器（susceptor）。值得注意的是一般是以承受器的幾何形狀來當反應器的名稱：如水平、薄圓餅（pancake）形和桶狀（barrel）承受器，它們全都以石墨製造而成。磊晶反應器的承受器就如晶體成長爐中之坩堝一樣，不僅當作晶圓的機械支撐，而且在熱感應反應器中也當作反應所需之熱能的來源。CVD 的機制包含數個步驟：(a) 氣體反應物和摻質被傳輸到基板的區域；(b) 它們被轉移到基板表面並且被吸附；(c) 發生化學反應在基板表面上形成磊晶層；(d) 氣相反應生成物被釋出到主氣體流中；及之後 (e) 氣相反應生成物被傳輸排送出反應腔外。

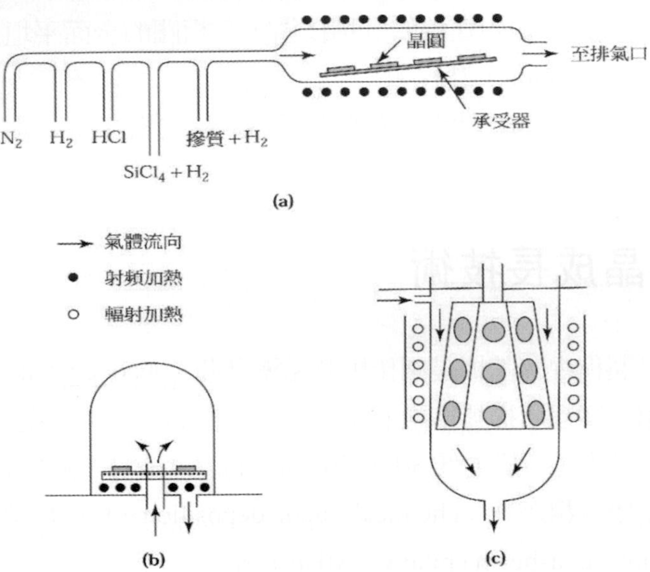

圖 8.1 化學氣相沉積所用三種常見承受器:(a)水平.(b)薄圓餅形.(c)桶狀承受器。

矽的 CVD

四種矽的來源可用來進行氣相磊晶成長，分別是四氯化矽（$SiCl_4$）、三氯矽甲烷（$SiHCl_3$）、二氯矽甲烷（SiH_2Cl_2）和矽甲烷（SiH_4）。其中四氯化矽被研究的最透徹並且很早就有廣泛的工業用途，一般反應溫度在 1200 °C。其它矽的來源之所以被使用，乃因為它們有較低的反應溫度。順應元件低溫化的趨勢，低含量或不含氯氣體的應用愈來愈多。四氯化矽中，每用氫取代一個氯原子約可降低反應溫度 50°C。運用四氯化矽成長矽層的整體反應如下：

$$SiCl_4（氣態）+ 2H_2（氣態）\longleftrightarrow Si（固態）+ 4HCl（氣態） \qquad (1)$$

而伴隨式(1)所產生一額外的競爭反應是：

$$SiCl_4（氣態）+ Si（固態）\longleftrightarrow 2SiCl_2（氣態） \qquad (2)$$

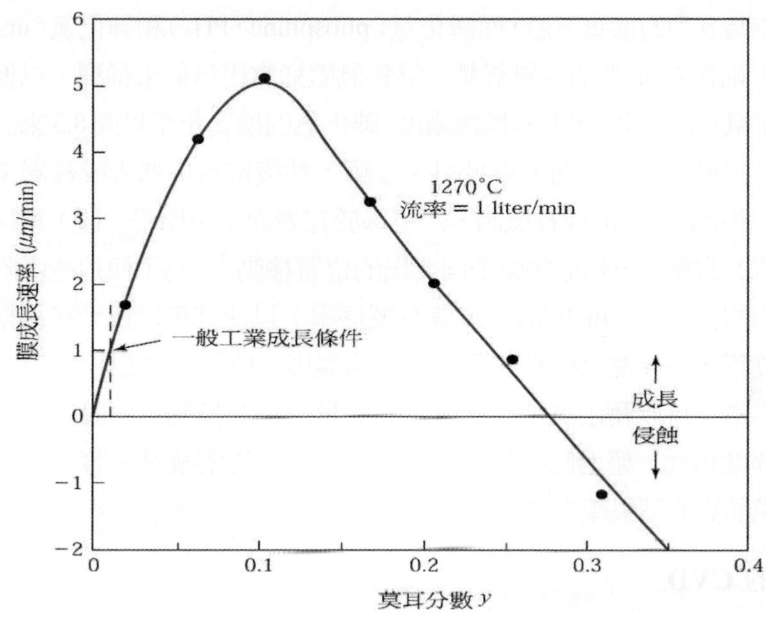

圖 8.2　$SiCl_4$ 濃度對矽磊晶成長的效應 [1]。

式(2)表示若四氯化矽的濃度太高，則矽反而會被侵蝕而不會成長。圖 8.2 表示在反應時，氣體中四氯化矽的濃度效應，其中莫耳分率（mole fraction）定義為所給物種的莫耳數與全部的莫耳數之比 [1]。可以發現在剛開始時，成長速率會隨著四氯化矽的濃度增加而呈線性增加，一直到一最大值。超過此值後，成長速率會開始下降，而且最後會發生矽的侵蝕。所以矽通常是在低濃度區域成長，如圖 8.2 所示。

式(1)的反應是可逆的，亦即它可在正或反方向發生反應，如果進入反應爐的載氣中含有氫氯酸（HCl），則將可能會有移除或蝕刻的情況發生。實際上，此蝕刻的動作可用於在磊晶成長前對晶圓表面作臨場（*in-situ*，或譯同次）清潔的處理，去除表面的原生氧化層（native oxide），以改善後續成長的磊晶層的品質。

如圖 8.1a 所示，在磊晶成長時摻質可以和四氯化矽同時引入的，此過程稱為臨場摻雜（*in situ* doping）。氣態的乙硼烷（diborane，B_2H_6）被

用來作為 p 型的摻質氣體，而磷化氫（phosphine，PH_3）和砷化氫（arsine，AsH_3）則作為 n 型的摻質氣體。混和氣體通常用氫氣來稀釋，以便合理控制流量，而得到所想要的摻雜濃度。砷化氫的摻質化學以圖 8.3 來說明，由圖可知砷化氫在表面上被吸附、分解，然後被合併進入成長層中。圖 8.3 亦表示表面上的成長機制，乃是基於在表面上主原子（矽）和摻質原子（砷）的吸附，和這些原子向突出的位置移動[2]。為了使這些吸附原子有足夠的移動率（mobility，或譯為遷移率）以使其可以找到在晶格內適合的位置，所以磊晶成長需要相當高的溫度。臨場摻雜過程摻質在磊晶膜中的濃度可以藉由調控摻質氣體的流量比例來控制，一般其上限與固態溶解度相近，超過此上限摻質濃度會高於固態溶解度，容易會有劣化磊晶膜品質的結果產生。

矽鍺的 CVD

矽鍺的化學氣相磊晶成長機制與矽相當接近，也可使用相同的設備，通常是以矽甲烷（SiH_4）與鍺甲烷（GeH_4）作為反應氣體，其中鍺甲烷的分解溫度相當低，所以一矽鍺磊晶成長可以在 700°C 以下成長。藉由

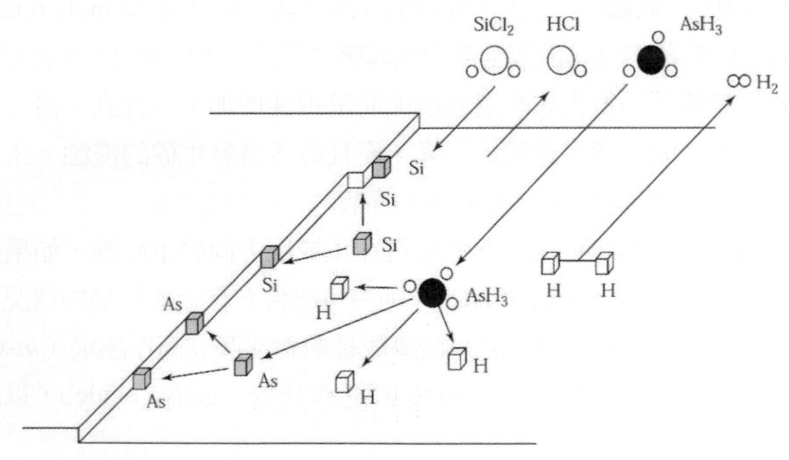

圖 8.3 矽磊晶成長中過程砷摻雜的示意圖[2]。

調配矽甲烷與鍺甲烷的氣體流量，矽鍺磊晶層中兩種元素可以任意的比例混合。純矽與純鍺晶體的晶格常數在室溫時分別為 5.43 與 5.61 Å，矽鍺磊晶的晶格常數依元素比例約略呈線性關係變化。由於晶格常數不匹配，成長在矽基板上時須注意缺陷的產生，此將在 8.2.1 節中討論。

砷化鎵（GaAs）的 CVD

對砷化鎵而言，其基本的沉積設備構造和圖 8.1a 所示相似。因為砷化鎵在蒸發時會分解成砷和鎵，所以它不可能在蒸氣中直接傳輸。有一可行之法，乃用 As_4 作為砷的成分，而以氯化鎵（$GaCl_3$）作為鎵的成分。其砷化鎵磊晶成長的整體反應為：

$$As_4 + 4GaCl_3 + 6H_2 \longrightarrow 4GaAs + 12HCl \quad (3)$$

As_4 是由砷化氫（AsH_3）熱分解而成的：

$$4AsH_3 \longrightarrow As_4 + 6H_2 \quad (3a)$$

而氯化鎵是由下列反應而成的：

$$6HCl + 2Ga \longrightarrow 2GaCl_3 + 3H_2 \quad (3b)$$

反應物會和載氣（例如：氫氣）一起被引入反應器中。而砷化鎵晶圓一般維持在 650 °C 到 850°C 的範圍。必須有足夠過壓（overpressure）的砷，以防止基板和成長層的熱分解。

有機金屬化學氣相沉積

有機金屬化學氣相沉積（metalorganic CVD，MOCVD）也是一種以熱分解（pyrolytic）反應為基礎的氣相磊晶製程。與傳統 CVD 主要不同處，在於 MOCVD 其先驅物（precursor）的化學本質特色。此方法對於不會形成穩定氫化物（hydrides）或鹵化物（halides），但在合理的氣相壓力下會形成穩定有機金屬化合物的元素特別重要。MOCVD 已經被廣泛地應用在三五族和二六族化合物的異質磊晶成長。此外，在積體電路製程上，也可用於金屬阻障層（如 TiN）與高介電常數介電層（如 HfO_2）等材料的沉積用途。

為形成砷化鎵，我們可以利用有機金屬化合物，如三甲基鎵（trimethylgallium，$Ga(CH_3)_3$）得到鎵成分，與利用砷化氫得到砷成分。這兩種化學組成都能夠以氣相型式傳輸到反應器中。其全反應為：

$$AsH_3 + Ga(CH_3)_3 \longrightarrow GaAs + 3CH_4 \quad (4)$$

對含有鋁的化合物，諸如砷化鋁（AlAs），可以使用三甲基鋁（trimethylaluminum，$Al(CH_3)_3$）。在磊晶時，GaAs 的摻雜是以氣相的型式引進摻質的。對三五族化合物而言，二乙基鋅（diethylzine，$Zn(C_2H_5)_2$）或二乙基鎘（diethylcadmium，$Cd(C_2H_5)_2$）為常用的 *p* 型摻質氣體，矽甲烷則常作為 *n* 型的摻質氣體。硫和硒的氫化物或四甲基錫（tetramethyltin）亦可作為 *n* 型的摻雜氣體。另外利用氯化鉻醯（chromyl chloride，二氯化鉻醯）將鉻摻入砷化鎵中，可以形成半絕緣體（semi-insulating）層。因為這些化合物含有劇毒，而且通常在空氣極易自燃，所以嚴謹的安全預防措施對 MOCVD 製程是非常重要的。

圖 8.4 是 MOCVD 反應器的示意圖 3。製程時金屬有機化合物會隨著氫載氣通入石英反應管中，在成長砷化鎵時，氫載氣一般是與砷化氫混合。沉積時使用射頻能源加熱放在石墨承受器上之基板，其上方的氣體加熱到 600 至 800°C 以引起化學反應，熱解反應形成砷化鎵層。使用有機金屬物的優點是這些原料在適度的低溫下是揮發性的，而且反應爐中不存在難以處理的液態鎵和銦。

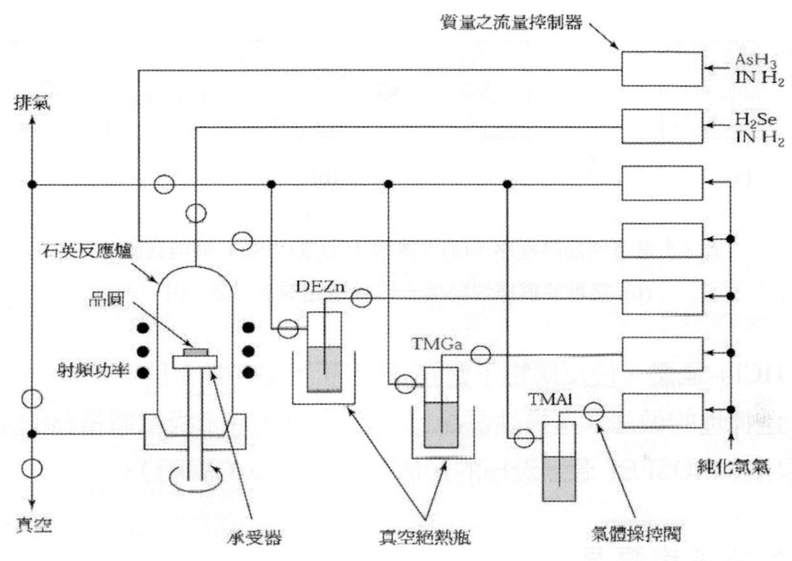

圖 8.4 垂直的常壓 MOCVD 反應器之圖示[3]。DEZn 為二乙基鋅（$Zn(C_2H_5)_2$），TMGa 為三甲基鎵（$Ga(CH_3)_3$），TMAl 為三甲基鋁（$Al(CH_3)_3$）。

選擇性磊晶

選擇性磊晶（selective epitaxial growth，SEG）是指磊晶僅在晶圓上的特定區域進行，如圖 8.5 所示。此圖以在矽晶圓上選擇性磊晶矽（或矽鍺）層為例，在晶圓上事先以矽氧化層（SiO_2）定義的區域內，接著成長單晶的矽（矽鍺）層於矽表面上，矽氧化層則維持原有的型態。選擇性磊晶的原理與晶圓表面材料的化學性質及薄膜成核（nucleation）過程有關。在圖 8.5 中，磊晶層以底下的單晶矽基板作為晶種源（seeding source）來引發成長，但在矽氧化層上，則控制條件使反應物無法在上面成核與成長。此類成長的選擇性受沉積條件（溫度、壓力）與反應氣體種類的影響。一般而言，導入鍺甲烷（GeH_4）對選擇性會有幫助，因為鍺甲烷在矽氧化層上相當不容易成核。此外，也可以利用前面式(1)、(2)，與圖 8.2 所提到與 C l 相關的蝕刻機制，導入適量的二氯矽甲烷（SiH_2Cl_2）或鹽

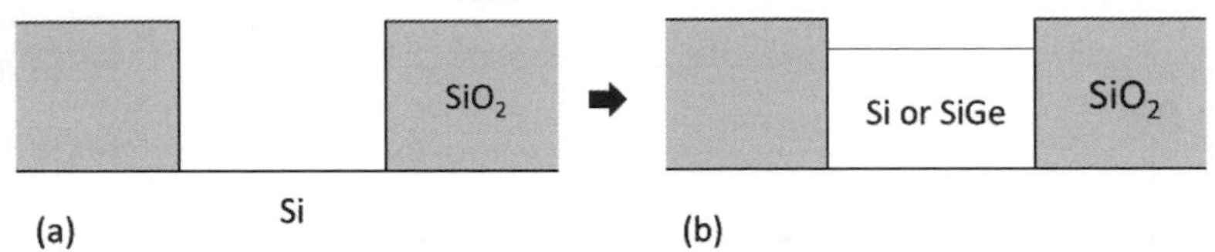

圖 8.5 選擇性磊晶程序：(a)於基板上形成以 SiO_2 隔離露出的矽區域；(b) 接著於選擇性磊晶一矽或矽鍺層於矽區域中。

酸（HCl）氣體，使反應物不會在氧化層上成核與成長，也是常見用以提升選擇性的做法。選擇性磊晶已廣泛應用在奈米級積體電路的量產，主要用於 MOSFET 源／汲極的形成（見第九章的說明）。

8.1.2 分子束磊晶

分子束磊晶（MBE）乃是在超高真空下（~ 10^{-8} Pa）[4]，利用一個或多個熱原子束或熱分子束在一晶體表面上進行反應的磊晶製程。MBE 能夠非常精確的控制化學組成和摻雜側圖，且可製作僅有原子層厚度的單晶多層結構。因此，MBE 法經常被使用來精確製造半導體異質結構（heterostructure）與相關元件（如雷射）的應用，其薄膜層可從一微米以下到單層原子。一般而言， MBE 生長的速率非常慢，以砷化鎵為例通常每小時才長 1 μm 左右。

用於砷化鎵和相關的三五族化合物（如 $Al_xGa_{1-x}As$）沉積的 MBE 系統其典型的組態如圖 8.6 所示。此系統擁有對薄膜沉積控制、潔淨度、和臨場（*in-situ*）化學分析能力的極致能力。採用數個可耐高溫的氮化硼（boron nitride）材質製作的蒸著爐（effusion oven），用來個別裝填 Ga、As 及摻質。所有的蒸著爐全部裝置在一超高真空（~ 10^{-8} Pa）的腔體中，而每個爐子溫度可調整以得到所需要的蒸發率。沉積時基板的支撐器不斷的轉動，以得到均勻的磊晶層（如± 1 %的摻雜變異和± 0.5 %的厚度變異）。

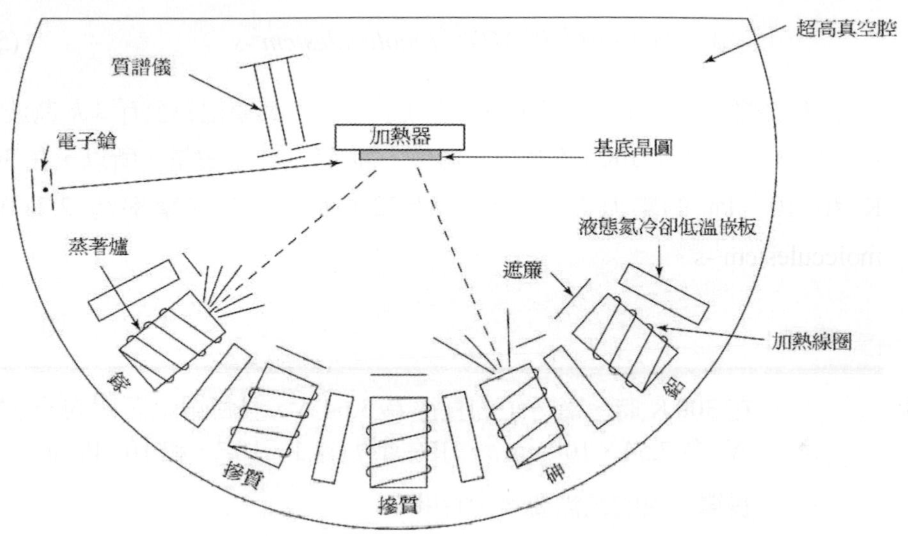

圖 8.6　傳統分子束磊晶（MBE）系統來源和基板的排列
（圖片提供：M. B. Panish, Bell Laboratories, Lucent Technologies.）。

在成長砷化鎵時，應保持過壓的 As，因為 Ga 對砷化鎵的附著係數（sticking coefficient）為 1，且除非有一已經沉積的 Ga 層，否則 As 對砷化鎵之附著係數為零。在一矽 MBE 系統，考量矽的蒸氣壓過低，需使用電子鎗來蒸發矽，另有一或多個蒸著爐用於摻質。蒸著爐就像一個小面積的材料源，而且呈現一 cosθ 的放射角度，其中 θ 是材料源和垂直於基板表面方向的夾角。

MBE 過程用到真空系統中的蒸發方法，其中一項重要的參數稱為分子撞擊率（molecular impingement rate），亦即單位時間內在單位面積基板上撞擊的分子數目。撞擊速率 ϕ 為分子重量、溫度和壓力的函數。此速率之推導請參考附錄 H，其結果可表示為[5]：

$$\phi = P(2m\pi KT)^{-1/2} \tag{5}$$

或

$$\phi = 2.64 \times 10^{20} [P/(MT)^{-1/2}] \text{ molecules/cm}^2\text{-s} \quad (5a)$$

其中 P 為壓力，其單位為 Pa；m 為分子質量，其單位為公斤；k 為波茲曼常數，其單位為 J/K；T 為絕對溫度，而 M 為分子重量。所以，在 300 K 和 10^{-4} Pa 的壓力下，對氧（M=32）而言，其撞擊率為 2.7×10^{14} molecules/cm^2-s。

範例 1

在 300 K 時，氧分子的直徑為 3.64 Å，且每單位面積的分子數 N_s 為 7.54×10^{14} cm^{-2}，求在壓力為 1，10^{-4}，和 10^{-8} Pa 時，成長單一層的氧需要多少時間？

＜解＞

形成一單層（假設 100 %附著）所需的時間可由撞擊率得到：

$$t = \frac{N_S}{\phi} = \frac{N_s\sqrt{MT}}{2.64\times10^{20}P}$$

因此

$$\begin{aligned} t &= 2.8\times10^{-4} \approx 0.28\,\text{ms} && \text{在 1 Pa} \\ &= 2.8\,\text{s} && \text{在 } 10^{-4}\text{ Pa} \\ &= 7.7\,\text{hr} && \text{在 } 10^{-8}\text{ Pa} \end{aligned}$$

為避免磊晶層的污染，MBE 製程必須保持在超高真空的狀況（~10^{-8} Pa）。

氣體分子運動時會與其他分子碰撞，在各次碰撞期間平均行經的距離，就定義為平均自由徑（mean free path）。它可由簡單的碰撞理論推導而得。想像一個直徑為 d 且移動速度為 v 的分子，

在時間 δt 內將會移動 $\upsilon\delta t$ 之距離。若一個分子的中心點位於另一分子中心點的距離 d 內時，表示這兩個分子正在互相碰撞。因此，在碰撞之前該分子運行軌跡掃出一直徑為 $2d$ 的圓柱體，此圓柱體體積內未有碰撞發生且可表示為：

$$\delta V = \frac{\pi}{4}(2d)^2\upsilon\delta t = \pi d^2\upsilon\delta t \tag{6}$$

因為有 n molecules/cm^3，故空間中每一個分子所分得的空間體積平均值為 $1/n$ cm^3。當體積 δV 等於 $1/n$ 時，表示其中平均狀況下會含有一個其他原子，因此將發生碰撞。設定 $\tau = \delta t$ 為發生碰撞的平均時間，則：

$$\frac{1}{n} = \pi d^2\upsilon\tau \tag{7}$$

而平均自由路徑 λ 則為：

$$\lambda = \upsilon\tau = \frac{1}{\pi n d^2} = \frac{kT}{\pi P d^2} \tag{8}$$

若用更嚴謹的理論推導可得：

$$\lambda = \frac{kT}{\sqrt{2}\pi P d^2} \tag{9}$$

對於室溫下的空氣分子（等效分子直徑為 3.7 Å）而言

$$\lambda = \frac{0.66}{P(\text{單位}Pa)}cm \tag{10}$$

由此，當壓力為 10^{-8} Pa 時 λ 為 660 公里。

範例 2

假設一蒸著爐其幾何面積 A=5 cm^2，而爐頂至砷化鎵基板間的距離 L 為 10 公分，計算當蒸著爐為 900°C 且其中充滿砷化鎵時 MBE 的成長速率。鎵原子的表面密度為 6×10^{14} cm^{-2}，且每單層原子的平均厚度為 2.8 Å。

≺解≻

當加熱砷化鎵時，揮發性的砷會先蒸發掉而留下富含鎵的溶液。因此，我們只須注意圖 2.11 標示富含鎵的壓力。在 900 ºC 時，鎵的壓力是 5.5×10^{-2} Pa，而 As_2 的壓力為 1.1 Pa。而到達速率（arrival rate）可由撞擊率（式(5a)）乘以 $A/\pi L^2$ ：

$$\text{到達速率} = 2.64 \times 10^{20} \left(\frac{P}{\sqrt{MT}}\right)\left(\frac{A}{\pi L^2}\right) \quad \text{molecules/cm}^2\text{-s}$$

Ga 的分子量 M 為 69.72，As_2 為 74.92 × 2，將 P、M、和 T（1173 K）代入上式可得：

$$\begin{aligned}\text{到達速率} = &= 8.2\times10^{14}/\text{cm}^2\text{-s} \quad \text{對 Ga}\\ &= 1.1\times10^{16}/\text{cm}^2\text{-s} \quad \text{對 As}_2\end{aligned}$$

可知砷化鎵的成長速率乃受 Ga 的到達速率所控制，其成長速率為：

$$\frac{8.2\times10^{14}\times2.8}{6\times10^{14}} \approx 3.8 \ \text{Å/s} = 23 \text{ nm/min}$$

值得注意的是此成長速率比一般的氣相磊晶為低。

在 MBE 系統中，有兩種臨場方法可以用來清潔基板表面。一為高溫烘烤（baking）方式，可分解原生氧化層（native oxide），並以蒸發或令其擴散進入基板方式將晶圓表面所吸附的其它物種移除。另一方法是利

用惰性氣體的低能量離子束濺鍍清潔（sputter-clean）表面，接著再用低溫退火程序重整表面的晶格結構。

MBE 能夠使用多種摻質（和 CVD，MOCVD 相比），並且能夠精確的控制摻雜側圖。然而，它的摻雜過程和氣相成長過程相當類似：一蒸發摻質原子的通量（flux）抵達一有利的晶格位置，並沿著成長的界面合併。要精確控制摻雜側圖，可調整摻質通量相對於矽原子通量（對矽磊晶膜而言），或鎵原子通量（對砷化鎵磊晶膜而言）。同時也可用低電流，低能量的離子束來佈植摻質（見第七章），以摻雜磊晶膜。

MBE 製程基板的溫度範圍從 400°C 至 900°C，而成長速率範圍則從 0.001 至 0.3 μm/min。由於低溫過程和低成長速率，MBE 可達成許多傳統 CVD 難以完成的獨特摻雜側圖和組成。事實上，已有多種新奇的結構採用 MBE 來製造，包含超晶格（superlattice），這是一種由週期小於電子平均自由徑的週期性交替超薄多層週期結構（例如，$GaAs/Al_xGa_{1-x}As$，其中每層的厚度等於或小於 10 nm），及異質場效電晶體。

MBE 的更一步發展是以有機金屬化合物如三甲基鎵（trimethygallium，TMG）或三乙基鎵（triethylegallium，TEG）來替代第三族元素的來源。此方法稱為「有機金屬分子束磊晶」（MOMBE），也稱為化學束磊晶（chemical beam epitaxy，CBE）。雖然和 MOCVD 很類似，但一般被認為是 MBE 的一個特殊形式。金屬有機物有足夠的揮發性，可直接以分子束的形式進入 MBE 成長腔中，且在形成分子束前不會分解。摻質源則通常為元素形式，如一般以鈹（Be）元素為 p 型，矽或錫元素為 n 型砷化鎵磊晶層的摻質。

8.2 磊晶層的結構和缺陷

8.2.1 晶格匹配及形變層磊晶

對傳統同質磊晶成長，單晶半導體層乃成長在單晶的半導體基板上。此半導體層和基板為相同的材料，具有相同的晶格常數。因此同質磊晶是名符其實的晶格匹配磊晶製程。同質磊晶製程提供一控制摻雜側圖的重要方法，使元件和電路特性可以最佳化。例如，相當低摻雜濃度的 n 型矽層可以磊晶成長在 n^+ 矽基板上，此種結構可大幅降低與基板間的串聯電阻。

對異質磊晶而言，磊晶層和基板是兩種不同的半導體，且磊晶層的成長必須維持理想的界面結構。這表示橫過界面的原子鍵結必須連續而不被打斷。因此這兩種半導體或須擁有相同的晶格間距，或須變形去接受一共同間距。此兩種情況分別稱為晶格匹配（lattice-matched）磊晶和形變層（strained layer）磊晶。

圖 8.7a 表示基板和薄膜有相同晶格常數的晶格匹配磊晶。一個重要例子是 $Al_xGa_{1-x}As$ 在 GaAs 基板上的磊晶成長，其中 x 在 0 至 1 之間。$Al_xGa_{1-x}As$ 和 GaAs 的晶格常數的差異小於 0.13 ％。

對晶格失配（lattice-mismatched）的情況，若磊晶層有較大的晶格常數且可彎曲，它將在成長平面被壓縮至符合基板的晶格間距，而彈性力將會強迫它往垂直界面的方向擴大。此種結構型式稱為形變層磊晶，如圖 8.7b 所示[6]。另一方面，若磊晶層有較小的晶格常數，則它將會在成長的平面擴大，而於垂直界面的方向被壓縮。上述的形變層磊晶當其厚度增加時，變形原子鍵的原子總數會增加，在到達某個厚度後，將會有差排成核以釋放形變的能量。此厚度稱為系統的臨界層厚度（critical layer thickness）。圖 8.7c 表示在界面上有邊緣差排（edge dislocation）的情況。

圖 8.8 表示兩種材料系統的臨界層厚度[7]。上曲線是 Ge_xSi_{1-x} 形變層磊

晶成長在矽基板上，而下曲線是在 GaAs 基板上成長的 $Ga_{1-x}In_xAs$ 層。例如，對在矽上面的 $Ge_{0.3}Si_{0.7}$，其最大的磊晶厚度約為 70 nm，超過此厚度的薄膜將會產生邊緣差排。

一個與異質磊晶結構相關的是形變層超晶格（strained-layer superlattice，SLS）。超晶格是一種人工製造的一維週期性結構，由不同材料所構成，其週期約為 10 nm。圖 8.9 表示一由兩種不同平衡晶格常數（a_1 與 a_2）之半導體材料組成的 SLS，其中 $a_1 > a_2$，成長於一共同平面（in-plane）晶格常數 b 的結構上[4]，其中 $a_1 > b > a_2$。如果這些 SLS 層都十分的薄，則因為磊晶中均勻的拉力可以承受晶格的不匹配。因此在這種情形下，不會有因晶格不匹配而在界面產生差排，故可獲得高品質的晶體材料。這些人造結構的材料可以用 MBE 來成長，提供半導體研究一個新的領域，增進新型固態元件尤其是在高速與光學方面的相關應用。

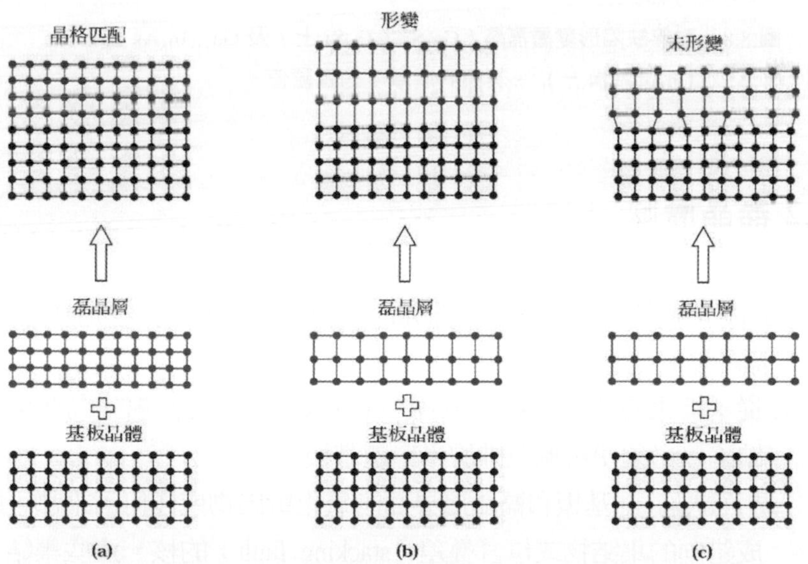

圖 8.7　（a）晶格匹配的，（b）形變的，（c）鬆弛的異質磊晶結構的圖示[6]。同質磊晶的結構和晶格匹配的異質磊晶相同。

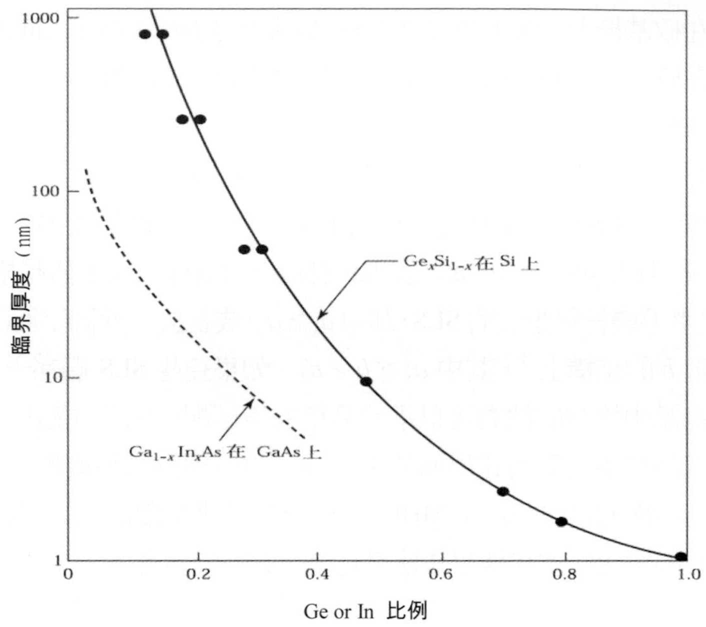

圖 8.8　對無缺陷形變層磊晶（Ge_xSi_{1-x} 在 Si 上，及 $Ga_{1-x}In_xAs$ 在 GaAs 基板上）[7]，其臨界層厚度的實驗值。

8.2.2 磊晶層缺

磊晶層的缺陷會降低元件的性能。例如，降低載子移動率和增加漏電流。磊晶層的缺陷可歸類為五種：

1. 從基板來的缺陷。這些缺陷會從基板傳遞到磊晶層。為避免這些缺陷，必須使用無差排的半導體基板。
2. 界面缺陷。在基板和磊晶層界面的氧化析出物或任何污染都可能形成錯向的集結物或包含疊差（stacking fault）的核。這些集結和疊差可能會結合正常的核，並在薄膜中形成倒金字塔的外形。為避免這些缺陷，基板的表面須徹底的清潔。另外，可以利用式(1)的逆反應來進行臨場回蝕（in-situ etch back）。

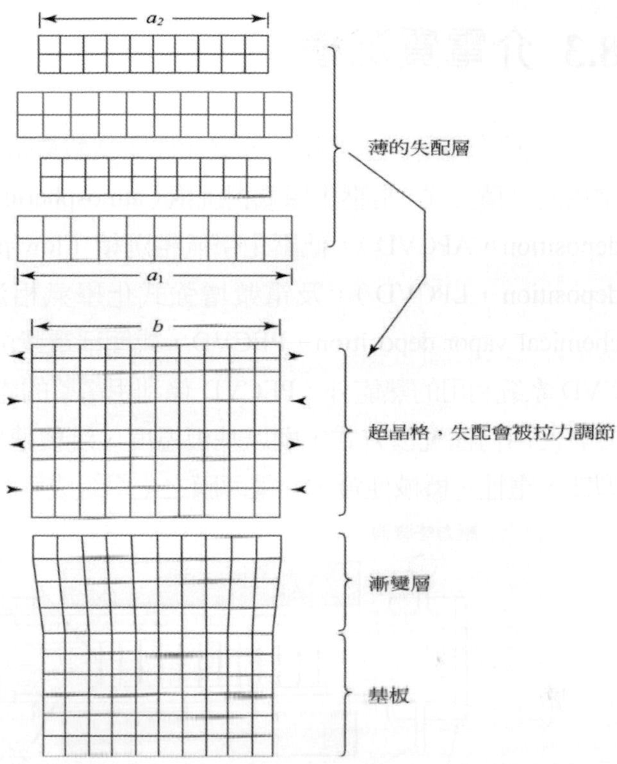

圖 8.9　元素和形變層超晶格形成的圖示[4]。箭頭顯示拉力的方向。

3. 析出物（precipitate）或差排環。它們的形成是因為過飽和的雜質或摻質所造成的。含有極高（有意或無意加入）的摻質或雜質濃度的磊晶層極易有這些缺陷。
4. 低角度的的晶粒邊界（grain boundaries）和雙晶界（twins）。在成長時，磊晶薄膜的任何不當方位區域都可能會相遇且結合，而形成這些缺陷。
5. 邊緣差排。它們是在兩個晶格常數失配的半導體之異質磊晶中形成。如果兩者的晶格均很堅硬，它們將保持原有的晶格間距，界面將含有稱為錯配（misfit）或邊緣差排的不當鍵結原子列。當形變層厚度大於臨界層厚度時亦會形成邊緣差排。

8.3 介電質沉積

沉積介電薄膜主要用於分立元件與積體電路的隔離與護佈。有三種常用的沉積方式：常壓化學氣相沉積（atmospheric-pressure chemical vapor deposition，APCVD），低壓化學氣相沉積（low-pressure chemical vapor deposition，LPCVD），及電漿增強式化學氣相沉積（plasma-enhanced chemical vapor deposition，PECVD，或簡稱電漿沉積）。其中，除了一般 CVD 系統利用的熱能外，PECVD 係利用電漿的能量增強 CVD 反應。至於該使用何種沉積方式，則以基板溫度、沉積速率、薄膜均勻度、外觀型態、電性、機械性質、介電薄膜之化學組成等因素作為考慮依據。

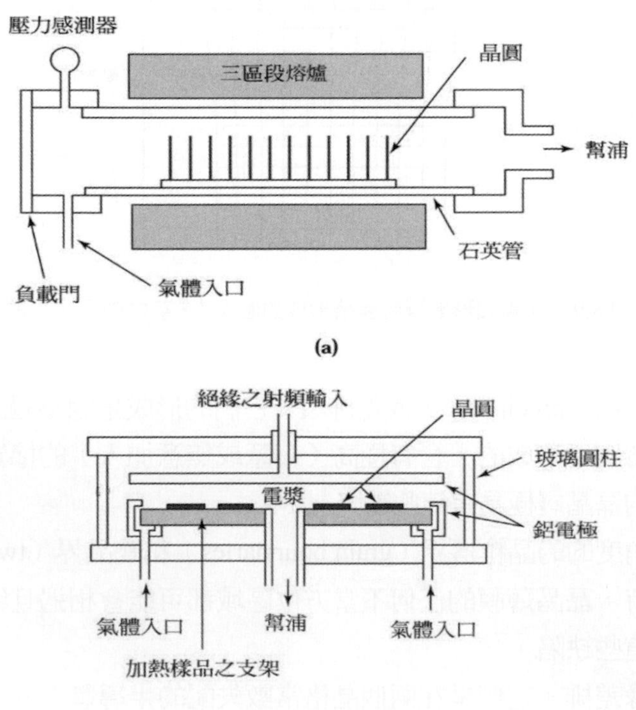

圖 8.10　化學氣相沉積反應爐之示意圖：(a)熱壁低壓式反應爐，(b)平行板電漿沉積反應爐。

常壓 CVD 的反應爐與圖 3.2 相似，主要區別為通入氣體的不同。在圖 8.10a 之熱壁（hot wall）低壓反應爐，係以三區段爐具來加熱石英管，氣體由一端通入，另一端抽出。半導體晶圓垂直置於有溝槽的石英晶舟內[8]。由於石英管與爐體緊鄰，故管壁是熱的，有異於冷壁反應爐（cold-wall reactor），例如利用射頻（radio frequency，rf）加熱之水平磊晶反應器。

圖 8.10b 為平行板輻射流 PECVD 反應爐。其反應爐內係由圓柱型玻璃或鋁腔（aluminum chamber）構成，並以鋁板封死。內部為兩平行之鋁電極，上電極接射頻電壓，而下電極接地。兩電極間之射頻電壓將產生電漿放電。晶圓置於下電極，以電阻式加熱器加熱至 100~ 400°C 間。反應氣體經由下電極周邊之氣孔流入反應爐內。此反應系統最大的優點為低沉積溫度，但其容量有限，尤其是對大尺寸晶圓，而且會有鬆動的沉積層落於晶圓上造成污染的疑慮。

8.3.1 二氧化矽

熱氧化所得薄膜由於具有最佳之電特性，是 CVD 二氧化矽所難以取代的，但 CVD 法卻可彌補熱氧化薄膜應用上之不足處。未有雜質摻雜的二氧化矽膜可用於隔離多層金屬鍍膜、離子佈植及擴散製程時所需之遮罩、以及增加熱成長場氧化層的厚度。有磷摻雜的二氧化矽，不僅可做為金屬層間的隔離材料，亦可沉積於元件表面作為最後的護佈層。摻雜有磷（phosphorus），砷（arsenic）或硼（boron）之氧化層有時亦可作為擴散源使用。

沉積法

二氧化矽膜可以利用數種方式沉積。低溫（300－500°C）沉積時，可經由矽甲烷（silane）、摻質與氧氣反應而得。磷摻雜二氧化矽的化學式為：

$$SiH_4 + O_2 \xrightarrow{450°C} SiO_2 + 2H_2 \qquad (11)$$

$$4PH_3 + 5O_2 \xrightarrow{450°C} 2P_2O_5 + 6H_2 \qquad (12)$$

沉積的反應可在常壓CVD反應爐，或LPCVD低壓反應爐進行（圖8.10a）。由於矽甲烷與氧氣反應的低沉積溫度，此法特別適用於鋁膜上之沉積。

對於中等溫度（500–800°C）之沉積，可將四氧乙基矽（tetraethylorthosilicate，化學式為 $Si(OC_2H_5)_4$）於 LPCVD 反應爐中進行分解以形成二氧化矽。四氧乙基矽簡稱為 TEOS，係由液態源氣化而成，其分解化學式為

$$Si(OC_2H_5)_4 \xrightarrow{700°C} SiO_2 + by\text{-}products \qquad (13)$$

分解後形成二氧化矽及有機或矽化有機物等副產物。雖然此法反應溫度較高，不適用於覆蓋在鋁膜之上，但其階梯覆蓋（step coverage）性質良好，此優點使其適用於複晶矽閘極上之絕緣層沉積。其良好的階梯覆蓋乃由於高溫時表面移動率的提升所致。亦可如同磊晶成長的步驟，在氧化層沉積過程中加入少量的摻質氫化物（如磷化氫（phosphine）、砷化氫（arsine）、乙硼烷（diborane））以將摻質摻入膜內。

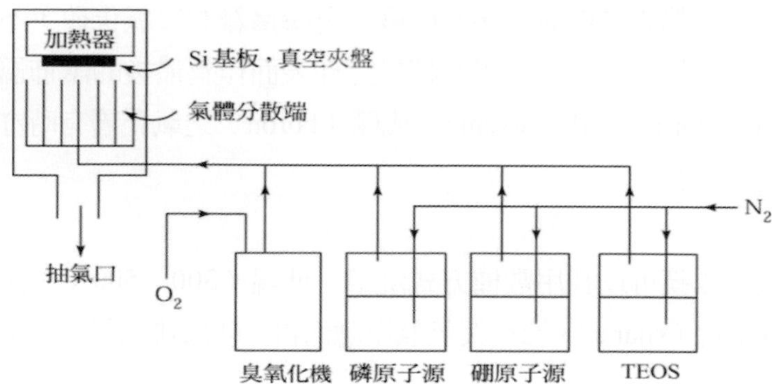

圖 8.11 O_3–TEOS 化學氣相沉積系統的實驗儀器。

沉積速率與溫度之間有 exp($-E_a$/kT)關係，其中 E_a 為活化能。矽甲烷－氧氣反應的 E_a 相當低：無摻質氧化層約為 0.6 eV，磷摻雜的氧化層則幾乎為 0。相反的，對比之下 TEOS 反應的 E_a 高出許多：無雜質氧化層約為 1.9 eV，有磷摻雜的氧化層則為 1.4 eV。沉積速率與 TEOS 分壓的關係正比於$(1-e^{-p/p_0})$，其中 P 為 TEOS 的分壓，P_0 約為 30 Pa。在低 TEOS 分壓時，沉積速率由表面反應速率所決定。在高分壓下，表面因吸附幾近飽和的 TEOS，使得沉積速率變得幾乎與 TEOS 分壓無關[8]。

近年來，使用 TEOS 及臭氧（O_3）為氣體源的常壓及低溫 CVD 已被提出[9]，如圖 8.11 所示。這種 CVD 技術可在低沉積溫度下，製作具有高均覆性（conformability，或譯順形性）及低黏滯性的氧化層。此外，氧化層在退火（anneal）時薄膜體積的收縮程度與臭氧的濃度有關，如圖 8.12 所示。由於 O3-TEOS CVD 形成的氧化層薄膜具多孔性（porosity），因此在 ULSI 的製程中，常搭配以電漿輔助的方式來達到平坦化的效果。

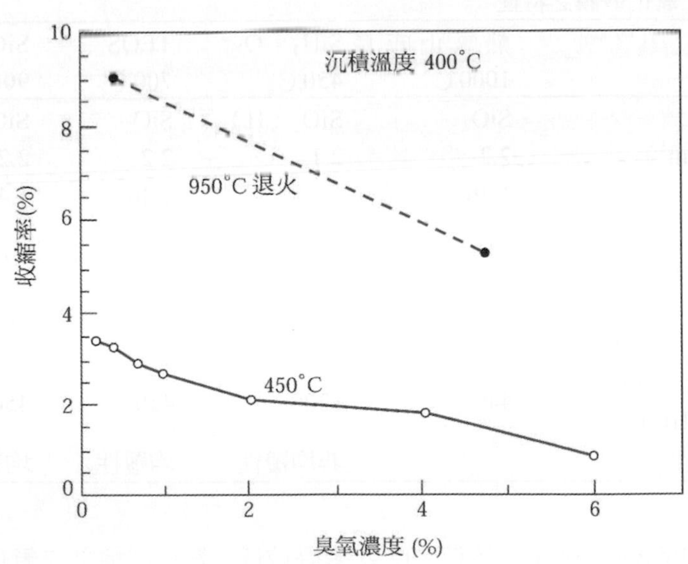

圖 8.12　O_3–TEOS 化學氣相沉積薄膜退火後的收縮與臭氧濃度之關係。（日本 SAMCO 公司提供）

對於高溫沉積（900°C）而言，可將二氯矽甲烷（dichlorosilane，$SiCl_2H_2$）與笑氣（nitrous oxide）在低壓下反應形成二氧化矽。

$$SiCl_2H_2 + 2N_2O \xrightarrow{900°C} SiO_2 + 2N_2 + 2HCl \quad (14)$$

此法可得極佳的薄膜均勻性，有時也用它來沉積複晶矽上方之絕緣層。

二氧化矽的特性

表 8.1 比較數種用於沉積二氧化矽薄膜的方法與所沉積薄膜的特性[8]。一般而言，沉積溫度與薄膜的品質有直接的關聯性。在較高的溫度時，沉積的氧化層薄膜在結構上，會與熱氧化方式成長的高品質二氧化矽相似。

表 8.1　二氧化矽膜之特性

特性	熱氧化成長 1000℃	$SiH_4 + O_2$ 450℃	TEOS 700℃	$SiCl_2H_2 + N_2O$ 900℃
組成	SiO_2	SiO_2（H）	SiO_2	SiO_2（Cl）
密度（g/cm^3）	2.2	2.1	2.2	2.2
折射率	1.46	1.44	1.46	1.46
介電強度（10^6 V/cm）	>10	8	10	10
蝕刻率 （Å/min）（100:1 H_2O : HF）	30	60	30	30
蝕刻率 （Å /min）（緩衝之 HF）	440	1200	450	450
階梯覆蓋性	—	非均覆性	均覆性	均覆性

當溫度低於 500°C，薄膜密度就變得較低。若將沉積之二氧化矽薄膜以 600 至 1000°C 之間的溫度加熱，可使薄膜緻密化（densification）且氧化層厚度變薄，其密度可增加到 2.2 g/cm^3。二氧化矽的折射率（refractive index）在波長為 0.6328 μm 的光源下為 1.46。此值愈低者代表薄膜中的孔隙愈多，例如由矽甲烷與氧氣反應而成的氧化層，其折射率僅為 1.44。孔隙越多亦使其介電強度（dielectric strength）變差，當施加電場時可能會引起較大電流在氧化層中流過而提早崩潰。氧化層在氫氟酸中的蝕刻率與沉積時的溫度、退火的歷程及摻質濃度有關。通常高品質的氧化層蝕刻率較低。

階梯覆蓋（Step Coverage）

階梯覆蓋與薄膜沉積於半導體基板上之表面輪廓有關。圖 8.13a 為一理想（或均覆性）的階梯覆蓋圖示，我們可看出沿著階梯表面各處的薄膜厚度都很均勻。薄膜厚度的均勻性主要原因為吸附在階梯表面反應物的快速移動能力[10]。

圖 8.13b 為一非均覆性之階梯覆蓋的例子，其主要成因為當反應物吸附及反應時並沒有明顯的表面遷移所致。在此例中，沉積速率正比於氣體分子到達表面角度。反應物到達階梯上方水平面時的到達角度（ϕ_1）在二維空間內變化，可從 0°至 180°。而對階梯垂直方向的側壁表面而言，其到達角度（ϕ_2）只有 0°至 90°。如此一來，沉積薄膜在上方表面的厚度可為側壁表面之兩倍。沿著側壁再下來底部表面的到達角度（ϕ_3）與開口寬度有關，薄膜厚度正比於

$$\phi_3 \cong \arctan \frac{W}{l} \tag{15}$$

其中 l 為至上方表面的距離，W 為開口寬度。此種階梯覆蓋沿著垂直側壁相當薄，且有可能因自我遮蔽（self-shadowing）作用而在階梯底部產生裂縫。在低壓下，由 TEOS 分解形成的二氧化矽因為能在表面迅速遷移，因此有幾近均覆性的覆蓋。高溫下二氯矽甲烷與笑氣反應所得者亦同。然而對矽甲烷與氧反應沉積者，因為無表面遷移，故階梯覆蓋由到達角度決定。大部分經蒸鍍或濺鍍方法所得之材質具有與圖 8.13b 相似之階梯覆蓋特性。

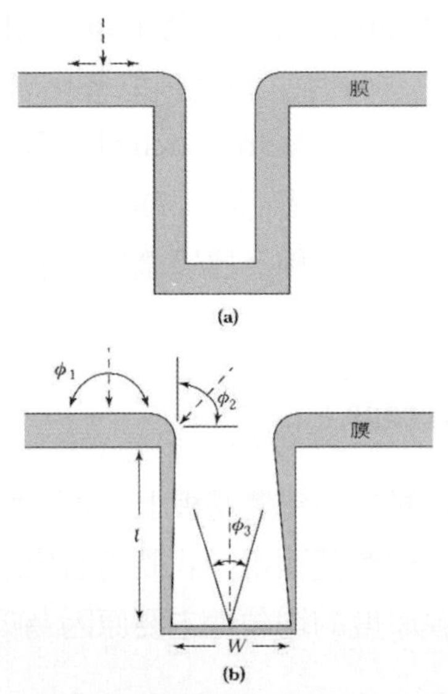

圖 8.13 薄膜的階梯覆蓋[10]：(a) 均覆性階梯覆蓋，(b) 非均覆性階梯覆蓋。

磷玻璃緩流（P-Glass Flow）

作為金屬層間絕緣層的沉積二氧化矽一般需有平滑的輪廓。若覆蓋下層金屬薄膜的氧化層有凹陷的話，上層金屬膜沉積時在凹陷處可能會造成缺口而造成開路（open）的情形，進而導致電路失效。由於低溫沉積之摻磷二氧化矽（磷玻璃，P-glass 或 PSG）受熱後會軟化且可流動，可提供一平滑之表面，故常作為鄰近兩導電層間之絕緣層。此製程稱為磷玻璃緩流（PSG reflow）。

圖 8.14 顯示在複晶矽階梯上沉積四種不同磷玻璃的掃瞄式電子顯微鏡（scanning electron microscope，SEM）橫截面[10]。這四種試片均經過水蒸氣 1100°C、20 分鐘的熱處理。圖 8.14a 之玻璃幾乎不含磷也無緩流發生，其中薄膜之凹狀外形其對應的角度 θ 約為 120°。圖 8.14b、14c 及 14d 中之磷含量逐漸增加到 7.2 wt %（重量百分比）。在這些試片中，可以發現當磷玻璃中磷的含量愈高則階梯 θ 角度愈小，緩流的效果也愈好。基本

上，磷玻璃緩流與退火時間、溫度、磷的濃度、及退火時的氛圍（ambient）等因素有關[10]。

圖 8.14 顯示 θ 角度與磷重量百分比間之關係，可近似於

$$\theta \cong 120\left(\frac{10 - wt\%}{10}\right) \tag{16}$$

若要 θ 小於 45°，則磷含量須大於 6 wt %。但當含量高於 8 wt % 以上時，氧化層中的磷易與大氣中的濕氣結合形成磷酸，並將腐蝕金屬膜（例如鋁）。因此，使用磷玻璃緩流時，會將磷含量控制在 6 至 8 wt %之間。

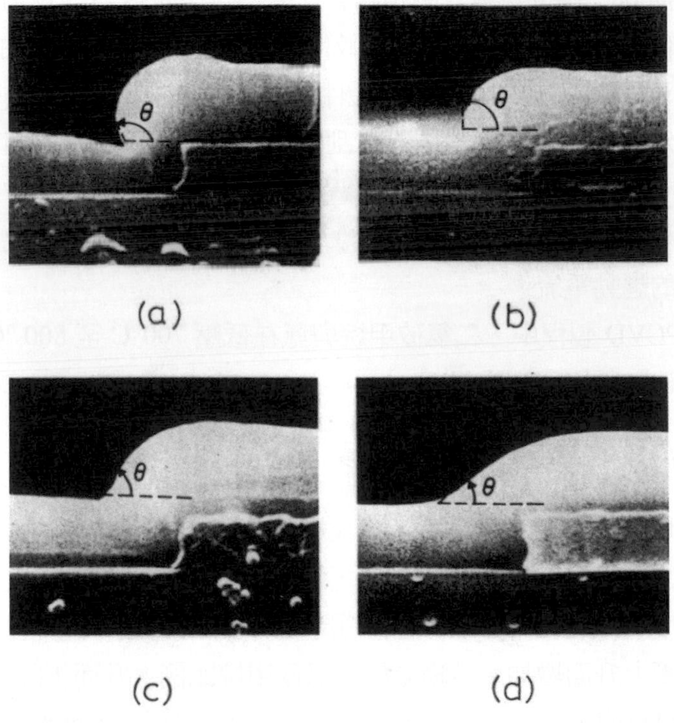

圖 8.14　磷玻璃經 1100°C 20 分鐘蒸氣退火後，放大 10,000 倍之掃瞄式電子顯微鏡照片[10]，其中磷含量分別為（a）0 wt %，（b）2.2 wt %，（c）4.6 wt %，（d）7.2 wt %。

8.3.2 氮化矽

利用熱氮化（thermal nitridation）的方法（例如以氨氣（ammonia），NH_3)成長氮化矽相當困難，因為成長速率太慢且須溫度太高之故。然而，氮化矽可以中等溫度（750 °C）的 LPCVD 製程，或低溫（300°C）運用電漿技術的 PECVD 方法來沉積[11,12]。LPCVD 薄膜具有完全之化學組成（Si_3N_4）及高密度（2.9 – 3.1 g/cm^3），可提供一個好的阻障層，阻止水氣與鈉離子的侵入與擴散。此外，因氮化矽的氧化速率甚慢並可防止下方矽層的氧化，故氮化矽薄膜可作為選擇性矽氧化的遮罩，常用於元件的隔離（isolation，第九章會介紹相關製程）。至於利用 PECVD 方式沉積的薄膜，其化學組成並不完整且密度較低（2.4 – 2.8 g/cm^3）。但由於其沉積溫度較低，可以沉積在製作完成之元件上作為最後的護佈層(passivation)。此種電漿沉積氮化矽提供極佳的抗刮性保護，可作為水氣的阻障層以及防止鈉離子的擴散。近年來另一項新興的應用，是將是氮化矽沉積於電晶體的閘極上，利用其應力（stress）對下方的通道造成適當的形變，以改進元件的驅動電流。

在 LPCVD 製程中，二氯矽甲烷與氨在低壓 700°C 至 800 °C 間反應形成氮化矽。化學反應式如下：

$$3SiCl_2H_2 + 4NH_3 \xrightarrow{\sim 750°C} Si_3N_4 + 6HCl + 6H_2 \tag{17}$$

良好薄膜均勻性，及高晶圓產出率（即每小時可處理的晶圓數）為低壓製程的優點。與氧化層的沉積相似，氮化矽薄膜沉積是由溫度、壓力及反應物濃度所決定。沉積的活化能約為 1.8 eV。沉積速率隨總壓力或二氯矽甲烷分壓上升而增加，並隨氨與二氯矽甲烷比例上升而下降。

LPCVD 沉積的氮化矽為非晶介電質，含氫量可達 8 at %（原子百分比）。在緩衝之氫氟酸(HF)溶液中，其蝕刻率低於 1 奈米／分鐘(nm/min)。且膜的張力(tensile stress)相當大，約為 10^{10} 達因／平方公分(dynes/cm^2)，幾為 TEOS 沉積 SiO_2 的 10 倍之多。由於如此大之應力，當厚度超過 200

nm 時將容易破裂。在室溫下，氮化矽的電阻係數（resistivity）約為 10^{16} 歐姆－公分（Ω-cm），介電常數為 7，介電強度約為 10^{7} 伏特／公分（V/cm）。

在 PECVD 製程中，氮化矽可以矽甲烷與氨在氬氣（argon）的電漿中，或是將矽甲烷氣體置於氮氣的放電電漿中反應而成。其化學反應式分別如下：

$$SiH_4 + NH_3 \xrightarrow{300°C} SiNH + 3H_2 \tag{18a}$$

$$2SiH_4 + N_2 \xrightarrow{300°C} 2SiNH + 3H_2 \tag{18b}$$

反應生成物與沉積條件有密切的關係。輻射流平行板反應爐可用於沉積氮化矽膜（如圖 8.10b 所示），其沉積速率通常隨溫度、輸入功率、反應氣體壓力增加而上升。

以電漿沉積之薄膜含高濃度的氫，用於半導體製程的電漿成長氮化物（也表示成 SiN）通常含 20 至 25 at %之氫。張力大小與極性（壓縮（compressive）或伸張（tensile））可由控制薄膜內的組成比例來變化。薄膜電阻係數與矽與氮的比例有關，範圍從 10^{5} 到 10^{21} Ω-cm，其介電強度約為 1×10^{6} 到 6×10^{6} V/cm。

8.3.3 低介電常數材料

當元件持續微縮至深次微米的範圍時，須使用多層內連線（multilevel interconnection）結構來降低寄生電阻（R）與寄生電容（C）引起 RC 時間延遲。一般 IC 最常見的絕緣層二氧化矽（SiO_2）介電常數（k，也稱為相對介電常數）是 3.9，若材料的 k 值比 3.9 低稱為低介電常數（low k）材料，反之稱為高介電常數（high k）材料。

如圖 8.15 所示，因元件閘極微縮而增加的速度，將因內連線 RC 時間常數上升所增加的傳導延遲而抵銷。舉例而言，當閘極長度為 250 nm 或更小時，高達 50 %的時間延遲是肇因於較長的內連線 [13]。因此在 ULSI 電路中，內連線的連結網路將成為影響如元件速度、信號串音（cross

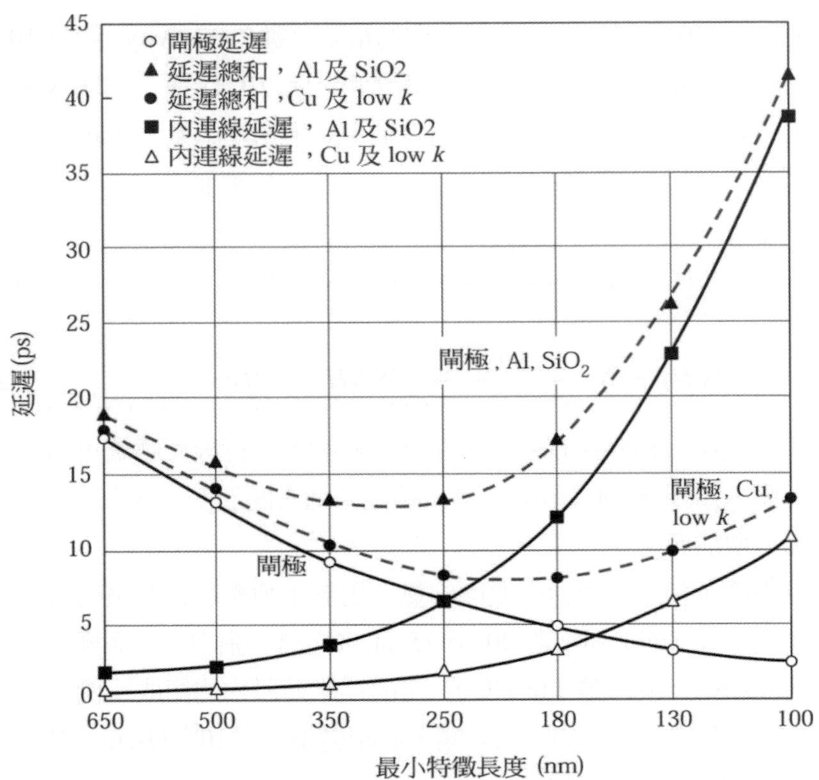

圖 8.15　計算出的閘極與內連線延遲與技術世代之關係。低介電常數材料之 k 值為 2.0。鋁（Al）及銅（Cu）的內連線厚度為 0.8 μm，長度為 43 μm。

talk）、及 ULSI 電路的功率耗損等晶片性能的限制因素。

為降低 ULSI 電路中的 RC 時間常數，具低電阻係數的內連線材質與低電容值的層間介電層將是不可或缺。降低電容的方面（電容 C= A/d，其中 C 為介電係數（dielectric permittivity，A 為面積，d 為介電膜厚度），並不易藉增加層與層之間介電質厚度 d（因將使細縫的充填變得較困難），或降低內連線材質高度及面積（會造成內連線電阻的增加）來達成。因此須使用低介電常數的介電質。介電係數 ε_i 為 k 與 ε_0 的乘積，其中 ε_0 是真空介電係數。

內連線間的層間介電層之性質及如何製備必須符合下列要求：低介

電常數、低殘餘應力、高平坦化（planarization）能力、良好的填縫（gap filling）能力、低沉積溫度、簡單的製程及整合能力。ULSI 電路中，有不少合成的低介電常數材料已被應用在金屬層間的介電層上。一些有潛力的低介電常數材料列於表 8.2。這些材料分為無機與有機材質，可用 CVD 或旋轉塗佈（spin-on）的方式沉積[13]。

表 8.2　低介電常數材料

決定因數	材料	介電常數 k
氣相沉積聚合物（Vapor-phase Deposition Polymers）	Fluorosilicate glass (FSG)	3.5-4.0
	Parylene N	2.6
	Parylene F	2.4-2.5
	Black diamond (C-doped oxide)	2.7-3.0
	Fluorinated hydrocarbon	2.0-2.4
	鐵氟龍-AF（Teflon-AF）	1.93
旋轉塗佈聚合物 (spin-on Polymers)	HSQ/MSQ	2.8-3.0
	聚亞醯胺(Polymide)	2.7-2.9
	SiLK (aromatic hydrocarbon polymer)	2.7
	PAE [poly(arylene ethers)]	2.6
	Fluorinated amorphous carbon	2.1
	Xerogel (porous silica)	1.1-2.0

範例 3

試估計兩平行鋁導線間的本質（intrinsic）RC 值。鋁導線之橫截面面積為 0.5 μm × 0.5 μm，長度為 1 mm，導線間介電層聚亞醯胺（polyimide，$k \sim 2.7$），厚度為 0.5 μm。鋁導線的電阻係數為 2.7 μΩ-cm。

≺解≻

令 t_m 為兩平行鋁導線的高度(= 0.5μm)。電阻值等於 ρl 除以導線的橫截面面積。

$$RC = (\rho \frac{\ell}{t_m^2}) \times (\varepsilon_i \frac{t_m \times \ell}{\text{spacing width}}) = (2.7 \times 10^{-6} \times \frac{1 \times 10^{-1}}{0.25 \times 10^{-8}})$$

$$\times \left(8.85 \times 10^{-14} \times 2.7 \times \frac{0.5 \times 10^{-4} \times 10^{-1}}{0.5 \times 10^{-4}}\right) = 2.57 \text{ ps}$$

8.3.4 高介電常數材料

高介電常數材料在 ULSI 電路中有其需求，尤其是對動態隨機存取記憶體（dynamic random access memory，DRAM）。為保持正常的操作，DRAM 的儲存電容值必須維持在一定值左右（例如 40 fF）。對一給定的電容值（$C=\varepsilon_i A/d$）而言，一般會選擇一最小的厚度，使其漏電流不超過最大容許值，而崩潰電壓則不低於最小容許值。電容的面積可藉由堆疊（stack）或塹渠（trench，或譯溝槽、溝渠）的方式而增加。這些結構將在第九章中討論。然而對平面（planar）的結構而言，面積 A 將隨著 DRAM 密度的提升而降低。因此，必須提高薄膜的介電常數。

數種高介電常數材料已被提出，如表 8.3 所示，包括有鈦酸鍶鋇（barium strontium titanate，BST）、及鈦酸鉛鋯（lead zirconium titanate，PZT）等。此外，有些鈦酸鹽類（titanats）會摻雜一種或多種受體（acceptors），譬如鹼土族金屬（alkaline earth metal）；或摻雜一種或多種施體（donors），譬如稀土族元素（rare earth elements）。五氧化二鉭（tantalum oxide，Ta_2O_5）其介電常數範圍在 20–30 之間。一般常用的 Si_3N_4 介電常數約為 6–7，而 SiO_2 則為 3.9。氧化鉭膜可由 CVD 的方式沉積，以氣體五氯化鉭（$TaCl_5$）及 O_2 為初始材料。

範例 4

一 DRAM 之電容具備以下參數：電容 $C = 40$ fF，記憶胞尺寸 A = 1.28 μm^2，二氧化矽的介電常數 $k = 3.9$。假設以 Ta_2O_5 ($k = 25$) 取代 SiO_2 但不變動其介電質厚度。請問此電容之等效記憶胞面積為多少？

≺解≻

$$C = \frac{\varepsilon_i A}{d}$$

$$\frac{3.9 \times 1.28}{d} = \frac{25 \times A}{d}$$

$$\therefore \text{ 等效記憶胞面積 } A = \frac{3.9}{25} \times 1.28 = 0.2\ \mu m^2$$

傳統元件微縮時，作為閘極氧化層的二氧化矽厚度須同步降低，元件的驅動力與抵抗短通道效應（short-channel effects）的能力方能提升。但過度薄化後將導致漏電流的急遽上升，影響功率耗損與元件性能。第一章已介紹 intel 在 2007 年導入高介電常數材料取代二氧化矽作為電晶體的閘極氧化層。表 8.3 所示的大部分材料雖有相當高的介電常數，但由於熱穩定性不佳與容易與矽基板反應的缺點，並不適合用於此項應用。目前所使用的材料主要以二氧化鉿（HfO_2）為基礎，一般會添加氮或矽來增進其熱穩定性，運用在奈米級電晶體的製作可以大幅降低閘漏電流，是元件得以持續微縮的關鍵之一。

閘極介電材料可以MOCVD或原子層沉積法（atomic layer deposition，ALD）形成，其中後者為目前的主流技術。顧名思義，ALD 具有可以精準控制超薄（<10 nm）薄膜成長的能力。實際上，ALD 的發展可追朔到 1970 年代前[14]，但早期並未在積體電路製程應用受到重視，主要是由於其沉積速率偏低。但當元件尺寸進入奈米級後，反而需要低的沉積速率來精確控制結構。ALD 的另一優勢是有非常好的順應性，可以順應晶圓表面的起伏形成均勻厚度與組成的薄膜。此優點符合立體化元件結構發展所需，所以 ALD 在近年成為很重要的沉積手段。

表 8.3 用於電容器的高介電常數材料

	材料	介電常數 k
二元材料（Binary）	Ta_2O_5	25
	TiO_2	40
	Y_2O_3	17
	Si_3N_4	7
	HfO_2	18-22
	HfSiON	24
	ZrO_2	12-25
	Al_2O_3	9
順電性鈣鈦礦（Paraelectric peroskite）	$SrTiO_3$（STO）	140
	$(Ba_{1-x}Sr_x)TiO_3$（BST）	300-500
	$Ba(Ti_{1-x}Zr_x)O_3$（BZT）	300
	$(Pb_{1-x}La_x)(Zr_{1-y}Ti_y)O_3$（PLZT）	800-1000
	$Pb(Mg_{1/3}Nb_{2/3})O_3$（PMN）	1000-2000
鐵電性鈣鈦礦（Ferroelectric peroskite）	$Pb(Zr_{0.47}Ti_{0.53})O_3$（PZT）	>1000

不同於傳統 CVD 連續供應的做法，ALD 的反應氣體以時間調控的方式間續提供，如圖 8.16 所示。在此圖中，以前驅物（precursor）A 與 B 來進行反應形成沉積薄膜，在一週期中首先提供前驅物 A 使其在基板上進行反應，接續以一清除（purge）步驟將未反應之殘餘的前驅物 A 與反應後的氣態產物排除；之後通入前驅物 B 使之在基板表面反應，再以一清除步驟將殘餘的前驅物 B 與反應後的氣態產物排除。上述四個步驟組成一個週期，應用依據所需的厚度，一般的應用可能會幾十到幾百個週期來完成。週期時間通常很短（可能只有幾微秒），所以需要精密的流量控制器來掌控。

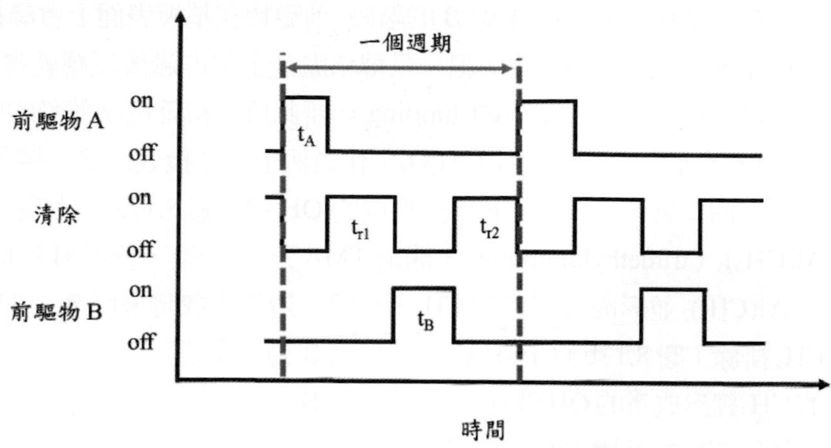

圖 8.16　將不同前驅物通入 ALD 反應腔的週期循環。

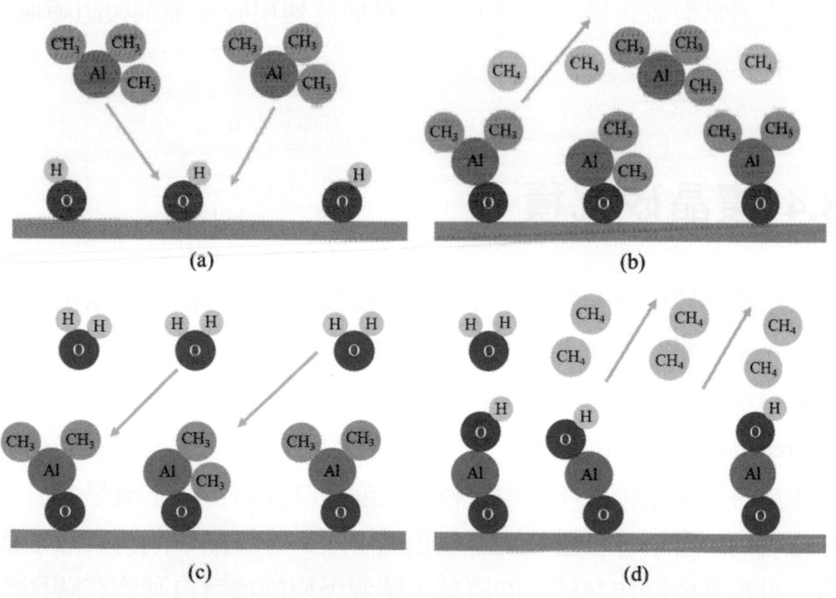

圖 8.17　形成 Al_2O_3 的 ALD 過程。(a) 通入 TMA；(b) 表面反應後排出未反應的 TMA 與產物 CH_4；(c) 通入 H_2O；(b) 表面反應後排出未反應的 H_2O 與產物 CH_4。

在分別通入前驅物 A 與 B 的階段，前驅物在基板表面上會尋找適當的鍵結處進行附著與反應，但一旦鍵結處被全部占滿後反應就會停止，此種機制稱為自我限制（self-limiting），藉此可以精確控制薄膜的成長。圖 8.17 以沉積三氧化二鋁（Al_2O_3）作為例子：基板表面是一覆蓋於矽基板上的二氧化矽，其上有自然形成的 OH 鍵（圖 8.17a）；前驅物 A 為 $Al(CH_3)_3$（trimethylaluminum，簡稱 TMA），通入後，置換 H 形成附著的 $Al(CH_3)_2$ 並形成氣體產物 CH_4，接續一清除步驟將未反應之 TMA 與 CH_4 排除（圖 8.17b）；以 H_2O 為前驅物 B 通入（圖 8.17c），並置換表面的 CH_3 鍵形成新的 OH 鍵，再將未反應之 H_2O 與產物 CH_4 排除（圖 8.17d）。之後展開新的循環進行形成新一層的三氧化二鋁。

使用適當的前驅物氣體，ALD 可用於形成氧化物、氮化物、金屬與硫化物等應用。若有需要，可運用電漿技巧來協助提升沉積薄膜的品質。除高介電常數氧化層外，ALD 也已被廣泛運用於金屬閘與阻障層等製程。

8.4 複晶矽沉積

以複晶矽作為金氧半元件之閘電極是金氧半技術的一項重大發展，其中一個重要原因是複晶矽閘電極優於鋁電極的可靠度（reliability）。圖 8.18 顯示複晶矽與鋁作為電極時，電容器之最長崩潰時間（maximum time to breakdown）的關係圖[15]，可見複晶矽明顯較佳，尤其是在較薄的閘極氧化層時。鋁電極之所以會有較差的崩潰時間特性，主要是由於鋁原子在電場的影響下會被遷移到薄氧化層中所致。複晶矽閘可與離子佈植結合，以複晶矽閘作為植入的罩幕，讓源汲極的摻雜自動的在閘極的兩側形成，且複晶矽可容忍後續的高溫退火程序，這是鋁閘所作不到的。複晶矽亦可作為擴散源（diffusion source）以形成淺接面，並確保與單晶矽間形成歐姆接觸；另外亦可用來製作導線與高阻值的電阻。

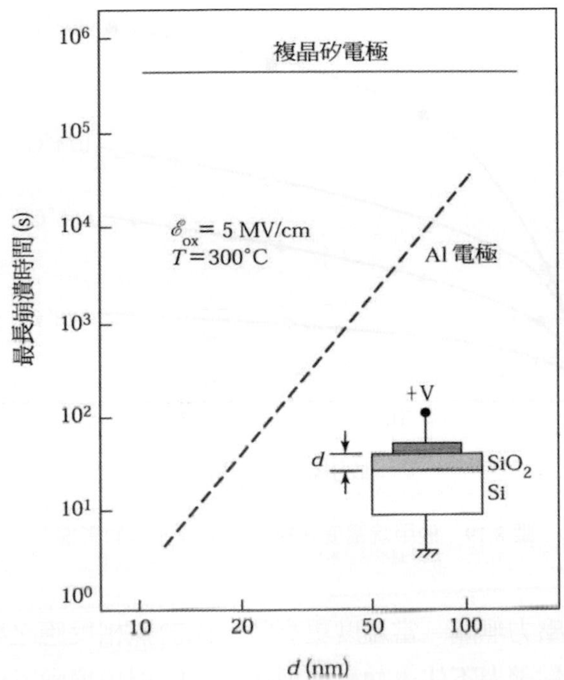

圖 8.18　以複晶矽及鋁作電極之電容器的最長崩潰時間及氧化層厚度之關係[15]。

操作在 600°C 到 650°C 的低壓反應爐（圖 8.10a），以下列反應式分解矽甲烷以沉積複晶矽：

$$SiH_4 \xrightarrow{600℃} Si + 2H_2 \tag{19}$$

最常使用的低壓沉積製程有兩種：一為操作在壓力 25 到 130 Pa 間，使用 100%矽甲烷；另一為在相同的總壓力下，於氮氣中稀釋以 20 到 30%之矽甲烷。上述兩種製程每次均可沉積數百片厚度均勻（即厚度誤差在 5%以內）的晶圓。

圖 8.19 顯示四種沉積溫度下的沉積速率。當矽甲烷分壓較低時，沉積速率正比於矽甲烷之分壓[8]；於較高的矽甲烷分壓時，其沉積速率則呈現飽和。通常低壓沉積的溫度限制在 600 °C 到 650°C 之間。在這溫度範圍內，沉積速率隨著 $\exp(-E_a/kT)$而改變，其中活化能 E_a 為 1.7 eV，與

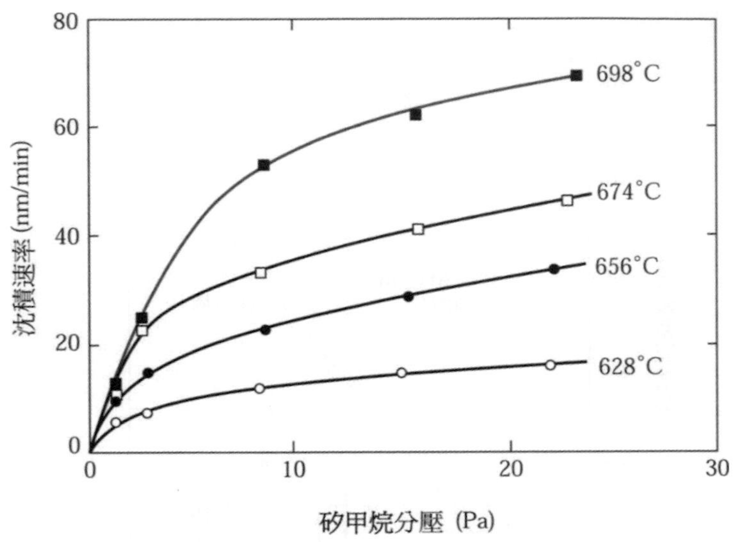

圖 8.19 矽甲烷濃度對複晶矽沉積速率的影響[8]。

反應爐內的總壓力無關。當溫度更高時，由於氣相反應之緣故，導致薄膜變得粗糙且黏著力不佳，並有矽甲烷不足的現象導致不佳的均勻性。當溫度遠低於 600°C 時，沉積速率太慢而不實用。

影響複晶矽結構的製程參數包括：沉積溫度、摻質以及沉積後之熱循環。沉積溫度在 600°C 到 650°C 之間時所得複晶矽為圓柱形結構（columnar structure），由大小約為 0.03 到 0.3 μm 的複晶矽晶粒（grain）所構成，偏好晶向為（110）。當磷在 950°C 擴散進入時，其結構結晶性增強，使得晶粒大小增為 0.5 到 1.0 μm 之間。若將溫度上升到 1050 ℃進行氧化，則最終的晶粒大小將達 1 至 3 μm 的。另外，若沉積溫度為 600 °C 以下，雖然剛沉積出的薄膜為非晶型態，但經過摻雜及熱處理後，亦可獲得類似複晶矽圓柱型結構的晶粒成長。

複晶矽可經多種方式摻雜，包括擴散、離子佈植（ion implantation）或是在沉積過程加入摻質氣體，即本章前面所提之臨場摻雜（*in-situ* doping）。佈植法因其較低的製程溫度而最常被採用。圖 8.20 為利用離子佈植法，摻雜磷與銻離子於單晶矽及 500 nm 厚的複晶矽上所得之片電阻

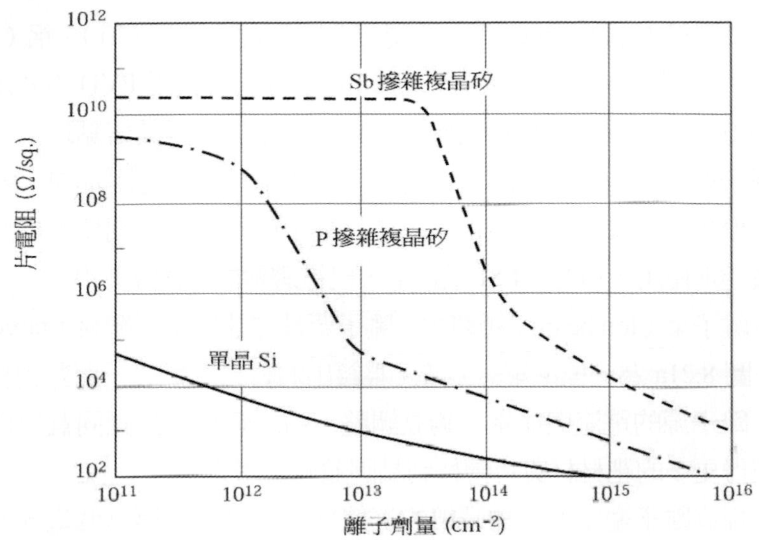

圖 8.20　以 30 keV 能量的離子佈植入 500 nm 的複晶矽中，片電阻與不同佈植劑量之關係 [16]。

[16]。離子佈植的製程已在第七章中討論。佈植的劑量、退火溫度及退火時間均會影響所佈植複晶矽之片電阻。在低劑量佈植複晶矽中，在晶界（grain boundary）的載子陷阱（trap）中的電荷會造成高的能障（energy barrier），影響載子傳輸並導致非常高的電阻值。如圖 8.20 所示，在高劑量佈植複晶矽中，因載子陷阱被摻質填滿使能障降低，電阻值會大幅下降，並接近於佈植單晶矽之片電阻。

8.5 金屬鍍膜

8.5.1 物理氣相沉積

屬於物理氣相沉積（physical vapor deposition，PVD）金屬的方法包括有蒸鍍（evaporation）、電子束（e-beam）蒸鍍、電漿噴灑（plasma spray）

沉積、及濺鍍（sputtering）等。金屬或金屬化合物如鈦（Ti）、鋁（Al）、銅（Cu）、氮化鈦（TiN）、及氮化鉭（TaN）等均可利用 PVD 方式沉積。蒸鍍的方式是將要蒸鍍材料置於真空腔中，並加熱至其熔點以上，被蒸發的原子會以直線運動軌跡高速前進。蒸鍍源可經由電阻加熱、射頻加熱或以聚焦電子束等方式熔化。蒸鍍及電子束蒸鍍在早期積體電路製造中被廣泛地使用，但在 ULSI 電路中，已被濺鍍的方式所取代。

在離子束（ion beam）濺鍍中，離子源被加速撞擊至靶材（target）的表面。圖 8.21a 為一標準濺鍍系統。濺鍍出的材料沉積於一面對靶材的晶圓上。離子源的電流與能量可獨立調整。由於靶材與晶圓同置於低壓腔內，使得更多的靶材材質可轉移到晶圓並減少污染。

為提高離子密度並增加濺鍍的沉積速率，可使用第三個電極的設計以提供更多的電子來進行游離。另一個方法是使用磁場，譬如利用電子迴旋共振（electron cyclotron resonance，ECR）來捕獲並使電子行進方向變成螺旋式路徑，以增加濺鍍靶材附近的離子化效率。這種技術稱為磁極濺鍍（magnetron sputtering），已廣泛應用在鋁及其合金之沉積，其沉積速率可達 1 μm /min。

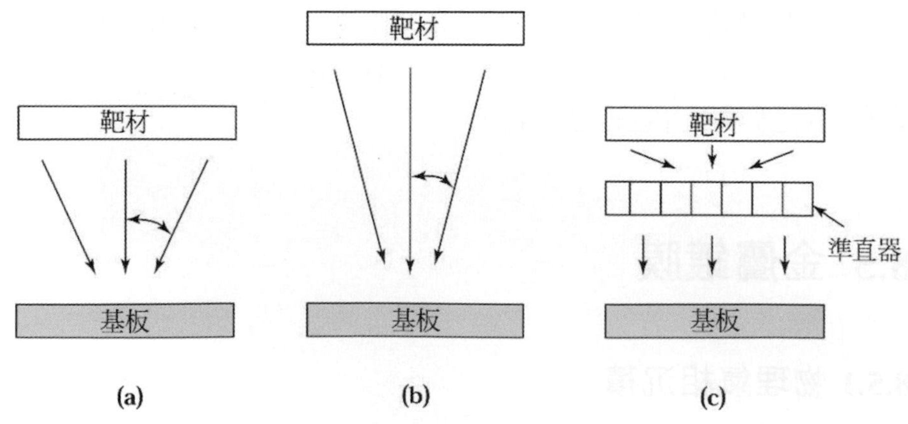

圖 8.21　(a) 標準濺鍍，(b) 長擲濺鍍，(c) 具準直器的濺鍍。

長擲濺鍍（long-throw sputtering）是另一種可用來控制角度分佈的技術，其系統構造如圖 8.21b 所示。在標準的濺鍍結構中，有兩個基本原因會使原子從靶材表面濺出角度有相當大的分佈範圍，一是因為靶材與基板間的距離 d_{ts} 太短，另一原因則是當濺出靶材材質入射至基板時，會與運動中的氣體分子碰撞而散射。這兩個因素實際上相互關聯，因為當存在氣體散射時，需要小的 d_{ts} 以達到良好的產出（throughput）、均勻性、及薄膜特性。解決這問題的方法是在非常低壓下進行濺鍍，目前已發展有多種系統具備在氣體如此稀薄的環境下維持磁極電漿的能力。這些系統可在小於 0.1 Pa 的工作壓力下進行濺鍍，此時氣體散射變得較不重要，故靶材與基板的距離可大幅增加。從簡易的幾何理論可知，此時入射原子角度的分佈較小，故可容許於大高寬比（aspect ratio）圖案結構（如接觸孔（contact hole））的底部沉積較厚的膜。

要在大高寬比的接觸孔內填充材料甚為困難，主要因為在尚未有顯著材質沉積於接觸孔底部前，由於濺出原子之散射效應，沉積薄膜已先將接觸孔口封住。這個問題可藉由在晶圓上方加入一準直管（collimating tube），將沉積通量的角度限制在晶圓表面垂直方向 ±5° 的範圍內來改善。具準直器（collimator）的濺鍍系統如圖 8.21c 所示，當濺出原子的軌跡偏離垂直表面大於 ±5° 時會沉積在準直器的內表面上。

8.5.2 化學氣相沉積

以 CVD 進行金屬鍍膜相當具有吸引力，因為其良好的均覆性及階梯覆蓋。基本的 CVD 裝置與沉積介電質或複晶矽者相同（如圖 8.10a）。對於一表面起伏範圍寬廣的晶圓，由於低壓 CVD（LPCVD）相較於 PVD 具有良好的均覆階梯覆蓋，在此情況下通常能沉積較低電阻的金屬膜。

沉積耐火金屬（refractory metal）是 CVD 金屬沉積在 IC 生產中一項重要的應用。例如，鎢之低電阻係數（5.3 μΩ-cm）及耐火本質使其在 IC 製程中成為相當重要的金屬。

化學氣相沉積 - 鎢（CVD-W）

鎢可用於接觸插栓（contact plug）及第一層金屬。鎢可用六氟化鎢（WF_6）為 W 的氣體源沉積，因為 WF_6 是一種在室溫下會沸騰的液體。WF_6 可被矽、氫氣（hydrogen）或矽甲烷還原。基本 CVD-W 的化學反應式如下：

$$WF_6 + 3H_2 \longrightarrow W+6HF \ (hydrogen\ reduction) \tag{20}$$

$$2WF_6 + 3Si \longrightarrow 2W+3SiF_4 \ (silicon\ reduction) \tag{21}$$

$$2WF_6 + 3SiH_4 \longrightarrow 2W+3SiF_4+6H_2 \ (silane\ reduction) \tag{22}$$

在矽接觸上，藉由矽還原反應可得到選擇性製程。此製程僅在矽上而不會在 SiO_2 上發生，成長一鎢之成核層（nucleation layer）。氫還原製程（reduction process）可將鎢迅速的沉積在成核層上以形成插栓（plug），同時也提供了極佳的表面均覆性。然而此製程之選擇性並非完美，而且反應的副產物 HF 氣體對氧化層有侵蝕作用，同時會使沉積鎢膜的表面變得粗糙。

矽甲烷還原反應與氫還原反應相比，具有較高的沉積速率及較小的鎢晶粒。此外，矽甲烷還原反應不會形成 HF 的副產物，故不會對薄膜有所侵蝕，也不會使鎢膜表面變得粗糙。矽甲烷還原反應一般用於全面性鎢沉積（blanket W deposition）的第一步驟，用以作為成核層並減少接面損傷。矽甲烷還原之後，再以氫還原的方式全面性地成長鎢薄膜。

化學氣相沉積–氮化鈦（CVD TiN）

TiN 普遍用於金屬鍍膜製程中，做為金屬擴散的阻障層，可經由濺鍍化合物靶材，或是以 CVD 方式沉積。在深次微米製程中，CVD TiN 可提供比 PVD 方式較佳的階梯覆蓋。CVD TiN 可經由四氯化鈦（$TiCl_4$）與氨（NH_3）、H_2 / N_2 或 NH_3 /H_2 反應沉積 [17-19]：

$$6TiCl_4 + 8NH_3 \longrightarrow 6TiN + 24HCl + N_2 \quad (23)$$

$$2TiCl_4 + N_2 + 4H_2 \longrightarrow 2TiN + 8HCl \quad (24)$$

$$2TiCl_4 + 2NH_3 + H_2 \longrightarrow 2TiN + 8HCl \quad (25)$$

對 NH_3 還原反應的沉積溫度範圍約為 400 °C 至 700°C，而 N_2/H_2 反應的沉積溫度則比 700°C 高。沉積溫度愈高，TiN 薄膜的品質越好，同時混入 TiN 膜中的氯（Cl）也愈少（~5%）。

8.5.3 鋁金屬鍍膜

鋁及其合金廣泛應用於積體電路中的金屬鍍膜。鋁膜可經由 PVD 或 CVD 的方式沉積。因為鋁及其合金具有低電阻係數（對鋁約為 2.7 μΩ-cm，其合金最高約為 3.5 μΩ-cm），故可滿足低電阻的需求。此外鋁附著於二氧化矽上之特性極佳。然而，在積體電路中使用鋁於淺接面上時易造成突尖（spiking）現象，以及電子遷移（electromigration）等問題。這些問題及其解決方法將在本節中討論。

接面突尖（Junction Spiking）

圖 8.22 顯示一大氣壓下 Al–Si 系統的相圖（phase diagram）[20]。相圖中顯示兩種材料的組成比率與溫度間之關係。Al–Si 系統有共晶（eutetic）特性，即將兩者互相摻雜時，合金的熔點較兩者中任何一種材料為低。該最低熔點稱為共晶溫度（eutectic temperature），為 577°C，相當於 Si 佔 11.3%與 Al 佔 88.7%時之合金熔點。純鋁與純矽的熔點分別為 660 °C 及 1412 °C。基於此共晶特性，沉積鋁膜時矽基板的溫度必須低於 577 °C。

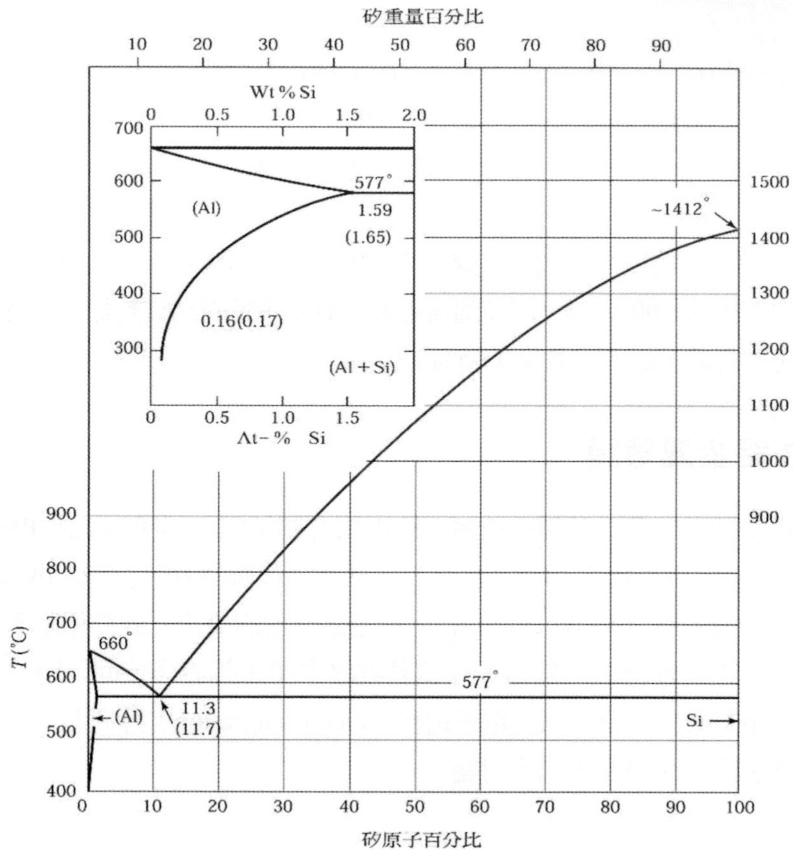

圖 8.22 鋁 - 矽系統的相圖 [20]。

圖 8.22 中之插圖顯示矽在鋁中的固態溶解度（solid solubility）。舉例而言，400°C 時矽在鋁中的固態溶解度約為 0.25 wt %，450 °C 時為 0.5 wt %，500 °C 時為 0.8 wt %。因此退火時，在鋁與矽接觸之處，矽將會溶解到鋁中，其溶解量不僅與退火溫度時之溶解度有關，也與被矽飽和的鋁之體積有關。如圖 8.23 所示，我們考慮一與矽的接觸面積為 ZL 的長鋁金屬導線。經退火時間 t 後，矽將沿著與鋁線接觸的邊緣擴散大約 $\sqrt{Dt}$ 的距離，其中 D 為擴散係數，對在鋁膜中的矽而言其值為 $4\times10^{-2}\exp(-0.92/kT)$。假設在此段鋁膜中矽已達到飽和，則矽消耗之體積為

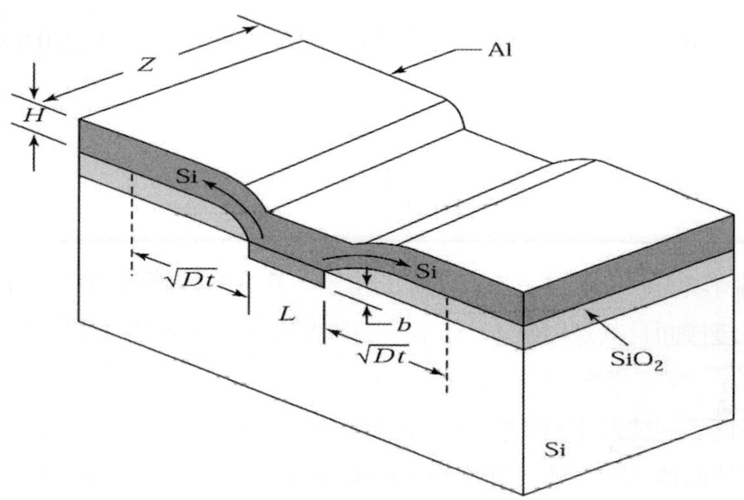

圖 8.23　矽在鋁鍍膜中的擴散[21]。

$$Vol \cong 2\sqrt{Dt}(HZ)S\left(\frac{\rho_{Al}}{\rho_{Si}}\right) \tag{26}$$

式中ρ_{Al}與ρ_{Si}分別為鋁與矽之密度，S為退火溫度時矽於鋁中之溶解度[21]。假設在接觸面積（$A = ZL$）上矽的消耗呈均勻分佈，則其耗損之深度約為：

$$b \cong 2\sqrt{Dt}\left(\frac{HZ}{A}\right)S\left(\frac{\rho_{Al}}{\rho_{Si}}\right) \tag{27}$$

範例 5

若 $T = 500°C$、$t = 30$ min、$ZL = 16\ \mu m^2$、$Z = 5\ \mu m$ 且 $H = 1\ \mu m$，求深度 b。假設均勻溶解的情形。

≺解≻

500°C 時，矽在鋁中之擴散係數約為 $2 \times 10^{-8}\ cm^2/s$；故 $\sqrt{Dt}$ 為

60 μm。密度比值為 2.7/2.33 = 1.16；500°C 時，S 為 0.8 wt %。由式(27)，我們可得

$$b = 2 \times 60\left(\frac{1\times 5}{16}\right)0.8\% \times 1.16 = 0.35\ \mu\text{m}$$

因此鋁將填入矽中深度約 0.35 μm 的位置，其中的矽將被消耗。若在該接觸點有淺接面且其深度較 b 為小，則矽擴散至鋁中的現象將可能造成接面短路。

在實際的情況中，矽並不會均勻的溶解而是只發生在某些點上。式(27)中的有效面積小於實際接觸面積，因此 b 值會大得多。圖 8.24 顯示此發生在 p-n 接面中的實際情形，其中鋁僅在少數幾點穿透矽並形成突尖。一個減少鋁突尖的方法是藉由共同蒸鍍的方式將矽加入鋁中，直到合金中之矽含量滿足溶解度之要求。另一種方法是在鋁與矽基板之間加入一阻障金屬層（如圖 8.25 所示），此阻障金屬層必須符合以下的需求：與矽形成低接觸電阻；不會與鋁反應；沉積及形成方式必須與所有製程相容。阻障金屬如氮化鈦（titanium nitride，TiN）已經過評估，並驗證在高達 550 °C、30 分鐘之接觸退火溫度下仍能保持穩定。

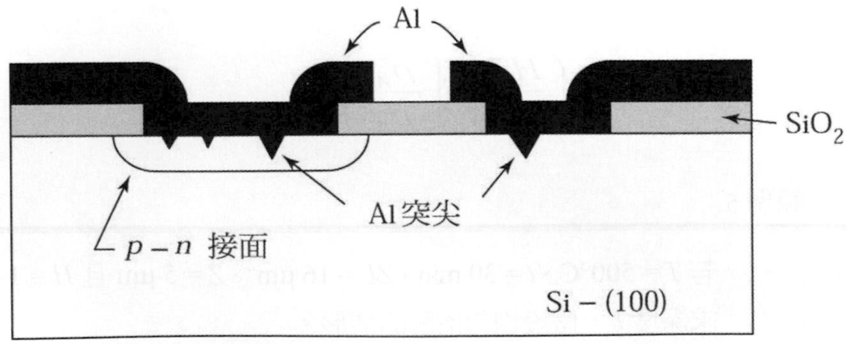

圖 8.24　鋁膜與矽接觸的示意圖；請注意在矽中的鋁突尖。

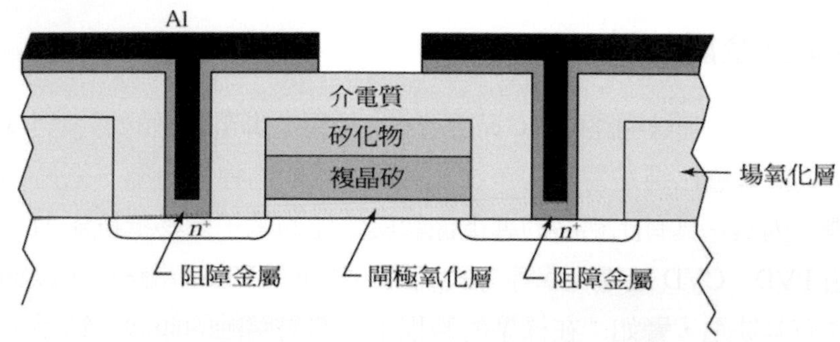

圖 8.25 在鋁與矽間有阻障金屬，及具矽化物與複晶矽之複層閘極電極 MOSFET 之剖面圖。

電子遷移（Electromigration）

當元件變小後，相對應的電流密度將增大。高電流密度所引發的電子遷移現象能使元件失效。所謂的電子遷移是指在電流的作用下導致金屬中的質量（即原子）傳輸的情形，這是由於電子的動量傳給帶正電的金屬離子所造成。當高電流在積體電路中薄金屬導體內通過時，金屬離子會在某些區域堆積起來，而某些區域則會有空缺（void）產生。堆積的金屬會與鄰近的導體形成短路，而空缺則將導致斷路。

因電子遷移導致導體的平均失效時間（mean time to failure，MTF）與電流密度 J，活化能 E_a 間之關係為：

$$\text{MTF} \sim \frac{1}{J^2} \exp\left(\frac{E_\text{a}}{kT}\right) \tag{28}$$

由實驗結果得知沉積的鋁膜其 $E_a \cong 0.5$ eV。這表示材料傳輸的主要媒介為低溫之晶界擴散（grain-boundary diffusion），因為單晶鋁自我擴散（self-diffusion）時的活化能 $E_a \cong 1.4$ eV。有些技術可用來增強鋁導體對電子遷移的抵抗能力，包括與銅形成合金（例如含銅 0.5%的鋁），以介電質將導體封蓋起來，或是於薄膜沉積時加氧等作法。

8.5.4 銅金屬鍍膜

為降低內連線網路的 *RC* 時間延遲，採用高導電係數的導線與低介電常數的絕緣層已經是習知的作法。對新一代的內連線金屬，銅是必然的選擇，因為它具有比鋁高的導電係數與較佳的電子遷移抵抗能力。銅可經由 PVD、CVD 及電化學等方式沉積。然而在 ULSI 電路中，以銅取代鋁亦有其缺點，譬如：在標準的製程下，有易腐蝕的傾向；缺乏可行的乾蝕刻方式；類似氧化鋁（Al_2O_3）之於鋁的穩定自我護佈（self-passivating）氧化物；與介電質（例如二氧化矽、或低介電常數之聚合物）的附著力太差等。本節將討論銅鍍膜技術。

數種不同製作多層銅內連線的技術已被提出[22,23]。第一種方法是以傳統的方式先圖案化金屬線，再進行介電質沉積。第二種方法是先圖案化介電質，然後再將銅金屬填入塹渠內，隨後進行化學機械研磨（將在稍後討論）以去除在介電質表面多餘的金屬，而將銅保留在接觸孔或塹渠內，這種方法也稱為鑲嵌式製程（damascene process）。

鑲嵌（Damascene）技術

製造銅－低介電材質內連線結構的方法是「鑲嵌法」或是「雙層鑲嵌製程」（dual damascene）。圖 8.26 顯示以雙層鑲嵌製作先進銅導線內連線的步驟。典型的鑲嵌式結構先行定義並蝕刻層間介電質（interlayer dielectric，ILD）以形成金屬線的塹渠區，接著進行 TaN/Cu 金屬沉積。TaN 層作為擴散阻障層，用以防止銅穿透低介電材質。表面上多餘的銅將被移除以獲得一平面結構，而金屬則鑲嵌在介電質中。

對於雙層鑲嵌製程而言，在沉積銅金屬前須先進行兩次微影（lithography）及活性離子蝕刻（RIE）步驟，以分別蝕刻出層間引洞（via）及塹渠，如圖 8.26a-c 所示。接著對銅進行化學機械研磨（圖 8.26d），以移除上表面的金屬，留下鑲嵌在絕緣層內平坦化的連線及層間引洞[24]。使用雙層鑲嵌法的一項特殊好處是層間引洞插栓（plug）與金屬線是相同材質，可減少層間引洞因電子遷移而失效的風險。

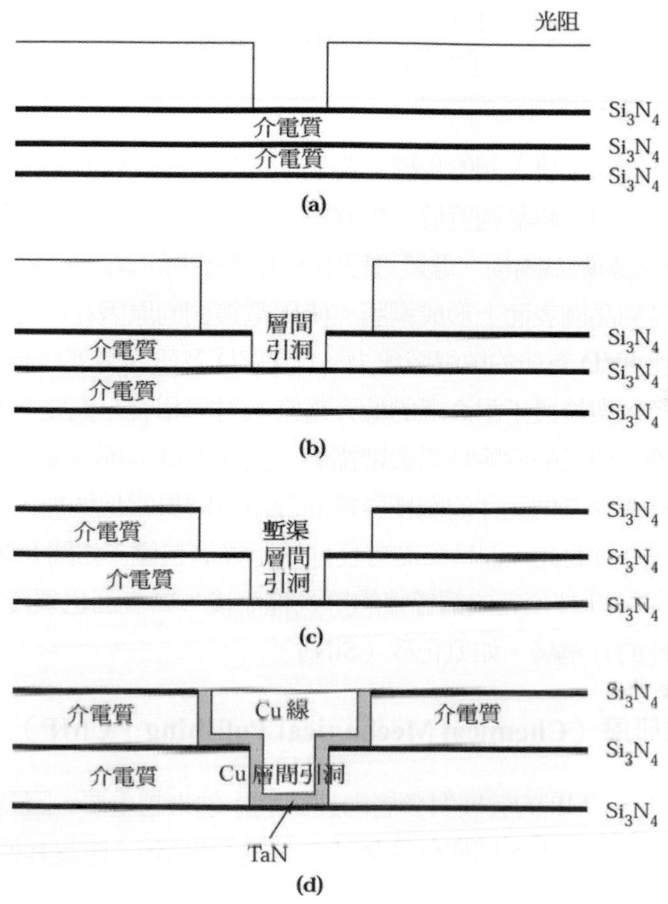

圖 8.26　使用雙層鑲嵌製作銅導線結構的製程程序：(a) 施加光阻圖案，(b) 活性離子蝕刻介電質及光阻圖案化，(c) 塹渠及層間引洞的定義，(d) 銅沉積及之後的化學機械研磨（chemical-mechanical polishing，CMP）。

範例 6

若我們以銅取代鋁，並以低介電常數之介電質（k=2.6）取代二氧化矽，將可降低多少百分比的的 RC 時間常數？（鋁的電阻係數為 2.7 μΩ-cm，而銅為 1.7 μΩ-cm）。

≺解≻

$$\frac{1.7}{2.7}\times\frac{2.6}{3.9}\times 100\% = 42\%$$

在圖 8.26d 中填入銅的步驟主要是以電鍍（electroplating）的方式進行。在此步驟中，將晶圓置於一電解槽中，並以晶圓表面作為陰極，以白金（Pt）或銅做為陽極。電鍍過程中，電鍍液中的銅離子成分會以離子電流形式流到晶圓表面上形成銅膜。使用電鍍銅的原因在與它的許多優點，包括比 PVD 為佳的填縫隙能力，比 CVD 為佳的純度控制，以及低溫的製程可以與後段不耐高溫的低介電常數材料相容。銅雖然有許多優點，但其潛在污染的危險性需嚴密控制。銅在 SiO_2 與矽中的擴散速度非常高，電路遭汙染則元件的閘極與接面漏電流將異常地增加，導致嚴重的良率問題。針對此，銅導線需有良好的阻障層包圍，如圖 8.26d 中的氮化鉭（TaN）。此外，完成銅導線的填入程序後，其表面也須覆以一具有良好阻絕性的介電層，如氮化矽（SiN）。

化學機械研磨（Chemical Mechanical Polishing，CMP）

近年來，CMP 的發展對多層內連線製作越來越重要，因為它為唯一可全面平坦化的技術（即使整片晶圓表面變為平坦）。比起其他平坦化技術，它有許多優點，如：無論結構大小均可得較好的全面平坦化、減少缺陷（defect）密度、及避免電漿損壞（plasma damage）。表 8.4 綜合列出三種 CMP 的方法。

表 8.4 化學機械研磨的三種方式

方式	晶圓面	平台運動方式	研磨液供給
旋轉式 CMP	朝下	相對於旋轉的晶圓載具為旋轉	滴至研磨墊表面
軌道式 CMP	朝下	相對於旋轉的晶圓載具為軌道	穿過研磨墊表面
線性 CMP	朝下	相對於旋轉的晶圓載具為線性	滴至研磨墊表面

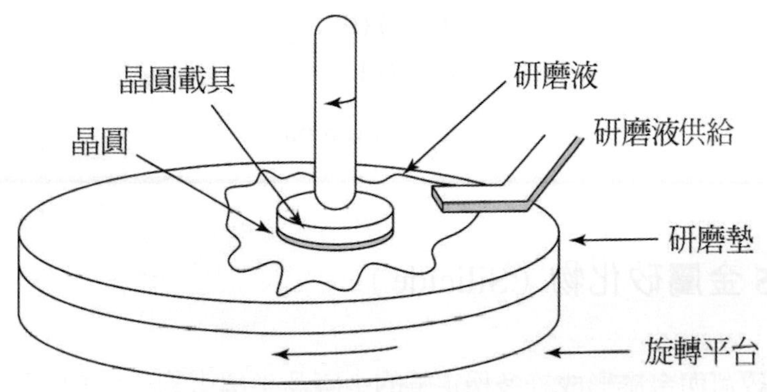

圖 8.27 化學機械研磨機的簡圖。

CMP 製程乃在晶圓與研磨墊（pad）中加入研磨液（slurry），並移動欲平坦化的晶圓面使與研磨墊摩擦。研磨液中的研磨顆粒（abrasive particle）將會造成晶圓表面的機械損傷，使材質不再堅牢而增加化學性的破壞、或使表面破裂為碎片，進而在研磨液中被分解與帶走。因為大部分化學反應是等向性的，所以 CMP 製程必須適當調配，使其對表面之突出點提供較快的研磨速率，以達到平坦化的效果。單獨只用機械方式研磨，理論上也可達到平坦化的需求，但卻會造成材料表面廣泛的機械損傷。此製程有三個主要組件：(a)要研磨的表面；(b)研磨墊——將機械作用轉移到要研磨的表面之主要媒介；及(c)研磨液——提供化學及機械的效果。圖 8.27 為一 CMP 設備之裝置架構[25]。

範例 7

氧化層與氧化層下方（稱之為停止層，stop layer）之移除速率分別為 1r 及 0.1r。移除 1 μm 的氧化層及 0.01 μm 的停止層要 5.5 分鐘。試求出氧化層移除率？

≺解≻

$$\frac{1}{1r}+\frac{0.01}{0.1r}=5.5$$

$$r = 0.2\ \mu m/min$$

8.5.5 金屬矽化物（Silicide）

矽可與金屬形成許多穩定態的金屬及半導電的化合物。有數種具低電阻係數及高熱穩定性的金屬矽化物適合於 ULSI 的應用，例如矽化鈦（titanium silicide，$TiSi_2$）、矽化鈷（cobalt silicide，$CoSi_2$）與矽化鎳（nickel silicide，NiSi）等矽化物具有相當低的電阻係數，並與一般積體電路製程相容。當元件變小，矽化物在金屬鍍膜材料中變得愈來愈重要。矽化物一個重要應用是在金氧半場效電晶體中，單獨地或與摻雜複晶矽（形成複晶矽化物，polycide）一起作為薄氧化層上的閘極電極。表 8.5 比較三種主要金屬矽化物的性質。

表 8.5　$TiSi_2$、$CoSi_2$ 與 NiSi 膜之比較

特性	$TiSi_2$	$CoSi_2$	NiSi
電阻係數（Ω-cm）	13–16	14–20	14–20
矽化物/金屬比值	2.37	3.56	2.2
矽化物/矽比值	1.04	0.97	1.2
與原生氧化層反應	是	否	否
矽化溫度 （℃）	800–850	550–900	400–600
薄膜應力 （$dyne/cm^2$）	1.5×10^{10}	1.2×10^{10}	9.5×10^{9}

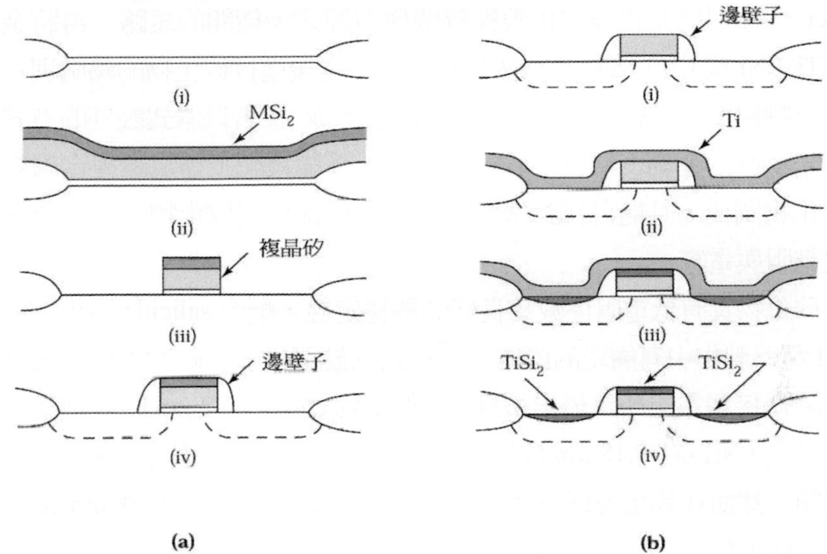

圖 8.28 複晶矽化物與自我對準矽化物製程；(a)複晶矽化物結構：(i)閘極氧化層，(ii)複晶矽及矽化物的沉積，(iii)圖案化複晶矽化物，(iv)輕摻雜汲極(lightly doped drain，LDD)佈植，邊壁子形成及源/汲極佈植。(b)自我對準矽化物結構：(i)閘極（僅複晶矽）圖案化、LDD、邊壁子及源/汲極佈植（ ii ）金屬（ Ti、Ni 或 Co ）沉積，(iii)退火形成 salicide，(iv)選擇性地移除（濕式）未反應的金屬。

金屬矽化物常用來降低源極、汲極、閘極及內連線的接觸電阻。自我對準金屬矽化物製程（self-aligned silicide，簡稱 salicide）已被廣泛應用於深次微米與奈米級的 IC 量產，可用來改善元件及電路的性能。圖 8.28 顯示 polycide 與 salicide 的製程。典型的 polycide 形成步驟如圖 8.28a 所示。最常用於 polycide 製程的矽化物為矽化鎢（WSi_2）、矽化鉭（$TaSi_2$）、及矽化鉬（$MoSi_2$）等，都是屬於耐高溫、熱穩定，並對製程中的化學物品具抵抗能力。Polycide 上的金屬矽化物可以濺鍍或 CVD 沉積。對濺鍍沉積，須使用高溫、高純度合成的靶材，來確保矽化物的品質。經過技術的改良與演進，目前主要以 CVD 沉積為主要技術。

自我對準矽化物的製程如圖 8.28b 所示。在製程中，複晶矽閘極在形成矽化物時先行圖案化，接著再以二氧化矽或氮化矽形成邊壁子（sidewall spacer），用以防止後續矽化製程時閘極與源／汲極間的短路。再將金屬層（Ti、Ni 或 Co）濺鍍於整個晶圓表面，之後進行矽化物的熱處理。金屬矽化物原則上只在金屬與矽接觸的區域形成。接著以濕式蝕刻的方式，去除未反應的金屬，只留下矽化物部份。這種技術不需定義複合層之複晶矽化物閘極，且能自我對準地在源／汲極都形成矽化物，可有效降低寄生電阻與電容。

矽化物具有低電阻係數及良好的熱穩定性，配合 salicide 製程，已在 ULSI 電路製作中有廣泛的應用。矽化鈦由於可以分解矽表面的原生氧化層並降低接觸電阻所以最早被採用，但當線寬小於 0.2 μm 時其熱穩定性明顯劣化，所以在 0.18 μm 技術為矽化鈷所取代。矽化鈷可以解決矽化鈦的問題，然而在矽化製程中會有大量的矽被耗損，所以到 90 nm 後漸為鎳化鈷所取代。

範例 8

請計算使片電阻約為 0.6 Ω/sq 之矽化鈷的厚度。矽化鈷的電阻係數為 18 μΩ-cm

≺解≻

電阻係數為片電阻與薄膜厚度的乘積

$$\rho = R_s \times t$$

故

$$t = \frac{\rho}{R_s} = \frac{18\times10^{-6}}{0.6} = 3\times10^{-5}\,\text{cm} = 300\,\text{nm}.$$

8.6 沉積模擬

SUPREM 被用來模擬沉積製程。如同蝕刻模擬一般，沉積使用的模型非常直接，可藉由 DEPOSITION 指令執行，可指定特定量的材料沉積在目前結構的上方。沉積的材料可以是無摻雜或是均勻摻雜。如果是沉積單晶矽，則必須指定晶向。如果是沉積複晶矽，則必須指定溫度以便 SUPREM 決定適當的複晶矽晶粒尺寸。

範例 9

假設我們想要模擬沉積 800Å 化學氣相沉積的氮化矽在大約 400 Å 的乾熱氧化層之上。如果 p 型矽基板含 10^{15} cm^{-3} 的硼摻雜，使用 SUPREM 決定最後的氧化矽層和氮化矽層厚度，以及硼在氧化矽及氮化矽層中的摻雜側圖。

<解>

SUPREM 的輸入列表如下：

```
TITLE          Deposition Example
COMMENT        Initialize silicon substrate
INITIALIZE     <100> Silicon Boron Concentration=1e15
COMMENT        Grow 400A oxide
DIFFUSION      Time=40 Temperature=1000 DryO2
COMMENT        Deposit 800A CVD nitride
DEPOSITION     Nitride Thickness=0.08
PRINT          Layers
PLOT           Chemical Boron Net
STOP           End Deposition Example
```

在模擬完成之後，結果如圖 8.29 所示。最後的氧化矽層及氮化矽層厚度分別為 379 Å 和 800 Å，同時也顯示了硼在氧化矽層中的摻雜分佈。

8.7 總結

現代的半導體元件製作需要使用薄膜。在磊晶成長的製程中，基板晶圓的作用為晶種。高品質的單晶薄膜可在低於熔點 30 至 50%的溫度成長。磊晶成長的最常見技術為 CVD、MOCVD、和 MBE。CVD 和 MOCVD 屬於化學沉積製程，氣體和摻質以蒸汽的型式傳送到基板上，並在基板上產生化學反應以進行磊晶層的沉積。反應原料方面一般的 CVD 是使用無機化合物，而 MOCVD 則是會使用有機金屬化合物。在另一方面，MBE 屬於一種物理沉積製程，主要是在超高真空系統下將物種蒸發。由於其低成長率的低溫製程，故 MBE 可用來成長尺寸為原子層等級的單晶多層結構。

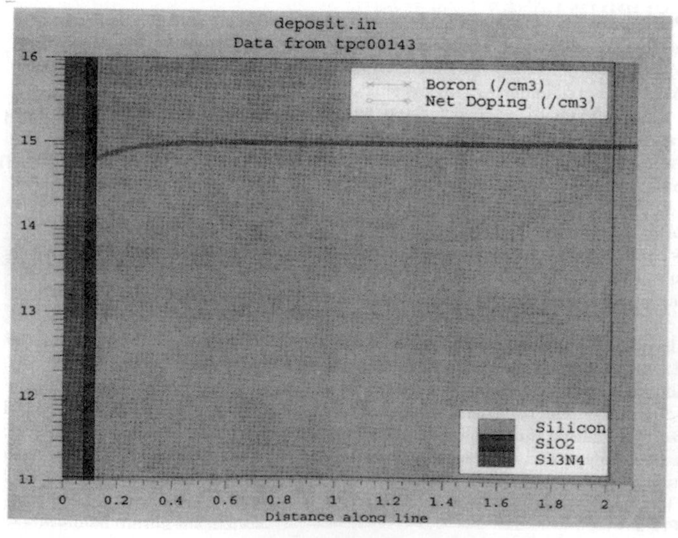

圖 8.29 利用 SUPREM 描繪硼摻入二氧化矽層內之情形。

除了傳統的同質磊晶，如 n^+ 矽基板上的 n 型矽之外，本章也討論包含晶格匹配和形變層結構的異質磊晶。對形變層磊晶而言存在一個臨界厚度，一旦大於此臨界厚度便會有邊緣差排產生以舒緩形變能量。

除了磊晶層的邊緣差排外，也有從基板來的缺陷、從界面來的缺陷、析出物、低角度晶粒邊界和雙晶界等缺陷類型。這些缺陷將劣化元件的性能，因此已有多種方法被提出用來降低或甚至消除這些缺陷，使無缺陷的半導體層可以同質或異質磊晶的方式成長。

除了磊晶層之外，還有另外四種重要的薄膜－熱氧化層、介電層、複晶矽及金屬膜。薄膜形成的主要課題包括：低溫製程、階梯覆蓋、選擇性沉積、均勻性、薄膜品質、平坦性、產出及大尺寸晶圓的相容性。

熱氧化層可提供最好的 Si-SiO_2 界面品質，及最低的界面陷阱密度（詳見第三章），因此可用於閘極氧化層及場氧化層的成長。LPCVD 介電質與複晶矽可有均覆性的階梯覆蓋。相形之下，PVD 與常壓 CVD 一般較容易造成非均覆性的階梯覆蓋。而 CMP 可提供全面平坦化，與減少缺陷密度。均覆性的階梯覆蓋及平坦化對深次微米微影時精準的圖案轉移也是必須的。

為降低因寄生電阻與電容的 RC 時間延遲，已廣泛地以矽化物作歐姆接觸、發展自我對準製程、銅金屬鍍膜作內連線、及低介電常數材質作層間介電層等方式，來達成 ULSI 電路中多層內連線結構的需求。此外，本章也探討了以高介電常數的材質來改善閘極絕緣層的性能，及增加 DRAM 中單位面積的電容值。

參考文獻

1. A. S. Grove, *Physics and Technology of Semiconductor Devices*, Wiley, New York, 1967.
2. R. Reif, T. I. Kamins, and K. C. Saraswat, “A Model for Dopant

Incorporation into Growing Silicon Epitaxial Films," *J. Electrochem. Soc.*, **126**, 644, 653 (1979).

3. R. D Dupuis, *Science*, "Metalorganic Chemical Vapor Deposition of III-V Semiconductors, " **226**, 623 (1984).
4. M. A. Herman and H. Sitter, *Molecular Beam Epitax*y, Springer-Verlag, Berlin, 1996.
5. A. Roth, *Vacuum Technology*, North-Holland, Amsterdam, 1976.
6. M. Ohring, *The Materials Science of Thin Films*, Academic, New York, 1992.
7. J. C. Bean, "The Growth of Novel Silicon Materials," *Physics Today*, **39**(10), 36 (1986).
8. For a discussion on film deposition, see, for example, A.C. Adams, "Dielectric and Polysilicon Film Deposition," in S. M. Sze, Ed., *VLSI Technology*, McGawHill, New York, 1983.
9. K. Eujino *et al.*, "Doped Silicon Oxide Deposition by Atmospheric Pressure and Low Temperature Chemical Vapor Deposition Using Tetraethoxysilane and Ozone," *J. Electrochem. Soc.*, **138**, 3019 (1991).
10. A. C. Adams and C. D. Capio, "Planarization of Phosphorus-Doped Silicon Dioxide," *J. Electrochem. Soc.*, **127**, 2222 (1980).
11. T. Yamamoto *et al.*, "An Advanced 2.5 nm Oxidized Nitride Gate Dielectric for Highly Reliable 0.25 μm MOSFETs," *Symp. on VLSI Techol. Dig. of Tech. Pap.*, p.45 (1997).
12. K. Kumar *et al.*, "Optimization of Some 3 nm Gate Dielectrics Grown by Rapid Thermal Oxidation in a Nitric Oxide Ambient," *Appl. Phys. Lett.*, **70**, 384 (1997).
13. T. Homma, "Low Dielectric Constant Materials and Methods for Interlayer Dielectric Films in Ultralarge-Scale Integrated Circuit Multilevel Interconnects," *Mater. Sci. Eng.*, **23**, 243 (1998).

14. T. Suntola, J. Antson, U.S. Patent 4,058,430, 1977.

15. H. N. Yu *et al.*, "1 μm MOSFET VLSI Technology. Part I-An Overview," *IEEE Trans. Electron Devices*, **26**, 318 (1979).

16. J. M. Andrews, "Electrical Conduction in Implanted Polycrystalline Sillicon," *J. Electron. Mater.*, **8**(3), 227 (1979).

17. M. J. Buiting, A. F. Otterloo, and A. H. Montree, "Kinetical Aspects of the LPCVD of Titanium Nitride from Titanium Tetrachloride and Ammonia," *J. Electrochem. Soc.*, **138**, 500 (1991).

18. R. Tobe *et al.*, "Plasma-Enhanced CVD of TiN and Ti Using Low-Pressure and High-Density Helicon Plasma," *Thin Solid Film*, **281-282**, 155 (1996).

19. J. Hu *et al.*, "Electrical Properties of Ti/TiN Films Prepared by Chemical Vapor Deposition and Their Applications in Submicron Structures as Contact and Barrier Materials," *Thln Solid Film*, **308**, 589 (1997).

20. M. Hansen and A. Anderko, *Constitution of Binary Alloys*, McGraw-Hill, New York, 1958.

21. D. Pramanik and A. N. Saxena, "VLSI Metallization Using Aluminum and Its Alloys," *Solid State Tech.*, **26**(1), 127 (1983); **26**(3), 131 (1983).

22. C. L. Hu and J. M. E. Harper, "Copper Interconnections and Reliability," *Matter. Chem. Phys.*, **52**, 5（1998）.

23. P. C. Andricacos *et al.*, "Damascene Copper Electroplating for Chip Interconnects,"*193rd Meet. Electrochem. Soc.*, p. 3 (1998).

24. J. M. Steigerwald *et al.*, "Chemical Mechanical Planarization of Microelectronic Materials," Wiley, New York, 1997.

25. L. M. Cook *et al.*, *Theoretical and Practical Aspects of Dielectric and Metal CMP*, Semicond. Int., p. 141 (1995).

習題 （*指較難習題）

8.1 節 磊晶成長技術

*1. 求在 300 K 時，空氣的平均分子速度（空氣分子量為 29）。

2. 沉積腔中蒸著源和晶圓的距離為 15 公分，估算當此距離為蒸源分子之平均自由徑的 10% 時，系統氣壓為何？

*3. 求在緊密堆積（亦即每個原子和其他六個鄰近原子相接觸）的情況下，形成單原子層所需的每單位面積原子數 N_s 為若干？假設原子直徑 d 為 4.68 Å。

*4. 假設一蒸著爐幾何形狀為 $A = 5\ cm^2$ 及 $L = 12$ cm。（a）計算在 970°C下裝滿砷化鎵的蒸著爐中，鎵的到達速率和 MBE 的成長速率；（b）利用同樣幾何形狀，且操作在 700°C，用錫做的蒸著爐來成長，試計算摻雜濃度（假設錫原子會完全併入以前述速率成長的砷化鎵），錫的分子量為 118.69；而在 700°C時，錫的壓力為 2.66×10^{-6} Pa。

8.2 節 磊晶層的結構和缺陷

5. 如果最後薄膜的厚度是 10 nm，求銦的最大百分比，亦即成長在砷化鎵基板上而且並無任何錯配的差排形成之 $Ga_xIn_{1-x}As$ 薄膜之 x 值。

6. 晶格的錯配，f，定義為 $f = [\,a_0(s) - a_0(f)\,] / a_0(f) = \Delta a_0/a_0$，$a_0(s)$ 和 $a_0(f)$ 分別為基板和薄膜在未形變時的晶格常數。求出在 InAs-GaAs 和 Ge-Si 系統的 f 值。

8.3 節 介電質沉積

7. （a）電漿沉積氮化矽含有 20% 的氫氣，且矽與氮的比值（Si/N）

為 1.2，試計算實驗式 SiN_XH_y 中的 x 及 y。(b) 假設沉積薄膜的電阻係數隨 $5 \times 10^{28} \exp(-33.3\gamma)$ 而改變（對 $2 > \gamma > 0.8$），其中 γ 為矽比氮的比值。試計算 (a) 中薄膜的電阻係數。

8. SiO_2、Si_3N_4 及 Ta_2O_5 的介電常數分別約為 3.9 、 7.6 及 25 。試計算以 Ta_2O_5 與 $SiO_2 / Si_3N_4 / SiO_2$ 做為介電質之電容的比值？其中介電質厚度均相等，且 $SiO_2 / Si_3N_4 / SiO_2$ 的厚度比例亦為 1:1:1。
9. 習題 8 中，若選擇介電常數為 500 的 BST 來取代 Ta_2O_5，試計算欲維持相等的電容值，面積所減少的比值。假設兩薄膜厚度相等。
10. 習題 8 中，試以 SiO_2 的厚度來計算 Ta_2O_5 的等效厚度。假設兩者有相同的電容值。假設 Ta_2O_5 的實際厚度為 3t。
11. 以矽甲烷與氧氣的反應，沉積未摻雜的氧化層。當溫度為 425 ℃ 時，沉積速率為 15 nm / min。在什麼溫度時，沉積速率可提高一倍？
12. 磷玻璃緩流的製程須高於 1000°C 的溫度。在 ULSI 中，當元件的尺寸變小時，我們必須降低製程溫度。試建議一些方法，可在溫度 <900°C 的情形下，沉積二氧化矽作為金屬層間的絕緣層，而達到平滑輪廓之目的。

8.4 節 複晶矽沉積

13. 為何在沉積複晶矽時，較常採用矽甲烷，而非矽氯化物？
14. 解釋為何複晶矽膜的沉積溫度適度的低，一般在 600－650°C 間。

8.5 節 金屬鍍膜

15. 以一電子束蒸鍍系統沉積鋁，來形成 MOS 電容。若電容的平帶電壓因電子束輻射而偏移 0.5 V，試計算有多少固定氧化層電荷（二氧化矽厚度為 50 nm）。試問如何將這些電荷移除？

16. 一金屬線（L = 20 μm，W = 0.25 μm）之片電阻值為 5 Ω/sq.。請計算此金屬線的電阻值。

17. 計算 $TiSi_2$ 與 $CoSi_2$ 的厚度，其中 Ti 與 Co 膜的初始厚度為 30 nm。

18. 比較 $TiSi_2$ 與 $CoSi_2$ 在自我對準矽化物應用方面之優缺點。

19. 一介電材質置於兩平行金屬線間。長度 L = 1 cm、寬度 W = 0.28 μm、厚度 T = 0.3 μm、間距 S = 0.36 μm。(a) 計算 RC 時間延遲。假設金屬材質為鋁，其電阻係數為 2.67 μΩ-cm，介電質為介電常數為 3.9 的氧化層。(b) 計算 RC 時間延遲。假設金屬材質為銅，其電阻係數為 1.7 μΩ-cm，介電質為介電常數為 2.8 的有機聚合物。(c) 比較 (a)、(b) 中結果，我們可以減少多少 RC 時間延遲。

20. 續習題 19 (a) 及 (b)，假設電容的邊緣因子（fringing factor）為 3，邊緣因子是由於電場線散佈超出金屬線的長度與寬度。

*21. 為避免電子遷移的問題，鋁導線的最大電流密度大約不得超過 5×10^5 A/cm^2。假設導線為 2 mm 長，1 μm 寬，號稱有 1 μm 厚，此外有 20% 的線跨越在階梯上，該處厚度僅為 0.5 μm。試計算此線的總電阻值。假設電阻係數為 3×10^{-6} Ω-cm。並計算跨於導線兩端可承受之最大電壓。

*22. 以銅作連線，必須克服幾點困難：銅經由二氧化矽層的擴散；銅與二氧化矽層的黏著性；銅的腐蝕性。有一種克服這些困難的方法是使用一包覆性黏著層（如 Ta 或 TiN）來保護銅導線。考慮一被包覆的銅導線，其正方形橫截面積為 0.5 μm × 0.5 μm。試比較與相同尺寸大小的 TiN/Al/TiN 導線，其上層 TiN 厚度為 40 nm，下層為 60 nm。假設被包覆的銅線與 TiN/Al/TiN 線的電阻相等，則最大包覆層的厚度為若干？

第九章 製程整合

關於微波、光電及功率的應用上通常是採用分立元件（discrete devices）。例如，衝渡（IMPATT）二極體可用作微波產生器、以雷射當作光源、閘流體（thyristor）作為高功率的切換開關等。然而，大部分的電子系統是將主動元件（如電晶體）及被動元件（如電阻、電容和電感）一起建構在一單晶半導體基板（substrate）上，並藉由金屬鍍膜圖案彼此相互連接，而形成的積體電路（integrated circuit，IC）[1]。與須藉由打線接合（wire bonding）的分立元件相比，積體電路具有許多明顯的優點，包括：（a）降低內連線（interconnection）間的寄生問題，因為具有多層金屬鍍膜（metallization，或譯金屬化）的積體電路，可大幅降低全部的繞線長度；（b）可充分利用半導體晶圓的面積，因為元件可以緊密的佈局在 IC 晶片（chip）內；（c）大幅度降低製造成本，因為打線接合是一項既耗時又易出錯的工作。

本章節將討論如何結合前面章節中所提及的基本製程來製作積體電路中的主動和被動組件。因為電晶體是 IC 中的關鍵元件，所以須開發特定的製程順序以最佳化元件的特性。本章節考慮分屬於三種電晶體族系：雙載子（bipolar）電晶體、金氧半電晶體（MOSFET）及金半場效電晶體（MESFET）的三種主要 IC 技術。此外，本章節也將討論微細加工技術的微機電系統製造。具體而言，本章包括了以下幾個主題：

- IC 中電阻、電容及電感的設計與製作。
- 標準雙載子電晶體及先進雙載子元件的製程順序。
- 金氧半場效電晶體（MOSFET）製程順序；其中我們將特別強調互補式金氧半電晶體（CMOS）、新興技術如鰭式場效電晶體（FinFET）及記憶體元件的製程順序。
- 高性能金半場效電晶體（MESFET）和單石（monolithic）微波積體電路的製程順序。

- 未來微電子的主要挑戰，包含超淺接面（ultra-shallow junction）、超薄氧化層（ultra-thin oxide）、新的內連線材料、低功率消耗（low power dissipation）及隔離（isolation）等問題。
- 利用與晶向相依之蝕刻、犧牲層蝕刻與 LIGA（微影，電鍍與鑄模）等製程製作的微機電系統。
- 使用 SUPREM 模擬 IC 製程。

圖 9.1 說明 IC 製造主要製程步驟間的相互關係。使用具有特定阻值和晶向的拋光晶圓（polished wafers）當作起始材料。薄膜形成的步驟包含熱氧化成長的氧化層（第三章）、藉由沉積形成的複晶矽，以及介電層及金屬薄膜（第八章）等。薄膜形成後通常會接續一微影製程（lithography）（第四章）。在微影製程之後，一般是接著進行蝕刻（etching）（第五章）或雜質摻雜（impurity doping）（第六與第七章）步驟，接下來則通常是另一薄膜形成的步驟。經由各層光罩依序地將圖樣（pattern）一層一層的移轉到半導體晶圓的表面上，以完成最終的 IC 產品。

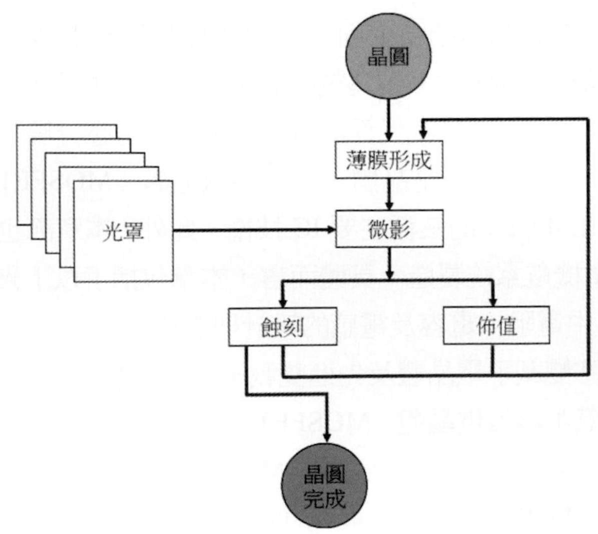

圖 9.1　積體電路製造流程圖。

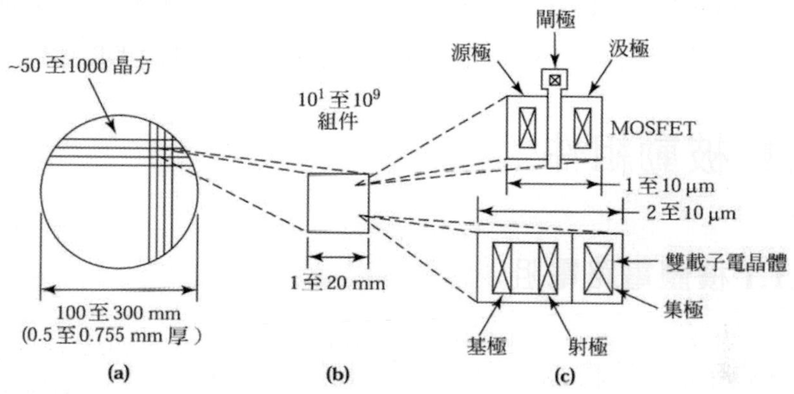

圖 9.2 晶圓和單一組件的大小比較。(a) 半導體晶圓，(b) 晶方，(c) MOSFET 和雙載子電晶體。

經過製程之後，每片晶圓上有可達數百個相同長方形的晶方（die，或稱為裸晶）。晶方通常每邊的長度介於 1 到 20 mm，如圖 9.2a 所示。這些晶方可以鑽石鋸或是雷射切割加以分隔；圖 9.2b 所示為一已切割的晶方。圖 9.2c 為單一個金氧半場效電晶體及雙載子電晶體的上視圖，可藉此瞭解一個元件在一個晶方中的相對尺寸。在分離晶方之前，每個晶方都要經過電性測試（參考第十章）。有缺陷的晶方通常以黑色墨水註記，好的晶方則被選出來進行封裝，以提供電子應用適當的溫度、電性和內連線等運作環境[2]。

一個 IC 晶方可能只含有少量組件（如電晶體、二極體、電阻、電容等），但也可能有超過十億以上的組件。自從 1959 年積體電路發明以來，最新（state-of-the-art）IC 晶方上的組件數量一直呈指數成長。一個 IC 的複雜性通常與其整合程度有關。具有 100 個組件的晶方稱為小型積體電路（SSI），達 1000 個組件者稱為中型積體電路（MSI），達 100,000 個組件以上稱為大型積體電路（LSI），高達 10^7 個組件稱為超大型積體電路（VLSI），而含有更多數目的組件數量的晶方即所謂極大型積體電路（ULSI）。在 9.3 節中，我們將顯示兩個 ULSI 晶方，一個為包含超過十三億個組件的 48 核心微處理器晶方（45 奈米技術），及一個則是具有超過 160 億個元件的 80 億位元動態隨機存取記憶體（DRAM）晶方。

9.1 被動組件

9.1.1 積體電路電阻

為了形成積體電路電阻，我們可以在矽基板上沉積一電阻性薄膜，然後利用光微影和蝕刻技術定義出其圖樣，也可以在成長於矽基板上的熱氧化層上開窗，然後佈植（或是擴散）技術將相反導電型的雜質摻入到晶圓內。圖 9.3 顯示利用後者方法形成的兩個電阻的上視圖和剖面圖：一個（圖中上半部）稱為曲折（meander）型，另一個為棒（bar）型。

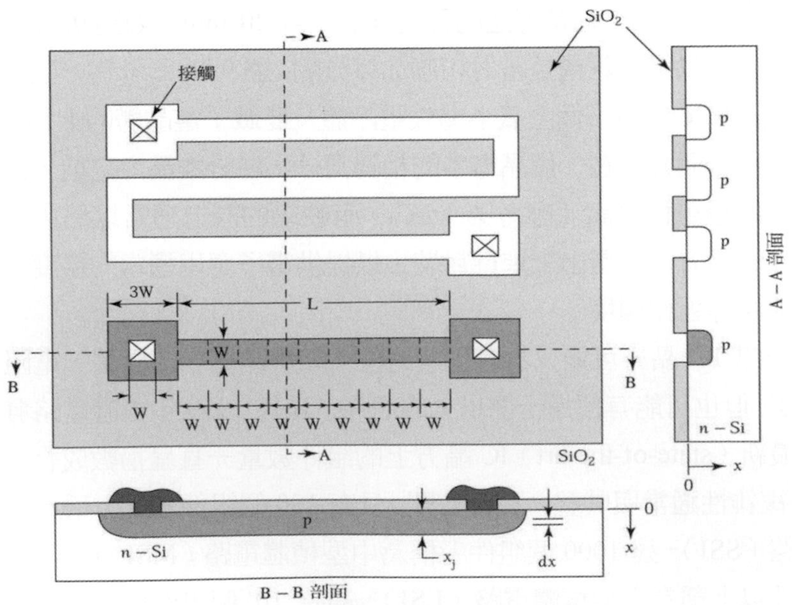

圖 9.3　積體電路電阻。在大正方形面積內的所有細線具有同樣的寬度 W，且所有接觸大小相同。

首先考慮棒型電阻。對一平行於表面深處為 x 且厚度為 dx 的 p 型材料薄層（如 B–B 截面所示），其微分電導 dG 為

$$dG = q\mu_p\ p(x)\frac{W}{L}dx \tag{1}$$

式中 W 是棒的寬度，L 是棒的長度（假設先忽略端點的接觸面積），μ_p 是電洞移動率，$p(x)$為摻雜的濃度。這個棒型電阻的整個佈植區的電導（conductance）為

$$G = \int_0^{x_j} dG = q\frac{W}{L}\int_0^{x_j} \mu_p p(x)dx \tag{2}$$

其中 x_j 是接面深度。假如μ_p的值（為電洞濃度的函數）和 $p(x)$分佈為已知，則由式(2)求得的整體電導可寫為

$$G \equiv g\frac{W}{L} \tag{3}$$

其中 $g \equiv q\int_0^{x_j} \mu_p p(x)dx$ 是正方形電阻的電導，亦即當 $L = W$時，$G = g$。

因此，電阻 R 為

$$R \equiv \frac{1}{G} = \frac{L}{W}\left(\frac{1}{g}\right) \tag{4}$$

其中 1/g 通常用符號 $R_\square$ 定義，稱之為片電阻（sheet resistance）。片電阻的單位是歐姆（ohm），但習慣上以歐姆／正方（Ω/□）做為單位的表示，隱含 $L = W$ 為方型的特徵。

經由例如圖 9.3 的光罩定義出不同的幾何圖樣，可同時在一個積體電路中製造出許多不同阻值的電阻。因為對所有電阻而言製程步驟是相同的，因此習慣上將電阻分成兩部分來考量：由離子佈植（或是擴散）製程所決定的片電阻（$R_\square$）；以及由圖樣尺寸決定的 L/W 比例。一旦 $R_\square$ 已知，電阻值可以由 L/W 的比例，亦即電阻圖樣中的正方形數目得知（每

個正方形的面積為 $W \times W$）。此外，端點接觸面積會引入額外的電阻值至積體電路電阻中。就圖 9.3 中此種類型電阻而言，每個端點接觸等效上對應到大約 0.65 個正方型。對曲折型電阻而言，在彎曲處的電場線在寬度方向並不是均勻地分佈，而是集中於內側的轉角處。因此在彎曲處的一個正方形效果上並不真的等於一個正方形，而也是約為 0.65 個正方形。

範例 1

試求出一個如圖 9.3 中，長 90 μm，寬 10 μm 之棒型電阻的阻值。片電阻為 1 kΩ/□。

≺解≻

此電阻包含九個正方形（9 □）。兩端點接觸相當於 1.3 □。
所以電阻值為（9 + 1.3）× 1 kΩ/□ = 10.3 kΩ

9.1.2 積體電路電容

在積體電路中基本上三種電容類型：MOS 電容、p-n 接面電容和 MIM 電容。金氧半（metal-oxide-semiconductor，MOS）電容的製造是利用一個矽基板表面一高摻質濃度區域作為一個電極板，上端的金屬電極作為另一個電極板，中間的氧化層當作介電層。MOS 電容的上視圖和剖面圖之一例如圖 9.4a 所示。為了形成 MOS 電容，一層利用熱氧化的厚氧化層先行成長在矽基板上。接著，利用微影技術在氧化層上定義出一個窗口（window），然後於窗口中蝕刻氧化層。接著以周圍的厚氧化層當作遮罩，以擴散或是離子佈植方式在視窗區域內形成 p^+區域。然後在窗口區域中成長一層熱氧化的薄氧化層，最後則是金屬鍍膜的步驟。每單位面積的電容值是

$$C = \frac{\varepsilon_{ox}}{d} \tag{5}$$

其中ε_{ox}是二氧化矽介電係數（dielectric permittivity，介電常數（dielectric constant）$k = \varepsilon_{ox}/\varepsilon_{o}$為 3.9），$d$則是薄氧化層的厚度。為了更進一步增加電容值，大家開始研究具有較高介電常數的絕緣體，如 Si_3N_4（氮化矽）及 Ta_2O_5（五氧化二鉭），其介電常數分別為 7 和 25。由於使用高摻雜濃度的下電極板，使得 MOS 電容值與所加偏壓無關，同時也可降低其串聯電阻。

在積體電路中，有時會使用 p-n 接面當作電容。n^+-p 接面電容的上視圖與剖面圖如圖 9.4b 所示，我們將在 9.2 節考慮其詳細的製程，因為這個結構實際上為雙載子電晶體的一部分。作為一個電容時這個元件通常操作在逆向偏壓區，亦即 p 區域相對 n^+區域為逆向偏壓。正負接面的電容值並非為一常數，而是隨著$(V_R + V_{bi})^{-1/2}$ 變化，此處 V_R是外加的逆向偏壓，而 V_{bi}為接面的內建電位（build-in potential）。由 p 區域具有較 p^+區域高的電阻係數，所以其串聯電阻會比 MOS 電容高得多。

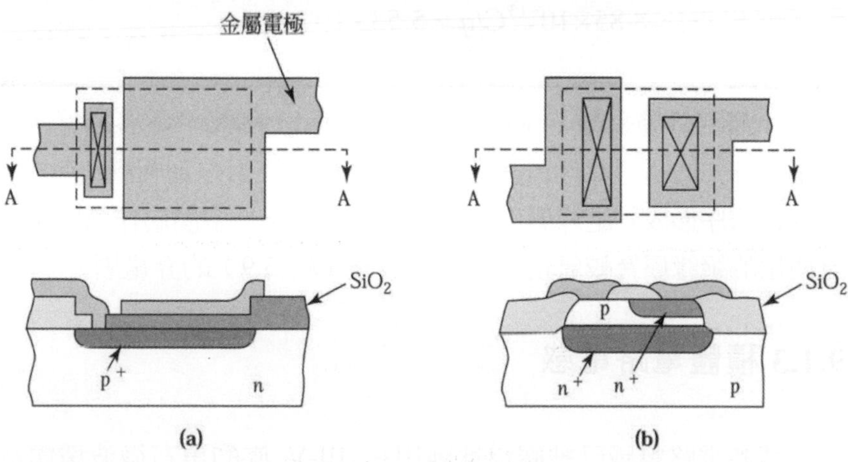

圖 9.4 （a）積體 MOS 電容，（b）積體 p-n 接面電容。

範例 2

一個面積為 4 μm^2 的 MOS 電容，具有介電層(a)厚度為 10 nm 的 SiO_2 或（b）厚度為 5 nm 的 Ta_2O_5，其所儲存的電荷和電子數目為多少？假設對於這兩種情況，外加電壓皆為 5 V。

<解>

(a) $$Q = \varepsilon_{ox} \times A \times \frac{V_s}{d}$$

$$= 3.9 \times 8.85 \times 10^{-14} \text{F/cm} \times 4 \times 10^{-8} \text{cm}^2 \times \frac{5\text{V}}{10^{-6}\text{cm}}$$

$$= 6.9 \times 10^{-14} \text{C}$$

電子數目 $= 6.9 \times 10^{-14} \text{C}/q = 4.3 \times 10^5$

(b) 改變介電常數由 3.9 到 25 及厚度由 10 nm 到 5 nm 後，我們得到

$Q_s = 8.85 \times 10^{-13} \text{C}$ 及電子數目

$$= 8.85 \times 10^{-13} \text{C}/q = 5.53 \times 10^6$$

金屬絕緣層金屬（metal-insulator-metal，MIM）電容是整合於後段金屬連線中的電容元件。其結構相對單純：使用一金屬層作為下電極，於其上依序形成一絕緣層作為電容介電層，與一金屬層作為上電極。常見使用的絕緣層為較氧化矽介電常數高（$k > 3.9$）的介電層。

9.1.3 積體電路電感

積體電路電感已被廣泛地應用在 III-V 族的單石微波積體電路上（MMIC）[3]。隨著矽元件速度的增加及多層內連線技術的進步，積體電

路電感在矽基（silicon-based）無線電射頻（rf）和高頻應用上也已越來越受到注意。利用 IC 製程可以製作出各式各樣的電感，其中最普遍的為薄膜螺旋形電感。圖 9.5a 與 b 為一矽基雙層金屬螺旋形電感的上視圖和剖面圖。為了形成一個螺旋形的電感，可利用熱氧化或是沉積方式在矽基板上形成一厚氧化層。然後，沉積並定義第一層金屬做為電感的一端。接著，沉積另一層介電層在第一層金屬上，並利用微影與蝕刻氧化層方式定義出層間引洞（via hole）。之後沉積第二層金屬並且將介層洞填滿，螺旋形圖案可以在第二層金屬上定義及蝕刻成形，以作為電感的第二端。

品質因數（quality factor）Q 是用以評估電感一個重要的指標，其被定義為 $L\omega/R$，此處 L，R 及ω分別為電感、電阻值及頻率。Q 值越高代表來自電阻的損失越小，因而特性越佳。圖 9.5c 顯示一積體電路電感的等效電路模型，其中 R_1 是金屬本身的電阻，C_{P1} 和 C_{P2} 是金屬線和基板間的耦合電容（coupling capacitance），R_{sub1} 和 R_{sub2} 分別為金屬線下矽基板之電阻值。一開始 Q 值隨著頻率成線性增加，但在較高頻率下由於寄生電阻與電容的效應 Q 值會開始下降。

有些方法可以用來改善 Q 值，其中之一是使用低介電常數（$k < 3.9$）材料來降低 C_P。另一種方法為使用厚膜金屬或是低電阻係數的金屬（例如：以銅、金取代鋁）來降低 R_1。第三種方法是使用絕緣基板，例如藍寶石上覆矽（silicon-on-sapphire），玻璃上覆矽（silicon-on-glass），或石英（quartz），來降低 R_{sub} 損失。

為了得到薄膜電感的正確值，必需使用複雜的模擬軟體來進行電路模擬及電感的最佳化。薄膜電感的模型必須考慮金屬的電阻，氧化層的電容、金屬線與線間的電容、基板電阻、與基板間的電容、及金屬線的電感和互感。因此和積體電容或電阻相比，積體電感的大小更加難以計算。雖然如此，一個可用來估算方形平面螺旋形電感的簡單方程式為[3]：

$$L \approx \mu_0 n^2 r \approx 1.2\times10^{-6} n^2 r \qquad (6)$$

其中μ_0 是真空中之介磁係數(magnetic permeability，$\mu_0 = 4\pi \times 10^{-7}$ H/m)，L 單位為亨利（henry），n 為電感圈數，r 為螺旋半徑（單位為公尺）。

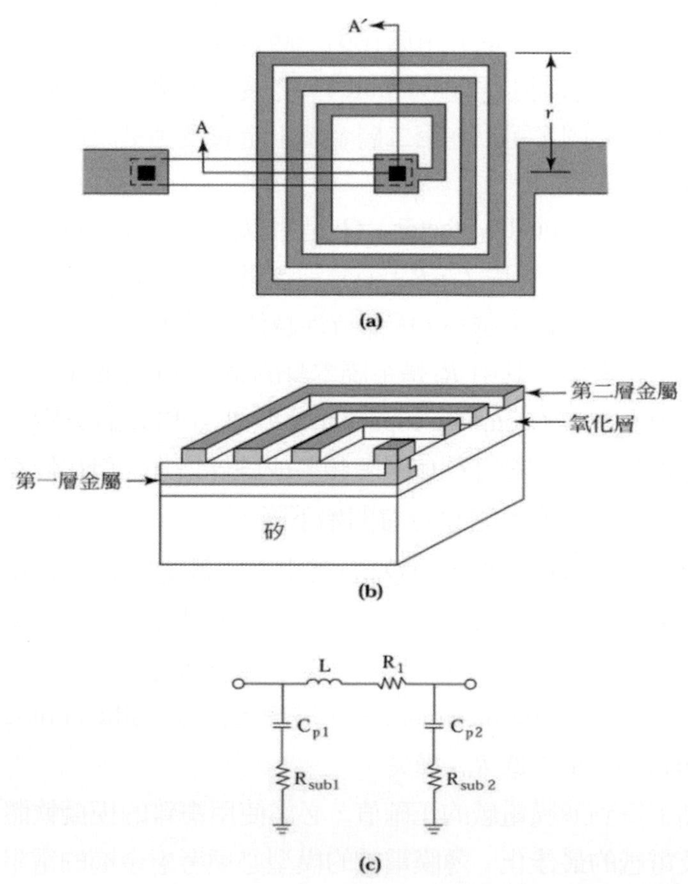

圖 9.5 (a) 在矽基板上螺旋型電感的圖示，(b) 沿 A–A'的透視圖，(c) 積體電感的等效電路模型。

範例 3

對一個具有 10 nH 電感值的積體電感而言，如果電感圈數為 20，則所需的半徑為何？

≺解≻

根據式(6)，$r=\dfrac{10\times10^{-9}}{1.2\times10^{-6}\times20^{2}}=2.08\times10^{-5}\,(\text{m})=20.8\ \ \mu\text{m}$

9.2 雙載子（Bipolar）電晶體技術

在 IC 的應用上，特別是在 VLSI 與 ULSI 方面，為了符合高密度的要求，雙載子電晶體的尺寸必須縮小。圖 9.6 說明近年來雙載子電晶體尺寸的縮小趨勢[4]。在 IC 上的雙載子電晶體和分立的電晶體相比，最主要的差別在於所有電極的接觸皆位於 IC 晶圓的上表面，且每個電晶體必須在電性上相互隔離以避免元件間的交互作用。1970 年之前，主要利用 *p-n* 接面（圖 9.6a）提供橫向和垂直隔離，此橫向 *p* 隔離區域對 *n* 型集極區維持逆向偏壓的狀態。在 1971 年，熱氧化層被用作橫向隔離，因為基極與集極的接觸可緊鄰隔離氧化層區域，使得元件在尺寸上可大幅縮小（圖 9.6b）。在 1970 年代中期，射極也延伸到氧化層的邊界上，讓面積可更為縮減（圖 9.6c）。目前，所有橫向和垂直尺寸已更進一步縮小，射極長條寬度的尺寸則已進入次微米範圍（圖 9.6d）。

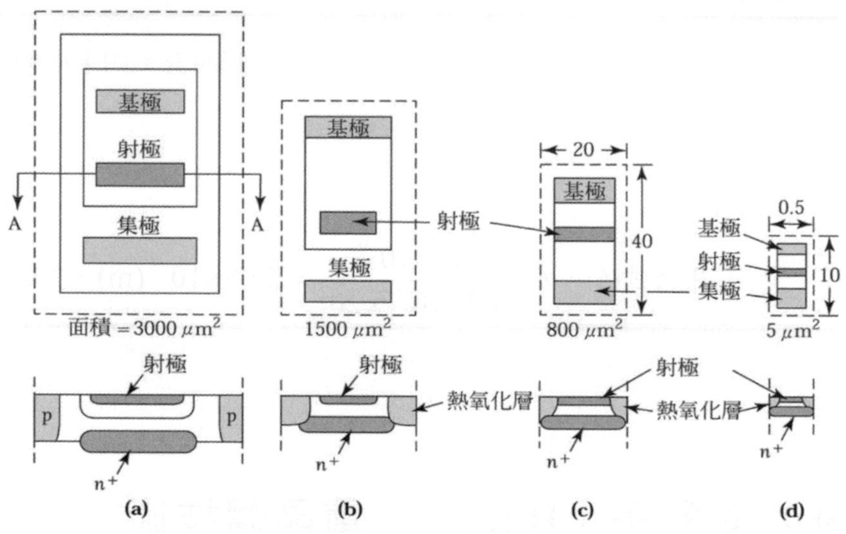

圖 9.6　雙載子電晶體在水準和垂直尺寸的縮減（a）接面隔離，（b）氧化層隔離，（c）和（d）縮小的氧化隔離 [4]。

9.2.1 基本製作程式

大部分用於 IC 的雙載子電晶體為 *n-p-n* 型，因為在基極區域的少數載子（電子）有較高的移動率，所以較 *p-n-p* 型有較快的速度表現。圖 9.7 顯示一個 *n-p-n* 雙載子電晶體的透視圖，其中以氧化層作為橫向隔離，及以 n^+-*p* 接面作為垂直方向隔離。橫向氧化層隔離方法除減少元件尺寸外，也降低了寄生電容，此乃因二氧化矽有較低的介電常數（3.9，矽為 11.9）。接著將討論用來製作圖 9.7 中元件的主要製程步驟。

n-p-n 雙載子電晶體一般製造於初始材料為 *p* 型輕摻雜（$\sim10^{15}$ cm^{-3}）、<111>或<100>晶向、拋光的矽晶圓上。因為接面形成在半導體內，所以晶格方向的選擇不像 MOS 元件那般重要（參考章節 9.3）。第一步是先形成埋藏層（buried layer），其主要目的是減少集極的串聯電阻。接著利用熱氧化法在晶圓上形成一厚氧化層（0.5 到 1 μm），然後在氧化層上開

出一個窗口區。將控制精確的低能量砷離子（~ 30 keV，~ 10^{15} cm^{-2}）佈植入開窗區域作為預沉積（predeposit）（圖 9.8a）。接著藉一高溫（1100 ℃）驅入（drive-in）的步驟形成 n^+埋藏層，一般其片電阻接近 20 Ω/□。

第二步是沉積一 *n* 型磊晶層。在去除表面氧化層後，將晶圓放入磊晶反應爐中進行磊晶成長。磊晶層的厚度和摻雜濃度取決於元件實際的用途。類比電路（需較高的電壓以作放大）需要較厚的磊晶層（~10 μm）和較低的摻雜（~5 ×10^{15} cm^{-3}），而數位電路（具較低電壓作為開關）則需要較薄的磊晶層（~3 μm）和較高的摻雜（~2 × 10^{16} cm^{-3}）。圖 9.8b 顯示經過磊晶製程後元件的剖面圖。要注意的是從埋藏層有雜質外擴（out-diffusion）到磊晶層的現象產生。為了將外擴減至最低，可以使用低溫磊晶製程，及在埋藏層內使用低擴散率的雜質（如：砷）。

第三步是形成橫向氧化層隔離區域。一層薄的氧化層（~ 50 nm）先以熱氧化方式成長在磊晶層上，接著沉積氮化矽（~ 100 nm）。如果氮化矽直接沉積在矽上而沒有一層薄氧化層作墊層（pad）的話，在後續的高溫製程中氮化矽會對矽晶圓表面造成傷害。接著，使用光阻作為遮罩

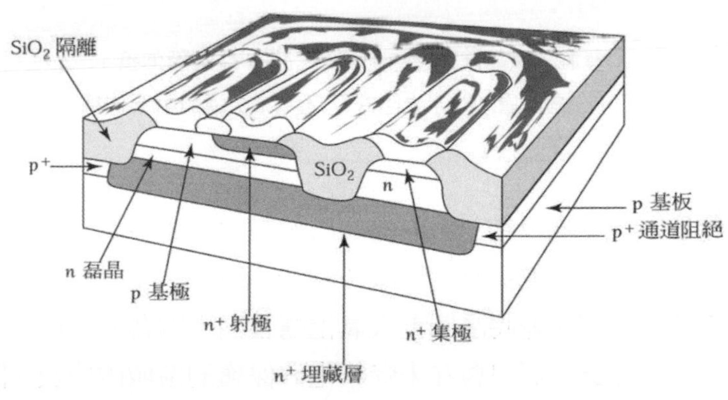

圖 9.7　氧化層隔離的雙載子電晶體透視圖。

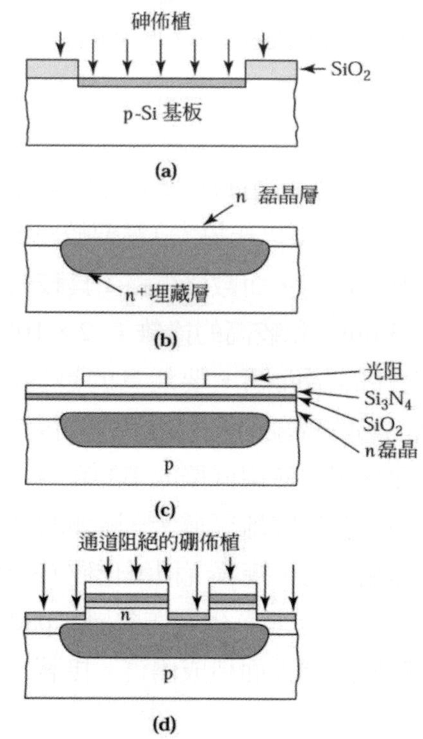

圖 9.8　雙載子電晶體製造的剖面圖。(a) 埋藏層佈植，(b) 磊晶層，(c) 光阻式遮罩，(d) 通道阻絕佈植。

，將氮化矽－氧化層及約一半的磊晶層蝕刻掉（圖 9.8c 和 d)。然後，將硼離子植入裸露出的矽晶圓區域（圖 9.8d)。

隨後除去光阻，並將晶圓置入氧化爐管內。因為氮化矽有非常低的氧化率，所以厚氧化層只會在未受氮化矽保護的區域內成長。隔離的氧化層通常長到某個厚度，使得氧化層表面和原本矽晶圓表面形成同一平面，藉以降低表面的不平整。這種氧化層隔離製程稱做矽的局部氧化（local oxidation of silicon，LOCOS)。圖 9.9a 顯示在去除氮化矽之後的隔離氧化層的剖面圖。由於分離效應（segregation effect)，植入的硼離

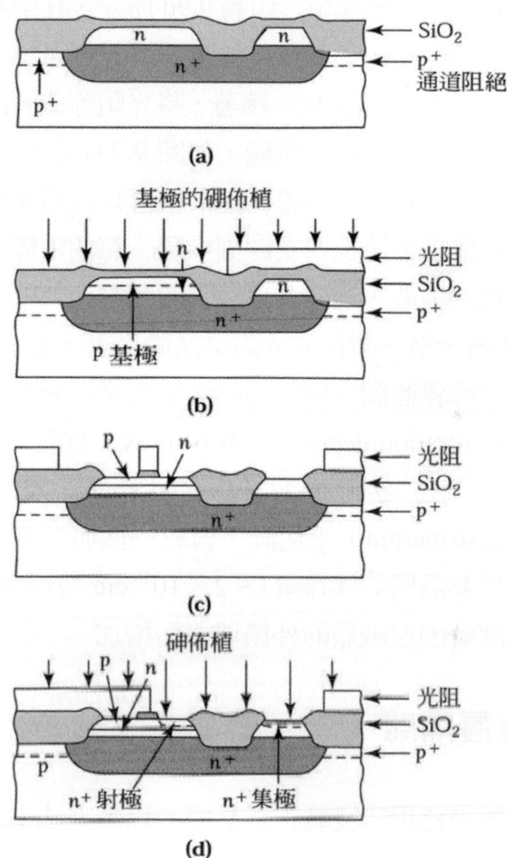

圖 9.9　雙載子電晶體製造的剖面圖（a）氧化層隔離，（b）基極佈植，（c）去除薄氧化層，（d）射極與集極佈植。

子大部分被推擠在隔離氧化層下方形成一 p^+ 層。這層被稱為 p^+ 通道阻絕（channel stop 或簡稱 chanstop），因為高濃度的 p 型半導體可以防止表面反轉（surface inversion）及消除在相鄰埋藏層間可能的高電導路徑。

第四步是形成基極區域。用光阻作為遮罩去保護元件的右半邊，然後佈植硼離子（$\sim10^{12}\ cm^{-2}$）以形成基極區域，如圖 9.9b 所示。另一個微影製程則用來除去基極中心附近小面積區域之外的所有薄氧化層（圖 9.9c）。

第五步是形成射極區域。如圖 9.9d 所示，其中基極接觸區域被光阻所形成的遮罩所保護，然後以低能量、高砷劑量 $\sim 10^{16}\ cm^{-2}$）的佈植形成 n^+射極和 n^+集極接觸區域。接著，將光阻除去，最後一道金屬鍍膜步驟形成基極、射極和集極的接觸，如圖 9.7 所示。

在這基本的雙載子電晶體製程中包含有六道薄膜形成步驟、六道微影步驟、四次離子佈植及四次蝕刻步驟。每個步驟必須精準地監控，因為任何一步驟的失敗，通常會導致晶圓報廢。

圖 9.10 所示為一製作完成的電晶體沿著垂直於表面且經過射極、基極和集極區之摻雜側圖。射極的側圖是相當陡峭的，這與砷的濃度相依擴散率（concentration-dependent diffusivity）有關。在射極之下的基極摻雜側圖可藉由用於定源擴散（limited-source diffusion）的高斯分佈（Gaussian distribution）來估計。對於一個典型的切換電晶體，集極摻雜側圖取決於磊晶層的摻雜量（$\sim 2 \times 10^{16}\ cm^{-3}$），然而在較大的深度時，集極摻雜濃度會因埋藏層的外擴現象而增加。

9.2.2 介電層隔離

在前面所描述用於雙載子電晶體的隔離方法中，元件間的隔離是經由在其周圍的氧化層，而元件與其共同基板間則是經由一個 n^+-p 接面（埋藏層）來隔離。但在高電壓的應用時，另一種稱做介電層隔離（dielectric isolation）的方式則被用來形成隔離區，用以隔離很多個小區域的單晶半導體。在這個方法中，藉由一介電層來隔離元件與其共同基板及其周遭相鄰之元件。

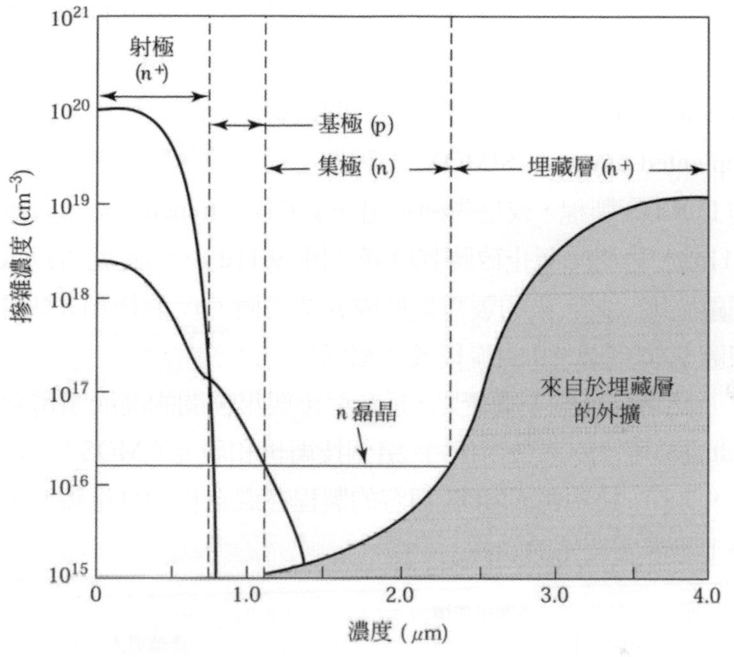

圖 9.10　*n-p-n* 電晶體摻雜側圖。

9.2.2 介電層隔離

在前面所描述用於雙載子電晶體的隔離方法中，元件間的隔離是經由在其周圍的氧化層，而元件與其共同基板間則是經由一個 n^+-p 接面（埋藏層）來隔離。但在高電壓的應用時，另一種稱作介電層隔離（dielectric isolation）的方式則被用來形成隔離區，用以隔離很多個小區域的單晶半導體。在這個方法中，藉由一介電層來隔離元件與其共同基板及其周遭相鄰之元件。

圖 9.11 為介電層隔離的製程順序。首先在 <100> 晶向的 *n* 型矽基板上，利用高能量氧離子的佈植（圖 9.11a）。之後晶圓經過一高溫退火的製程，使得佈植入的氧離子與矽原子反應形成氧化層。來自於離子佈

植的損壞也於此高溫退火製程中被修補消除（圖 9.11b）。在這之後，我們可以得到一被完全隔離於氧化層上之 n 型矽層（稱為絕緣層上覆矽，silicon-on-insulator，SOI）。這個製程稱為氧佈植隔絕（separation by implanted oxygen，SIMOX）。因為上面的矽薄膜很薄，因此藉由圖 9.8c 的 LOCOS 製程，或是先蝕刻出一個塹渠（trench，或譯溝槽、溝渠）（圖 9.11c），再用二氧化矽將其填滿（圖 9.11d），如此就可以很容易地形成隔離區域。接下來的製程是形成 p 型基極，n^+ 射極和 n 集極的步驟，此與圖 9.8c 到圖 9.9 的流程幾乎相同。

這個技術的主要優點，是在射極與集極間的高崩潰電壓（breakdown voltage）可以超過數百伏特。這個技術也和現今 CMOS 製程整合相容（章節 9.3.3）。這項與 CMOS 相容的製程在混合性的高電壓和高密度積體電路上是非常有用的。

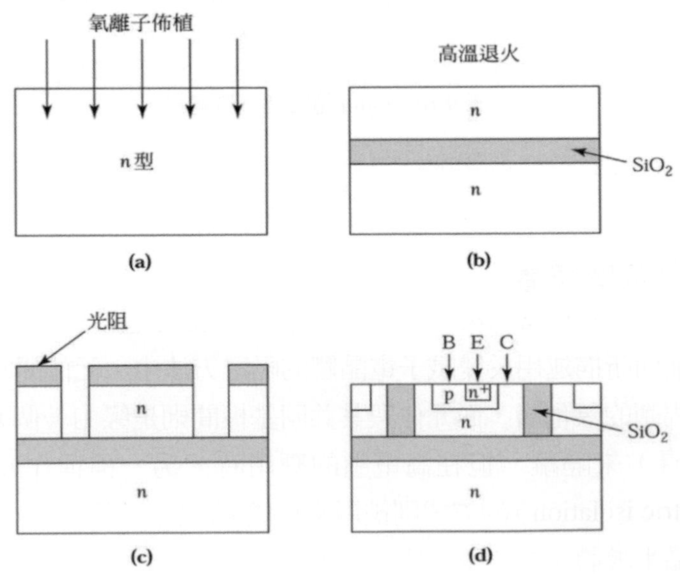

圖 9.11 利用 SOI 技術的高電壓應用介電層隔離雙載子元件之製程順序。(a) 氧離子佈植，(b) 高溫退火以形成隔離介電層，(c) 以乾式蝕刻製程形成塹渠式隔離，(d) 基極、射極、與集極之形成。

9.2.3 自我對準雙複晶矽雙載子結構

在圖 9.9c 中的製程中，需要另一道微影步驟來定義用以分離基極與射極接觸區域的氧化層區域。這會造成在隔離區域內有一大塊不起作用的面積，不但會增加寄生電容同時也增加寄生電阻，進而導致電晶體特性的衰退。降低這些不利效應的最佳方法為使用自我對準（self-aligned）的結構。

圖 9.12 所示的雙複晶矽層結構是最常用的自我對準結構，其中並採用以複晶矽填滿塹渠的先進隔離技術[5]。圖 9.13 則為自我對準雙複晶矽（*n-p-n*）雙載子結構的詳細製作步驟[6]，電晶體是建構在 *n* 型磊晶層上。首先利用活性離子蝕刻（reactive-ion etching），蝕刻出一個穿過 n^+ 次集極區到 p^- 基板區、深度接近 5.0 μm 的塹渠。然後長一層薄熱氧化層，來作為在塹渠底部，硼離子通道阻絕佈植的遮罩氧化層（screen oxide）。接著，用無摻雜的複晶矽填滿塹渠，再用厚的平面場氧化層（planar field oxide）蓋住塹渠。

接著沉積第一複晶矽層，並以硼離子加以高摻雜。此 p^+ 複晶矽（複晶矽 1）將被當作固態擴散源（solid-phase diffusion source），用以形成外質基極（extrinsic base）區域與基極電極。之後，以化學氣相沉積（CVD）的氧化層與氮化矽來覆蓋此複晶矽層（圖 9.13a），並使用射極光罩定義

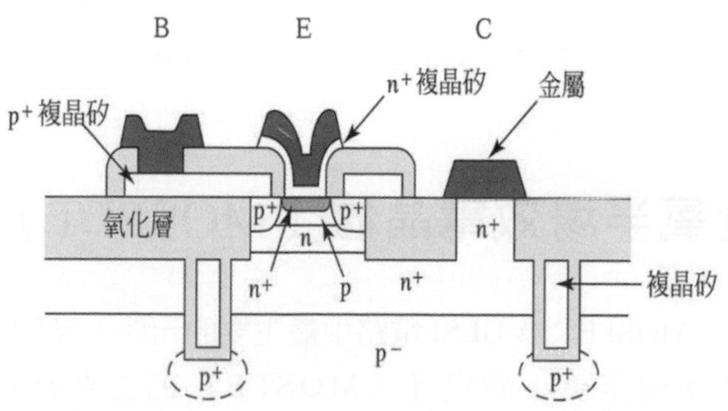

圖 9.12　具先進塹渠隔離的自我對準雙複晶矽雙載子電晶體之剖面圖[5]。

出射極區域，及利用乾式蝕刻製程在 CVD 氧化層與複晶矽 1 上產生一個開口（圖 9.13b）。隨後，以熱氧化法在被蝕刻過的結構上成長一層熱氧化層。此時高摻雜複晶矽的垂直邊壁上，也將同時成長一個較厚的邊壁氧化層（大約 0.1 到 0.4 μm）。這邊壁氧化層的厚度決定了在基極與射極接觸邊緣之間的間距。在熱氧化層成長的步驟時，由於來自複晶矽 1 的硼外擴到基板（圖 9.13c）也形成了外質的 p^+ 基極區域。因為硼會橫向與縱向擴散，所以外質的基極區域能夠與接下來在射極接觸下方形成的本質基極區域（intrinsic base）接觸。

在上述成長氧化層的步驟之後，接著利用硼的離子佈植形成本質基極區域（圖 9.13d）。這步驟可使本質與外質基極區域自然地對準。在去除接觸位置上的任何氧化層後，接著沉積第二複晶矽層，並佈植砷或磷。此 n^+ 複晶矽（稱為複晶 2）將作為射極區域的固態擴散源與射極電極。之後，藉由摻質自複晶矽 2 向外擴散成一個淺的射極區域。用於基極與射極外擴的快速熱退火（rapid thermal annealing）步驟有助於形成淺的射極–基極與集極－基極接面。最後沉積鉑（Pt）薄膜並且進行燒結（sinter），以在 n^+ 複晶矽射極與 p^+ 複晶矽基極的接觸上形成矽化鉑（PtSi）（圖 9.13e）。

這種自我對準的結構可用以製作小於最小微影尺寸的射極區域。這是因為當邊壁氧化層形成時，由於氧化層佔據大於原先複晶矽的體積，因此將會填充部分接觸孔（contact hole）。如果在每邊成長 0.2 μm 厚的邊壁化層，0.8 μm 寬的開口將大約可縮至 0.4 μm。

9.3 金氧半場效電晶體（MOSFET）技術

目前，MOSFET 為 ULSI 電路中最主要的元件，因為它可比其他種類的元件微縮至更小的尺寸。MOSFET 的主要技術為 CMOS（complementary MOSFET，互補式 MOSFET）技術，其中將 n 通道與 p

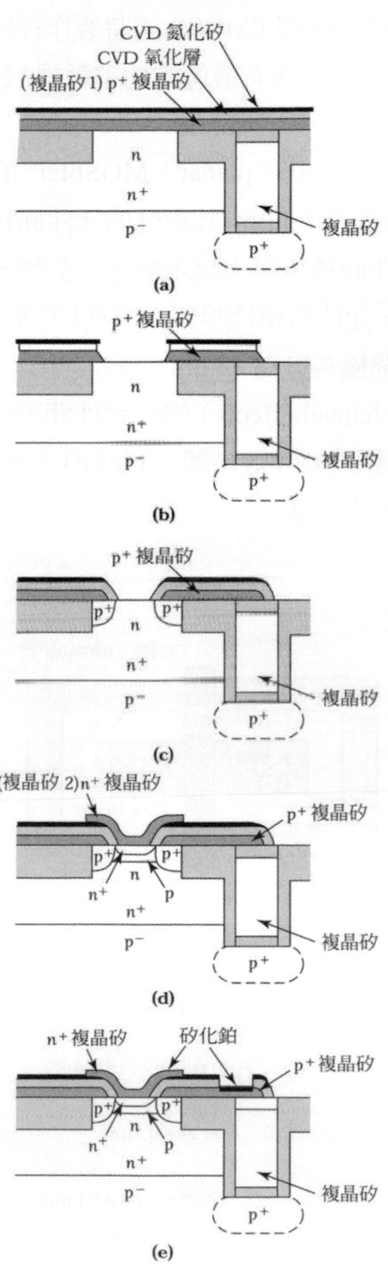

圖 9.13　製造雙複晶矽、自我對準 *n-p-n* 電晶體之製程順序[6]。

通道元件（分別稱為 NMOS 與 PMOS）同時製作在同一晶方內。由於在所有 IC 技術中，CMOS 技術擁有最低的功率耗損，因此對 ULSI 電路應用而言特別具有吸引力。

圖 9.14 顯示傳統平面式（planar）MOSFET 的尺寸縮減趨勢。在 1970 年代初期，閘極長度為 7.5 μm，其對應的元件面積大約為 6000 μm^2。隨著元件微縮後，元件面積也可大幅地縮小。對於一個閘極長度為 0.5 μm 的 MOSFET 而言，元件面積比早年 MOSFET 面積的 1 %還小。平面元件的縮小化持續到閘極長度為 30 nm 左右，再微縮下去會有難以控制的短通道效應（short-channel effects）造成元件關閉態漏電流的激增，所以須採用新式立體的鰭式場效電晶體（FinFET）來讓微縮持續下去。FinFET 技術將在 9.3.5 節討論。

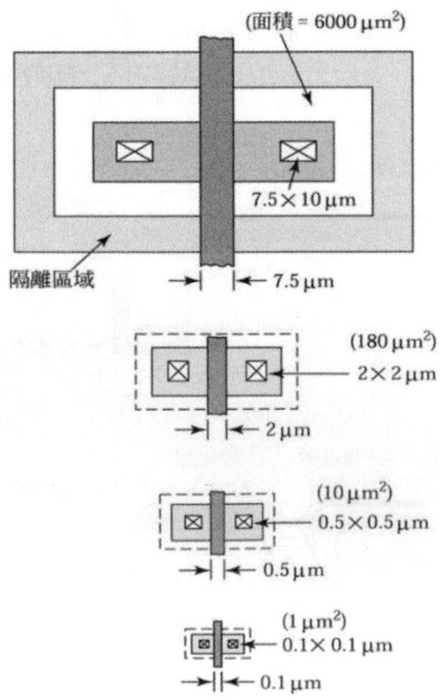

圖 9.14 閘極長度（最小特徵長度）縮減以縮小 MOSFET 面積。

9.3.1 基本製程

圖 9.15 顯示一個尚未進行最後金屬鍍膜製程的 *n* 通道 MOSFET 之透視圖[7]。最上層為摻雜磷的二氧化矽（P-glass），它通常用來作為複晶矽閘極與內連線間的絕緣體，及移動離子（如 Na^+）的誘捕（gettering）層。將圖 9.15 與表示雙載子電晶體的圖 9.7 做比較，可注意到在基本結構方面 MOSFET 較為簡單。雖然這兩種元件都使用橫向氧化層隔離，但 MOSFET 不需要垂直隔離，而雙載子電晶體則需要一個埋藏層 n^+-p 接面。MOSFET 的摻雜側圖不像雙載子電晶體那般複雜，所以摻質分佈的控制也就比較不那麼重要。此章節將討論用來製作如圖 9.15 所示之元件的主要製程步驟。

製作一個 *n* 通道 MOSFET（NMOS）的初始材料為 *p* 型、輕摻雜（ ~ 10^{15} cm^{-3} ）、具 <100> 晶向、拋光的矽晶圓。具 <100> 晶向的晶圓較 <111> 晶向的晶圓為佳，因為其介面陷阱密度（interface trap density）大約是<111> 晶向的十分之一。第一步製程是利用 LOCOS 技術形成氧化層隔離，程式與前述用於雙載子電晶體的作法類似，都是先長一層薄的熱氧化層作為墊層（~ 35 nm），接著沉積氮化矽（~ 150 nm）（圖 9.16a）[7]。然後以光阻作為遮罩定義出主動元件區域，再將硼通道阻絕層佈植穿

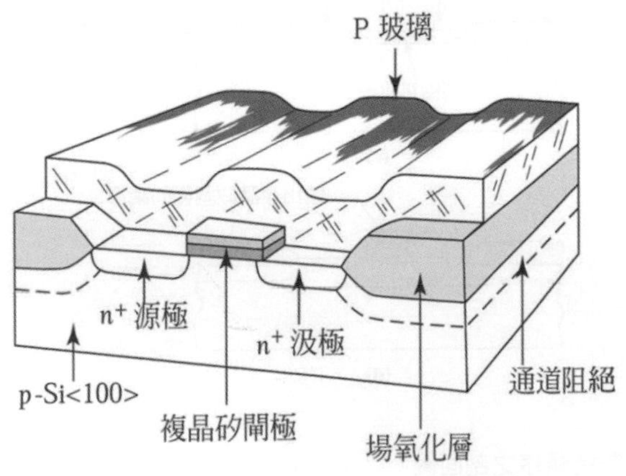

圖 9.15　*n* 通道 MOSFET 的透視圖[7]。

過氮化矽－氧化層的組成物（圖 9.16b）。接著蝕刻去除未被光阻覆蓋的氮化矽層。在剝除光阻之後，將晶圓置入氧化爐管，在氮化矽被去除的區域長一氧化層（稱為場氧化層，field oxide），同時也驅入佈植的硼。場氧化層的厚度通常為 0.5 至 1 μm。

第二步是成長閘極氧化層及調整臨界電壓（threshold voltage）。先去除在主動元件區域上的氮化矽－氧化層的組成物，然後長一層薄的閘極氧化層（小於 10 nm）。如圖 9.16c，對一個增強型（enhancement mode）*n* 通道的元件而言，可將硼離子佈植至通道區域以增加臨界電壓至一個

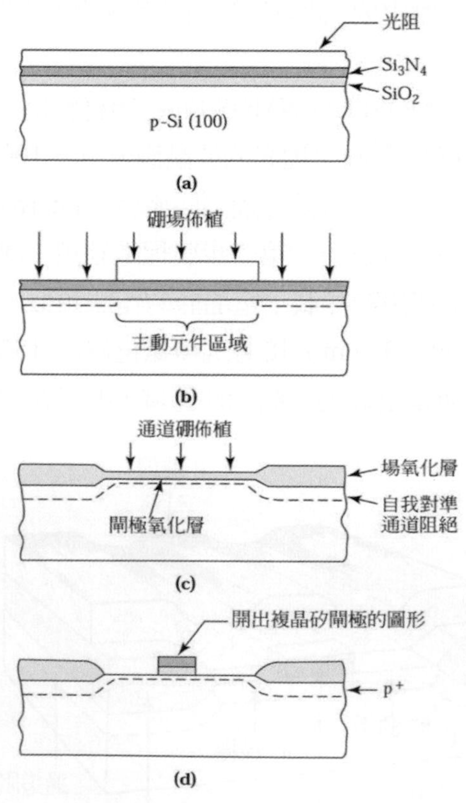

圖 9.16 NMOS 製造順序之剖面圖 [7]。（a）SiO_2、Si_3N_4 氮化矽、及光阻層之形成，（b）硼佈植，（c）場氧化層，（d）閘極。

預定的正值（例如：+ 0.5 V）。對於一個空乏型（depletion mode）n 通道元件而言，可將砷離子佈植至通道區域用以降低臨界電壓至一負值（例如：–0.5 V）。

第三步是形成閘極。先沉積一層複晶矽，再用磷的擴散或是離子佈植對複晶矽進行高濃度的摻雜，使其片電阻達到典型的20–30 Ω/□左右，這樣的阻值對於閘極長度大於 3 μm 的 MOSFET 而言是適當的。但是對於更小尺寸的元件而言，複晶矽化物（polycide）（複晶矽化物為金屬矽化物與複晶矽的組成物，如鎢的複晶矽化物，W-polycide）可用來當作閘極材料以降低片電阻至約 1Ω/□。

第四步是形成源極（source）與汲極（drain）。在閘極圖形完成後（圖 9.16d），閘極可當成砷離子佈植（~ 30 keV，~ 5×10^{15} cm^{-2}）形成源極與汲極時的遮罩（圖 9.17a），因此對閘極而言，也具有自我對準的效果[7]。在此階段，唯一造成閘極－汲極重疊（overlap）的因素是由於佈植離子的橫向散佈（lateral straggling）（對於 30 keV 的砷，$\sigma_{\perp}$ 只有 5 nm）。如果在後續製程步驟中，使用先進的退火製程將橫向擴散降至最低，則寄生的閘極－汲極與閘極－源極耦合電容將可比閘極－通道電容小很多。

最後一步是金屬鍍膜。先沉積摻雜磷的氧化層（P-glass）於整片晶圓上，接著藉由加熱晶圓，使其流動以產生一個平坦的表面（圖 9.17b）。之後，在 P-glass 上定義和蝕刻出接觸窗。然後沉積一金屬層，如鋁，並加以圖案化。完成後的 MOSFET 其剖面圖如圖 9.17c 所示。圖 9.17d 為其對應的上視圖。閘極的接觸通常被安置在主動元件區域之外，以避免對薄閘極氧化層產生可能的損壞。

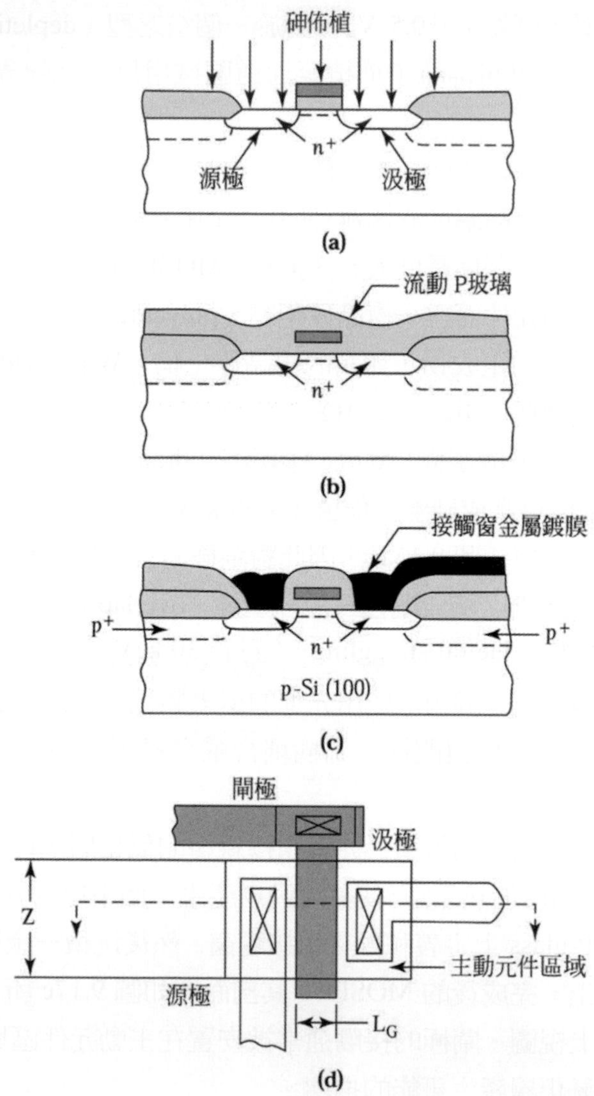

圖 9.17 NMOS 製造順序[7]。(a) 源極與汲極，(b) P 玻璃層沉積，(c) MOSFET 之剖面圖，(d) MOSFET 之上視圖。

範例 4

對一個閘極氧化層為 5 nm 的 MOSFET，可承受的最大的閘極–源極間的電壓為何？假設氧化層崩潰在 8 MV / cm 及基板電壓為零。

<解>

$$V = E \times d = 8\times10^{6} \times 5\times10^{-7} = 4\ V$$

9.3.2 記憶體元件

記憶體是可以由位元（bit，即 binary digit 二進位）為單位來儲存數位資訊（或資料）的元件。多種記憶體晶片都利用 NMOS 技術來設計與製造。對於大多數的大容量記憶體而言，隨機存取記憶體（random access memory，RAM）結構較被看好。在一個 RAM 中，記憶體細胞（簡稱記憶胞，cell）以矩陣結構組織排列，可在任意順序下存取資料（也就是儲存、擷取或是抹除），過程和其實際位置無關。靜態隨機存取記憶體（static random access memory，SRAM）只要有電源供應，就可以一直維持儲存的資料。SRAM 基本上是一個可以儲存一位元資料的正反器（flip-flop）電路，若是都以 NMOS 技術來完成，則典型記憶胞包含四個增強型 MOSFET 和兩個空乏型 MOSFET，其中的空乏型 MOSFET 當作是負載元件，可用無摻雜的複晶矽電阻取代，以減小功率耗損與縮減記憶胞面積 [8]。當操作電壓降低後，一般會以增強型 *p* 通道的 MOSFET 來做為負載元件以增進性能。

為了降低記憶胞面積與功率耗損而發展出的動態隨機存取記憶體（dynamic random access memory，DRAM），圖 9.18a 顯示此種由一個電晶體與一個電容所構成之 DRAM 記憶胞的電路圖，其中的電晶體作為開關，而一位元的資訊則可以電荷的形式存於儲存電容中。儲存電容的電壓位階代表記憶體的狀態。例如，+1.5 V 可定義成邏輯 1 而 0 V 定義成邏輯 0。通常儲存的電荷會在數毫秒內消失，這主要是由於電容的漏電流所造成的。因此，動態記憶體需要週期性的再更新（refresh）處理，以重新充入儲存的電荷。

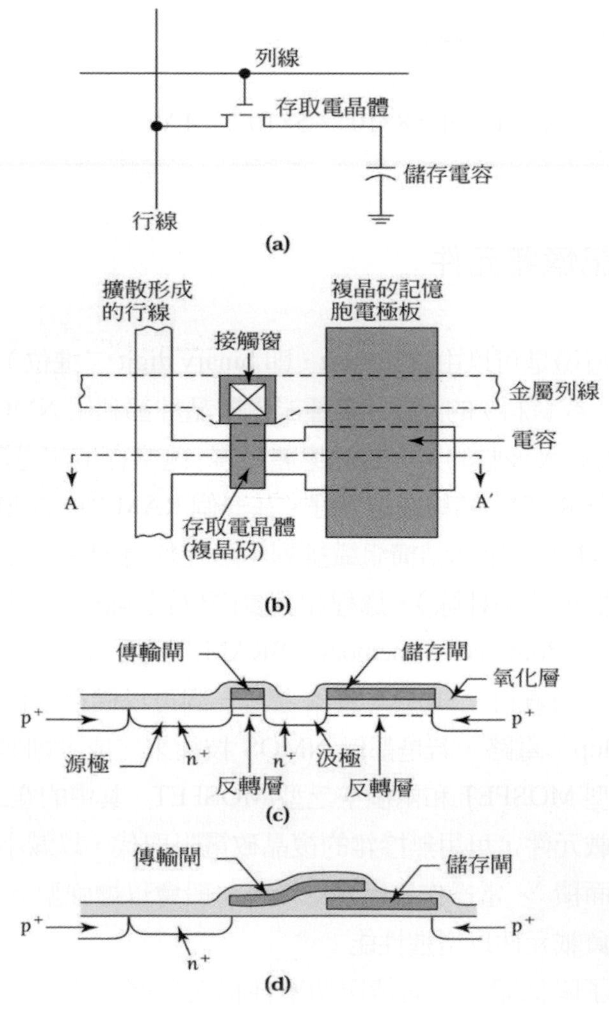

圖 9.18　具儲存電容之單電晶體 DRAM 記憶胞[8]。(a) 電路圖，(b) 記憶胞佈局，(c) 經過 A–A'之剖面圖，(d) 雙層複晶矽。

圖 9.18b 顯示 DRAM 記憶胞的佈局(layout)，圖 9.18c 則為沿 A-A' 方向所對應的剖面圖。儲存電容利用通道區域作為下電極，複晶矽閘極作為上電極，閘極氧化層則為介電層。列線（row line）為一內連線，用以減小由於寄生電阻(*R*)與寄生電容(*C*)所產生的 *RC* 延遲。行線(column line）則由 n^+ 擴散所組成。MOSFET 內部汲極區域用來作為儲存下與傳輸電晶體下之反轉層間的導電連接。藉由使用雙層複晶矽（double-level polysilicon）的方法，如圖 9.18d 所示，可省去此連接用的的汲極區域。第二層複晶矽電極經由一層熱氧化層與第一層複晶矽隔開，這層熱氧化層是在第二層電極被沉積前就先成長在第一層複晶矽之上。因此，經由在傳輸與儲存下的連續反轉層，從行線來的電荷可以直接傳輸至位於儲存閘下的儲存區域。

為了符合高密度 DRAM 的要求，DRAM 結構已經發展成為具有堆疊式（stack）或是塹渠式（trench）電容的三度空間架構，利用增加電極表面積可以用來增加電容值。圖 9.19a 顯示一個簡單的塹渠式記憶胞結構[9]，其優點為記憶胞的電容可藉由增加塹渠深度而增加，而無需增加記憶胞的在矽晶圓上平面的面積。製作塹渠式記憶胞時，最主要的困難在於如何蝕刻深塹渠（deep trench），同時深塹渠需要圓形的底部轉角及在塹渠壁上成長均勻的薄介電層。

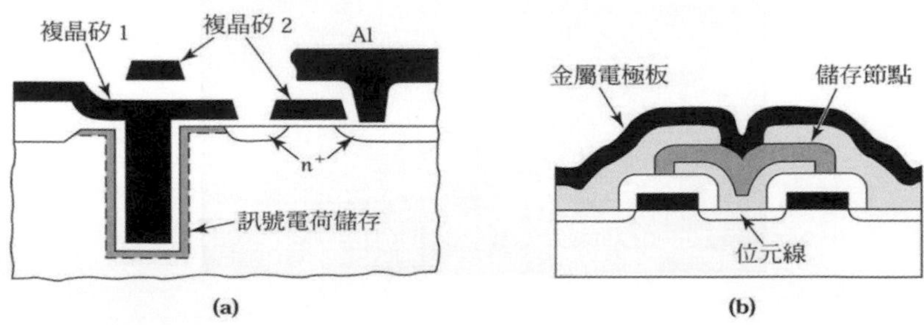

圖 9.19 (a) 具有塹渠之 DRAM 記憶胞結構[9]，(b) 具單層堆疊式電容之 DRAM 記憶胞。

圖 9.19b 為一堆疊式記憶胞結構。因為將立體化的堆疊儲存電容建構在存取電晶體（access transistor）上，所以可在不擴張記憶胞面積的前提下增加儲存電容值。利用 CVD 或 ALD 的方法，可在兩層電極中間形成高介電常數介電層。一般而言堆疊式結構的製程較塹渠式為簡單並有較佳的延續性。事實上，在 60 nm 節點以後的 DRAM 製程主要都是採用堆疊式結構的技術。

圖 9.20 顯示八十億位元（8Gb）DRAM 晶方[10]。此記憶體晶方為了達到高速低功率的 DRAM 而採用 50nm 的製程。此記憶體晶方的面積為 98 mm^2，操作電壓為 1.5 V。打線處用了低電阻的銅線及低介電質薄膜（k=2.96）。SRAM 與 DRAM 兩者都是揮發性（volatile）記憶體，亦即

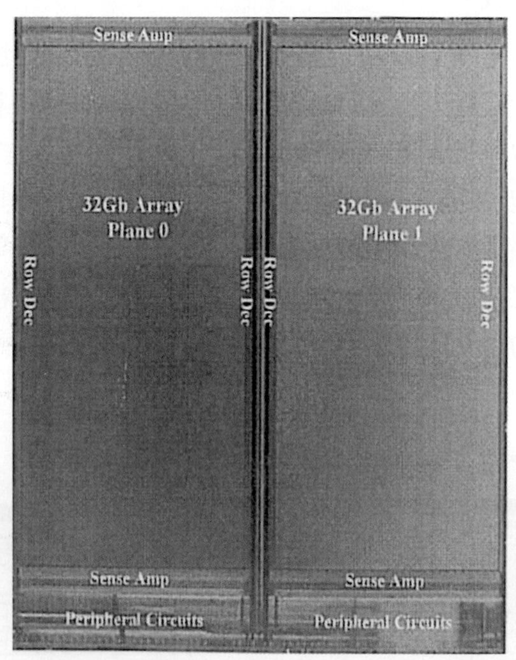

圖 9.20 包含超過一百六十億個元件的八十億位元(8Gb)動態隨機存取記憶體（照片來源：Samsung）[10]。

當電源關掉後，所儲存的資料就會喪失。相形之下，非揮發性（nonvolatile）記憶體則可在電源關掉後仍保留資料。圖 9.21a 顯示一個浮停閘（floating-gate，或譯懸浮閘極，浮動閘極）的非揮發性記憶體，基本上它為一個具有修改過的閘極結構之傳統 MOSFET。此複合式閘極由一個一般閘極（控制閘）與一個被絕緣體包圍的浮停閘所構成。當外加一大的正電壓至控制閘時，電荷會由通道區域穿過閘極氧化層而注入到浮停閘內。當外加電壓移去時，注入的電荷可以長期儲存於浮停閘內。要移除這個電荷，必須施加一個大的負電壓到控制閘上，使得電荷可以注入回通道區域內。

另一種非揮發性記憶體是金屬－氮化矽－氧化層－半導體（metal-nitride-oxide-semiconductor，MNOS），如圖 9.21b 所示。當加上正電壓時，電子可以穿隧（tunnel，或譯穿透）過薄氧化層（~ 2 nm），在氧化層－氮化矽介面被捕捉，而成為儲存電荷。對於這兩種非揮發性記憶體而言，可用兩個串聯電容表示其閘極結構之等效電路，如圖 9.21c 所示。儲存於電容（C_1）的電荷會造成臨界電壓的偏移，使元件處於較高臨界電壓狀態（logic 1）。對於一個設計良好的記憶體元件，電荷的保留時間（retention time）可以超過一百年。為了抹除（erase）記憶（即
記憶體而言，可用兩個串聯電容表示其閘極結構之等效電路，如圖 9.21c 所示。儲存於電容（C_1）的電荷會造成臨界電壓的偏移，使元件處於較高臨界電壓狀態（logic 1）。對於一個設計良好的記憶體元件，電荷的保留時間（retention time）可以超過一百年。為了抹除（erase）記憶（即
將儲存電荷移除），可使用閘極電壓或是其他方法（如紫外線），以將元件回復到較低的臨界電壓狀態（logic 0）。

1980 年代開始有人提出將數個非揮發性記憶體元件串接成一區塊，用以增進儲存密度與降低成本[11]。操作時每個記憶體元件各自寫入資訊，抹除時同一區塊可同時進行以加快速度。此類裝置稱為快閃（Flash）記憶體，其串接類型主要分為「反及」（NAND）與「反或」（NOR）兩種

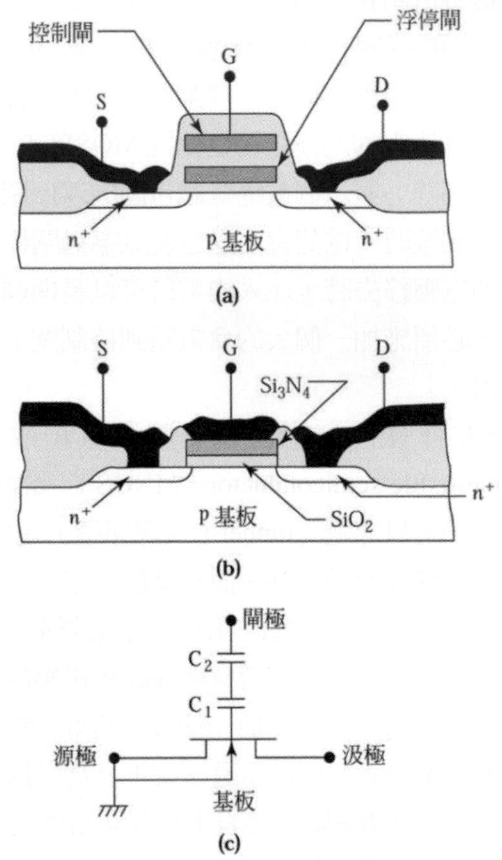

圖 9.21　非揮發性記憶體元件。(a) 浮停閘非揮發性記憶體，(b) MNOS 非揮發性記憶體，(c) 任一種非揮發性記憶體的等效電路。

類型，其中前者儲存密度較高，應用產品的市場也比較大。1990 年後此種新興的非揮發性半導體記憶體（nonvolatile semiconductor memory，NVSM）開始被廣泛地運用在攜帶式電子系統上，如行動電話與數位相機。其中一個已普及的應用是晶片卡，也稱做 IC 卡。圖 9.22 上方的圖片為一 IC 卡。圖 9.22 下方的圖解則顯示其中的非揮發性記憶體元件，其儲存的資料可經由匯流排（bus）讀寫到中央處理器（CPU）。與傳統

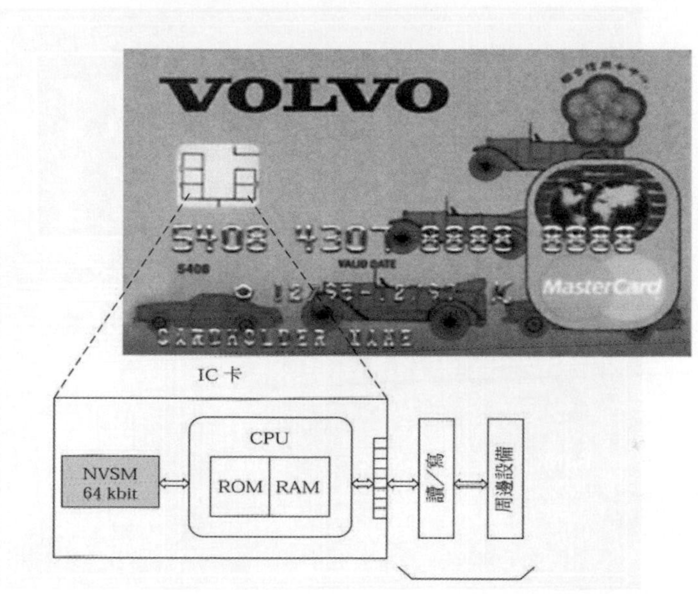

圖 9.22　IC 卡。儲存於 NVSM 的資料可經由 CPU 的匯流排存取。可有幾個金屬墊連接到讀寫機（照片來源：Retone Information System Co., LTD）。

磁碟片的有限容量（1 k 位元組，1 kB）相比，非揮發性記憶體的容量可以增加到 16 k 位元組，64 k 位元組或依其應用甚至可以更大（如儲存個人相片，或指紋）。透過 IC 卡的讀寫機，儲存的資料可應用於多方面，如通訊（插卡式電話，行動無線電通訊）、帳款處理（電子錢包，信用卡），付費電視，交通運輸（電子票，大眾運輸），醫療（病歷卡），及門禁控制[12]。

圖 9.23 展示一個每秒 5.6MB 傳輸速度，容量 64GB，每個記憶胞含 4bits 的 NAND 快閃記憶體 13。與傳統磁碟片的有限容量（1 k 位元組，組，1 kbyte）相比，非揮發性記憶體的容量可以依其應用增大（如儲存個人相片或指紋）。透過 IC 卡的讀寫機，儲存的資料可應用於多方面，如通訊（插卡式電話、行動無線電通訊）、帳款處理（電子錢包、信用卡）、付費電視、交通運輸（電子票、大眾運輸），醫療（病歷卡）及門

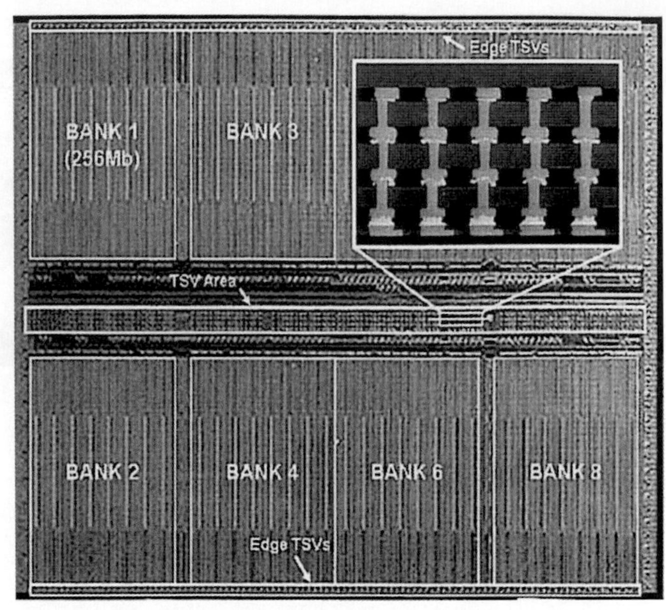

圖 9.23　每秒傳輸 5.6 MB、具備 64 Gb，每個記憶包中含 4bits 的 NAND 快閃記憶體[13]

禁控制。此外，NAND Flash 也被應用於固態硬碟（solid-state disk）的產品，可取代傳統硬碟裝置，其優勢為輕薄短小，且體積大幅縮小，有更快的讀取速度可增進電腦的效能。為進一步提升晶片的儲存密度，創新的三維多層堆疊的 NAND Flash[14] 架構已被提出並應用於實際的量產。

9.3.3 互補式金氧半導體（CMOS）技術

圖 9.24a 為一 CMOS 反向器，其中上方 PMOS 元件的閘極與下方 NMOS 元件的閘極相連。這兩種元件皆為增強型 MOSFET；對 PMOS 元件而言，臨界電壓 V_{Tp} 小於零，而對 NMOS 元件而言，臨界電壓 V_{Tn} 大於零（通常臨界電壓約為 1/ 4 V_{DD}）。當輸入電壓（V_i）為接地或是小

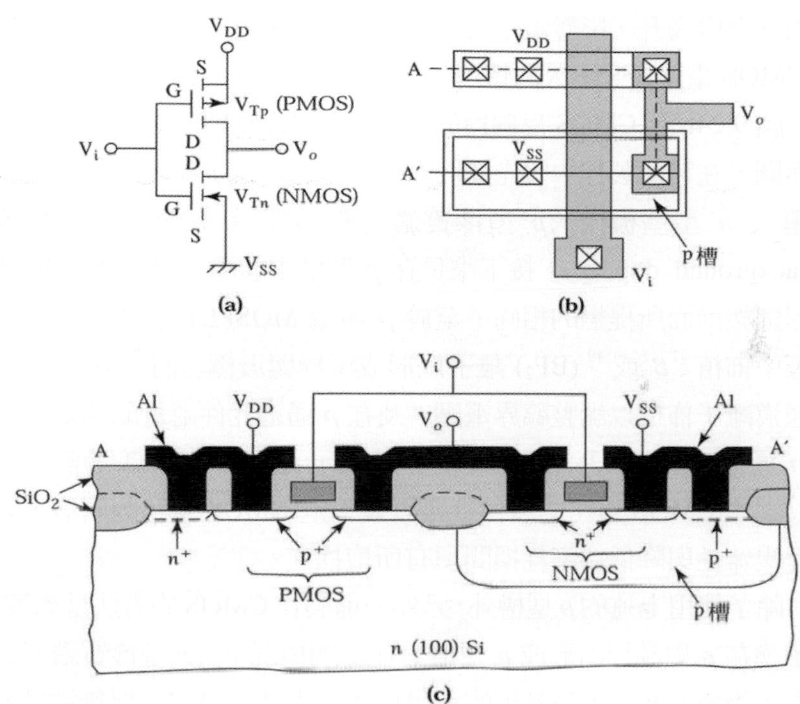

圖 9.24 CMOS 反向器。(a) 電路圖，(b) 電路佈局，(c) 圖 (b) 中沿 A–A'之剖面圖。

的正電壓時，PMOS 元件呈導通狀態（PMOS 閘極–地間的電位為 $-V_{DD}$，較 V_{Tp} 更負），而 NMOS 元件則為關閉，因此輸出電壓（V_o）非常接近 V_{DD}（logic 1）。當輸入為 V_{DD} 時 PMOS（$V_{GS}=0$）呈關閉狀態，而 NMOS 則為導通（$V_i = V_{DD} > V_{Tn}$），所以 V_o 等於零（logic 0）。

CMOS 反向器有一個獨特的特性：在任一邏輯狀態下，從 V_{DD} 到接地間的串聯路徑上，一定有一個元件是不導通的。因此在任一穩定邏輯狀態下僅有極低的漏電流，只有在切換狀態時兩個元件才會同時導通，才會有明顯但短暫地的電流流過 CMOS 反向器，因此平均功率耗損相當小，大約只有幾奈瓦（nanowatt）或更低。當每個晶片上的元件數目增多時，功率耗損變成一個主要限制因素，且若功率耗損過大將會造成晶片內部溫度高升，影響電路的運作性能與可靠性。因此低功率消耗就成為 CMOS 電路最吸引人的特色。

圖 9.24b 為 CMOS 反向器的佈局，圖 9.24c 則為沿著 A–A' 的元件剖面圖。在這個製程中，先進行一個 p 型槽（或 p 型井）的佈植，並將之驅入 n 型基板內。p 型摻質濃度必須高過 n 型基板的背景摻雜（background doping）。接下來是在 p 型槽中製造 n 通道 MOSFET，其製程則與前面所提過的相同。至於 p 通道 MOSFET 的製作，則於 n 型基板中佈植 $^{11}B^+$或 $^{49}(BF_2)^+$離子以形成源極與汲極。而 $^{75}As^+$離子則可用於通道離子佈植以調整臨界電壓，及在 p 通道元件附近的場氧化層下形成 n^+通道阻絕。因為需要製作 p 型槽與 p 通道 MOSFET 等額外步驟，所以製作 CMOS 電路的製程步驟數幾乎是 NMOS 電路的兩倍，因此在製程複雜性與降低功率耗損間須有所取捨。

除了使用上述的 p 型槽外，另外一種製作 CMOS 的方法是如圖 9.25a 所示，在 p 型基板內形成 n 型槽。在這個情況下，n 型摻質濃度必須足夠高才能過度補償 p 型基板的背景摻雜（即 $N_D > N_A$）。但無論是 p 型槽或 n 型槽，在槽中通道的載子移動率都會衰退，這是因為移動率是由全部摻質濃度（$N_A + N_D$）決定。有個方法為在輕摻雜的基板內植入兩個分離的槽，如圖 9.25b 所示。這個結構稱為雙槽（twin tub）[1]。因為在任一槽中都不需要過度補償，所以可以得到較高的通道移動率。

所有 CMOS 電路都有寄生雙載子電晶體所引起的閂鎖（latchup）問題。這些寄生元件包含由 NMOS 的源汲極區、p 槽、n 型基板所形成的 n–p–n 電晶體，與由 PMOS 源汲極區、n 型基板、p 槽所形成的 p–n–p 電晶體。於適當的條件下，p–n–p 元件的集極提供 n–p–n 基極電流，反之亦然形成一正向回饋的安排。此閂鎖電流對 CMOS 電路有著嚴重的負面影響。

深塹渠隔離（deep trench isolation）為一種可有效消除閂鎖問題的製程技術，如圖 9.25c 所示[15]。在此技術中，利用非等向活性離子蝕刻

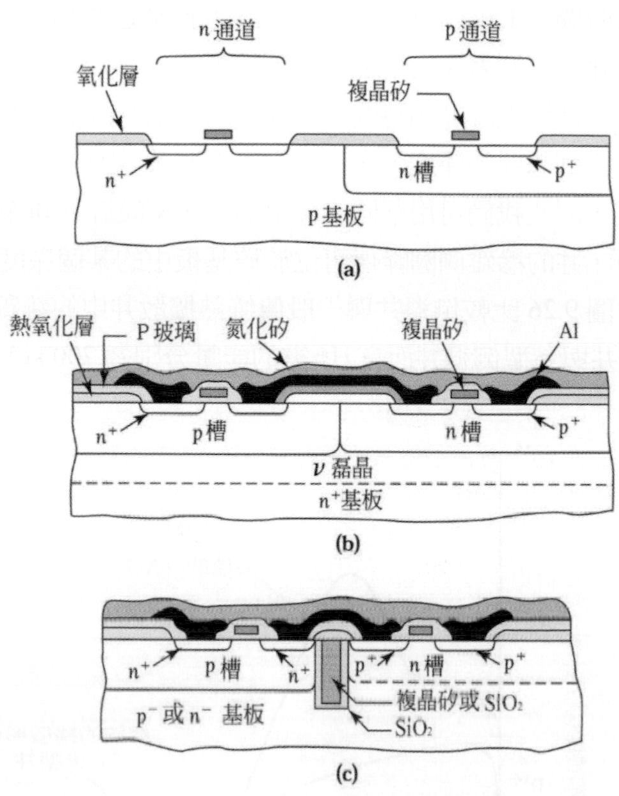

圖 9.25　各種 CMOS 結構。(a) *n* 型槽，(b) 雙槽 [1]，(c) 填滿的塹渠 [15]。

（anisotropic reactive ion etching），蝕刻出一個比井還要深的塹渠。接著在塹渠的底部和邊壁上成長一熱氧化層，然後沉積複晶矽或二氧化矽以將塹渠填滿。這個技術可消除閂鎖現象，因為 *n* 通道與 *p* 通道元件實質上被填滿的塹渠隔離開來。以下將討論關於塹渠隔離的詳細步驟與相關的 CMOS 製程。

井形成技術

在 CMOS 中，井可為單井（single well）、雙井（twin well）或是倒退井（retrograde well）。傳統的雙井製程有一些缺點，例如需高溫製程及長擴散時間，來達到所需的深度。這個過程造成表面有最高的摻雜濃度，且摻雜濃度隨著深度增加呈單調性遞減。

為了降低製程溫度和時間，可利用高能量的離子佈植，也就是將離子直接植入到想要的深度，而不須從表面擴散。因為深度是由佈植的能量來決定，因此我們可用不同的佈植能量，來設計不同深度的井。在這個製程下，井的摻雜側圖峰值可位於矽基板中的某個深度，因而被稱為倒退井。圖 9.26 比較倒退井與一般傳統熱擴散井中的雜質側圖 [16]。對於 *n* 型倒退井與 *p* 型倒退井而言，所需的能量分別為 700 keV 及 400 keV。

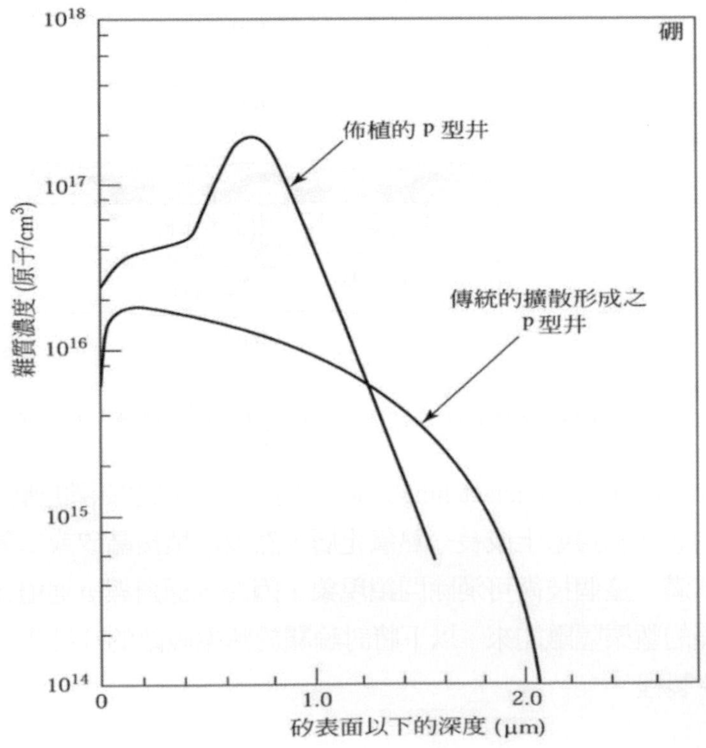

圖 9.26 倒退式 *p* 型井中佈植雜質濃度側圖。圖中也顯示傳統之擴散井 [16]。

如之前所提，高能量佈植的優點為可在低溫及短時間的條件下形成井，故可降低橫向擴散及增加元件密度。倒退井優於傳統井的地方有：(a) 由於在底部的高摻雜，倒退井的電阻係數較傳統井為低，所以可以將閂鎖問題降至最低，(b) 通道阻絕可與倒退井的離子佈植同時形成，減少製程步驟與時間，(c) 在底部較高的井摻雜可以降低源極與汲極發生電場區碰穿（punch-through，或譯貫穿）的機率。

先進隔離技術

傳統的 LOCOS 隔離製程（9.3.1 節）有一些缺點，使得其不適合用於深次微米（0.25 μm 或更小）製造。矽的高溫氧化與長氧化時間造成用於通道阻絕的離子佈植(對 NMOS 而言，通常為硼)侵入主動區(active region)，並導致 V_T 偏移。橫向氧化也會導致主動元件區域的面積減小。此外，場氧化層的厚度在隔離的間隔（spacing）縮至次微米時，明顯會比寬間隔的隔離中的場氧化層為薄。塹渠隔離技術可以有效避免這些問題，因此在 0.25 μm 節點與之後的製程成為主流的隔離技術。

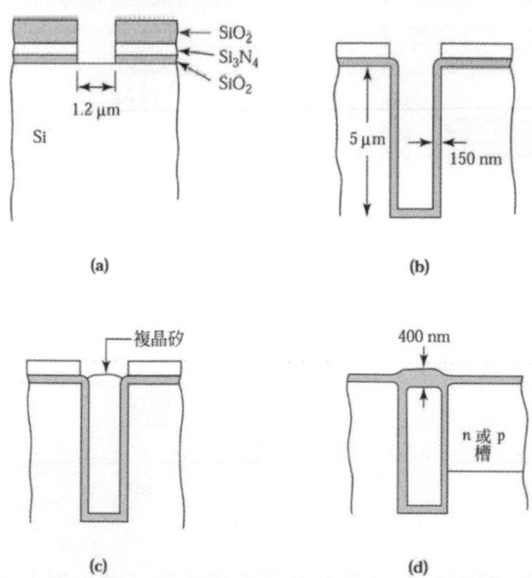

圖 9.27 形成一深而窄塹渠隔離結構之製程順序，(a) 塹渠光罩定義，(b) 蝕刻塹渠及成長氧化層，(c) 沉積複晶矽以填滿塹渠，(d) 平坦化。

圖 9.27 顯示形成深（大於 3 μm）而窄（小於 2 μm）的壍渠隔離技術的製程順序，包含四個步驟：開出圖形、壍渠蝕刻及氧化、填充介電材料，如氧化層或無摻雜的複晶矽、及平坦化。此深壍渠隔離可用於先進 CMOS 與雙載子元件及壍渠式 DRAM。因為隔離材料是利用 CVD 沉積，所以不需要長時間或高溫製程，且可以消除橫向氧化和硼侵入（boron encroachment）的問題。

另一個例子為圖 9.28 所示用於 CMOS 的淺壍渠隔離（shallow trench isolation 或 STI，其深度小於 0.5 μm）。在定義出圖形後（圖 9.28a），蝕刻出壍渠區域（圖 9.28b），接著重新填入氧化層（圖 9.28c）。在此之前，可先進行通道阻絕離子佈植。因為填入的氧化層高過壍渠，所以位於氮化矽上的氧化層須被除去，這可以化學機械研磨（chemical-mechanical polishing，CMP，討論於章節 8.5.4）技術來進行，以得到平整的表面（圖 9.28d）。由於氮化矽對於研磨具有高抵抗性，所以可當作 CMP 製程中的阻擋層。在研磨後，氮化矽和氧化層分別可用磷酸及氫氟酸去除。這個平坦化步驟將有助於接下來定義出複晶矽的圖形及多層內連線製程的平坦化。

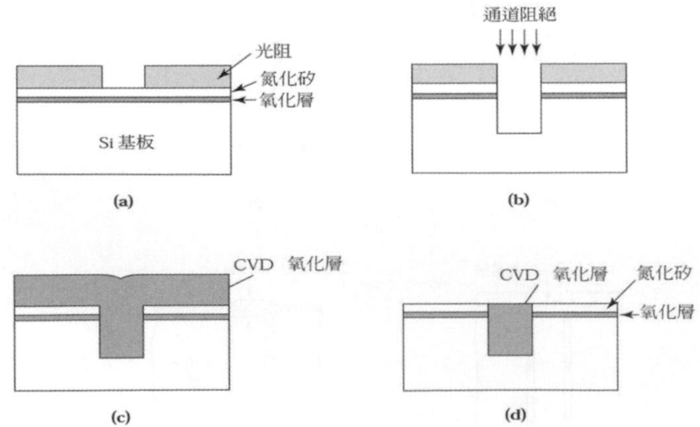

圖 9.28　CMOS 之淺壍渠隔離。（a）利用光阻在氮化矽 / 氧化層上定義圖案，（b）乾式蝕刻與通道阻絕佈植，（c）以化學氣相沉積（CVD）的氧化層填充，（d）化學機械研磨（CMP）製程後平坦之表面。

雙複晶閘技術

如果我們用 n^+複晶矽做為 PMOS 與 NMOS 的閘極，PMOS 的臨界電壓（$V_{Tp} \cong -0.5$ 到 -1.0 V）必須用硼佈植來加以調整，這會使得 PMOS 的通道變為埋藏式（buried channel），如圖 9.29a 所示。當元件尺寸縮小至 0.25 μm 以下時，埋藏式 PMOS 將會遭遇很嚴重的短通道效應（short channel effects）。最值得注意的短通道效應現象為 V_T 下滑（roll-off）、汲極引致能障下降（drain-induced barrier lowering，DIBL）、及在關閉狀態時明顯的漏電流，以致於即使閘極電壓為零時，也會有漏電流經過源極與汲極。為了減輕這個問題，對於 PMOS 而言可以 p^+ 複晶矽來取代 n^+ 複晶矽。由於功函數（work function）的差異（n^+ 複晶矽到 p^+複晶矽有 1.0 eV 的差異），可得到表面 p 型通道元件而不需硼的 V_T佈植調整。因此，當技術縮至 0.25 μm 及以下時，需要採用雙複晶閘（dual-poly）結構，即以 p^+ 複晶矽用於 PMOS，和 n^+複晶矽用於 NMOS（圖 9.29b）。表面通道與埋藏通道的 V_T 比較如圖 9.30 所示。可以注意到在深次微米時，表面通道元件的 V_T 下滑比埋藏通道元件來得緩慢，這使得具有 p^+ 複晶矽的表面通道元件適合於深次微米元件的操作。

為了形成 p^+ 複晶矽閘極，通常會用 BF_2^+ 的離子佈植。然而，在高溫時硼很容易由複晶矽穿過薄氧化層到達矽基板，造成 V_T 的偏移。此外，氟原子的存在也會增加硼的穿透。有幾種方法可以降低這個效應，如：使用快速熱退火（rapid thermal annealing，RTA）可減少在高溫的時間，因此減低硼的擴散；使用氮化氧化層（nitrided oxide）以抑制硼穿透（boron penetration），因為硼可以很容易與氮結合而變得較不易移動；或分幾次沉積多層堆疊的複晶矽，利用層與層間的介面來延遲硼原子的擴散。

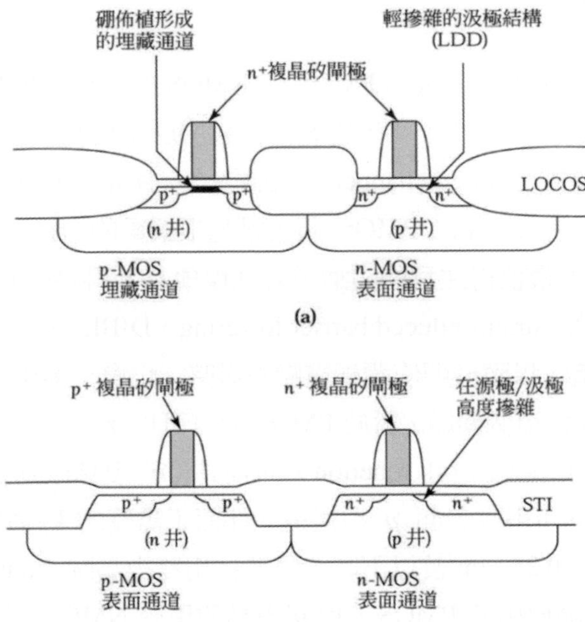

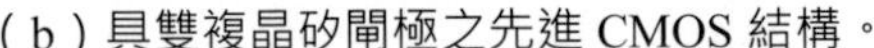

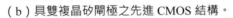

圖 9.29　(a) 具單一複晶矽閘極 ($n+$) 之傳統長通道 CMOS 結構，(b) 具雙複晶矽閘極之先進 CMOS 結構。

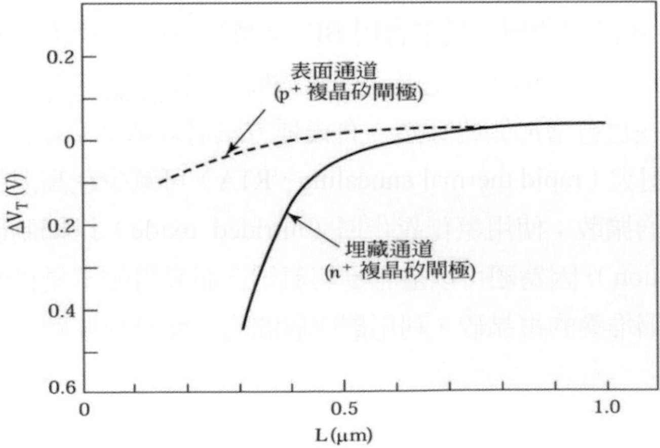

圖 9.30　埋藏式通道與表面式通道的 V_T 下滑。當通道長度小於 0.5 μm 時，V_T 下滑非常快。

形變通道（Strained Channel）技術

形變通道技術是利用製程技巧對電晶體的通道提供特定方向的形變（strain），以有效提升傳輸載子的遷移率（mobility）與驅動電流。其基本原理主要是運用改變通道中的矽晶格常數（晶格間的距離）來改良材料的能帶結構（band structure）。由於在矽材料中電洞與電子的性質不同，所以需求的形變方向有所差異，這使得 CMOS 製程變得更複雜。圖 9.31(a)顯示目前常見用於製造 PMOS 的做法，於元件的源與汲極形成一選擇性磊晶的矽鍺晶體。由於矽鍺具有較矽為大的晶格常數（請見第八章的說明），此結構可以提供下通道壓縮的應力（stress），使矽晶格常數在通道方向變小而使電洞的遷移率增加。需注意的是此作法並不適用於 NMOS，因為反而會使元件性能劣化。NMOS 可以一覆蓋於表面的氮化矽（SiN）層來施加形變通道所需的應力，如圖 9.31(b)所示。此氮化矽提供一往外延伸的應力，如此將張開在通道方向的矽晶格。此氮化矽層可以 LPCVD 或 PECVD 沉積，其中以 PECVD 沉積的薄膜可以藉由控制薄膜中的成份（Si、N、H 等）與物理性質來調控其應力屬性（壓縮或伸張），具有壓縮應力的 SiN 層可用於 PMOS。在實務上，PMOS 與 NMOS 上的 SiN 層須由兩次不同的沉積步驟形成。

高介電／金屬閘（High-k/Metal Gate）技術

在進入奈米級的 IC 生產後，前述雙複晶閘技術由於超薄氧化層的漏電流與複晶閘介面空乏（depletion）效應，難以在對元件的性能提升提供助益，因此已被逐漸被高介電常數介電層／金屬閘技術取代。圖 9.32 顯示一種取代金屬閘（replacement metal gate，RMG）製程，首先使用複晶矽閘／氧化層與傳統佈值流程形成源與汲極，沉積一覆蓋於表面的介電層後以 CMP 平坦化，並將露出的複晶矽與其下的氧化層選擇性地蝕刻去除。之後在遺留下的縫隙中，依序填入高介電氧化層與金屬閘。此金屬閘包括一用以調控 V_T 的介面金屬層與低電阻的金屬（如

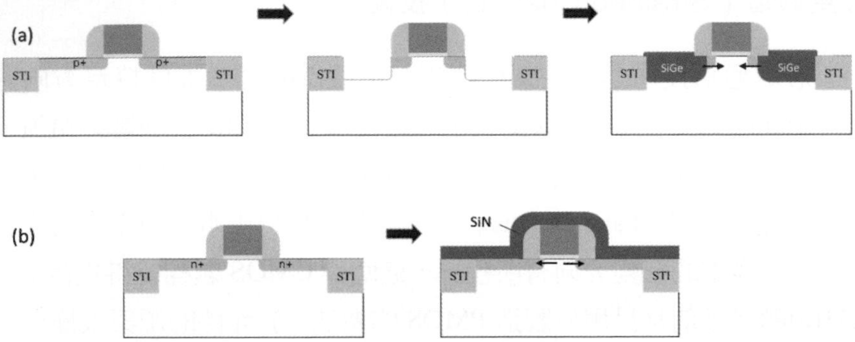

圖 9.31 常見的形變通道技巧：(a) 運用於 PMOS，使用選擇性蝕刻在原來源汲極部分形成一凹槽，在於凹槽內以選擇性磊晶成長一矽鍺層。當矽鍺層形成後將對通道提供一向內擠壓的應力。(b) 運用於 NMOS，在其上方沉積一具有往外延伸應力的 SiN 層，以對通道提供一向外伸張的應力。

W、Al)。此種 RMG 製程由於可以讓高介電氧化層不受源與汲極佈值後高溫退火的影響，所以已成為目前先進晶片製程的主流。

圖 9.33 顯示一個面積約為 567 mm^2、內含 48 核心的微處理器晶方，包含 13 億顆的電晶體[17]。這個 ULSI 晶方採用的是 45nm CMOS 技術、層鋁金屬鍍膜。其中的 CMOS 元件使用前述的形變通道與與取代金屬閘製程。

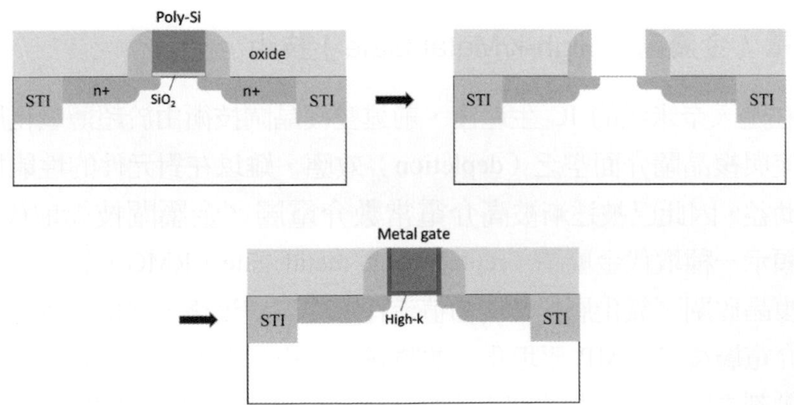

圖 9.32 取代金屬閘的製作流程。其中的金屬閘包含有介面調整 V_T 與低阻值的金屬。

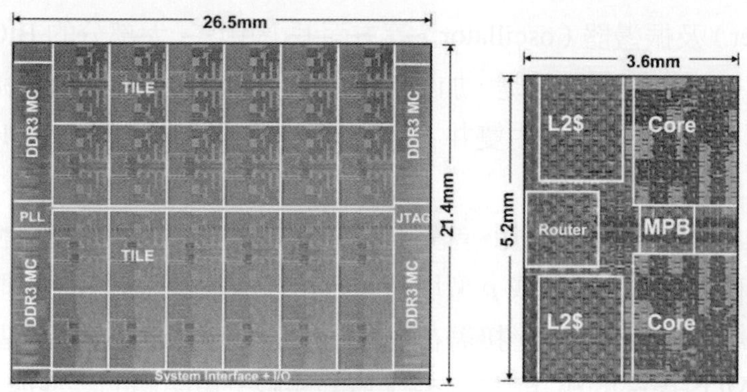

圖 9.33 48 核心微處理器晶片的顯微照相，(a)整顆晶片(b)一個區塊顯微結構（照片來源：Intel）[17]。

9.3.4 雙載子 - 互補式金氧半（BiCMOS）技術

雙載子－互補式金氧半（BiCMOS）是一種結合 CMOS 與雙載子元件結構在單一積體電路內的技術。結合這兩種不同技術的目的，乃冀望製造出同時具有 CMOS 與雙載子元件優點的 IC 晶片。CMOS 在功率耗損、雜訊寬裕度（noise margin）及元件積成密度上有優勢；而雙載子的優點則在於切換速度、電流驅動能力及類比方面的能力。因此，在一特定的設計準則下，BiCMOS 的速度可較 CMOS 快，在類比電路方面較 CMOS 有較佳的表現，比起雙載子元件則具有較低的功率耗損及較高的組件密度。圖 9.34 是一個 BiCMOS 與一個 CMOS 邏輯閘的比較。對於 CMOS 反向器而言，用以驅動（或充電）下一個負載 C_L 的電流是汲極電流 I_{DS}。對於一個 BiCMOS 的反向器而言，電流則為 $h_{fe}I_{DS}$，此處 h_{fe} 是雙載子電晶體的電流增益，I_{DS}是雙載子電晶體的基極電流，其值等於 CMOS 中 M_2 的汲極電流。因為 h_{fe} 遠大於 1，所以速度可以有大量的提升。

BiCMOS 已被廣泛地使用在許多應用上，如早期的 SRAM 電路，目前也已成功地在無線通訊設備上的收發機（transceiver）、放大器

（amplifier）及振盪器（oscillator）等方面派上用場。大部分的 BiCMOS 製程是以 CMOS 製程為基礎，加上一些修改，如增加光罩，來製造雙載子電晶體。下列的例子為由雙井 CMOS 製程修改的高性能 BiCMOS 製程，如圖 9.35 所示[18]。

初始材料為 p 型矽基板。首先形成一 n^+埋藏層，用以降低集極的電阻。之後利用離子佈植形成 p 型埋藏層，藉以增加摻雜濃度，以防止碰穿（punch-through）的產生。接著在晶圓上成長一輕摻雜的 n 型磊晶層，及完成 CMOS 所需的雙井製程。為了達到雙載子電晶體的高性能，需要四道額外的光罩，分別為 n^+埋藏層光罩、深 n^+集極光罩、p 型基極光罩及複晶矽射極光罩。在其他製程步驟方面，用於基極接觸的 p^+區域，可與 PMOS 中源極與汲極的 p^+離子佈植同時形成，n^+射極則可利用 NMOS 中源極與汲極的離子佈植同時完成。和標準 CMOS 製程相比，多出來的光罩及較長的製造時間是 BiCMOS 的主要缺點，這些額外成本換來的優勢為增強的電路性能。

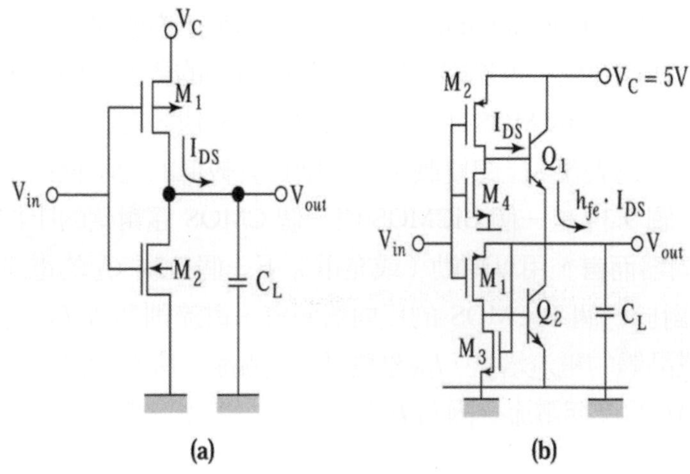

圖 9.34（a）CMOS 邏輯閘，（b）BiCMOS 邏輯閘。

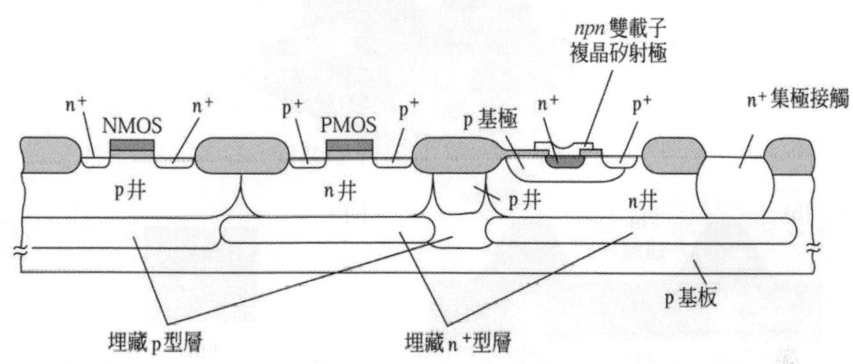

圖 9.35　最佳化 BiCMOS 元件結構。主要特徵包含為改善封裝密度的自我對準之 p 與 $n+$ 埋藏層，在本質背景摻雜的磊晶層上形成分別最佳化的 n 型與 p 型井（雙井 CMOS），及用來改善雙載子性能的複晶矽射極 [18]。

9.3.5 鰭式場效電晶體（FinFET）技術

FinFET 因其立體化的通道形似魚鰭而得名。傳統平面結構 MOSFET 的閘極電壓施加的電場僅能有效調控與通道靠近閘氧化層區域的電位，當通道長度微縮至 30 nm 左右時，在通道下方源極與汲極間的漏電流將難以阻絕，導致漏電流的激增而使元件難以關閉。針對此困擾，FinFET 是有效的解決方案，可以明顯地改良元件的切換特性。圖 9.36a 圖示 FinFET 的結構，圖 9.36b 與 c 分別是沿 A-A 與 B-B 方向的剖面。在圖 9.36b 中可以了解閘極將豎起的通道包夾，一般而言鰭狀通道的厚度會比通道長度小許多，如此有助於閘極偏壓調控通道電位來改良開關特性。元件導通電流方向是沿著側壁，所以鰭狀通道的高度會直接影響導通電流。圖 9.36c 是源極向汲極（B-B）方向的剖面圖，源極與汲極的摻雜側圖需要精確的控制。

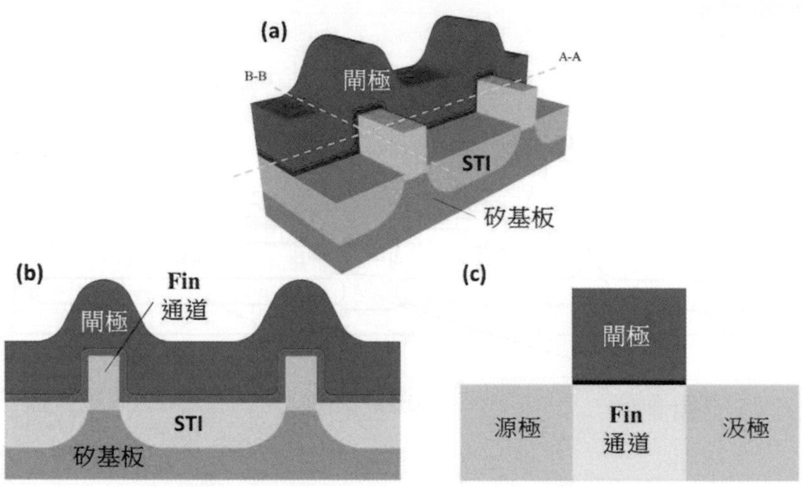

圖 9.36 (a) FinFET 結構俯視圖，其中沿 A-A 與 B-B 方向的剖面圖分別展示於(b)和(c)。

9.4 金半場效電晶體（MESFET）技術

砷化鎵（gallium arsenide）製程技術的新進展，及結合新的製造與電路方法，使得砷化鎵發展與矽相似（silicon-like）的 IC 技術變為可能。與矽相比，砷化鎵本身有三項優點：較高的電子移動率，故在同樣元件尺寸時，其具有較低的串聯電阻；在相同電場下，有較高的漂移速度（drift velocity），所以有較快的元件速度；可以製成半絕緣性（semi-insulating）且提供一個晶格匹配的介電絕緣基板。然而砷化鎵也有三個缺點：少數載子生命期（lifetime，或譯活期）非常短；缺少穩定的原生氧化層（native oxide），表面的護佈（passivation）效果較差；晶體缺陷密度較矽高上好幾個數量級。短暫的少數載子活期與缺少高品質的絕緣薄膜影響砷化鎵雙載子元件發展，也沿遲了以砷化鎵為基板的 MOS 技術的發展。因此，砷化鎵 IC 技術的重點在於 MESFET，其中主要的考量為多數載子的傳輸與金半接觸（metal-semiconductor contact）。

一個典型高性能的 MESFET 製作程式如圖 9.37 所示[19]。在半絕緣的砷化鎵基板上，先以磊晶方式成長一層砷化鎵，接著成長 n^+接觸層（圖 9.37a）。之後蝕刻出如臺地（mesa）的圖形以作為隔離之用（圖 9.37b），然後蒸鍍（evaporation）一層金屬，作為源極和汲極的歐姆接觸（圖 9.37c）。蝕刻出通道凹處（channel recess）後，即進行閘極凹處（gate recess）蝕刻與閘極蒸鍍（圖 9.37d 和 e）。在光阻舉離（lift off）製程之後（圖 9.37e），即完成 MESFET 的製作（圖 9.37f）。

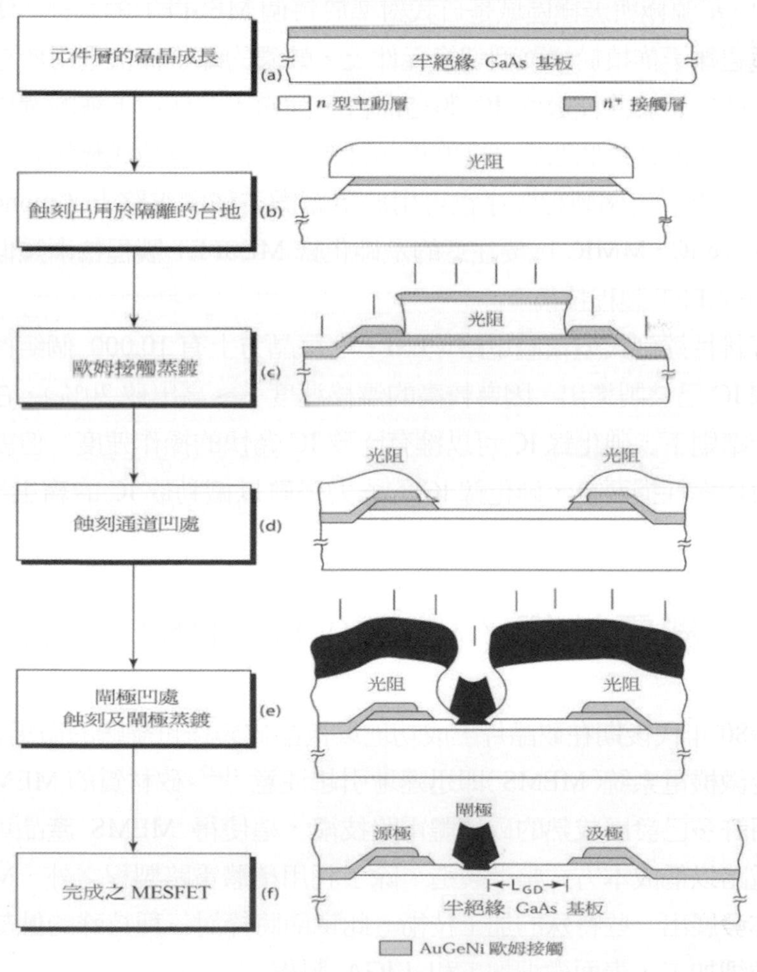

圖 9.37　砷化鎵 MESFET 之製造順序[19]。

n^+ 接觸層可以降低源極與汲極的歐姆接觸電阻。要注意的是，閘極特意向源極偏移以減少源極電阻。磊晶層須有一定厚度，如此才能降低在源極與汲極電阻上的表面空乏效應。閘極電極要求有儘量大的橫切面面積但最小的底部長度（所以有上寬下窄的樣貌），以提供低閘極阻值和最小閘極長度。此外，L_{GD} 的長度（見圖 9.37f）須設計成比閘極－汲極崩潰時空乏區的寬度為大。

一個典型的 MESFET 積體電路製作程式如圖 9.38 所示 [20]。在這個製程中，n^+源極與汲極區域是自我對準於每個 MESFET 的閘極。使用較輕的通道離子佈植於增強型切換元件上，較濃的離子佈植則用於空乏型負載元件。對於此種數位 IC 製造而言，通常不會使用上述的閘極凹處方式，這是因為每個凹處深度的均勻性不易控制，會造成無法容忍的臨界電壓變異。這個製程順序也可用於單石微波積體電路上（monolithic microwave IC，MMIC）。要注意的是砷化鎵 MESFET 製程技術類似於矽基的 MOSFET 製程技術。

複雜性達到大型積體電路（LSI，～每晶方上有 10,000 個組件）的砷化鎵 IC 已被製造出。因為較高的漂移速度（～高出矽 20%），在一樣的設計準則下，砷化鎵 IC 可以擁有比矽 IC 為快的操作速度。但就積成密度與功率耗損而言，砷化鎵 IC 的能力恐難以撼動矽 IC 的霸主地位。

9.5 微機電技術（MEMS TECHNOLOGY）

1980 年代後期在矽晶片上成功地以複晶矽製作可旋轉的微馬達，自此以後微機電系統（MEMS）即迅速地引起注意 [21,22]。矽材質的 MEMS 製作採用許多已發展成熟的矽積體電路技術，這使得 MEMS 產品可類似積體電路以低成本方式整批製造。除了利用積體電路製程之外，MEMS 本身亦發展出一些特殊的加工技術。此章節將探討三種特殊的蝕刻技術：本體微細加工、表面微細加工和 LIGA 製程。

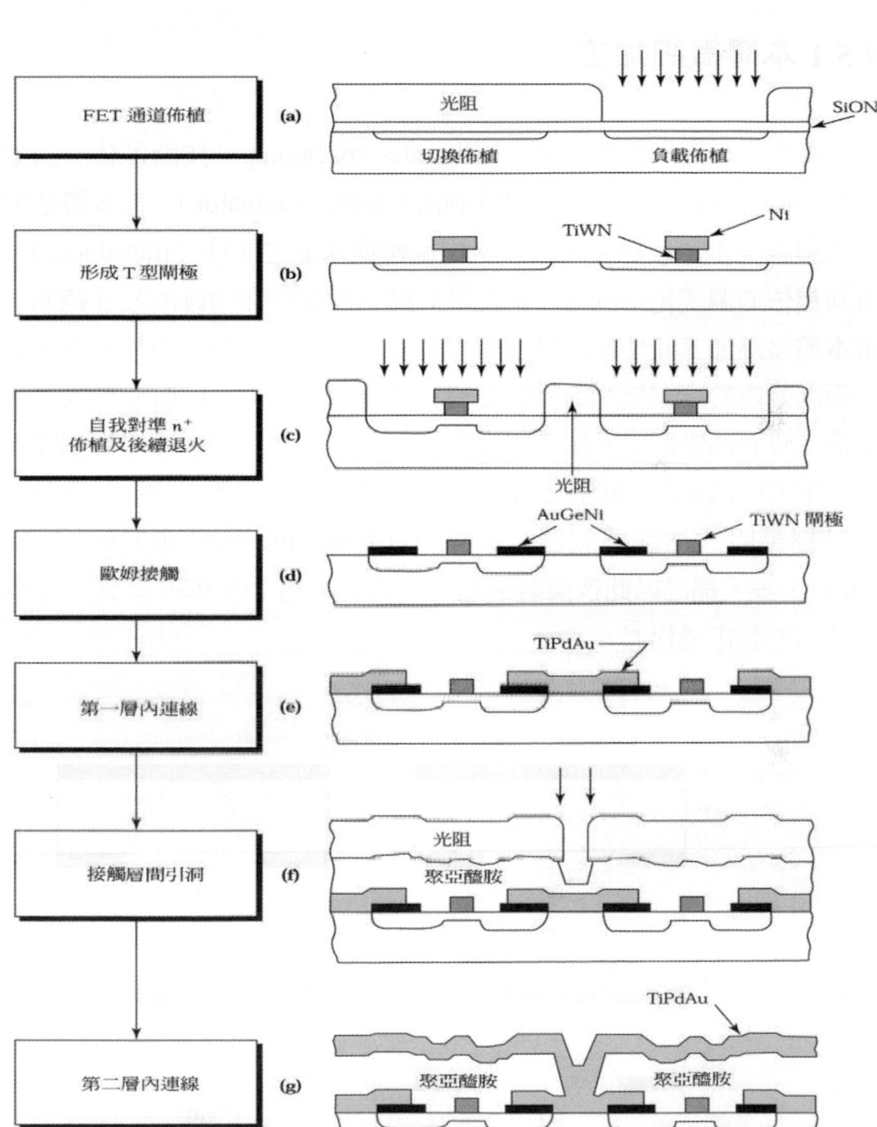

圖 9.38 具主動負載之 MESFET 直接耦合（direct-coupled）FET 邏輯（DCFL）的製程。注意其中的 $n+$源極與汲極是自我對準於閘極[20]。

9.5.1 本體微細加工

微機電表面與本體加工（bulk micromachining）技術是藉由蝕刻大的單晶矽基板以形成元件（如感測器與制動器 actuator）。在本體基板上將薄膜圖案化，以定義隔離區與能量轉換功能之元件（transducer）。與方向相依的濕式化學蝕刻技術提供高解析度蝕刻和精確的尺寸控制。通常本體微細加工元件使用雙面製程，使一面封閉在乾淨的封裝下，而另一面則暴露於所欲量測的變數如機械或化學等信號，以形成自我隔離的結構。雙面結構即使操作在對微電子元件不利的環境中亦非常堅固。一些簡單的機械元件，如膈膜（diaphragm）式壓力感測器、鼓膜（membrane）、和懸樑壓阻式加速感測器（cantilever-beam piezoresistive acceleration sensor）等，都已以此技術製造進行商業的用途。圖 9.39 闡述一簡單矽膠鼓膜的製作過程 [23]。

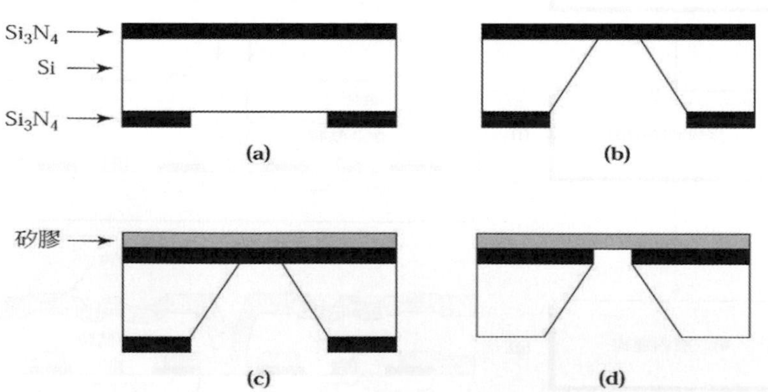

圖 9.39　簡單的矽膠鼓膜製造過程：(a) 氮化矽沉積與定義圖案，(b) KOH 蝕刻，(c) 矽膠旋佈，(d) 背面氮化矽移除 [23]。

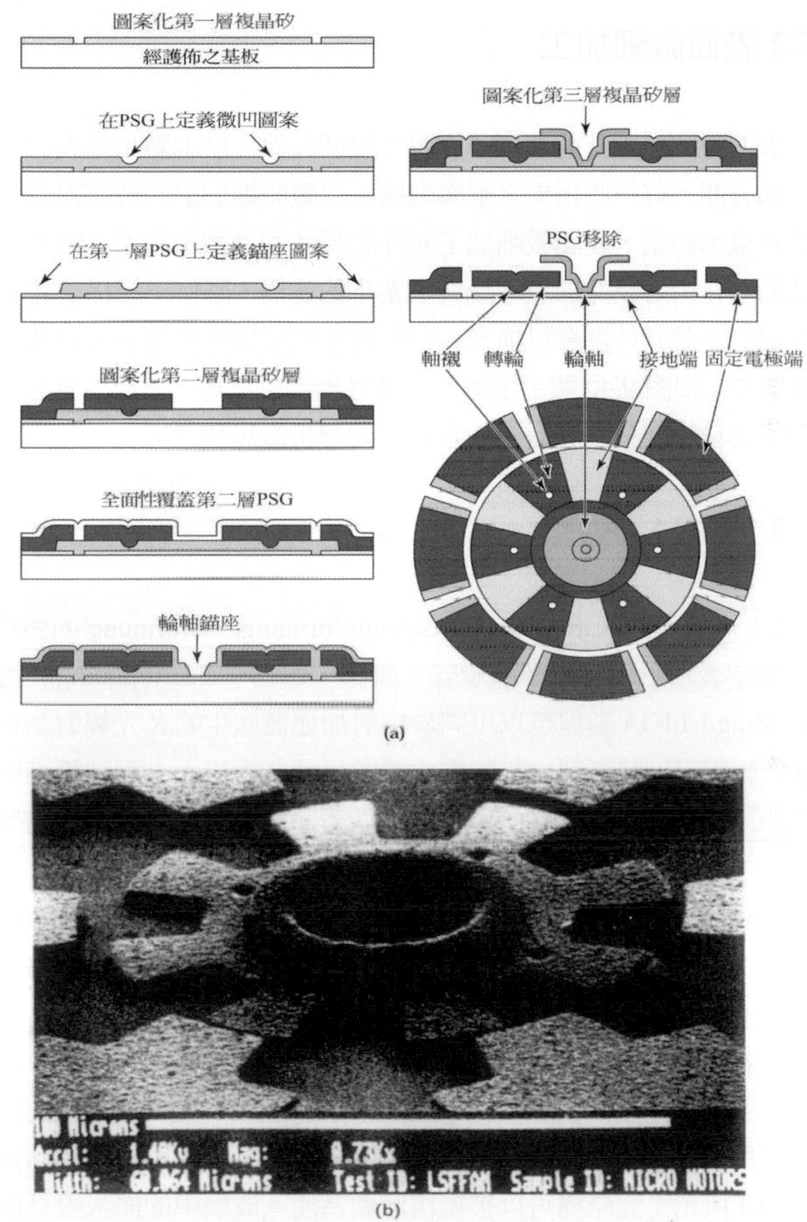

圖 9.40　(a) 靜電微馬達的犧牲層製作流程，其中的 PSG 為含磷玻璃。(b) 微馬達圖片 [22]。

9.5.2 表面微細加工

表面微細加工技術純以薄膜製作整個元件。以本體和薄膜材質製作的結構之間，有一些相異之處與取捨。本體微細加工的感測器之尺寸典型值在毫米範圍，表面微細加工元件的尺寸則為微米範圍。表面微細加工技術可藉由薄膜的層層堆疊與圖案化的建構，製作出結構複雜的元件，而多層的本體元件則難以構建。自由懸空與可移動的部分可以藉由犧牲層來製作，如圖 9.40 顯示出如何以犧牲層蝕刻技術，做出清晰分明，轉輪與中心輪軸間只容許有次微米誤差的靜電微馬達 [22]。

9.5.3 LIGA 製程

LIGA 為德文 Lithographic, Galvanoformung, Abformung 的縮寫 [24]。這三個字表示三個基本製程步驟：微影、電鑄（electroplating）與製模（molding）。LIGA 製程是以以同步幅射加速器產生的 X 光輻射為基礎。LIGA 製程可以將多種材料製作成橫向尺寸為微米大小而結構高度為數百微米之微結構。它潛在的應用範圍涵蓋微電子、感測器、微光學、微機械加工和生物科技等領域。

LIGA 製程的一個例子如圖 9.41 所示。一層 300 μm 到 500 μm 以上厚度的 X 光光阻沉積在具導電表面的基板上，微影的圖案是由高度聚光之 X 光輻射，經由 X 光光罩長時間曝光而成，如圖 9.41a 所示；顯影處理後，在厚光阻上形成花朵形狀的塹渠結構，如圖 9.41b 所示；接著以電鍍方式於暴露出的底部導電表面上形成金屬膜，使填滿塹渠空間並覆蓋光阻的上表面，如圖 9.41c 所示；除去光阻後，即形成金屬結構，如圖 9.41d 所示；此結構可以被重複地做為注入成模中的嵌入模具使用，以形成多個原電鍍基座的塑膠複製品，如圖 9.41e 所示；接著這些電鍍的基座複製品可用來電鍍許多金屬結構而成最後成品，如 9.41f 和 g 所示。

LIGA 製程特出的優點為，可以製作如本體微細加工元件般厚的三維結構，而仍然可以維持如表面微細加工般的設計彈性。然而，最初的同步輻射曝光製程是非常昂貴的步驟，另外脫模步驟可能會導致原來嵌入模具的退化。

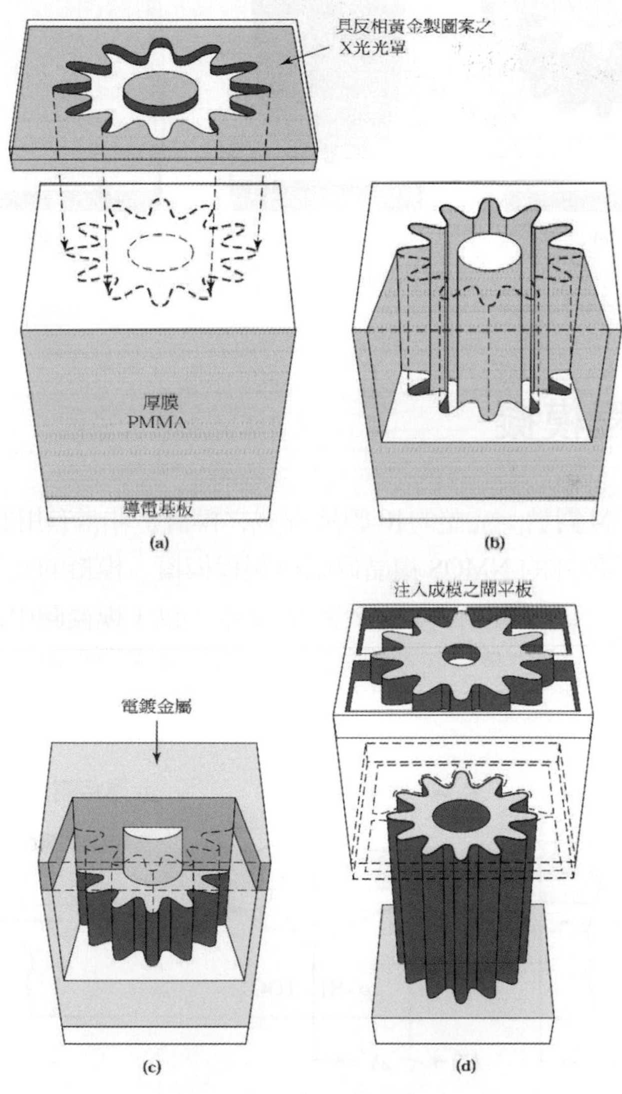

圖 9.41 LIGA 製程[24]。

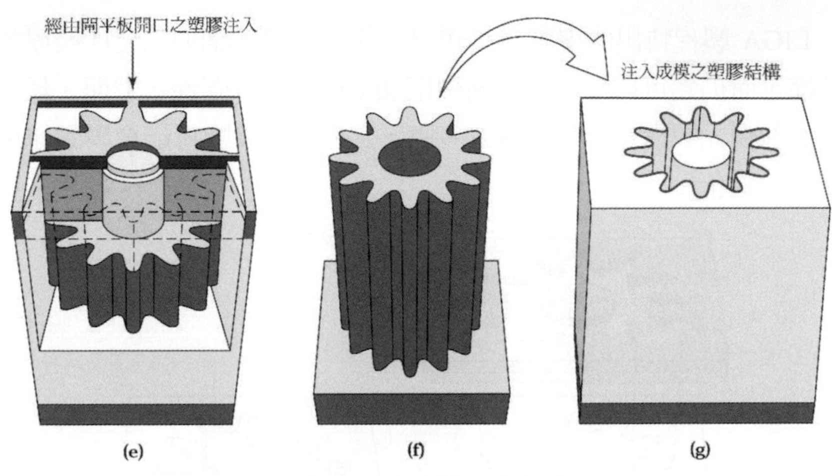

圖 9.41 LIGA 製程（接上頁）

9.6 製程模擬

SUPREM 對於一完整的 IC 製造程式之模擬是非常有用的[25]。比如，考慮 9.3.1 節所述的 NMOS 複晶矽閘極製程模擬。模擬的元件剖面圖如前圖 9.17c 所示，這裡再次顯示於圖 9.42 中。以下模擬圖中元件區截線 A–A′，B–B′與 C–C′等三個垂直區域，分別代表元件中央、源／汲極區域與場區域。

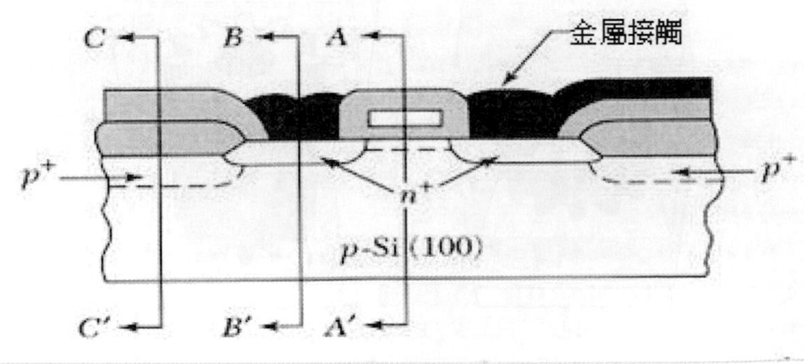

圖 9.42 用於 SUPREM 模擬的 NMOS 元件。

總共使用五個 SUPREM 輸入層次模擬該結構。第一層次模擬元件的主動區域直到製程進行到形成閘極與源汲極區域前。第二與第三層次由第一層次的結果開始，並分別完成閘極與源汲極區域製程。於第一層次的結尾藉由使用 SAVEFILE 命令以儲存結構，接續於第二、第三層次的 INITIALIZE 命令中使用儲存的結構。第四層次與於第一層次相似，除了模擬的是場區域的製程。第五層次則完成場區域製程。

整個製程順序如下：

1. 起始為一高電阻率、<100> p 型矽基板。
2. 成長一 400 Å SiO_2 墊氧化層。
3. 沉積一 800 Å 氮化矽層於墊氧化層頂部。
4. 去除主動區域外的氮化矽區域。
5. 植入硼原子於場區域。
6. 植入硼原子於場區域。
7. 於 1000°C 以濕氧氧化場區域 3 小時。
8. 蝕刻主動區域至矽層。
9. 植入硼原子以設定 MOSFET 臨界電壓。
10. 成長一 400 Å 閘極氧化層。
11. 沉積 0.5 μm 複晶矽。
12. 藉由 $POCl_3$ 摻雜磷於複晶矽內。
13. 蝕刻閘極區域外的複晶矽區域。
14. 植入砷原子以形成源汲極。
15. 於 1000°C 乾氧下驅入源汲極的砷元素 10 分鐘。
16. 形成閘極、源極與汲極區域的接觸孔。
17. 沉積磷摻雜 SiO_2（磷玻璃）於晶圓表面。
18. 於 1000°C、30 分鐘緩流磷玻璃。
19. 再次形成接觸孔並沉積鋁。

圖 9.43、9.44 與 9.45 分別顯示閘極（*A–A′*剖面）、源汲極（*B–B′*剖面）與場區域（*C–C′*剖面）的摻雜輪廓圖。SUPREM 輸入串列如下所示：

```
TITLE           NMOS Polysilicon Gate-Deck 1
COMMENT         Active device region initial processing
COMMENT         Initial silicon substrate
INITIALIZE      <100> Silicon Boron Concentration=1e15
COMMENT         Grow 400A pad oxide
DIFFUSION       Time=40 Temperature=1000 DryO2
COMMENT         Deposit 800A CVD nitride
DEPOSITION Nitride Thickness=0.08
COMMENT         Grow field oxide
DIFFUSION       Time=180 Temperature=1000 WetO2
COMMENT         Etch to silicon surface
ETCH            Oxide all
ETCH            Nitride all
ETCH            Oxide all
COMMENT         Implant boron to shift threshold voltage
IMPLANT         Boron Dose=4e11 Energy=50
COMMENT         Grow gate oxide
DIFFUSION       Time=30 Temperature=1050 DryO2 HCl%=3
COMMENT         Deposit polysilicon
DEPOSITION Polysilicon Thickness=0.5 Temperature=600
COMMENT         Dope the polysilicon using POCl3
DIFFUSION       Time=25 Temperature=1000 Phosphorus solidsol
PRINT           Layers
PLOT            Chemical Boron Phosphor Net
SAVEFILE        Structure Filename=nmosactiveinit.str
```

```
STOP            End Deck 1

TITLE           NMOS Polysilicon Gate-Deck 2
COMMENT         Gate region
COMMENT         Initial silicon substrate
INITIALIZE      Structure=nmosactiveinit.str
COMMENT         Implant arsenic for source/drain regions
IMPLANT         Arsenic Dose=5e15 Energy=150
COMMENT         Drive-in arsenic and re-oxidize source/drain regions
DIFFUSION       Time=30 Temperature=1000 DryO2
COMMENT         Etch contact holes to gate, source, and drain regions
ETCH            Oxide
COMMENT         Deposit phosphorus-doped SiO2 using CVD
DEPOSITION Oxide Thickness=0.75 C.phosphor=1e21
COMMENT         Reopen contact holes
ETCH            Oxide
COMMENT         Deposit Aluminum
DEPOSITION Aluminum Thickness=1.2
PRINT           Layers
PLOT            Chemical Boron Arsenic Phosphor Net
STOP            End Deck 2

TITLE           NMOS Polysilicon Gate-Deck 3
COMMENT         Source/drain regions
COMMENT         Initial silicon substrate
INITIALIZE      Structure=nmosactiveinit.str
COMMENT         Etch polysilicon and oxide over source/drain regions
ETCH            Polysilicon
```

```
ETCH            Oxide
COMMENT         Implant arsenic for source/drain regions
IMPLANT         Arsenic Dose=5e15 Energy=150
COMMENT         Drive-in arsenic and re-oxidize source/drain regions
DIFFUSION       Time=30 Temperature=1000 DryO2
COMMENT         Etch contact holes to gate, source, and drain regions
ETCH            Oxide
COMMENT         Deposit phosphorus-doped SiO2 using CVD
DEPOSITION Oxide Thickness=0.75 C.phosphor=1e21
COMMENT         Reflow glass to smooth surface and dope contact holes
DIFFUSION       Time=30 Temperature=1000
COMMENT         Reopen contact holes
ETCH            Oxide
COMMENT         Deposit Aluminum
DEPOSITION Aluminum Thickness=1.2
PRINT           Layers
PLOT            Chemical Boron Arsenic Phosphor Net
STOP            End Deck 3

TITLE           NMOS Polysilicon Gate-Deck 4
COMMENT         Isolation region initial processing
COMMENT         Initial silicon substrate
INITIALIZE      <100> Silicon Boron Concentration=1e15
COMMENT         Grow 400A pad oxide
DIFFUSION       Time=40 Temperature=1000 DryO2
COMMENT         Implant boron to increase field doping
IMPLANT         Boron Dose=1e13 Energy=150
COMMENT         Grow field oxide
```

```
DIFFUSION     Time=180 Temperature=1000 WetO2
COMMENT       Implant boron to shift threshold voltage
IMPLANT       Boron Dose=4e11 Energy=50
COMMENT       Grow gate oxide
DIFFUSION     Time=30 Temperature=1050 DryO2 HCl%=3
COMMENT       Deposit polysilicon
DEPOSITION Polysilicon Thickness=0.5 Temperature=600
COMMENT       Dope the polysilicon using POCl3
DIFFUSION     Time=25 Temperature=1000 Phosphorus solidsol
PRINT         Layers
PLOT          Chemical Boron Phosphor Net
SAVEFILE      Structure Filename=nmosfieldinit.str
STOP          End Deck 4

TITLE         NMOS Polysilicon Gate-Deck 5
COMMENT       Isolation region final processing
COMMENT       Initial silicon substrate
INITIALIZE    Structure= nmosfieldinit.str
COMMENT       Etch polysilicon and oxide over source/drain regions
ETCH          Polysilicon
ETCH          Oxide Thickness=0.07
COMMENT       Implant arsenic for source/drain regions
IMPLANT       Arsenic Dose=5e15 Energy=150
COMMENT       Drive-in arsenic and re-oxidize source/drain regions
DIFFUSION     Time=30 Temperature=1000 DryO2
COMMENT       Deposit phosphorus-doped SiO2 using CVD
DEPOSITION Oxide Thickness=0.75 C.phosphor=1e21
COMMENT       Reflow glass to smooth surface and dope contact holes
```

```
DIFFUSION       Time=30 Temperature=1000
COMMENT         Deposit Aluminum
DEPOSITION Aluminum Thickness=1.2
PRINT           Layers
PLOT            Chemical Boron Arsenic Phosphor Net
STOP            End Deck 5
```

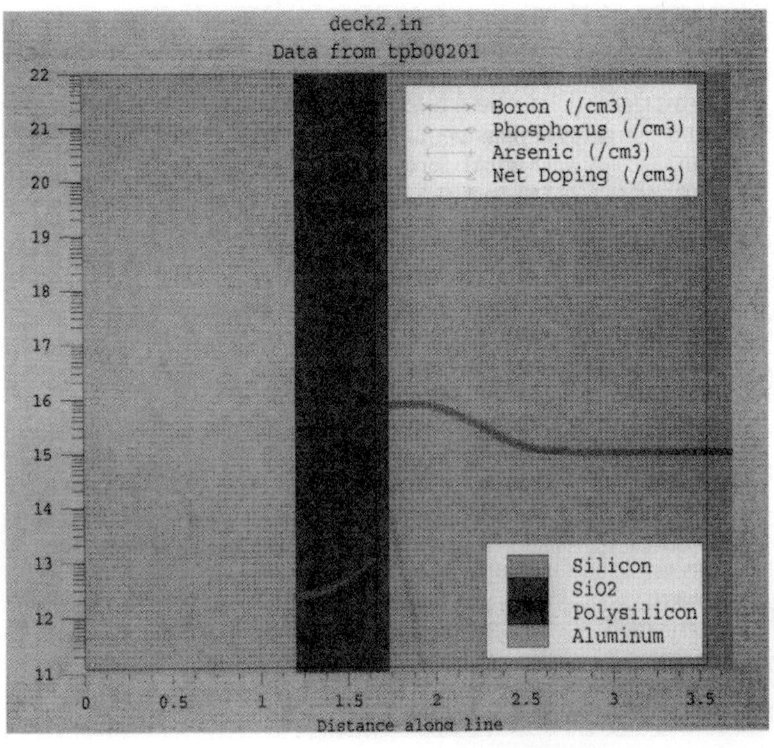

圖 9.43 在閘極區中的摻雜分佈

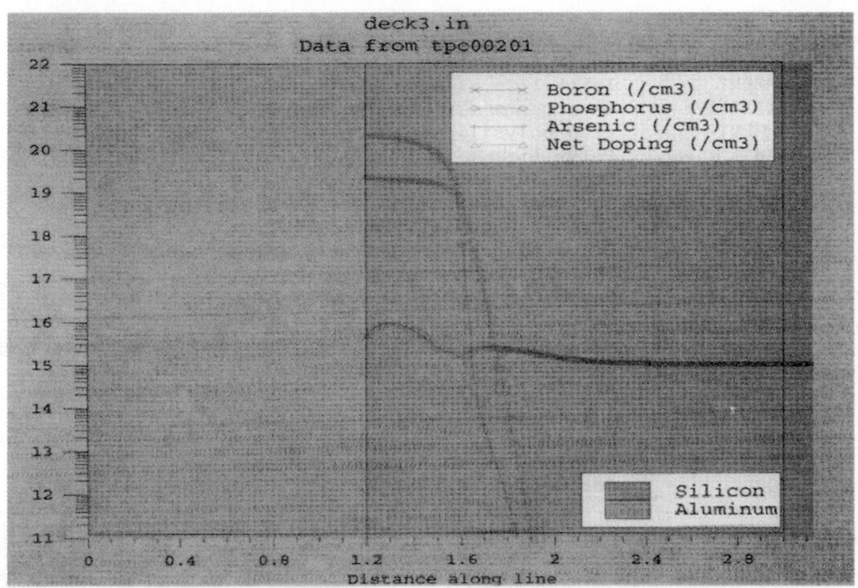

圖 9.44 在源 / 汲極區中的摻雜分佈。

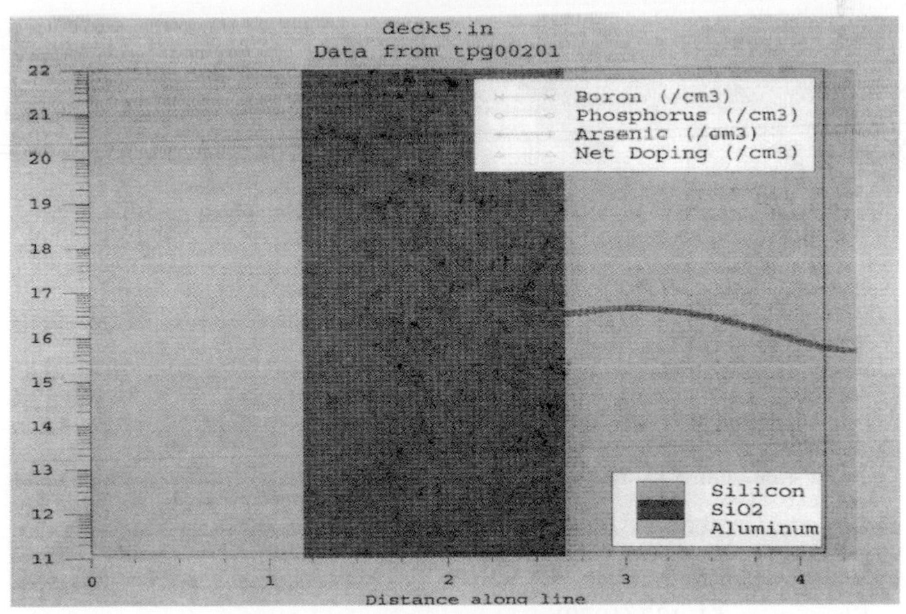

圖 9.45 在場區（field region）中的摻雜分佈。

9.7 總結

在本章中討論了被動組件、主動元件、積體電路與 MEMS 的製程技術。包括雙載子電晶體、MOSFET、MESFET 等三種主要 IC 技術都已在本章詳加討論。由於整體成效遠較其他電晶體技術為優的性能，MOSFET 仍會保持其技術主流的地位且短期內難以被取代。同時因為新興製程技術的引用，如形變通道、高介電常數介電層與金屬閘、鰭式通道等，使 CMOS 微縮至 10 nm 以下變成可能。

微機電系統（MEMS）是一個新興重要的領域，其採用 IC 製作中的微影和蝕刻技術，可應用於感測、汽車電子、射頻通訊等產品的應用。MEMS 本身也發展出特殊的蝕刻技術：本體微細加工使用晶向相依的蝕刻製程、表面微細加工使用犧牲層、而 LIGA 製程則使用高度聚光之 X 光微影。

參考文獻

1. For a detailed discussion on IC process integration, see C. Y. Liu and W. Y. Lee, "Process Integration," in C. Y. Chang and S. M. Sze, Eds., *ULSI Technology*, McGraw-Hill, New York, 1996.
2. T. Tachikawa, "Assembly and Packaging," in C. Y. Chang and S. M. Sze, Eds., *ULSI Technology*, McGraw-Hill, New York, 1996.
3. T. H. Lee, Ch.2 in *The Design of CMOS Radio-Frequency Integrated Circuits*, Cambridge University Press, Cambridge, U.K., 1998.
4. D. Rise, "Isoplanar-S Scales Down for New Heights in Performance," *Electronics*, **53**, 137 (1979).
5. T. C. Chen *et al*., "A Submicrometer High-Performance Bipolar

Technology," *IEEE Electron Device Lett.*, **10**(8), 364, (1989).

6. G. P. Li *et al.*, "An Advanced High-performance Trench-Isolated Self-Aligned Bipolar Technology," *IEEE Trans. Electron Devices*, **34**(10), 2246 (1987).
7. W. E. Beasle, J. C. C. Tsai, and R. D. Plummer, Eds., *Quick Reference Manual for Semiconductor Engineering*, Wiley, New York, 1985.
8. R. W. Hunt, "Memory Design and Technology," in M. J. Howes and D. V. Morgan, Eds., *Large Scale Integration*, Wiley, New York, 1981.
9. A. K. Sharma, *Semiconductor Memories—Technology, Testing, and Reliability*, IEEE, New York, 1997.
10. U. Kang *et al.*, "8Gb 3D DDR3 DRAM Using Through-Silicon-Via Technology", *Int. Solid-State Circuits Conference*, p.130 (2009).
11. F. Matusoka *et al.*, "A New Flash EEPROM Cell Using Triple Polysilicon Technology," *IEEE Tech. Dig. Int. Electron Devices Meet.*, p. 464 (1984).
12. U. Hamann, "Chip Cards—The Application Revolution," *IEEE Tech. Dig. Int. Electron Devices Meet.*, p. 15 (1997).
13. C. Trinh *et al.*, "A 5.6 MB/s 64Gb 4b/cell NAND Flash Memory in 43nm CMOS", *Int. Solid-State Circuits Conference*, p.246 (2009).
14. H. Tanaka *et al.*, "Bit Cost Scalable Technology with Punch and Plug Process for Ultra High Density Flash Memory," *Symp. on VLSI Tech.*, p.14 (2007).
15. R. D. Rung, H. Momose, and Y. Nagakubo, "Deep Trench Isolation CMOS Devices," *IEEE Tech. Dig. Int. Electron Devices Meet.*, p. 237 (1982).
16. D. M. Brown, M. Ghezzo, and J. M. Primbley, "Trends in Advanced CMOS Process Technology," *Proc. IEEE*, p. 1646 (1986).
17. J. Howard *et al.*, "A 48-Core IA-32 Message-Passing Processor with

DVFS in 45nm CMOS", *Int. Solid-State Circuits Conference*, p.108 (2010).
18. H. Higuchi *et al.*, "Performance and Structure of Scaled-Down Bipolar Devices Merge with CMOSFETs," *IEEE Tech. Dig. Int. Electron Devices Meet.*, p. 694 (1984).
19. M. A. Hollis and R. A. Murphy, "Homogeneous Field-Effect Transistors," in S. M. Sze, Ed., *High- Speed Semiconductor Devices,* Wiley, New York, 1990.
20. H. P. Singh *et al.*, "GaAs Low Power Integrated Circuits for a High Speed Digital Signal Processor," *IEEE Trans. Electron Devices*, **36**, 240 (1989).
21. C. H. Mastrangelo and W. C. Tang, "Semiconductor Sensor Technology," in S. M. Sze, Ed., *Semiconductor Sensors*, Wiley, New York, 1994.
22. L. S. Fan, Y. C. Tai, and R. S. Muller, "IC-Processed Electrostatic Motors," *IEEE Tech. Dig. Int. Electron Devices Meet.*, p. 666 (1988).
23. X. Yang, et al., "A MEMS Thermopneumatic Silicone Rubber Membrane Valve," *Sens. Actuators*, **A64**, 101 (1998).
24. W Ehrfeld *et al.*, "Fabrication of Microstructures Using the LIGA Process," *Proc. IEEE Micro Robots and Teleoperators Workshop*, Hyannis, MA, Nov. (1987).
25. C. P. Ho and S. E. Hansen, *SUPREM III User's Manual*, Stanford University, 1983.

習題 （*指較難習題）

9.1 節 被動組件

1. 已知一導線的片電阻為 1 kΩ/□，試算出在一 2.5 × 2.5 mm 晶片上，以 2 μm 線寬，4 μm 的間距（即在平行線中心間的距離）的該導線所能製造的最大電阻。
2. 設計一個可用以製造電容值為 5 pF 的 MOS 電容光罩組。氧化層厚度為 30 nm，假設最小窗的尺寸為 2 ×10 μm 及最大的對正誤差（registration error）為 2 μm。
3. 試完整地繪出在基板上製作具有三圈螺旋形電感所需的光罩組中之每一道光罩。
4. 請設計一個 10 nH 方形螺旋型電感，其內連線的全長為 350 μm，每圈間的間距為 2 μm。

9.2 節 雙載子電晶體技術

5. 試繪出一個箝制電晶體的電路圖與元件剖面圖。
6. 請確認下列用於自我對準之雙複晶矽雙載子電晶體結構中的步驟，其目的為何：（a）圖 9.13a 中，位於塹渠內的未摻雜複晶矽，（b）圖 9.13b 中的複晶矽 1，（c）圖 9.13d 中的複晶矽 2。

9.3 節 金氧半場效電晶體技術

*7. 在 NMOS 製程中，初始材料為 *p* 型，10 Ω-cm <100> 晶向的矽晶圓。利用 30 keV，10^{16} /cm^2 的砷離子佈植，經過 25 nm 閘極氧化層，形成源極與汲極。（a）估計元件的臨界電壓變化。（b）試繪出沿著垂直於表面且經過通道區域或是源極區域之座標上的摻雜

側圖。

8. (a)為何在 NMOS 製程中，會偏好使用 <100> 晶向的晶圓？(b) 若用於 NMOS 元件的場氧化層太薄的話，將會有何缺點？(c) 複晶矽閘極用於閘極長度小於 3 μm 時，會有何問題產生？可用其他材料取代複晶矽嗎？(d) 如何得到自我對準的閘極及其優點為何？(e) P 型玻璃的用途為何？

*9. 考量一個浮停閘非揮發性記憶體而言，其下端絕緣層之介電常數為 4，厚度為 10 nm；在浮停閘上方之絕緣層其介電常數為 10，厚度為 100 nm。如果在下端的絕緣層中電流密度 J 表示為 $J = \sigma E$，其中 $\sigma = 10^{-7}$ S/cm，而在另一絕緣層中的電流小到可以忽略，試算出當一電壓 10V 施加於控制閘 (a) 0.25 μs 及 (b) 足夠長的時間以致於在下端絕緣層的 J 變為可忽略不計時，所產生的元件臨界電壓漂移。

10. 試完整地繪出圖 9.24 中 CMOS 反向器的光罩組中之每一個光罩。特別注意以圖 9.24c 中的剖面圖為作圖比例。

*11. 一個 0.5 μm 數位 CMOS 技術有 5 μm 寬的電晶體。最小的導線寬為 1 μm，金屬鍍膜層為 1 μm 厚之鋁。假設 μ_n 為 400 cm^2/V-s，d 是 10 nm，V_{DD} 為 3.3 V，臨界電壓為 0.6 V。最後，假設當 NMOS 電晶體可提供的最大電流時，一截面積為 1 μm^2 的鋁導線載可容忍的最大壓降為 0.1 V。試問其可容許最長的導線常度為何？利用簡單的平方定律與長通道模型，預測 MOS 驅動電流（鋁的電阻係數為 2.7×10^{-8} Ω-cm）。

12. 繪出下列製程步驟中，雙井 CMOS 結構的剖面圖：(a) n 型槽佈植；(b) p 型槽佈植；(c) 雙槽驅入；(d) 非選擇性 p^+ 源極與汲極佈植；(e) 以光阻作為遮罩時，選擇性 n^+ 源極與汲極佈植；(f) 沉積 P 型玻璃。

13. 為何在 PMOS 中會使用 p^+ 複晶矽閘極？

14. PMOS 的 p^+ 複晶矽閘極中，什麼是硼穿透問題？要如何消除此問題？

15. 為了得到好的介面性質，在高介電常數材料與基板間需沉積一層緩衝層。試計算出其等效氧化層厚度，如果堆疊閘極介電層結構為（a）0.5 nm 氮化矽的緩衝層；及（b）10 nm 的 Ta_2O_5。
16. 試說明 LOCOS 技術的缺點及淺塹渠隔離技術的優點。

9.4 節 金半場效電晶體技術

17. 用於圖 9.38f 中的聚亞醯胺（polymide）其目的為何？
18. 在 GaAs 上，不易製作雙載子電晶體與 MOSFET 的理由為何？

9.5 節 製程模擬

*19. 使用 SUPREM 模擬 9.2.1 節所敘述的雙載子製程。沿著下列的垂直剖面圖描繪出摻雜輪廓：（a）從基極接觸孔頂部，（b）從射極接觸孔頂部，與（c）從集極接觸孔頂部。

*20. 使用 SUPREM 模擬圖 9.24 所敘述的 CMOS 製程。沿著下列的垂直剖面圖描繪出摻雜輪廓：（a）經過 PMOS 源汲極區域，（b）經過 PMOS 閘極區域，（c）經過 NMOS 源汲極區域，與（d）經過 NMOS 閘極區域。

第十章 積體電路製造

製造定義為將未加工原料轉變為成品之過程。如圖 10.1 所示，一個製造運作可透過圖表看作成一個以未加工材料供應當作輸入，商業成品當作輸出之系統。在積體電路製造中，輸入材料包括半導體晶圓、絕緣體、摻雜物和金屬，輸出物則為 IC 本身。出現在 IC 製造中的製程類型已在本書中先前章節之主題討論，包括氧化和沉積製程，以及光學微影、蝕刻和摻雜（佈植和／或擴散）。

但是，當 IC 成品可以被使用至不同商業電子系統和產品之前（如電腦、手機和數位相機），必須執行一些其他重要製程，包括電性測試和構裝。測試對於出產高品質產品是必要的。品質需要所有產品合格於某組特定規格，以及對製程中任何變異性的降低。維持品質通常包括使用統計製程管制。一個經過設計的實驗是非常有用的工具來發現影響品質特性的重要變數。統計實驗設計是一個強而有力的方式，以有系統地改變可控制的製程條件，並決定它們對量測品質的輸出參數之影響。

用來評鑑任何製造過程的一個關鍵度量是成本，而且成本會直接受到良率（yield）之影響。良率指的是製造之產品可符合所要求規格的比例。良率跟總製造成本成反比關係：良率越高，成本越低。最後，電腦整合製造之目標，在於藉由使用電腦硬體和軟體技術的最新發展來最佳化電子製造的成本效益。

本章將敘述這些觀念，特別是以下主題：

- 電性測試和測試結構。
- 電子構裝製程。
- 統計製程管制和以 IC 製造背景之實驗設計。
- IC 良率和不同良率模型。
- 電腦整合製造系統。

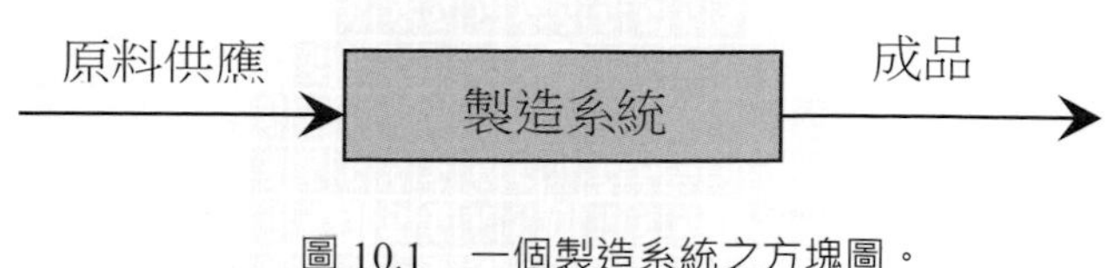

圖 10.1　一個製造系統之方塊圖。

從系統層級觀點來看，IC 製造幾乎與生產過程的所有部份交錯著，包含設計、製造、整合、組裝、測試和構裝。最終結果是一個達到所有特定性能、品質、成本和可靠度需求之電子系統。

10.1 電性測試

執行於測試結構上的電性量測是評定積體電路良率的主要方式（見 10.5 節），以及產品性能的其他指標。這些量測執行於製程中和完成階段。除此之外，最終產品的電性測試對於確保品質是相當重要的。這些觀念將在接下來的一些次章節中較仔細的討論。

10.1.1 測試結構

為了評定半導體晶圓上由微粒、污染或其他來源所造成的缺陷之影響，需使用特別設計的測試結構。這些結構，也就是製程控制監測器（process control monitors，PCMs），包含個別的電晶體、個別的導電性材料之線材、MOS 電容器和內連接監測器（interconnect monitors）等。產品晶圓一般包含幾個分佈遍及於表面的 PCMs，不是在晶片位置上就是在晶片之間的切割線中（見圖 10.2）[1]。

經由 PCM 結構的線上量測可以檢驗在不同製造階段的製程品質。圖 10.3[1] 顯示三種典型的內連接測試結構。使用這些測試結構，可

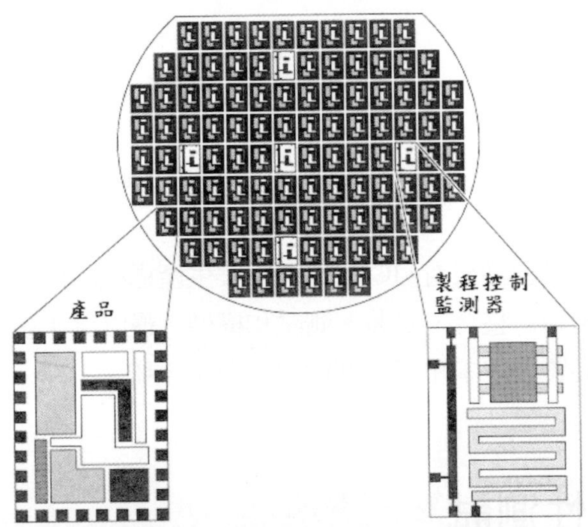

圖 10.2　在一典型半導體晶圓上產品和製程控制監測器之配置 [1]。

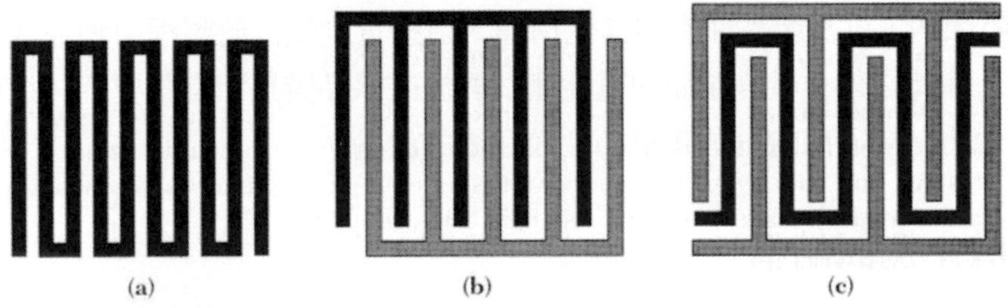

圖 10.3　內連接層的基本測試結構 [1]。(a)曲流（meander)結構，(b)雙梳（double-comb）結構，(c)梳 - 曲流 - 梳（comb-meander-comb）結構。

測量評定缺陷的存在，並可利用簡單的電阻量測短路或開路的存在來推定這些缺陷。例如，經由量測曲流（meander）結構的端對端電阻的增加量，可以容易地偵測到線路開路的發生。同樣地可以使用雙梳（double-comb）結構來偵測短路，因為連接兩梳間的任何額外的導電性材料會大大地降低兩梳之間的電阻。梳－曲流－梳（comb-meander-comb）結構結合這兩種結構的特徵，可允許短路和開路的偵測。在測試結構中不同線寬和間距的組合，允許在不同尺寸的缺陷上統計資料的蒐集。

10.1.2 最終測試

在製造完成時的功能測試是製程品質和良率最終的裁決者，其目的是確保所有的產品的性能可以符合原先所設計的規格。積體電路的測試過程主要取決於所測試的晶片的種類是邏輯或記憶體元件。無論是何種元件，自動測試設備（automated test equipment，ATE）提供一個量測觸發訊號給晶片並紀錄結果。ATE 主要的功能是輸入圖樣產生、圖樣應用和輸出回應偵測 [2]。

在每一功能性測試週期內，於一特定序列時 ATE 傳送輸入向量通過晶片，輸出回應被接收並與預期結果比較。此序列對於每一輸入圖樣重複地進行。通常需要在不同供應電壓和操作溫度下執行測試，以確保元件能在所有可能操作區域中的操作能力。輸出標記中故障的數目和序列，表示製造過程的錯誤。

測試結果可以多種方式來表示 [2]，圖 10.4 和圖 10.5 為其中的兩個例子。圖 10.4 所顯示的是對一假設的雙極產品之二維平面圖，稱之為「緒姆圖」（shmoo plot）。在一緒姆圖中，所圍起來之陰影區是元件所要操

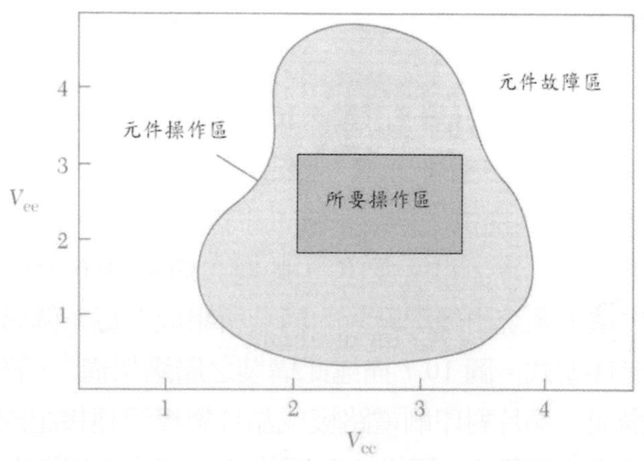

圖 10.4　一雙極 IC 的二維電壓緒姆圖 [2]。

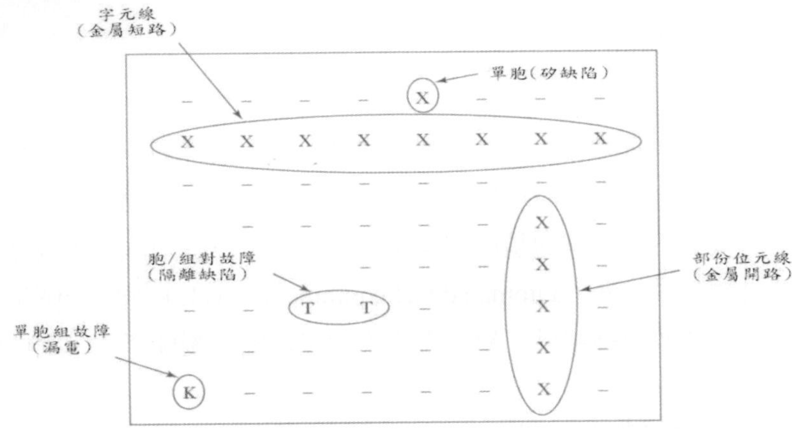

圖 10.5 格網圖顯示故障圖樣和缺陷型式之例子[2]。

作的區域，而外面的空白區則表示為故障區。另一典型測試輸出是如圖 10.5 所示的「格網圖」(cell map)。格網圖在鑑別和隔離元件故障是非常有用的，尤其是對於記憶體陣列。除此之外，產生於格網圖內的圖樣可被編譯、記載並與現存缺陷型式資料庫比較，因此可幫助故障的診斷。

10.2 構裝

粗略地定義，構裝指的是一組連接 IC 和電子系統之技術與製程。可將電子產品想像成人體，就像身體一般，這些產品有著相似於「頭腦」的 IC，而電子構裝不僅提供「神經系統」也提供「骨架系統」。構裝負責內連接、提供電力、冷卻和保護 IC，此概念如圖 10.6 所示[3]。

大體來說，電子系統由幾個層級的構裝所組成，每一個層級有著其獨特的內連接元件型式。圖 10.7 描述此構裝之層級架構[4]。層級 1 由晶片上內連接所構成。晶片對印刷電路板或晶片對模組連接組成層級 2，而板對板內連接構成層級 3。層級 4 和層級 5 分別由次組裝間的連接和系統間的連接（如電腦對印表機）所組成。

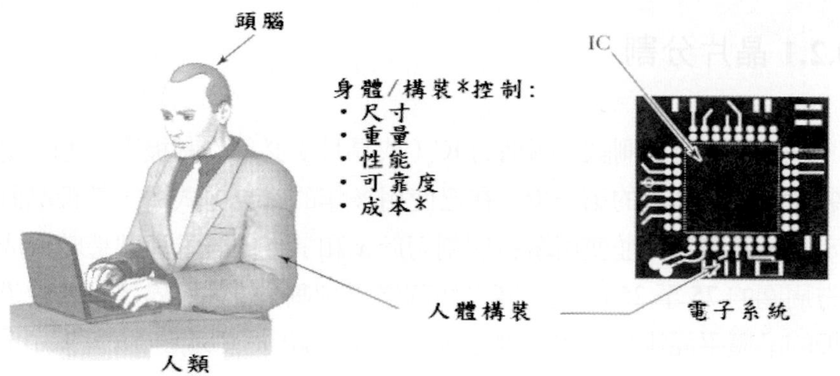

圖 10.6 電子構裝和人體之間的相似關係[3]。

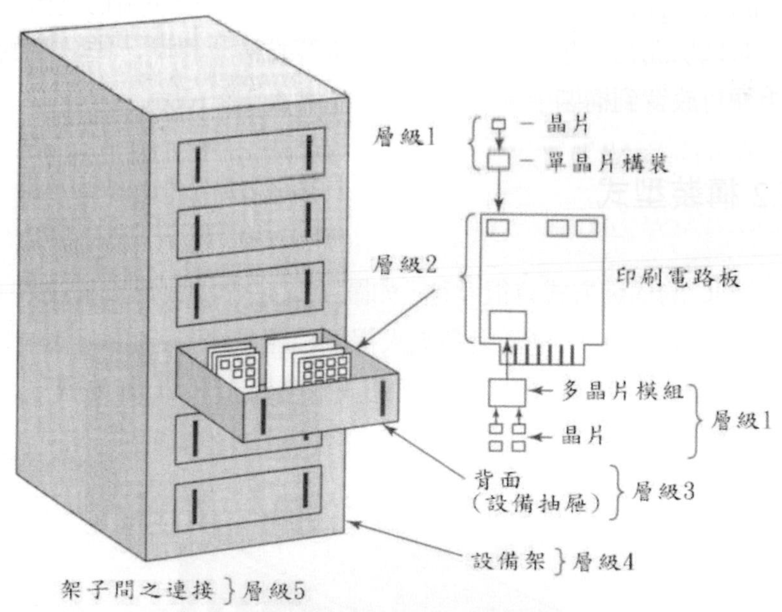

圖 10.7 電子構裝層級架構[4]。PCB 為印刷電路板（printed circuit board）；MCM 為多晶片模組（multichip module）。

10.2.1 晶片分割

以下的功能性測試，個別的 IC（或晶片）必須從基板上分割，這在構裝製程中是基本的第一步。在已使用多年的常見方式中，基板晶圓被固定在一載台上，並使用鑽石切割刀於 x 和 y 方向，沿著製造時形成於晶方周圍的 75 至 250 μm 寬度之切割邊界刻劃，這些邊界儘可能地沿著基板的晶體平面排列。在刻劃之後，晶圓從載台上移除，並上下顛倒地放置在一柔軟的支架上。然後以滾筒施以壓力，使沿著切割道切開晶圓。此步驟須小心完成，以使對個別晶片的損害降至最低。

更多現今的晶片分割製程使用鑽石切割機取代鑽石切割刀。在此程序中，晶圓附著於一麥拉（mylar）膜黏著片上，然後使用切割機刻劃晶圓或完整地切開它。在分割之後，晶方從麥拉膜上移除，被分離的晶方接下來便可放置到構裝中。

10.2.2 構裝型式

單個 IC 的構裝方式有很多種。如圖 10.8 所示的雙排直插構裝（dual in-line package，DIP），是當大多數人提到積體電路時所想像到的構裝型式。DIP 於西元 1960 年代發展後迅速成為主要的 IC 構裝方式，並長期主導電子構裝市場。DIP 可以塑膠或陶瓷材料製成，後者也稱為 CerDIP。

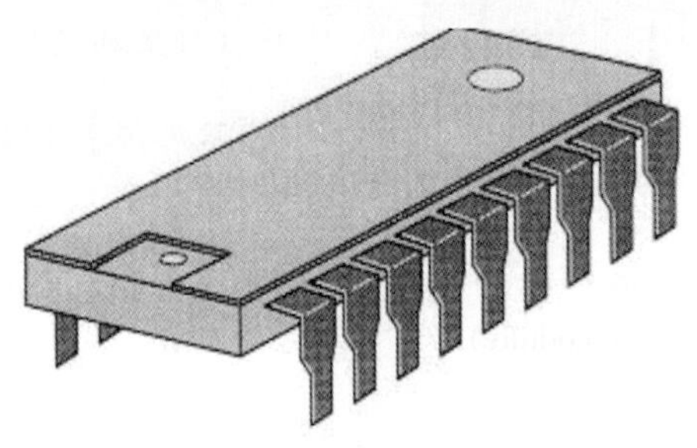

圖 10.8　雙排直插構裝[4]。

CerDIP 是一個 DIP 由兩片陶瓷板夾起來構成，引腳從陶瓷板間延伸出來。

在西元 1970 和 1980 年代，發展表面黏著構裝（surface mount package）以因應較高密度內連接之需求。相較於 DIP，表面黏著構裝的引腳並無穿透過其所鑲嵌之印刷電路板（PCB）。這表示構裝可以鑲嵌於電路板的兩面上，因而可允許較高的密度。此類構裝的一個例子為圖 10.9 所示的方形扁平構裝（quad flatpack，QFP），其四邊上皆有引腳，如此可更進一步地增加輸入／輸出（I/O）連接的數目。

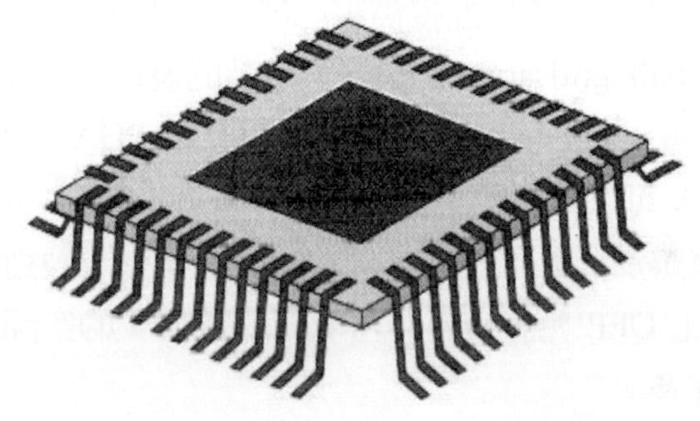

圖 10.9　方形扁平構裝 [4]。

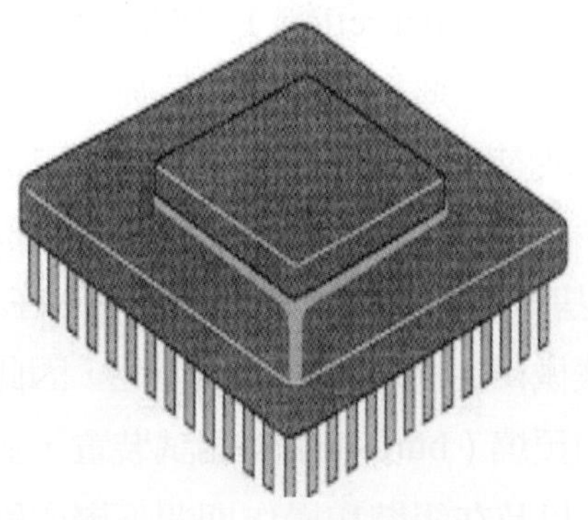

圖 10.10　針柵陣列構裝 [4]。

圖 10.11 球格陣列構裝 [4]。

最近，更多數量的 I/O 連接需求已導致針柵陣列（pin grid array，PGA）和球格陣列（ball grid array，BGA）構裝的發展（分別如圖 10.10 和圖 10.11 所示）。與 QFP 的 200 個 I/O 密度相比，PGA 有著將近 600 個 I/O 密度，而 BGA 可以有高於 1000 個 I/O 密度。BGA 可由在構裝底面上的銲錫凸塊來辨別。對於 QFP，引腳間距越緊密，製造良率就會很快地下降。BGA 比 QFP 允許較高的密度並占據較少的空間，但其製程相對地也要昂貴許多。

最近的構裝發展是晶片級構裝（chip scale package，CSP），如圖 10.12 所示，其定義為構裝大小不超過 1.2 倍 IC 晶片尺寸，通常是微小化的球格陣列型式。它們被設計為覆晶黏著（flip-chip mounted，見 10.2.3 節）並使用傳統設備和迴焊（solder reflow）。典型 CSP 係在製作外部電力和 I/O 訊號之接觸結構時一起進行，並且在晶圓切割前封裝已完成的矽晶片。實質上，CSP 提供內連接架構給 IC，如此在晶圓切割前，每一個晶片有著傳統完整構裝 IC 的所有功能（例如外部電接觸、已完成矽片封裝）。此方法的兩個基本特色是引腳和內插板層（在 IC 上的附加層，用來提供電功能性和機械穩定性）有足夠的彈性，因此已構裝的元件可順應於用來完整測試和預燒（burn-in）的測試裝置，並且此構裝可適應垂直方向的不平面性，以及在組裝和操作期間下層印刷電路板的熱膨脹和收縮。

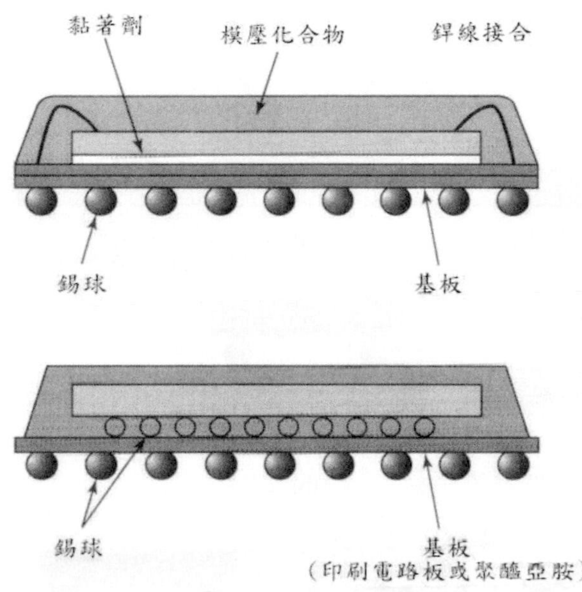

圖 10.12 兩個典型 CSP 之實例[3]。

10.2.3 接著方法論

一個 IC 必須黏著和接合至構裝上，並且在可以使用於電子系統前，此構裝必須接附（attach）至一個印刷電路板上。接附 IC 的方法屬於層級 1 構裝（Level 1 packaging）。用來接合裸晶片至構裝上的技術，對在製造中的電子系統之基本電性、機械性質和熱性質有很大的影響。晶片對構裝的內連接一般可藉由銲線接合（wire bonding）、捲帶自動接合（tape-automated bonding，TAB）或覆晶接合（flip-chip bonding）來完成（見圖 10.13）。

銲線接合

銲線接合是最古老的接著方式，並且對少於 200 個 I/O 連接的晶片而言仍是主要的技術。銲線接合需要以金線或鋁線連接晶片接合墊和構

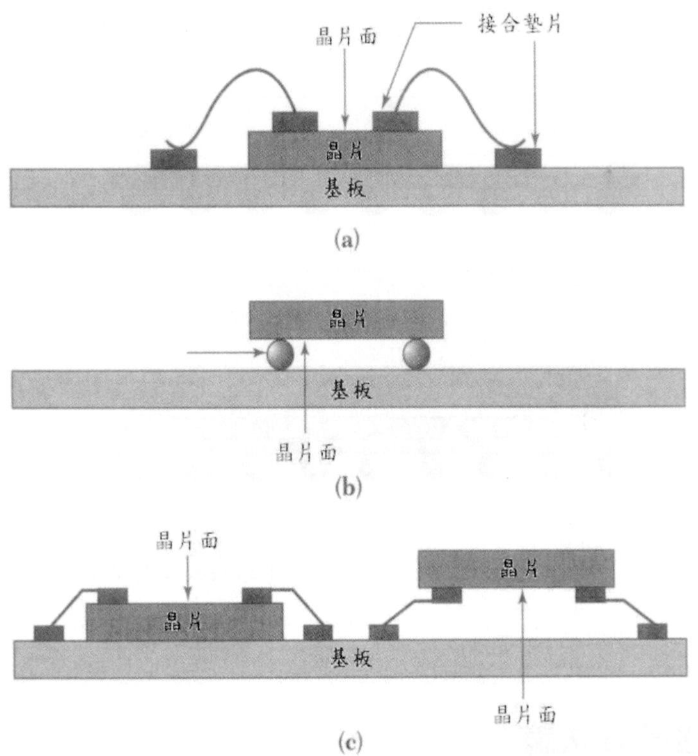

圖 10.13 (a)銲線接合，(b)覆晶接合，(c)捲帶自動接合之說明圖[4]。

裝接觸點。IC 首先使用熱傳導黏著劑來將其接著至基板上，並使其接合墊面向上，然後使用超音波接合（ultrasonic bonding）、熱音波接合（thermosonic bonding）或熱壓接合（thermocompression bonding）等方式，使金線或鋁線接著於接合墊和基板之間[5]。雖然已自動化，此過程仍相當費時，因為每一條線必須各自單獨進行接著。

在熱壓技術中（圖 10.14），線軸經由一加熱的毛細管來送出細線（直徑 15-75 μm）。然後以氫焰或電子點火熔融金線的末端，使形成球狀。此金球接下來放置到晶片的接合墊上，並且降低毛細管並施壓，利用毛細管的壓力和熱使金球變形成「釘頭」形狀。（基板溫度保持在 150°C 至 200°C，接合界面溫度為 280 °C 至 350 °C 之間）。接下來，提升毛細管，從線軸送線並使線位於構裝基板上。至此構裝體之接點為楔形接點，其由毛細管邊緣使線變形所產生。然後毛細管上移，金屬線便可斷於接點邊緣附近。

高溫下鋁的氧化使其較無法在線的末端形成良好的球；除此之外，許多環氧樹脂不能承受熱壓接合的溫度。超音波接合是一種較低溫度之選擇，其靠著壓力和快速機械震動之結合來形成接點（圖 10.15）。此方法中，線軸經由接合工具的小洞送線，當超音波震動頻率在 20 到 60 kHz 時，接合工具下降至接合位置上，使金屬變形和流動（即使在室溫下）。在構裝的接點形成後，接合工具便抬升起來，以夾鉗將線拉起並使其斷線。

熱超音波接合是其他兩種技術的結合。基板溫度維持在 150 °C 左右，使用超音波震盪和施壓，使金屬受到壓力而流動形成銲接點。熱超音波接合機是相當地快速－可以每秒產生 5 至 10 接點。

捲帶自動接合

捲帶自動接合（TAB）發展於西元 1970 年代早期，經常用來將構裝接合至印刷電路板上。在 TAB 中，晶片首先黏著於含有重複銅內連接圖樣的彈性高分子捲帶（通常是聚醯亞胺）（圖 10.16）。銅引腳由微影蝕刻定義出來，並且引腳圖樣可以含有數以百計的接點。將 IC 墊片排列至捲帶上金屬內連接列後，使用熱壓法來產生接著（圖 10.17）。金凸塊形成於晶片或捲帶其中之一的面上，其用來將晶片接合至捲帶上的引腳。

TAB 的優點是所有的接點同時形成，所以可大幅改進製造產量。但是，除非所有的引腳共平面，否則就會有可靠度的問題。TAB 亦需要多層的複合冶金銲錫凸塊。一般來說，這些凸塊使用金或鋁來當作主要的成分，並以鈦或鎢當作擴散能障以避免形成合金。此外，特定的捲帶只能用於與其內連接圖樣匹配的晶片和構裝，使得 TAB 成為一種需要定做之製程，因而其接合設備相對而言較為昂貴。

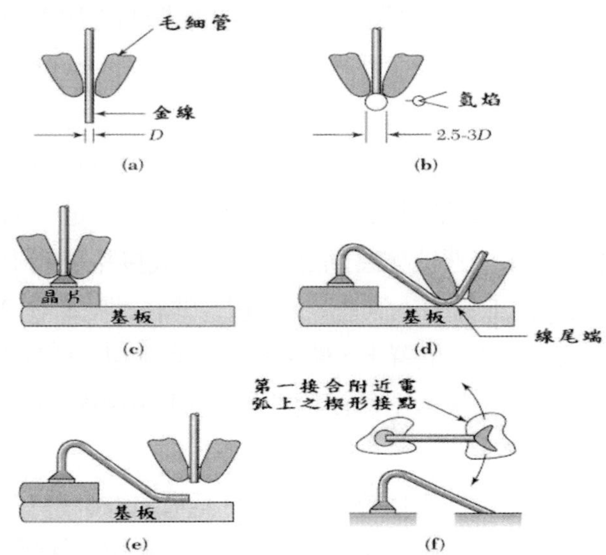

圖 10.14 熱壓接合製程 [5]。(a)在毛細管中的金線，(b)金球形成，(c)接合，(d)線圈和邊緣接合，(e)在邊緣上燒斷金線，(f)球－楔形接點。

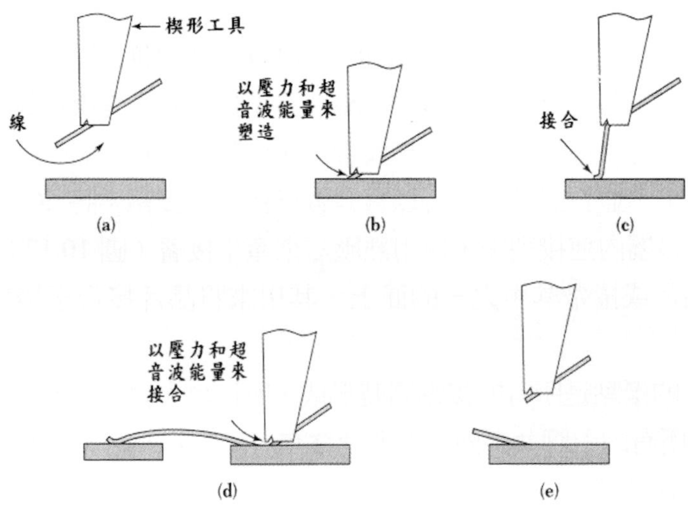

圖 10.15 超音波接合製程 [5]。(a)楔形工具引導線至構裝上，(b)壓力和超音波能量使形成接點，(c 和 d)楔形工具供線並在 IC 上改變位置。(e)在接點上斷線。

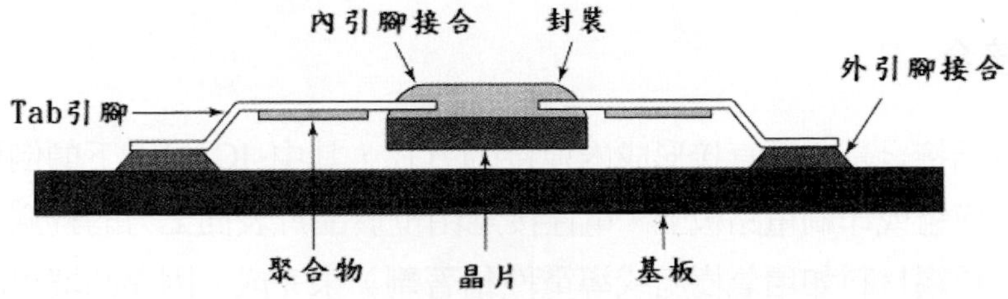

圖 10.16　捲帶自動接合[4]。

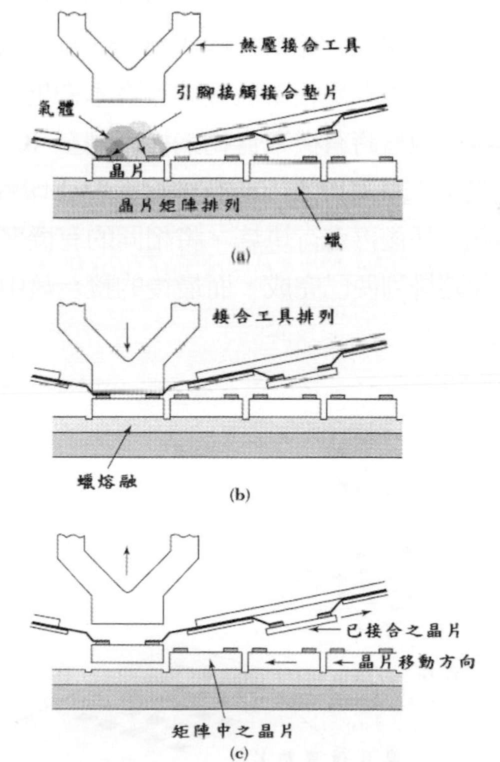

圖 10.17　TAB 製程[5]。(a)引腳下降至接合位置並在接合墊上排列，(b)接合工具下降並產生接合，(c)提升接合工具和膜因此一個新的晶片可以移動到接合位置上。

覆晶接合

覆晶接合是一種直接形成內連接的方式，其中 IC 是上下顛倒地黏著於一模組或印刷電路板上。電性接點由位於晶片表面上方的銲錫凸塊（或非銲錫材料如環氧樹脂或導電性黏著劑）來完成。因為凸塊可設置在晶片上的任何位置，所以覆晶接合可確使晶片和構裝的內連接距離達到最小化。I/O 密度只受到兩相鄰接合墊片間的最小距離之限制。

在覆晶製程中，晶片面向下地放置到模組基板上，因此晶片上的 I/O 墊片會對準基板上的墊片位置而排列（圖 10.18）。接下來使用迴焊製程來同時形成所有所需的接點。相較於銲線接合，此可大幅地增進產量。但是，凸塊的製造過程本身是相當地複雜和資本密集。

非銲錫覆晶技術包含將有機聚合物鋼板印刷至 IC 上，而留下未覆蓋的接合墊片。接下來將高導電性的有機聚合物膠印刷至接合墊片上，使形成非銲錫凸塊，然後再進行烘烤。將相同的有機聚合物印刷至基板上的接合墊片，此時排列便已完成，而最後的接合藉由施壓和加熱凸塊來形成。

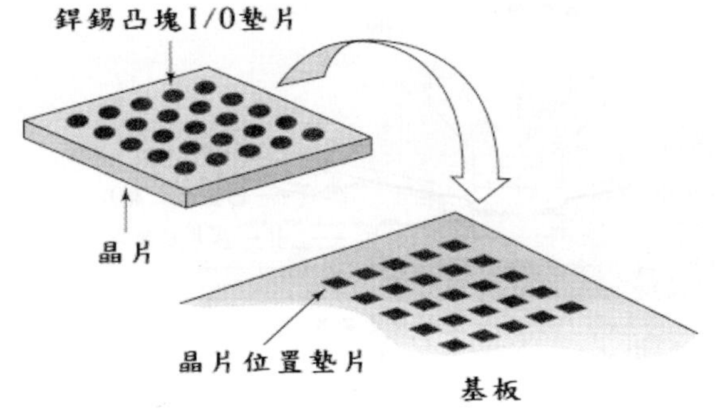

圖 10.18　覆晶接合 [4]。

10.3 統計製程管制

IC 製造過程必須穩定、可重複和高品質以產出性能可接受之產品。這意味著在製造 IC 中的每一個環節（包含操作員、工程師和管理）皆須連續不斷地追求改善製程輸出和減少變異性。變異性之降低大部份藉由嚴謹的製程管制來完成。此節焦點集中在利用統計製程管制（statistical process control，SPC）技術之方式來達成高品質的產品。

SPC 指的是一個強而有力的問題解決工具，用來達成製程穩定性和減少變異性。管制圖（control chart）或許是這工具中主要和最精華的技術。此管制圖是由貝爾電話實驗室（Bell Telephone Laboratory）的蕭瓦（Walter Shewhart）博士在西元 1920 年代[6]所發展的，因此也被稱為蕭瓦管制圖（Shewart control chart）。

製程圖表是一種線上的 SPC 技術，用來偵測製程工作中變動的發生，因此可進行調查和校正動作來將表現錯誤的製程回復至控制之下。典型的管制圖如圖 10.19 所示。此圖表以圖示的方式表示試片對應試片數目或時間所測量的品質特性。其包含有(a)中心線（center line），表示相對應於控制中狀態的特性平均值；(b)管制上限（upper control limit，UCL）；(c)管制下限（lower control limit，LCL）。管制界限的選擇是使製程如果在統計管制下，幾乎所有的取樣點將繪製在上下管制界限內。假使品質特性的變異數（variance）為 σ^2 而特性的標準差為 σ，那麼管制界限一般設定為中心線的上下$\pm 3\sigma$，在管制界限外的點表示該製程已失控。

10.3.1 計數值管制圖

一些品質特性不能簡單地由數字來表示。舉例來說，我們可能擔心銲線接合是否有缺陷。在這情況下，接合被歸類為有缺陷或無缺陷的（或合格的或不合格的），並且沒有與接合品質相關聯的數值。此類型的品質特性被稱為屬性（attributes）。

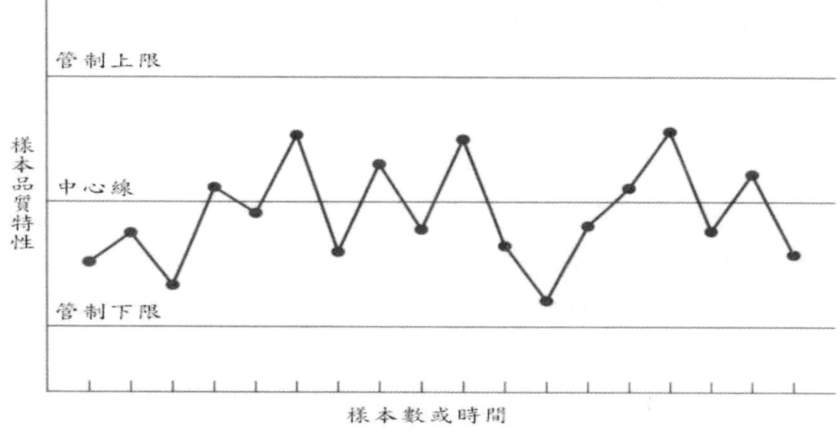

圖 10.19 典型的管制圖[6]。

缺點數圖(defect chart，c-chart)和缺點數密度圖(defect density chart，u-chart)為兩種常用的計數值管制圖(control charts for attributes)。當無法滿足產品中的規格時，可能會產生缺點或不合格。在這些情況下，可能發展總缺點數管制圖或缺點數密度管制圖。這些圖假設存在於固定尺寸的樣本數中之缺點數，可適當地由波以松分佈(Poisson distribution)來表示，其缺點發生的機率為

$$P(x) = \frac{e^{-e}c^{x}}{x!} \tag{1}$$

其中 x 是缺點數，c 為大於零之常數。對於波以松分佈，c 是平均數和變異數。因此，$\pm 3\sigma$ 管制界限的 c-chart 為

$$\begin{aligned} \text{UCL} &= c + 3\sqrt{c} \\ \text{中心線} &= c \\ \text{LCL} &= c - 3\sqrt{c} \end{aligned} \tag{2}$$

假設 c 為已知。(註：若這些計算產生負的 LCL 值，一般慣例為設定 LCL 等於 0)。若 c 為未知，其可由樣本內所觀測的缺點平均數($\bar{c}$)來估計。在此情況下，管制圖便成為

$$\begin{aligned} \text{UCL} &= \bar{c} + 3\sqrt{\bar{c}} \\ \text{中心線} &= \bar{c} \\ \text{LCL} &= \bar{c} - 3\sqrt{\bar{c}} \end{aligned} \tag{3}$$

範例 1

假設觀測 25 片矽晶圓有 37 個缺點數。請建立其 c-chart。

<解>

c 可由下式估計得到

$$\bar{c} = \frac{37}{25} = 1.48$$

這是 c-chart 的中心線。管制上下限可由式(3)得到

$$\text{UCL} = \bar{c} + 3\sqrt{\bar{c}} = 5.13$$
$$\text{LCL} = \bar{c} - 3\sqrt{\bar{c}} = -2.17$$

因為 $-2.17 < 0$，在此情況中我們設定 LCL 等於 0。

假設我們想要對 n 個產品之缺點平均數建立管制圖。如果 n 個試片中有 c 個缺點數，那麼每片試片的缺點平均數為

$$u = \frac{c}{n} \tag{4}$$

那麼 3σ 缺點數密度圖(u-chart) 的參數為

$$\begin{aligned} \text{UCL} &= \bar{u} + 3\sqrt{\frac{\bar{u}}{n}} \\ \text{中心線} &= \bar{u} \\ \text{LCL} &= \bar{u} - 3\sqrt{\frac{\bar{u}}{n}} \end{aligned} \tag{5}$$

u 為樣本尺寸 n 的 m 個群體上之缺點平均數。

範例 2

假設一 IC 製造者想要建立一缺點數密度圖。檢視 20 個樣本尺寸 $n = 5$ 的之晶圓，總共發現 183 個缺點數。在此條件下請設立 u-chart。

≺解≻

u 可由下式估計得到

$$\bar{u} = \frac{u}{m} = \frac{c}{mn} = \frac{183}{(20)(5)} = 1.83$$

這是 u-chart 的中心線。管制上下限可由式(5)來得到

$$\text{UCL} = \bar{u} + 3\sqrt{\frac{\bar{u}}{n}} = 3.64$$

$$\text{LCL} = \bar{u} - 3\sqrt{\frac{\bar{u}}{n}} = 0.02$$

10.3.2 計量值管制圖

在很多情況下，品質特性以具體數字化測量來表示，而不是以缺點存在的機率來評估。例如，薄膜厚度是一項需測量和管制的重要特性。對於連續變數之管制圖可以比計數值管制圖如 *c*-和 *u*-chart 等，提供較多關於製程表現的資訊。

當試圖控制連續變數時，管制品質特性的平均數和變異數是重要的。這是正確的，因為這些參數中的變動或飄移會造成明顯的製程錯誤。平均數的管制可使用 $\bar{x}$ -chart 來達成，而變異數可由 *s*-chart 中的標準差來監控。這兩種圖的名稱源自於樣本平均數（sample mean，$\bar{x}$）和樣本變異數（sample variance，s^2），其各自表示為

$$\bar{x} = \frac{x_1 + x_2 + \ldots x_n}{n} = \frac{1}{n}\sum_{i=1}^{n} x_i \tag{6}$$

$$s^2 = \frac{1}{n-1}\sum_{i=1}^{n}(x_i - \bar{x})^2 \tag{7}$$

$x_1, x_2, \ldots, x_n$ 為樣本尺寸 n 中的觀察資料。樣本變異數的平方根即為樣本標準差（sample standard deviation' s）。

假設收集到 m 個尺寸 n 的樣本。如果 $\bar{x}_1, \bar{x}_2, \ldots, \bar{x}_m$ 是樣本平均數，真實平均數（μ）的最佳估計量是總平均數（grand average，$\bar{\bar{x}}$），其表示為

$$\bar{\bar{x}} = \frac{\bar{x}_1 + \bar{x}_2 + \ldots \bar{x}_m}{m} \tag{8}$$

因為 $\bar{\bar{x}}$ 估計 μ，其可用來當作 $\bar{x}$ -chart 中的中心線。其亦可表示若品質特性是以已知平均數 μ 和標準差 σ 正常分佈，那麼 $\bar{x}$ 也是以平均數 μ 和標準差 $\sigma/\sqrt{n}$ 正常分佈[6]。因此，$\bar{x}$ -chart 的中心線和管制界限為

$$\text{UCL} = \bar{\bar{x}} + 3\sqrt{\frac{\sigma}{n}}$$
$$\text{中心線} = \bar{\bar{x}} \tag{9}$$
$$\text{LCL} = \bar{\bar{x}} - 3\sqrt{\frac{\sigma}{n}}$$

因為 σ 未知，其必須藉由分析先前的數據來估計。做此工作必須謹慎的是 *s* 本身無法直接地被使用來當作估計值，因為 s 不是 σ 的不偏估計量（unbiased estimator）（不偏指的是當估計量的期望值等於被估計的參數值之情況）。但是 s 實際上可估計 c_4s，c_4 是取決於樣本尺寸的統計參數（見表 10.1）。對於 *m* 個尺寸 *n* 之樣本，平均樣本標準差為

$$\bar{s} = \frac{1}{m}\sum_{i=1}^{m} s_i \tag{10}$$

事實上其證明出統計值 $\bar{s}/c_4$ 是 σ 的不偏估計量。

此外，*s* 的標準差是 $\sigma\sqrt{1-c_4^2}$。利用此資訊，*s*-chart 的管制界限可設定為：

$$\text{UCL} = \bar{s} + 3\frac{\bar{s}}{c_4}\sqrt{1-c_4^2}$$
$$\text{中心線} = \bar{s} \tag{11}$$
$$\text{LCL} = \bar{s} - 3\frac{\bar{s}}{c_4}\sqrt{1-c_4^2}$$

當使用 $\bar{s}/c_4$ 來估計 σ 時，對應於 $\bar{x}$ -chart 的界限可以定義為

$$
\begin{aligned}
\text{UCL} &= \bar{\bar{x}} + \frac{3\bar{s}}{c_4\sqrt{n}} \\
\text{中心線} &= \bar{\bar{x}} \\
\text{LCL} &= \bar{\bar{x}} - \frac{3\bar{s}}{c_4\sqrt{n}}
\end{aligned} \tag{12}
$$

表 10.1 *s*-chart 之 c_4 參數

樣本尺寸(n)	c_4
2	0.7979
3	0.8862
4	0.9213
5	0.9400
6	0.9515
7	0.9594
8	0.9650
9	0.9693
10	0.9727
11	0.9754
12	0.9776
13	0.9794
14	0.9810
15	0.9823
16	0.9835
17	0.9845
18	0.9854
19	0.9862
20	0.9869
21	0.9876
22	0.9882
23	0.9887
24	0.9892
25	0.9896
$n > 25$	$c_4 \cong \frac{4(n-1)}{4n-3}$

範例 3

假設 $\overline{x}$ - 和 s-chart 被建立來管制微影製程的線寬。測量 25 個尺寸 $n = 5$ 不同樣本的線寬。假設 125 條線的總平均為 4.01 μm。如果 $\overline{s} = 0.09mm$ ，s-chart 的界限為何？

≺解≻

$n = 5$ 的 c_4 值是 0.94（由表 10.1）。$\overline{x}$ 的上下限可從式(12)得到：

$$\text{UCL} = \overline{\overline{x}} + \frac{3\overline{s}}{c_4\sqrt{n}} = 4.14\ \mu\text{m}$$

$$\text{LCL} = \overline{\overline{x}} - \frac{3\overline{s}}{c_4\sqrt{n}} = 3.88\ \mu\text{m}$$

s 的上下限可由式(11)得到：

$$\text{UCL} = \overline{s} + 3\frac{\overline{s}}{c_4}\sqrt{1-c_4^2} = 0.19\ \mu\text{m}$$

$$\text{LCL} = \overline{s} - 3\frac{\overline{s}}{c_4}\sqrt{1-c_4^2} \approx 0$$

註：因為 LCL（稍微地）為負值，因此我們自動將其設為 0 。

10.4 統計實驗設計

實驗允許審查者決定在一特定製程或產品上一些變數的影響。一個設計實驗（designed experiment）是一個或一連串的測試，包括對這些變數加以變化，以觀察這些變化在製程或產品上的影響。統計製程管制（statistical experimental design）是一個有效率的方式，可有系統地改變這些可控制的製程變數，並決定最後它們在製程、產品品質或兩者上的影響。這個方式對於比較方法、推斷相依性和創造模型來預測影響性是很有用的。

統計製程管制（SPC）和實驗設計彼此緊密相關，也都可用來降低變化性。但是，SPC 是一個被動的方式，其製程是被監控以蒐集數據，然而實驗設計需要主動介入執行在不同狀況下的製程測試。實驗設計對執行 SPC 也是有助益的，因為設計好的實驗可幫助鑑別最有影響力的製程變數以及完成最佳設定。

總括來說，實驗設計是一個強而有力的工程工具用來改善製程，它的應用可改進良率、降低變化性、減少發展時間和成本，最終可增進製造性、性能表現和產品可靠度。以下的節次將說明在 IC 製造中實驗設計方法的使用。

10.4.1 比較分佈

表 10.2 中的良率數據為對各有 10 片晶圓的兩批 IC，分別以標準方法（方法 A）和修正方法（方法 B）的製程製造調查所得。由此實驗所必須回答之問題是：在所收集的數據中，有何證據（如果有的話）可以證明方法 B 真的比方法 A 為佳？

為了回答此問題，我們檢視每個製程的平均良率。修正法（方法 B）的平均良率高於標準法 1.30%。但是，由於在各個測試結果中有相當多的變化性，因此立即推斷方法 B 優於方法 A 可能是不正確的。事實上，可以想見所觀察到之差異性可能是由於實驗誤差、操作誤差或甚至純粹是機遇之緣故。

表 10.2 以假設的 IC 製程所產生之良率數據

晶圓	方法 A 良率(%)	方法 B 良率(%)
1	89.7	84.7
2	81.4	86.1
3	84.5	83.2
4	84.8	91.9
5	87.3	86.3
6	79.7	79.3
7	85.1	86.2
8	81.7	89.1
9	83.7	83.7
10	84.5	88.5
平均	84.24	85.54

用來決定兩種製程間的差異性是否是有意義，適當方式為假設檢定（hypothesis test）。統計假設是一個關於機率分佈參數值的表達方式，是根據某種準則對此假設的正確性之評估。假設是以下列方式來表示：

$$H_0 : \mu = \mu_0$$
$$H_1 : \mu \neq \mu_0 \tag{13}$$

其中 H_0 ： $\mu = \mu_0$ 稱之為虛無假設（null hypothesis），而 H_1 ： $\mu \neq \mu_0$ 稱為對立假設（alternative hypothesis）。為了執行假設檢定，我們從母群體中選擇一個隨機樣本，計算適當的檢定統計數值，然後接受或摒除虛無假設。對於良率實驗，假設檢定可以下列方式表示

$$H_0 : \mu_A = \mu_B$$
$$H_1 : \mu_A \neq \mu_B \tag{14}$$

其中 μ_A 和 μ_B 表示此兩種方法的平均良率。

為了評定此假設，一個檢定統計（test statistic）是需要的。在此例子中適當的檢定統計為 [6]：

$$t_0 = \frac{(\bar{y}_A - \bar{y}_B)}{s_p\sqrt{\frac{1}{n_A}+\frac{1}{n_B}}} \tag{15}$$

$\bar{y}_A$ 和 $\bar{y}_B$ 是各個方法的良率樣本平均值，n_A 和 n_B 是在各個樣本中的試驗數（在此例子中為 10 個），且

$$s_p^2 = \frac{(n_A - 1)s_A^2 + (n_B - 1)s_B^2}{n_A + n_B - 2} \tag{16}$$

以上稱之為這兩種製程的共同變異數之總估計值（the pooled estimate of the common variance）。式(16)中的分母稱為此假設檢定的自由度（degrees of freedom）數目。利用式(7)來計算樣本變異數值，則 $s_A = 2.90$，$s_B = 3.65$ 。然後利用式(16)和式(15)可分別得到 $s_p = 3.30$ 和 $t_0 = 0.88$。

我們可以使用附錄 K，來決定計算有著某自由度數目的特定 t 統計值之機率，在附錄圖中的陰影區域表示此機率。從附錄 K 之資料內插計算後可得，對應 $n_A + n_B - 2 = 18$ 自由度之 $t_0 = 0.88$ ，其 t 統計值的可能性為 0.195。值 0.195 是此假設檢定的統計顯著性（statistical significance），代表所觀測到的平均良率間的差異只有 19.5%的機率是出於純粹機遇（pure chance）所造成。換言之，我們可以 85 %的把握可確信方法 B 真的優於方法 A。

10.4.2 變異數分析

先前的例子說明我們可如何使用假設檢定來比較兩個分佈。但是，在 IC 製造應用中能夠比較數個分佈通常是重要的。此外，我們亦可能感到興趣的是決定何種製程條件對製程品質有著特別重要的影響。對於實現這些目的，變異數分析（analysis of variance，ANOVA）是一個很好的技術。ANOVA 建立在假設檢定的觀念上，並允許我們比較不同組

的製程條件（例如處理），而且可以決定一個特定處理是否會導致在品質統計上顯著的變異。

ANOVA 之程序最好藉由範例來描述。在下述的討論中，考慮表 10.3 中之數據，其表示在四組不同製程條件（標示 1 到 4）所製造晶圓上所量測到的假設缺點數密度。藉由使用 ANOVA，我們可決定製程條件（process recipes，或處理）間的差異性，是否真的大於以相同製程條件所處理的一引洞（via）群內之引洞直徑變異。

令 k 為處理數目（此例中 k=4）。須注意的是各個處理的樣本尺寸（n）是不同的（$n_1 = 4$，$n_2 = n_3 = 6$，$n_4 = 8$）。處理平均值（單位 cm^{-2}）如下：$\bar{y}_1 = 61$，$\bar{y}_2 = 66$，$\bar{y}_3 = 68$ 和 $\bar{y}_4 = 61$。樣本總數（N）為 24，而所有 24 個樣本的總平均是 $\bar{\bar{y}} = 64$ cm^{-2}。

表 10.3 對四種不同製程條件的假設缺點數密度（單位 cm^{-2}）

條件 1	條件 2	條件 3	條件 4
62	63	68	56
60	67	66	62
63	71	71	60
59	64	67	61
	65	68	63
	66	68	64
			63
			59

平方和

為了執行 ANOVA，必須計算幾個重要參數。這些參數稱為平方和（sums of squares），用來評量在處理條件內和不同處理間的偏差。令 y_{ti} 表示為第 t 個處理的第 i 個觀察。在這第 t 個處理內的平方和為

$$S_t = \sum_{1}^{n_t} (y_{ti} - \bar{y}_t)^2 \tag{17}$$

n_t 是問題中處理的樣本尺寸， y_t是處理平均值。對於所有處理的處理內平方和（within-treatment sum of squares）為

$$S_R = S_1 + S_2 + ... + S_k = \sum_{t=1}^{k} \sum_{t=1}^{n_t} (y_{ti} - \bar{y}_t)^2 \tag{18}$$

為了評量由總平均所得之處理平均偏差，我們使用處理間平方和（between-treatment sum of squares），其為

$$S_T = \sum_{t=1}^{k} n_t (\bar{y}_t - \bar{\bar{y}})^2 \tag{19}$$

最後，對所有關於總平均之數據的總平方和為

$$S_D = \sum_{t=1}^{k} \sum_{t=1}^{n_t} (\bar{y}_{ti} - \bar{\bar{y}})^2 \tag{20}$$

$$\begin{aligned} v_R &= N - k \\ v_T &= k - 1 \\ v_D &= N - 1 \end{aligned} \tag{21}$$

各個平方和皆須有一個用來計算的相關自由度數目。對處理內、處理間和總平方和的自由度各自為須用來執行變異數分析的最終量值，是由每個平方和所量化的變異數總估計值。此量值，即為所知的均方 （mean square），是平方和對其相關自由度數目的比例。因此，處理內、處理間和總均方為

$$s_R^2 = \frac{S_R}{v_R} = \frac{\sum_{t=1}^{k}\sum_{t=1}^{n_t}(y_{ti} - \bar{y}_t)^2}{N-k}$$

$$s_T^2 = \frac{S_T}{v_T} = \frac{\sum_{t=1}^{k} n_t(\bar{y}_t - \bar{\bar{y}})^2}{k-1} \tag{22}$$

$$s_D^2 = \frac{S_D}{v_D} = \frac{\sum_{t=1}^{k}\sum_{t=1}^{n_t}(y_{ti} - \bar{\bar{y}})^2}{N-1}$$

ANOVA 表

一旦剛剛所敘述之參數已經被計算得到，習慣上會將它們整理成表格型式，稱之為 ANOVA 表。ANOVA 表的一般型式如表 10.4 所示。對應表 10.3 中的缺點數密度數據之 ANOVA 表如表 10.5 所示。注意在平方和及自由度欄中，將處理間和處理內的數值相加起來可得到所對應的總數值。這個平方和的加法性質源自於代數特性

$$\sum_{t=1}^{k}\sum_{i=1}^{n_t}(y_{ti} - \bar{\bar{y}})^2 = \sum_{t=1}^{k} n_t(\bar{y}_t - \bar{\bar{y}})^2 + \sum_{t=1}^{k}\sum_{i=1}^{n_t}(y_{ti} - \bar{y}_i)^2 \tag{23}$$

或

$$S_D = S_T + S_R$$

完整的 ANOVA 表提供一個途徑用來檢定所有處理平均值相等的假設。在此條件下的虛無假設因此為

$$H_0：\mu_1 = \mu_2 = \mu_3 = \mu_4$$

表 10.4 ANOVA 表的一般型式

變異來源	平方和	自由度	均方	F 比例
處理間	S_T	$v_T = k-1$	s_T^2	s_T^2 / s_R^2
處理內	S_R	$v_R = N-k$	s_R^2	
總數	S_D	$v_D = N-1$	s_D^2	

表 10.5 引洞直徑數據之 ANOVA 表

變異來源	平方和	自由度	均方	F 比例
處理間	$S_T = 228$	$v_T = 3$	$s_T^2 = 76.0$	$s_T^2 / s_R^2 = 13.6$
處理內	$S_R = 112$	$v_R = 20$	$s_R^2 = 5.6$	
總數	$S_D = 340$	$v_D = 23$	$s_D^2 = 14.8$	

如果虛無假設是真實的，則 s_T^2 / s_R^2 比例將遵循以 v_T 和 v_R 為自由度的 F 分佈。從附錄 L 內插得到，對所觀察到的 3 和 30 個自由度，F 比例為 13.6，其顯著性水準（significance level）（即在表中 F 值的第一個下標）是 0.000046。這表示實際上平均值相等的機會只有 0.0046 %，並且此時虛無假設是不足以相信的。換句話說，我們可以 99.9954 %地相信，此例中的四種不同製程方法之間的確有差異性的存在。

10.4.3 因子設計法

實驗設計是一個處理實驗的組織性方法，可從有限的實驗次數萃取出最大量值的資訊。實驗設計技術在製造中被使用來有系統地和有效率地探索一組輸入變數或因子（factors，如製程溫度）在回應（如良率）上的影響。在統計上設計好的實驗中，其共同的特徵是所有的因子皆同時改變，此與傳統的「一次一個變數」技術相反。一個適當設計好的實驗可以減少實驗次數，然而若使用此方法或隨機取樣法時，實驗次數的減少是必須的。

對於 IC 製造應用，因子實驗設計有非常實用的重要性。為了執行因子實驗，檢視者對每一個變數（因子）選定一固定水準（level）數，並且在這些水準所有可能的組合下進行實驗。因子實驗中最重要的兩個關鍵點是：選擇一組實驗中欲改變的因子以及定出變異將會發生的範圍。因子數的選擇直接地影響到實驗次數（因此影響實驗成本）。

二水準因子

因子實驗中所檢視的製程變數範圍，可以被離散為最小、最大和「中心」水準。在二水準因子設計中，每一個因子的最小和最大水準（常態化後分別以－1 和＋1 表示）一起使用於每個可能的組合中。因此，一個完整的 n 因子二水準因子實驗需要 2^n 個實驗次數。一個三因子實驗的不同因子水準組合，可以由一立方體圖形的頂點來表示，如圖 10.20 所示。

表 10.6 顯示一個 CVD 製程的 2^3 因子實驗，其三個因子為溫度（T、壓力（P）和氣體流速（F）。所測量到的反應為沉積速率（D），單位是埃－每分鐘。每一個因子的最高和最低水準分別以＋和－符號來表示。在表中前三欄所顯示的水準稱之為設計矩陣（design matrix）。

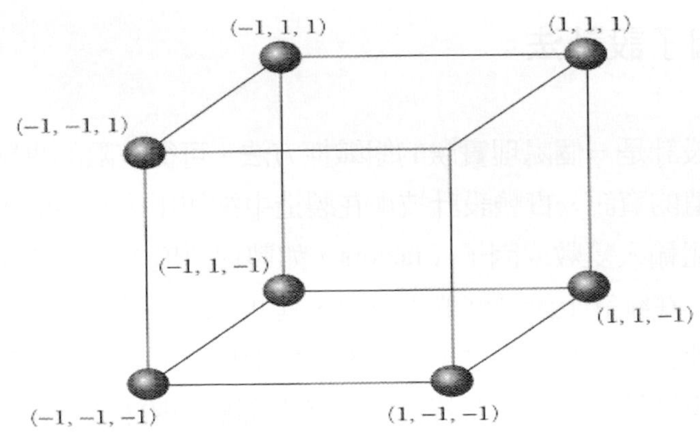

圖 10.20　以立方體頂點所表示之三因子實驗因子水準組合。

表 10.6 二水準因子實驗

批次	P	T	F	D (Å/min)
1	－	－	－	d1 = 94.8
2	＋	－	－	d2 = 110.96
3	－	＋	－	d3 = 214.12
4	＋	＋	－	d4 = 255.82
5	－	－	＋	d5 =94.14
6	＋	－	＋	d6 =145.92
7	－	＋	＋	d7 = 286.71
8	＋	＋	＋	d8 = 340.52

由此因子設計我們可以決定哪些事情呢？此外，這些收集到的數據告訴我們哪些關於壓力對沉積速率的影響？任一個單一變數對反應的影響稱之為主效果（main effect）。用來計算此主效果的方法是找出高壓（即批次 2，4，6 和 8）和低壓（批次 1，3，5 和 7）下的平均沉積速率差異。在數學上可表示為：

$$P = d_{p^+} - d_{p^-} = 1/4\left[(d_2 + d_4 + d_6 + d_8) - (d_1 + d_3 + d_5 + d_7)\right] = 40.86 \tag{24}$$

其中 P 是壓力的主效果，d_{p+} 是高壓下的平均沉積速率，d_{p-} 是低壓下的平均沉積速率。這結果的解釋為從最低壓力提升至最高壓力的平均效應是增加沉積速率 40.86 Å/min。溫度和流速的主效果亦是以類似的方法來計算。一般來言，在二水準因子實驗中每一個變數的主效果是二個反應（y）平均值間的差異，或

$$\text{主效果} = y_+ - y_- \tag{25}$$

我們亦感到興趣的是如何將二個或更多個因子之如何交互作用定量化。舉例來說，假設在高溫下的壓力效應遠比在低溫下的壓力效應來得大，此相互作用的量測是由高溫的平均壓力效應和低溫的平均壓力效應之差異來得到。習慣上，此差異的二分之一稱之為壓力－溫度相互作用，或以符號 $P\times T$ 相互作用來表示。此差異亦可想做成在二個壓力水準

下的平均溫度效應差異的二分之一。在數學上表示為

$$P \times T = d_{PT+} - d_{PT-} = 1/4\left[(d_1 + d_4 + d_5 + d_8) - (d_2 + d_4 + d_6 + d_7)\right] = 6.89 \tag{26}$$

$P\times F$ 和 $T\times F$ 相互作用可由類似的方式得到。最後，我們可能對所有三個因子的相互作用感到興趣，其表示為壓力－溫度－流速或 $P\times T\times F$ 相互作用。此相互作用定義任二因子相互作用在第三因子的高和低水準下的平均差異。其為

$$P \times T \times F = d_{PTF+} - d_{PTF-} = -5.88 \tag{27}$$

必須注意的是任何因子的主效果只有當此因子和其他因子無交互作用時才可以單獨地被詮釋。

耶茨演算法 （The Yates Algorithm）

使用以上所述之方式來計算二水準因子實驗的效果和相互作用是非常冗長的，尤其是多於三個因子時。幸運的是，耶茨演算法提供一個較快的計算方式，且可簡單地經由電腦將其程式化。為執行此演算法，實驗設計矩陣首先以標準次序（standard order）來排列。當設計矩陣的第一欄以交替的正負號所構成，第二欄由連續成對的負號和正號構成，而第三欄則由四個負號接續著四個正號所組成等諸如此類，此時一個 2^n 的因子設計便以標準次序呈現。一般而言，第 k 欄由 2^{k-1} 個負號接續著 2^{k-1} 個正號所構成。

沉積速率數據之耶茨計算如表 10.7 所示。y 欄是每一個批次的沉積速率。這些是以兩個連續成對的數據來考慮。欄(1)的前四個項目為 y 欄的每一對之加總，後四個項目則為每一對之差。欄(2)由欄(1)以相同的計算方式得到，欄(3)則從欄(2)來得到。為了獲得實驗效果，只需要將欄(3)除以除數欄項目便可得到。一般而言，第一個除數將為 2^n，剩下的除數

表 10.7 耶茨演算法實例

P	T	F	y	(1)	(2)	(3)	除數	效果	識別
−	−	−	94.8	205.76	675.70	1543.0	8	192.87	Avg
+	−	−	110.96	469.94	867.29	163.45	4	40.86	P
−	+	−	214.12	240.06	57.86	651.35	4	162.84	T
+	+	−	255.82	627.23	105.59	27.57	4	6.89	PT
−	−	+	94.14	16.16	264.18	191.59	4	47.90	F
+	−	+	145.92	41.70	387.17	47.73	4	11.93	PF
−	+	+	286.71	51.78	25.54	122.99	4	30.75	TF
+	+	+	340.52	53.81	2.03	-23.51	4	-5.88	PTF

則為 2^{n-1}。識別（ID）欄中第一個項目是所有觀察的總平均，剩下的識別則是在設計矩陣中放置正號的部分所得到。

雖然耶茨演算法提供一個相當直接的方法論來計算實驗效果，但應該指出的是，現代的統計實驗分析幾乎完全可由商業的統計軟體套裝來完成。一些較常見的套裝軟體包含 RS/1、SAS 和 Minitab，這些套裝可免除冗長手算的必要性。

部份因子設計法

二水準因子設計的一個缺點是實驗次數隨著因子數呈指數增加。為了減緩此問題，以有系統地忽略全因子設計中的一些批次來建構部份因子設計。例如，一半的 n 因子部份設計只需要 2^{n-1} 個實驗次數。完整或部份二水準因子設計，可以用來估計個別因子的主效果以及因子間相互作用的效果。但是，它們無法用來估計二次或更高次的效果。這不是個嚴重的缺點，因為較高次的效果和相互作用傾向比較低次的效果為小（即主效果會比二因子相互作用顯著，而二因子又易比三因子為大）。在觀念上這與與泰勒展開式中忽視較高次項的想法是類似的。

為了敘述部份因子設計法的使用，令 n=5 及考慮 2^5 因子設計。此設計的完整因子之執行需要 32 個實驗次數。然而，一個 2^{5-1} 部份因子設計

表 10.8 CVD 實例 23-1 部份因子設計

批次	P	T	F
1	−	−	+
2	+	−	−
3	−	+	−
4	+	+	+

只需要 16 次。此設計之產生是首先將設計矩陣寫成標準次序形式的 2^4 完整因子設計，然後 2^4 設計矩陣四欄中的正負號彼此互乘來形成第五欄。

例如，再次檢視我們的 CVD 實驗。假設我們只有時間或資源可供進行四個沉積實驗，而不是一個 2^3 完整因子設計所需要的八個。因而這需要 2^{3-1} 部份因子。這個新設計之產生可以藉由寫入壓力和溫度變數的完整 2^2 設計，然後互乘這些欄位來得到第三欄的流速。此程序如表 10.8 所示。使用此程序的唯一缺點是，既然我們已使用 PT 關係來定義 F 欄，因此我們無法區別 $P \times T$ 相互作用的效果和 F 主效果。當此情形出現時，這兩種效果稱之為交絡的（confounded）。

10.5 良率

IC 製造過程中的變異性會導致最後成品的變形或不合格。這樣的製程擾動通常會造成故障（faults），或導致電子產品的性能或合格點產生非故意性的變化。這些故障的存在由製造良率來定量化。良率（yield）定義為元件或電路達成性能規格要求的比例。

良率可以被分類為功能性（functional）或參數性（parametric）。功能良率由完整功能性產品之比例所決定，通常被稱為硬性良率（hard yield）。IC 的功能良率通常由物理性缺陷（如粒子）所造成的開路或短路所引起。然而在一些情況下，一個完整功能性產品可能會因一個或多個參數（如速度、雜訊水平或電力消耗）而仍無法達到性能規格，這種情況就由參數良率或軟性良率（soft yield）來表達。

10.5.1 功能良率

對於製造而言，評估 IC 功能良率的模型之發展是基本且重要的。提供準確的製造良率估計值，可以幫助預估產品成本，決定最佳化設備使用，或用來當作一個度量，使實際測量的製造良率可被估計出來。良率模型對於決策的支持亦是相當關鍵的，包括引進新技術和有問題之產品或製程的鑑別。

如先前所提到的，功能良率顯著地受缺陷的存在所影響。缺陷來自於許多隨機的來源，包括來自設備、製程或操作、光罩瑕疵和空氣中的粒子污染等。實際上，這些缺陷包括短路、開路、錯排、光阻濺潑和剝落、小孔、刮傷和結晶裂縫等，如圖 10.21 所示。

良率模型通常以每單位面積的缺點平均數（D_0） 和電子系統的關鍵面積（critical area，A_c）之函數來表示。

$$Y = f(A_c, D_0) \tag{28}$$

換句話說，其中 Y 為功能良率。關鍵面積指的是當一個缺點發生於此區域內時，會有高的機率導致故障。例如，在圖 10.21 中，如果粒子 3 足夠大且有導電性，它落入的區域將造成其所連結的兩條金屬線短路。良率、缺點數密度和關鍵面積的關係是很複雜的。其根據於電路的幾何圖案、光學微影圖樣密度、製程中所使用的光學微影步驟數和其他因素。接下來將討論一些較常見用於定量此關係之模型。

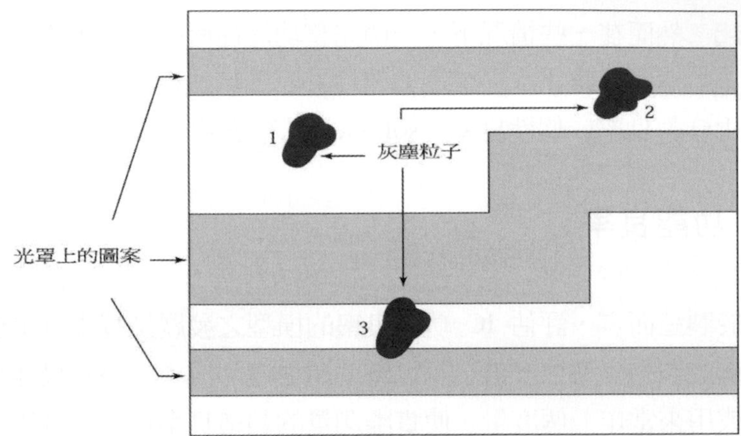

圖 10.21 灰塵粒子對光罩圖案不同方式的妨礙[3]。

波以松模型（Poisson Model）

波以松良率模型假設缺陷均勻地分佈遍及於一基板，並且每個缺陷會造成故障。Pineda de Gyvez 提供一個此模型很好的導証[7]。令 C 為基板上的電路數目（即 IC 數目），且令 M 為可能缺陷型式的數目。在此條件下，有 C^{M} 種獨特的方式使 M 個缺陷可以分佈於 C 個電路上。例如，若有三個電路（$C1$、$C2$ 和 $C3$）和三種缺陷型式（如 $M1$=金屬開路，$M2$=金屬短路，和 $M3$ =金屬 1 對金屬 2 短路），那麼有個可能方式使這三種缺陷分佈於三個晶片上。這些組合敘述於 10.9 中。

$$C^{M} = 3^{3} = 27 \tag{29}$$

倘若一個電路被移除（即被發現無缺陷時），分佈 M 個缺陷於剩餘的電路間之方法數為

$$(C-1)^{M} \tag{30}$$

因此，一個電路含有零個任一型式缺陷之機率為

$$\frac{(C-1)^M}{C^M}=(1-\frac{1}{C})^M \tag{31}$$

置換 $M=CA_cD_0$，良率是零缺陷的電路數或

$$Y=\lim_{C\to\infty}(1-\frac{1}{C})^{CA_cD}=\exp(-A_cD_0) \tag{32}$$

對於 N 個有著零缺陷之電路，則

$$Y=\exp(-A_cD_0)^N=\exp(-NA_cD_0) \tag{33}$$

波以松模型簡單且相當地容易推導。當關鍵面積小時，它提供一個合理有效的良率估計值。但是，如果以小面積電路計算所得之 D_0 用於大面積良率計算，則與實際測量到之數據比較，將造成良率過度地悲觀地低估。

表 10.9 唯一故障組合真值表

組合	C1	C2	C3	組合	C1	C2	C3
1	M1M2M3			15	M3		M2M1
2		M1M2M3		16		M1M2	M3
3			M1M2M3	17		M1M3	M2
4	M1M2	M3		18		M2M3	M1
5	M1M3	M2		19		M1	M2M3
6	M2M3	M1		20		M2	M1M3
7	M1M2		M3	21		M3	M2M1
8	M1M3		M2	22	M1	M2	M3
9	M2M3		M1	23	M1	M3	M2
10	M1	M2M3		24	M2	M1	M3
11	M2	M1M3		25	M2	M3	M1
12	M3	M2M1		26	M3	M1	M2
13	M1		M2M3	27	M3	M2	M1
14	M2		M1M3				

墨非良率積分（Murphy's Yield Integral）

墨非（B. T. Murphy）首先提出缺點數密度（D）應該不是個常數[8]，他推論 D 必定是所有電路和基板使用常態機率密度函數 $f(D)$的總合。因此良率可用積分來計算

$$Y = \int_0^\infty e^{-A_c D} f(D) dD \tag{34}$$

不同型式的 $f(D)$構成許多分析良率模型間差異的主要部份。波以松模型假設 $f(D)$是脈衝函數（delta function），其為

$$f(D) = \delta(D - D_0) \tag{35}$$

D_0 為如先前的平均缺點密度（見圖 10.22a）。使用此密度函數，由式(34)所決定的良率為如之前所示

$$Y = \int_0^\infty e^{-A_c D} f(D) dD = \exp(-A_c D_0) \tag{36}$$

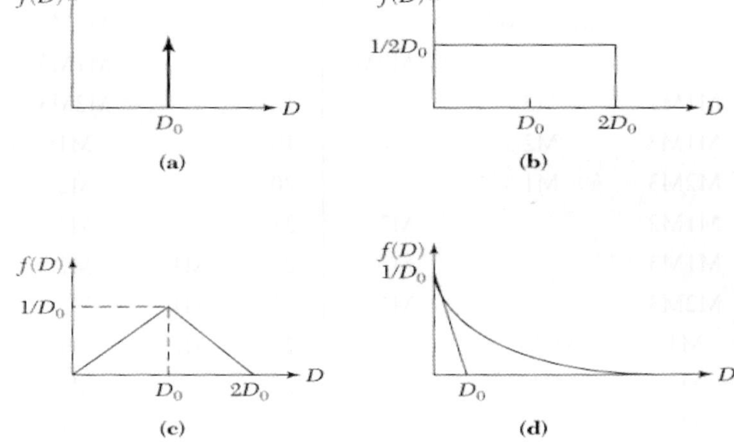

圖 10.22 (a) 波以松模型，(b) 均勻墨非模型，(c) 三角型墨非模型，和(d)指數矽茲模型的機率密度函數。

墨非最初研究均勻密度函數，如圖 10.22b 所示。均勻密度函數的良率積分估計值為

$$Y_{\text{uniform}} = \frac{1-e^{-2D_0A_c}}{2D_0A_c} \tag{37}$$

墨非後來相信高斯分佈比脈衝函數更能夠表達真實的缺點密度分佈。但是，因為他無法求出以高斯函數置換 $f(D)$ 之良率積分，因此他使用三角函數來估計，如圖 10.22c 所示。此函數使良率表示方式成為

$$Y_{\text{triangular}} = \left(\frac{1-e^{-D_0A_c}}{2D_0A_c}\right)^2 \tag{38}$$

三角墨非良率模型現今廣泛地使用於工業界，用來決定製程缺點密度的影響。

矽茲（R. B. Seeds）是首位證明墨非預測的人[9]。但是，矽茲推論出高良率是由大部分的低缺點密度（密度不足以高到導致故障）和小部分的高缺點密度（即密度高到足以導致故障）所造成。因此他提出指數密度函數

$$f(D) = \frac{1}{D_0}\exp\left(\frac{-D}{D_0}\right) \tag{39}$$

如圖 10.22d 所示。此函數意味著所觀測到低缺點密度的機率遠大於高缺點密度。將此指數函數代入墨非積分並求出良率積分

$$Y_{\text{exponential}} = \frac{1}{1+D_0A_c} \tag{40}$$

儘管矽茲模型簡單，但對大面積基板的良率預估太過於樂觀。因此，此模型並未被廣泛地使用。

岡部（Okabe）、永田（Nagata）和島田（Shimada）等人認清缺點分佈的自然本質並且提出迦瑪機率密度函數（gamma probability density function）[10]。史塔（Stapper）同樣地使用迦瑪密度函數來發展並應用良率模型[11]。迦瑪函數為

$$f(D)=\left[\Gamma(\alpha)\beta^{\alpha}\right]^{-1}D^{\alpha-1}e^{-D/\beta} \tag{41}$$

αβ 為此分佈的兩個參數，Γ(α) 是迦瑪函數。一些 α 值的 Γ(α)形狀如圖 10.23 所示。在此分佈中，平均缺點密度 $D_0=\alpha\beta$。

將式(41)代入墨非積分所導出之良率模型為

$$Y_{\text{gamma}}=\left(1+\frac{A_c D_0}{\alpha}\right)^{-\alpha} \tag{42}$$

此模型一般被稱為負二項模型（negative binomial model）。參數 α 必須憑經驗來決定。它通常被稱為群聚參數（cluster parameter），因為其隨著缺點分佈中的變異數之減少而增加。如果是高 α 值，則缺點的變異性低（少群聚性）。在這些情況下，迦瑪密度函數接近脈衝函數，且負二項模型簡化為波以松模型。在數學上這表示

$$Y=\lim_{\alpha\to\infty}\left(1+\frac{A_c D_0}{\alpha}\right)^{-\alpha}=\exp(-A_c D_0) \tag{43}$$

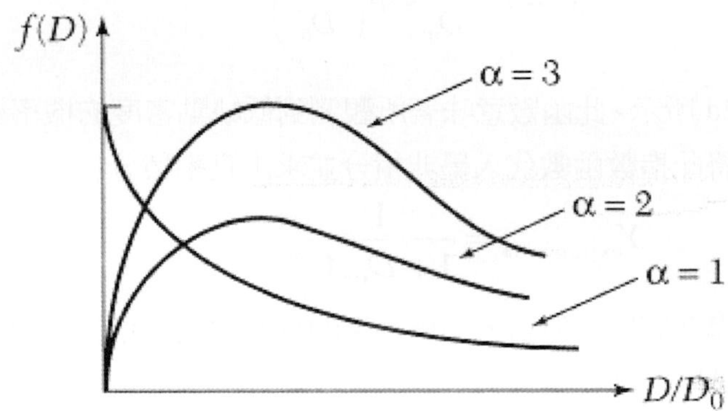

圖 10.23 gamma 分佈的機率密度函數。

另一方面，如果是低 α 值，則遍及於晶圓上的缺點變異性是很大的（非常聚集），且迦瑪模型簡化為矽茲指數模型或

$$Y = \lim_{\alpha \to \infty}\left(1+\frac{A_c D_0}{\alpha}\right)^{-\alpha} = \frac{1}{1+A_c D_0} \tag{44}$$

若關鍵面積和缺點密度已知（或可以被準確地量測到），負二項模型是一個非常好的一般用途良率模型預測，可用於多種 IC 製程。

10.5.2 參數良率

即使在無缺點的製造環境中，隨機的製程變異會造成不同水準的系統性能表現。這些變異源自於許多物質和環境參數的擾動（如線寬、膜厚、環境溼度等），經由製造程序後轉變為最終系統性能表現（如速度或雜訊水平）的變異。這些性能變異造成「軟性」故障，並且以製程的參數良率來對其分析。參數良率是一項功能系統品質的量測，而功能良率則是由指製程後可發揮功能的裝置之比例。

用來評估參數良率的常見方式為蒙地卡羅模擬（Monte Carlo simulation）。在蒙地卡羅方式中，電路或系統參數大量的假亂數組值，是根據一個假設的機率分佈（通常是常態分佈）所產生的，而此機率分佈是以量測數據所萃取出來的樣本平均值和標準差為基礎。對於每一組參數，執行模擬以獲得關於預測一個電路或系統的行為之資訊。然後整體的性能分佈便可由此組模擬結果中萃取出來。

以考慮在飽和狀態下 *n*- 通道 MOSFET 驅動電流（I_{Dsat}）之性能衡量來描述蒙地卡羅技術。驅動電流的型式如以下式所示 [12]

$$I_{Dsat} \cong \left(\frac{Z\mu_n C_o}{2L}\right)(V_G - V_T)^2 \tag{45}$$

其中 Z 是元件寬度，L 是長度，μ_n 是通道內電子移動率（mobility），C_o 是單位面積氧化層電容，V_G 是所施加的閘極電壓，V_T 為電晶體的臨界

電壓。在此方程式中，C_o是氧化層厚度（d）的函數，而 V_T是氧化層厚度與通道中摻雜的函數，或 $I_{Dsat}= f(C_o, V_T)$。這兩個部份容易受到製程變異的影響，因此它們可分別根據於以平均值 μ_c和 μ_v和標準差 σ_c和 σ_v之常態分佈來加以分析（見圖 10.24）。

使用蒙地卡羅方法，我們可以藉由計算每個 C_o 和 V_T 可能組合的 I_{Dsat} 值，來評估以一特定製程所製造的 MOSFETs，在特定範圍內的飽和汲極電流之參數良率。這些計算結果顯示最終的性能表現分佈，如圖 10.24b 所示。此機率密度函數接下來可以用來計算在一特定驅動電流範圍內的電晶體之比例。例如，要計算介於 a 和 b 間的 I_{Dsat} 值之 MOSFETs 的比例，我們可以計算下面的積分式

$$Y(a < I_{Dsat} < b \text{ 之MOSFETs}) = \int_a^b f(x)dx \tag{46}$$

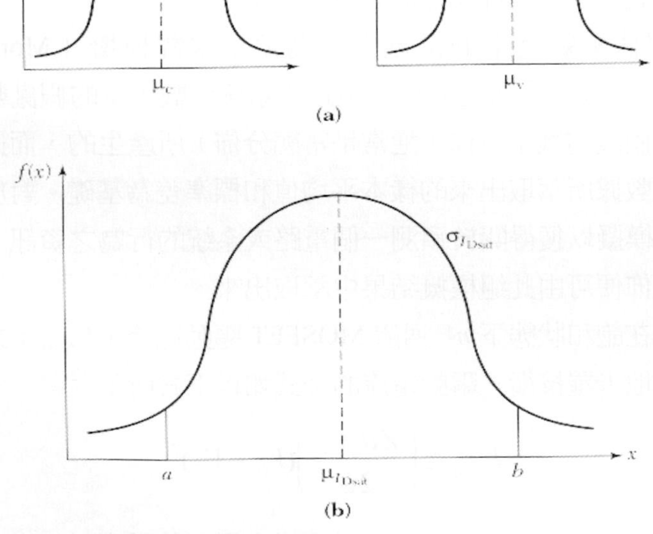

圖 10.24 (a) C_o 和 V_T 的常態機率密度函數。(b) I_{Dsat} 的整體機率密度函數。

因此，一旦知道一特定輸出度量之總分佈，估計在任何性能表現範圍內之製造成品的比例是可能的。參數良率之估計值對於電路設計者是很有用的，因為它可幫助鑑別製程的限制，並幫助和增進生產的設計。

10.6 電腦整合製造

絕大多數的 IC 製程定量化評估是經由電腦來完成而非手算，不僅較有效率，就現今的經濟觀點而言也是必要的。積體電路的製造可是相當的昂貴。事實上，過去十年已經看到電子製造變成如此的資本密集化，以致於小公司經常發現要支撐他們自己的製造運作須付出昂貴的代價。現今典型最先進的大量化製造設備之花費和四十年前相比多出了幾個數量級，這也造就契約製造工業的興盛。

由於成本的提高，今日製造商所面臨的挑戰是如何以製造過程中較大量的技術創新，來抵銷如此龐大的資本投資。換句話說，現在的目標是使用最新發展的電腦軟硬體技術來改善已過分昂貴之製造方式。效應上，如同電腦輔助設計（computer-aided design，CAD）已顯著影響電路設計的經濟發展模式，積體電路電腦整合製造（computer-integrated manufacturing of integrated circuits，IC-CIM）的目標是最佳化電子製造的成本效益。

在降低製造成本為大體導向之情況下，幾個次工作已經確定，包括提高製造良率、減少產品製造循環時間、維持一致水準的產品品質和性能，以及改善製程設備的可靠度。由於製造過程通常由上百個連續步驟所組成，因此良率損失潛在地會在每個步驟中發生。所以，為了維持在電子製造設備中的產品品質，需要對上百個或甚至上千個製程變數嚴格的管制。高良率、高品質和低循環時間彼此相互依賴之議題，可藉由最先進 IC-CIM 系統中幾個關鍵技能的發展來因應，如：製品（work-in-process，WIP）監控、設備通訊、資料擷取和儲存、製程／設備模型和即時製程控制等。每一個行動的重點是藉由避免潛在的製程錯誤，來增加生產量和降低良率損失，但是在有效的執行和調度上，每一個行動皆有其重大的工程挑戰。

一個典型現代 IC-CIM 系統的方塊圖如圖 10.25 所示，該圖概述有效率的製造運作所需要的一些關鍵特徵[13]。此雙層架構中較低的層級，包括有可提供即時管制和製造設備分析的嵌入式控制器。這些控制器通常由設備的各個部分專屬的個人電腦和相關控制軟體所構成。這個 IC-CIM 架構的第二層，是由電腦工作站的分散式區域網路和由一般分散式資料庫連接的檔案伺服器所組成。設備和電腦主機之間的通訊，是由類屬設備模型（generic equipment model，GEM）之電子製造標準來引導。GEM 標準使用於半導體製造和印刷電路板組裝，此標準係以半導體設備通訊標準（semiconductor equipment communications standard，SECS）協定為基礎。

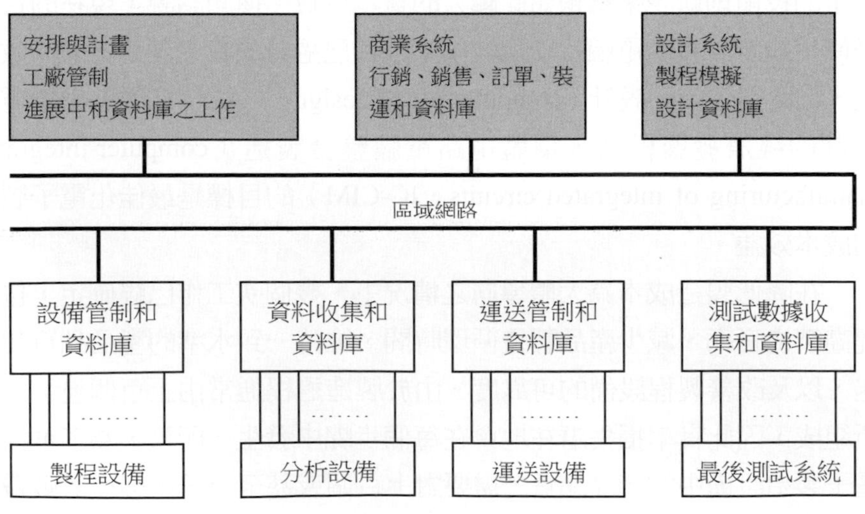

圖 10.25 二層級 CIM 架構[13]。

此型式之 IC-CIM 架構有相當大的彈性，允許架構擴充和改編來滿足經常變動的需求。在過去幾年期間，以此模型為基礎所開發的強大、有彈性和成本效益的資訊系統，已經成為 IC 製造業生產整合的一部分。

10.7 總結

本章提供 IC 製造中相關議題之概要，包含電性測試和基本構裝製程的描述，以及統計製程管制、統計實驗設計和良率模型的敘述。本章以 IC-CIM 系統的簡短介紹為結束。在 IC 製造中，製程和設備可靠度直接地影響生產量、良率和最終成本。在接續幾年期間，將需要製造運作上的重大改善來達到未來世代的微電子元件、構裝和系統之預期目標。

參考文獻

1. Pineda de Gyvez and D. Pradhan, *Integrated Circuit Manufacturability*, IEEE Press, Piscataway, NJ, 1999.
2. A. Landzberg, *Microelectronics Manufacturing Diagnostics Handbook*, Van Nostrand Reinhold, New York, 1993.
3. R. Tummala, Ed., *Fundamentals of Microsystems Packaging*, McGraw-Hill, New York, 2001.
4. W. Brown, Ed., *Advanced Electronic Packaging*, IEEE New York, 1999.
5. R. Jaeger, *Introduction to Microelectronic Fabrication*, 2nd Ed., Prentice-Hall, Upper Saddle River, NJ, 2002.
6. D. Montgomery, *Introduction to Statistical Quality Control*, Wiley, New York, 1985.

7. Pineda de Gyvez and D. Pradhan, *Integrated Circuit Manufacturability*, IEEE Press, New York, 1999.
8. B. Murphy, "Cost-Size Optima of Monolithic Integrated Circuits," *Proc. IEEE*, **52** (12), 1537 (1964).
9. R. Seeds, "Yield and Cost Analysis of Bipolar LSI," *IEEE Int. Electron Devices Meet.*, Washington, DC, October 1967.
10. T. Okabe, M. Nagata, and S. Shimada, "Analysis of Yield of Integrated Circuits and a New Expression for the Yield," in C. Strapper, Ed., *Defect and fault Tolerance in VLSI Systems*, Vol. 2, Plenum Press, New York, pp.47-61, 1990.
11. C. Stapper, "Fact and Fiction in Yield Modeling," *Microelectronics J.*, **210**, 129 (1989).
12. S. Sze, *Semiconductor Devices: Physics and Technology*, 2nd Ed., Wiley, New York, 2002.
13. D. Hodges, L. Rowe, and C. Spanos, "Computer Integrated Manufacturing of VLSI," *Proceedings of the 11th IEEE/CHMT International Electronics Manufacturing Technology Symposium*, pp. 1-3, 1989.

習題 （*為較難之題目）

10.3 節 統計製程管制

1. 使用樣本尺寸 $n = 10$ 之 $\bar{x}$ 和 s 管制圖以維持短通道 MOSFETs 的臨界電壓。已知此製程以 $\mu = 0.75$ V 和 $\sigma = 0.10$ V 常態分佈。請找出這些管制圖的中心線和管制界限。
2. 假設 μ 和 σ 未知並且我們已收集到 50 個樣本尺寸 10 的觀測。這些樣本產生總平均 0.734 V ，以及平均 s_i 0.125 V 。請重複問題 1 之問題。

10.4 節 統計實驗設計

3. 使用以下 2^3 個因子實驗來分析一光學微影製程。請使用耶茨演算法分析這些結果。

批次	曝光劑量	顯影時間	烘烤溫度	良率(%)
1	−	−	−	60
2	+	−	−	77
3	−	+	−	59
4	+	+	−	68
5	−	−	+	57
6	+	−	+	83
7	−	+	+	45
8	+	+	+	85

*4. 考慮五種不同製造程序（在下表中標示為 A 到 E）的生產量（即每小時處理之晶圓）。對每一種製程的數據分三天收集。請執行變異數分析以決定製程和處理日期是否有顯著的不同。

天	A	B	C	D	E
1	509	512	532	506	509
2	505	507	542	520	519
3	465	472	498	483	475

10.5 節 良率

5. 假設一個波以松模型，請計算在 100,000 個 NMOS 電晶體上所能允許的最大缺點數密度，以達到 95 % 的功能良率。假設每個元件的閘極寬為 10 μm 而長為 1 μm 。

6. 請利用墨非良率積分來推導方程式(37)、(38)和(40)。

7. 假定一特定內連接製程的缺點數密度之機率密度函數為

$$f(D) = -100D + 10 \quad 0 \le D \le 0.1$$

如果此內連接的關鍵面積為 100 cm^2 ，請計算在 0.05 到 0.1 cm^2 缺點密度範圍內所預期的功能良率。

第十一章 未來趨勢與挑戰

自從西元 1959 年積體電路世代的開啟，最小的元件尺寸持續成指數性地微縮，此趨勢即為知名的摩爾定律（Moore’s law），其目的為增加積成密度、降低生產成本、提升元件操作速度與增進晶片的功能性（functionality）。在 1995 年以前，微縮約以每年 13%的速率進行（也就是每三年縮小 30%）。此趨勢在 1995 年以後有加快的趨勢，如圖 11.1 所示，時程縮短為約每二年縮小 30%，說明產業界製程技術競爭加劇 [1]。在此圖中，所謂的技術節點（technology node）是指一具有規則線條／間距（line/spacing）交錯變化的結構，其圖案週期長度的一半（half the pitch of the line/spacing patterns），可做為衡量圖案積成密度（integration density）的指標，即技術節點尺寸愈小，積成密度愈高。圖中另一個參數是電晶體的閘極長度（gate length，Lg）。在提升元件性能方面，除了縮短 Lg 外，也同時減少閘氧化層厚度來增加元件的驅動電流。

早期電晶體閘極長度與技術節點相近，但 1995 年之後開始較技術節點為短，在 90 與 65 nm 節點時甚至僅為節點值的一半。此改變主要與元件性能的提升有關：由於二氧化矽閘氧化層的薄化至一定程度後漏電流會激增，使其微縮受到限制，所以只能更積極地縮短閘極長度以達到性能提升的目標。但如此也讓元件的短通道效應更加明顯，元件設計難度更大。幸好在 45 nm 節點時有高介電常數閘氧層的引進（見第一章的說明），對閘極長度微縮的困境稍有舒緩。在圖 11.1 中可以發現 32 nm 節點的閘極長度同為 32 nm，與 45 nm 節點相較幾無變化，顯示已近平面結構的極限。到了 22 nm 節點時有鰭式通道結構的引進，讓摩爾定律得以持續。如果順利，預測 2023 年可以到達 5 nm 節點，閘極長度約為 10 nm 左右。當然存在許多挑戰橫亙在前，部分重要的瓶頸於下面的節次中討論。

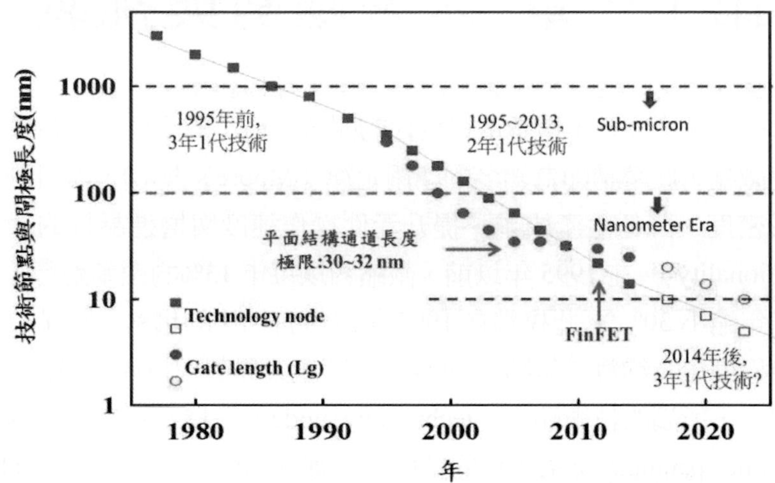

圖 11.1 技術節點與閘極長度的演進。

11.1 整合之挑戰

11.1.1 極紫外光（EUV）技術

第四章介紹微影技術時提及，使用 DUV 光源的最先進量產微影設備為浸潤式 ArF 193 nm 步進掃描機台，解析能力約為 38 nm。為符合 32 nm 技術節點後的需求，必須採用雙重甚或多重成像（multiple patterning）的技巧，但也造成光罩數目與製作成本的大幅上升，成為 10 nm 技術節點之後發展上的重大瓶頸。EUV 技術的解析度能力可以一次曝光的方式完成所需的圖案定義，所以甚受期望 [2]。目前主要的問題在於產出速度太慢，與其須採用反射式光學成像系統的限制有關（見第四章的討論）。目前的因應之道為提升 EUV 光源的強度。考量生產成本與成像的品質，EUV 技術何時能成為生產主力攸關 10 nm 技術節點以後的進展。

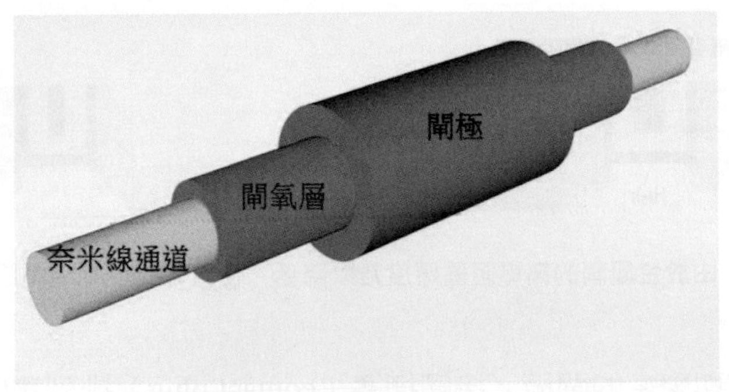

圖 11.2 具有奈米線通道的全閘環繞結構。

11.1.2 通道結構 / 材料的精進

第九章介紹的 FinFET 技術以其立體化的鰭狀通道促進閘極對通道電位的控制，能有效降低元件關閉態的漏電流，使閘極長度得以微縮至 30 nm 以下。雖然較平面結構有明顯的改進，但鰭狀通道底部與矽基板相連處在閘極長度進一步微縮後，仍可能會成為主要的漏電流導通處。針對此，可以理解理想的結構為圖 11.2 所示的全閘環繞（gate-all-around）結構，其通道為一奈米線（nanowire），直徑與閘極長度相當 [3]。由於全面性的閘控，具有運用於 7 nm 與之後技術節點的潛力。但如何運用精密的製程技巧與巧妙的設計，將此終極結構實現在積體電路中，仍是有待努力的課題。此外，載子遷移率較矽為高的材料，如鍺（適用於 PMOS 與 NMOS）與一些三五族半導體（一般適用於 NMOS），如砷化銦鎵（InGaAs），研究其取代矽作為通道的可行性也是重要的主題。

11.1.3 寄生電容 / 電阻議題

元件微縮與積成密度的增加使寄生電阻與電容的上升成為重大的議題，除了會造成操作速度劣化外，也會導致額外的功率耗損。FinFET

圖 11.3 由於金屬閘的高電阻區厚度難以降低，使得微縮後閘極電阻急遽上揚。

的立體通道與緊密的閘極／接觸插塞（contact plug）排列讓閘與源汲極之間的寄生電容激增，最佳化設計的結構參數（高寬度與間距等）與使用低介電常數的介電層是因應的對策。閘極的電阻是另一重大問題，由圖 11.3 的說明可以理解。此圖是圖 9.32 中間閘極部分的放大，其中金屬閘的組成可以分為高電阻與低電阻區。前者主要的功能係藉由其功函數來調整電晶體的開關電壓，後者則用於降低整體的電阻（一般使用鋁或鎢）。一項難題是高電阻區必須有一定的厚度（通常為 10 nm 左右）方能達成調整電晶體的開關電壓效果，所以微縮後其厚度不變，壓縮低電阻區的空間，甚至當通道長度小於 20 nm 時只剩高電阻區。此問題可能須仰賴相關材料與製程技術的進步方能改善。

至於源汲極部分，電阻的降低須利用選擇性成長含高載子濃度的磊晶材料來降低串接電阻。另外為了有效降低接觸電阻，引入雷射退火來增進源汲極接觸區的載子濃度也將是一種新的趨勢。

後段金屬連線部分也有與前述金屬閘類似的問題：因為阻障層的厚度控制與可靠性問題，以及金屬線的表面載子散射效應，使得銅導線的等效電阻在微縮後容易增加。一些新的阻障材料，如石墨烯（graphene），可能是可以改善問題的解決方案 [4]。

11.1.4 功率之限制

在一個 IC 中，僅提供電路節點充放電之電源功率係正比於閘極的數目和閘極的開關頻率（時鐘頻率，clock frequency），可表示為

$P \cong 1/2CV_D^{\,2}nf$，其中 C 是每個元件之電容，V_D 是供應電壓，n 是每個晶片之元件數目，f 為時鐘頻率。CMOS 在目前有實用的元件技術中應屬最省電者，但隨頻率的上升使其功率仍升高至難以處理的狀況。在高積成密度的電路中，因功率超過一定限制後將會導致溫度升高，進而影響操作性能與可靠性。目前先進的處理器頻率上限約為 4 GHz，功率的耗損控制可以藉由降低 V_D 來達成，效率的提升則可藉由電路設計技巧（如多核心）來改善。

晶片應用功能與規格已趨多樣化，以符合產品從高性能到超低功率耗損等截然不同的要求。未來有些應用，如物聯網（internet-of-thing，IoT）需求極低的功率耗損，從上述的分析降低 V_D 是最有效的策略。但這對於傳統 MOSFET 而言有其困難，主要由於其次臨界擺幅（subthreshold swing）在室溫下最小值為 60 mV/dec。當元件在 $V_G=0$ 時的漏電流決定後，其開關電壓會有一定的大小（一般大於 0.2 V），使得 V_D 無法訂得太低。針對此，已有一些新的電晶體技術證實可以將次臨界擺幅縮減至遠比為 60 mV/dec 為低，如穿隧場效電晶體（tunneling FET）與負電容場效電晶體（negative capacitance FET）（請見第一章表 1.1）。這些新技術將有潛力應用於超低功率耗損的電路晶片。

11.2 晶片的系統化

11.2.1 系統晶片（System-on-Chip，SOC）

組件密度的增加和製造技術的改善有助於 SOC 的實現。所謂的 SOC 就是將一個完整的電子系統製作於一晶方上，也就是設計者可建置一個完整電子系統（例如相機、收音機、電視或個人電腦）所有必須之電路區塊於單一晶片上。圖 11.4 說明一個應用於個人電腦主機板之系統晶片，可將板子上的所有組件（在此例子中原有 11 個個別的晶片，包含有各種邏輯與記憶 IC)，轉變成為如右邊 SOC 晶片上的內建組件[5]。

在 SOC 的實現上須面對兩個阻礙。第一個是高度繁雜的設計，因為一般系統內個別的組件晶方通常是由不同的公司使用不同的設計工具所設計，因此將所有組件整合至一個晶片是相當困難的。另一個困難點是和製造有關。一般來說，DRAM 跟邏輯 IC（例如 CPU）的製造流程與要求是非常地不相同：邏輯電路的首要考量是速度，但是對於 DRAM 而言，控制儲存電荷的漏電流則是主要的考量。因此在邏輯 IC 中，使用多層的金屬多層連接線架構來增進速度是必須的（目前已有 10 或更多層的邏輯 IC)，相較之下 DRAM 電路的金屬層數少了許多。此外，為了提高速度，必須使用矽化物製程來降低串聯電阻，同時採用超薄氧化層來增加邏輯電路的驅動電流。這些需求在 DRAM 製作時並不是首要的。

嵌入式 DRAM 技術是用以實現 SOC 目標的一例，該技術以相容之製程來合併邏輯電路和 DRAM 至單一晶片。圖 11.5 為此種嵌入式 DRAM 結構的剖面圖，包含 DRAM 記憶胞和邏輯 CMOS 元件[6]，其中的一些製程步驟已以折衷方式作修改以克服製造上的困難。使用塹渠型

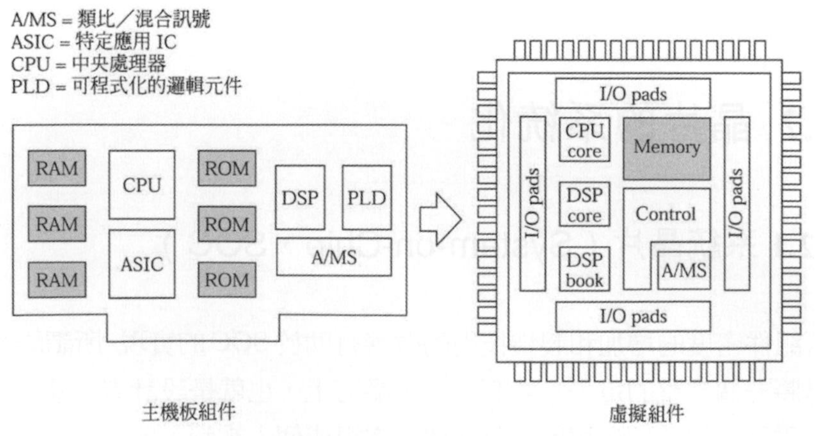

圖 11.4 傳統個人電腦主機板上的系統單晶片[5]。

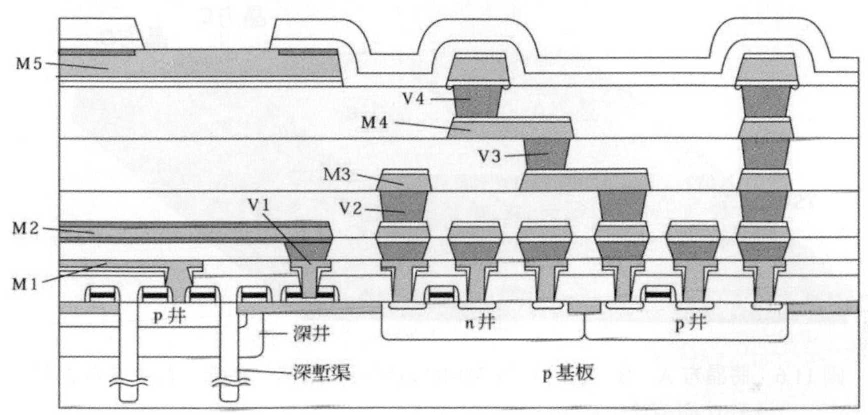

圖 11.5　嵌入式 DRAM 之剖面示意圖，包含 DRAM 記憶胞與邏輯 MOSFET。因為採用塹渠式電容記憶胞，所以沒有高度差。M1 到 M5 是金屬內連線，V1 到 V4 是層間引洞[6]。

電容器而不採堆疊式電容器以使 DRAM 胞結構沒有高度差的問題。另外，同片晶圓上有多種不同厚度的閘極氧化層，以允許電路上使用多重供應電壓的設計，及有效結合記憶體和邏輯電路在同一晶片上的運作。

11.2.2 三維積體電路（3D-IC）

3D-IC 是讓晶片系統化的另一種作法。它的觀念源自於一先前稱為「封裝系統」(system-in-package，SiP）技術，主要是將不同功能的晶方將之封裝於同一個物件中，使封裝後的物件（晶片）具有一個系統的功效。SiP 過程中會用到傳統封裝的結構與技巧，相較之下，3D-IC 直接將不同晶方接合，做法更加精細巧妙，但困難度也更高[7]。圖 11.6 為一個 3D-IC 的樣品，其中有 4 個不同功能的晶方將之封裝在一基板上，其中下面兩個晶方（C 與 D）中形成有穿矽孔（through-Si via，TSV），孔中有銅導體以使晶方的上下方可以透過焊球（bump）與其他晶方電性相連。以圖 11.4 中個人電腦主機板上的 11 個晶方為例，若能依其大小與

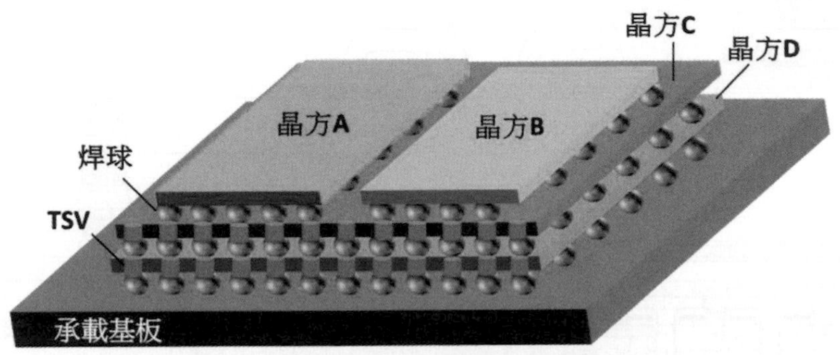

圖 11.6 將晶方 A、B、C 與 D 以 3D-IC 方式結合成為一系統，其中晶方之間 TSV 與焊球電性相連。

功能，巧妙地安排上下堆疊使之呈一 3D-IC，封裝後整體面積將較 SOC 小許多，不同晶方間的電性路徑也會縮短（垂直方向較橫向為短）而使阻抗降低；此外，個別晶方可以其最適合的製程製造而無不會受彼此的影響。由於這些優點，3D-IC 一般視為較 SOC 的為佳作法。

11.3 總結

由於元件特徵長度的快速微縮，當通道長度縮短至約 10 nm 時（對應 5 nm 節點），IC 技術將可能到達實用上的極限。何種電晶體技術將會取代 CMOS？或是 CMOS 無可取代？一直是許多科學研究者心中的一大疑問。可能的繼任者包括以量子力學效應為基礎的創新元件，因為當橫向尺寸縮小至 100 nm 以下，電子結構依據其材料和操作溫度條件將表現出非古典元件物理所描述的性能 [8]。有些元件的操作將在單電子（single electron）傳輸的層級，此方式已被單電子記憶胞所證實。此類元件有可能實現一兆個組件之系統，也將是繼 CMOS 之後重要的挑戰。

參考文獻

1. International Technology Roadmap for Semiconductors, Semiconductor Industry Association, San Jose, 2014.
2. E. van Setten *et al.*, "Patterning Options for N7 Logic: Prospects and Challenges for EUV," *Proc. SPIE,* **9661**, Art. No. 96610G (2015).
3. K. H. Yeo *et al.*, "Gate-All-Around (GAA) Twin Silicon Nanowire MOSFET (TSNWFET) with 15 nm Length Gate and 4 nm Radius Nanowires" *IEEE Tech. Dig. Int. Electron Devices Meet.*, p. 539 (2006).
4. J. Homg *et al.*, "Graphene as an Atomically Thin Barrier to Cu Diffusion into Si," *Nanoscale*, **6**, 7503 (2014).
5. B. Martin, "Electronic Design Automation," *IEEE Spectr.,* **36**, 61 (1999).
6. H. Ishiuchi *et al.*, "Embedded DRAM Technologies," *IEEE Tech. Dig. Int. Electron Devices Meet.*, p. 33 (1997).
7. K. Banerjee et al., "3-D ICs: A Novel Chip Design for Improving Deep-Submicrometer Interconnect Performance and Systems-on-Chip Intergration", *Proc. IEEE*, **89**, 602 (2001).
8. S. Luryi, J. Xu, and A. Zaslavsky, Eds., *Future Trends in Microelectronics*, Wiley, New York, 1999.

習題

1. (a)在厚度 0.5 μm 的熱氧化層上所形成之 0.5 μm 厚鋁線，計算其操作時的 RC 時間常數。此金屬線的長度和寬度各為 1 cm 和 1 μm，其電阻係數為 10^{-5} Ω-cm。(b)對於相同尺寸的多晶矽金屬線(R_h = 30 Ω/h)，其 RC 時間常數為何？
2. 為什麼系統晶片需要多種氧化層厚度？

3. 通常在高介電材料 Ta_2O_5 和矽基板之間需加入一緩衝層。請計算上面有 75 Å Ta_2O_5（$k = 25$）的緩衝氮化物層（$k = 7$，厚度為 10 Å）之堆疊式閘極介電層的等效氧化層厚度（EOT）。亦請計算改以氧化物為緩衝層（$k = 3.9$，厚度為 5 Å）時的 EOT 。

附錄 A

符號表

符號	敘述	單位
a	晶格常數	Å
c	真空中的光速	cm/s
C	電容	F
D	擴散係數	cm^2/s
E	能量	eV
E	電場	V/cm
f	頻率	Hz(cps)
h	浦朗克常數	J•s
I	電流	A
J	電流密度	A/cm^2
k	波茲曼常數	J/K
L	長度	cm or μm
m_0	電子靜止質量	kg
$\bar{n}$	折射率	
n	自由電子密度	cm^{-3}
n_i	本質載子密度	cm^{-3}
p	自由電洞密度	cm^{-3}
P	壓力	Pa
q	電荷量	C
Q_{it}	界面陷阱電荷	$charges/cm^2$
R	電阻	Ω
t	時間	s
T	絕對溫度	K
υ	載子速度	cm/s
V	電壓	V
ε_0	真空介電係數	F/cm
ε_s	半導體介電係數	F/cm
ε_{ox}	絕緣體介電係數	F/cm
$\varepsilon_s/\varepsilon_0$ or $\varepsilon_{ox}/\varepsilon_0$	介電常數	
λ	波長	μm or nm
v	光頻率	Hz

符號	敘述	單位
μ_o	真空介磁係數	H/cm
μ_n	電子移動率	$cm^2/V{\bullet}_s$
μ_p	電動移動率	$cm^2/V{\bullet}_s$
ρ	電阻係數	Ω-cm
Ω	歐姆	Ω

附錄 B

國際單位系統 (SI Units)

度量	單位	符號	詳細單位
長度	Meter	m	
質量	Kilogram	kg	
時間	Second	s	
溫度	Kelvin	K	
電流	Ampere	A	
光強度	Candela	Cd	
角度	Radian	rad	
頻率	Hertz	Hz	1/s
力	Newton	N	$kg\text{-}m/s^2$
壓力	Pascal	Pa	N/m^2
能量 [a]	Joule	J	N-m
功率	Watt	W	J/s
電荷	Coulomb	C	A·s
電位	Volt	V	J/C
電導	Siemens	S	A/V
電阻	Ohm	Ω	V/A
電容	Farad	F	C/V
磁通量	Weber	Wb	V·s
磁感應	Tesla	T	Wb/m^2
電感	Henry	H	Wb/A
光通量	Lumen	Lm	Cd-rad

[a] 在半導體領域中常用公分 cm 表示長度、用電子伏特 eV 表示能量。($1\ cm = 10^{-2}$ m，$1\ eV = 1.6\times10^{-19}$ J)

附錄 C

單位字首*

次方	字首	符號
10^{18}	exa	E
10^{15}	peta	P
10^{12}	tera	T
10^{9}	giga	G
10^{6}	mega	M
10^{3}	kilo	k
10^{2}	hecto	h
10	deka	da
10^{-1}	deci	d
10^{-2}	centi	c
10^{-3}	milli	m
10^{-6}	micro	μ
10^{-9}	nano	n
10^{-12}	pico	p
10^{-15}	femto	f
10^{-18}	atto	a

*取自國際度量衡委員會（不採用重複字首的單位，例如：用 p 表示 10^{-12} 次方，而非μμ。）

附錄 D

希臘字母表

字母	小寫字型	大寫字型
Alpha	α	Α
Beta	β	Β
Gamma	γ	Γ
Delta	δ	Δ
Epsilon	ε	Ε
Zeta	ζ	Ζ
Eta	η	Η
Theta	θ	Θ
Iota	ι	Ι
Kappa	κ	Κ
Lambda	λ	Λ
Mu	μ	Μ
Nu	ν	Ν
Xi	ξ	Ξ
Omicron	ο	Ο
Pi	π	Π
Rho	ρ	Ρ
Sigma	σ	Σ
Tau	τ	Τ
Upsilon	υ	Υ
Phi	φ	Φ
Chi	χ	Χ
Psi	ψ	Ψ
Omega	ω	Ω

附錄 E

物理常數

度量	符號	值
埃	Å	10 Å = 1 nm = 10^{-3} μm = 10^{-7} cm = 10^{-9} m
亞佛加厥常數	N_{av}	6.02214×10^{23}
波耳半徑	a_B	0.52917 Å
波玆曼常數	k	1.38066×10^{-23} J/K (R/N_{av})
基本電荷	q	1.60218×10^{-19} C
靜止電荷質量	m_o	0.91094×10^{-30} kg
電子伏特	eV	1 eV = 1.60218×10^{-19} J = 23.053 kcal/mol
氣體常數	R	1.98719 cal/mol-K
真空介磁係數	μ_o	1.25664×10^{-8} H/cm ($4\pi \times 10^{-9}$)
真空介電係數	ε_o	8.85418×10^{-14} F/cm ($1/\mu_0 c^2$)
普朗克常數	h	6.62607×10^{-34} J•s
約化之普朗克常數	$\hbar$	1.05457×10^{-34} J•s ($h/2\pi$)
靜止光子質量	M_p	1.67262×10^{-27} kg
真空中光速	c	2.99792×10^{10} cm/s
標準大氣壓		1.01325×10^{5} Pa
300 K 的熱電壓	kT/q	0.025852 V
一電子伏特量子的波長	λ	1.23984 μm

附錄 F

300 K 時矽和砷化鎵的特性

特性	矽	砷化鎵
原子密度（Atoms/cm^3）	5.02×10^{22}	4.42×10^{22}
原子重量	28.09	144.63
崩潰電場（V/cm）	$\sim 3 \times 10^5$	$\sim 4 \times 10^5$
晶體結構	鑽石	閃鋅礦
密度（g/cm^3）	2.329	5.317
介電常數	11.9	12.4
導電帶之有效態位密度（cm^{-3}）	2.86×10^{19}	4.7×10^{17}
價電帶之有效態位密度（cm^{-3}）	2.66×10^{19}	7.0×10^{18}
有效質量（導電）		
電子（m_n/m_0）	0.26	0.063
電洞（m_p/m_0）	0.69	0.57
電子親和力，χ(V)	4.05	4.07
能隙（eV）	1.12	1.42
折射率	3.42	3.3
本質載子濃度（cm^{-3}）	9.65×10^9	2.25×10^6
本質電阻係數（Ω-cm）	3.3×10^5	2.9×10^8
晶格常數（Å）	5.43102	5.65325
熱膨脹的線性係數 $\Delta L/L \times T$（℃$^{-1}$）	2.59×10^{-6}	5.75×10^{-6}
熔點（℃）	1412	1240
少數載子生命期（s）	3×10^{-2}	$\sim 10^{-8}$
移動率（cm^2/V-s）		
μ_n（電子）	1450	9200
μ_p（電洞）	505	320
比熱（J/g -℃）	0.7	0.35
熱傳導係數（W/cm-K）	1.31	0.46
蒸氣壓（Pa）	1 在 1650℃ 10^{-6} 在 900 ℃	100 在 1050 °C 1 在 900 °C

附錄 G

錯誤函數(Error Function)的一些性質

ω	erf (ω)	ω	erf (ω)	ω	erf (ω)	ω	erf (ω)
0.00	0.000000	2.32	0.349126	0.64	0.634586	0.96	0.825424
0.01	0.011283	2.33	0.359279	0.65	0.642029	0.97	0.829870
0.02	0.022565	2.34	0.369365	0.66	0.649377	0.98	0.834232
0.03	0.033841	2.35	0.379382	0.67	0.656628	0.99	0.838508
0.04	0.045111	2.36	0.389330	0.68	0.663782	1.00	0.842701
0.05	0.056372	2.37	0.399206	0.69	0.670840	1.01	0.846810
0.06	0.067622	2.38	0.409009	0.70	0.677801	1.02	0.850838
0.07	0.078858	2.39	0.418739	0.71	0.684666	1.03	0.854784
0.08	0.090078	2.40	0.428392	0.72	0.691433	1.04	0.858650
0.09	0.101281	2.41	0.437969	0.73	0.698104	1.05	0.862436
0.10	0.112463	2.42	0.447468	0.74	0.704678	1.06	0.866144
0.11	0.123623	2.43	0.456887	0.75	0.711156	1.07	0.869773
0.12	0.134758	2.44	0.466225	0.76	0.717537	1.08	0.873326
0.13	0.145867	2.45	0.475482	0.77	0.723822	1.09	0.876803
0.14	0.156947	2.46	0.484655	0.78	0.730010	1.10	0.880205
0.15	0.167996	2.47	0.493745	0.79	0.736103	1.11	0.883533
0.16	0.179012	2.48	0.502750	0.80	0.742101	1.12	0.886788
0.17	0.189992	2.49	0.511668	0.81	0.748003	1.13	0.889971
0.18	0.200936	2.50	0.520500	0.82	0.753811	1.14	0.893082
0.19	0.211840	2.51	0.529244	0.83	0.759524	1.15	0.896124
0.20	0.222703	2.52	0.537899	0.84	0.765143	1.16	0.899096
0.21	0.233522	2.53	0.546464	0.85	0.770668	1.17	0.902000
0.22	0.244296	2.54	0.554939	0.86	0.776110	1.18	0.904837
0.23	0.255023	2.55	0.563323	0.87	0.781440	1.19	0.907608
0.24	0.265700	2.56	0.571616	0.88	0.786687	1.20	0.910314
0.25	0.276326	2.57	0.579816	0.89	0.719843	1.21	0.912956
0.26	0.286900	2.58	0.587923	0.90	0.796908	1.22	0.915534
0.27	0.297418	2.59	0.595936	0.91	0.801883	1.23	0.918050
0.28	0.307880	2.60	0.603856	0.92	0.806768	1.24	0.920505
0.29	0.318283	2.61	0.611681	0.93	0.811564	1.25	0.922900
0.30	0.328627	2.62	0.619411	0.94	0.816271	1.26	0.925236
0.31	0.338908	2.63	0.627046	0.95	0.820891	1.27	0.927514

(continued)

(continued)

ω	erf (ω)	ω	erf (ω)	ω	erf (ω)	ω	erf (ω)
1.28	0.929734	1.66	0.981105	2.05	0.996258	2.43	0.999411
1.29	0.931899	1.67	0.981810	2.06	0.996423	2.44	0.999441
1.30	0.934008	1.68	0.982493	2.07	0.996582	2.45	0.999469
1.31	0.936063	1.69	0.983153	2.08	0.996734	2.46	0.999497
1.32	0.938065	1.70	0.983790	2.09	0.996880	2.47	0.999523
1.33	0.940015	1.71	0.984407	2.10	0.997021	2.48	0.999547
1.34	0.941914	1.72	0.985003	2.11	0.997155	2.49	0.999571
1.35	0.943762	1.73	0.985578	2.12	0.997284	2.50	0.999593
1.36	0.945561	1.74	0.986135	2.13	0.997407	2.51	0.999614
1.37	0.947312	1.75	0.986672	2.14	0.997525	2.52	0.999634
1.38	0.949016	1.76	0.987190	2.15	0.997639	2.53	0.999654
1.39	0.950673	1.77	0.987691	2.16	0.997747	2.54	0.999672
1.40	0.952285	1.79	0.988641	2.17	0.997851	2.55	0.999689
1.41	0.953852	1.80	0.989091	2.18	0.997951	2.56	0.999706
1.42	0.955376	1.81	0.989525	2.19	0.998046	2.57	0.999722
1.43	0.956857	1.82	0.989943	2.20	0.998137	2.58	0.999736
1.44	0.958297	1.83	0.990347	2.21	0.998224	2.59	0.999751
1.45	0.959695	1.84	0.990736	2.22	0.998308	2.60	0.999764
1.46	0.961054	1.85	0.991111	2.23	0.998388	2.61	0.999777
1.47	0.962373	1.86	0.991472	2.24	0.998464	2.62	0.999789
1.48	0.963654	1.87	0.991821	2.25	0.998537	2.63	0.999800
1.49	0.964898	1.88	0.992156	2.26	0.998607	2.64	0.999811
1.50	0.966105	1.89	0.992479	2.27	0.998674	2.65	0.999822
1.51	0.967277	1.90	0.992790	2.28	0.998738	2.66	0.999831
1.52	0.968413	1.91	0.993090	2.29	0.998799	2.67	0.999841
1.53	0.969516	1.92	0.993378	2.30	0.998857	2.68	0.999849
1.54	0.970586	1.93	0.993656	2.31	0.998912	2.69	0.999858
1.55	0.971623	1.94	0.993923	2.32	0.998966	2.70	0.999866
1.56	0.972628	1.95	0.994179	2.33	0.999016	2.71	0.999873
1.57	0.973603	1.96	0.994426	2.34	0.999065	2.72	0.999880
1.58	0.974547	1.97	0.994664	2.35	0.999111	2.73	0.999887
1.59	0.975462	1.98	0.994892	2.36	0.999155	2.74	0.999899
1.60	0.976348	1.99	0.995111	2.37	0.999197	2.75	0.999899
1.61	0.977207	2.00	0.995322	2.38	0.999237	2.76	0.999905
1.62	0.978038	2.01	0.995525	2.39	0.999275	2.77	0.999910
1.63	0.978843	2.02	0.995719	2.40	0.999311	2.78	0.999916
1.64	0.979622	2.03	0.995906	2.41	0.999346	2.79	0.999920
1.65	0.980376	2.04	0.996086	2.42	0.999379	2.80	0.999925

(continued)

ω	erf (ω)	ω	erf (ω)	ω	erf (ω)	ω	erf (ω)
2.81	0.999929	3.16	0.99999214	3.50	0.999999257	3.84	0.999999944
2.82	0.999933	3.17	0.99999264	3.51	0.999999309	3.85	0.999999948
2.83	0.999937	3.18	0.99999311	3.52	0.999999358	3.86	0.999999952
2.85	0.999944	3.19	0.99999356	3.53	0.999999403	3.87	0.999999956
2.86	0.999948	3.20	0.99999397	3.54	0.999999445	3.88	0.999999959
2.87	0.999951	3.21	0.99999436	3.55	0.999999485	3.89	0.999999962
2.88	0.999954	3.22	0.99999473	3.56	0.999999521	3.90	0.999999965
2.89	0.999956	3.23	0.99999507	3.57	0.999999555	3.91	0.999999968
2.90	0.999959	3.24	0.99999540	3.58	0.999999587	3.92	0.999999970
2.91	0.999961	3.25	0.99999570	3.59	0.999999617	3.93	0.999999973
2.92	0.999964	3.26	0.99999598	3.60	0.999999644	3.94	0.999999975
2.93	0.999966	3.27	0.99999624	3.61	0.999999670	3.95	0.999999977
2.94	0.999968	3.28	0.99999649	3.62	0.999999694	3.96	0.999999979
2.95	0.999970	3.29	0.99999672	3.63	0.999999716	3.97	0.999999980
2.96	0.999972	3.30	0.99999694	3.64	0.999999736	3.98	0.999999982
2.97	0.999973	3.31	0.99999715	3.65	0.999999756	3.99	0.999999983
2.98	0.999975	3.32	0.99999734	3.66	0.999999773		
2.99	0.999976	3.33	0.99999751	3.67	0.999999790		
3.00	0.99997791	3.34	0.99999768	3.68	0.999999805		
3.01	0.99997926	3.35	0.999997838	3.69	0.999999820		
3.02	0.99998053	3.36	0.999997983	3.70	0.999999833		
3.03	0.99998173	3.37	0.999998120	3.71	0.999999845		
3.04	0.99998286	3.38	0.999998247	3.72	0.999999857		
3.05	0.99998392	3.39	0.999998367	3.73	0.999999867		
3.06	0.99998492	3.40	0.999998478	3.74	0.999999877		
3.07	0.99998586	3.41	0.999998582	3.75	0.999999886		
3.08	0.99998674	3.42	0.999998679	3.76	0.999999895		
3.09	0.99998757	3.43	0.999998770	3.77	0.999999903		
3.10	0.99998835	3.44	0.999998855	3.78	0.999999910		
3.11	0.99998908	3.45	0.999998934	3.79	0.999999917		
3.12	0.99998977	3.46	0.999999008	3.80	0.999999923		
3.13	0.99999042	3.47	0.999999077	3.81	0.999999929		
3.14	0.99999103	3.48	0.999999141	3.82	0.999999934		
3.15	0.99999160	3.49	0.999999201	3.83	0.999999939		

附錄 H

基本氣體動力學原理

理想氣體公式為

$$PV = RT = N_{av}kT \tag{1}$$

P 是壓力，V 是一莫耳氣體體積，R 是氣體常數(1.98 cal/mol-K 或 82 atm-cm^3/mol-K)，T 是絕對溫度(單位 K)，N_{av} 是亞佛加厥常數(6.02×10^{23} molecules/mole)，k 是波茲曼常數(1.38×10^{-23} J/K 或 1.37×10^{-22} atm-cm^2/K)。真實氣體當氣壓越低時其行為越像理想氣體，因此式(1)適用於大多數的真空製程。我們可以使用式(1)來計算分子濃度 n (每單位體積分子數目)：

$$n = \frac{N_{av}}{V} = \frac{P}{kT} \tag{2}$$

$$= 7.25 \times 10^{16} \frac{P}{T} \text{molecules/cm}^3 \tag{2a}$$

P 的單位是 Pa。氣體密度 ρ_d 為分子量(molecular weight)和濃度之乘積：

$$\rho_d = \text{Molecualr weight} \times \left(\frac{P}{kT}\right) \tag{3}$$

氣體分子的運動有一定規範，其速度與溫度有關，並可以 Maxwell-Boltzmann 分佈定律來描述速度的分佈，其說明在特定速度 v 時

$$\frac{1}{n}\frac{dn}{dv} \equiv f_v = \frac{4}{\sqrt{\pi}}\left(\frac{m}{2kT}\right)^{3/2} v^2 \exp\left(-\frac{mv^2}{2kT}\right) \tag{4}$$

m 是一個分子的質量。這個式子說明如果在特定的體積內有 n 個分子，其中將會有 dn 個分子數有著 v 和 $v+\mathrm{d}v$ 之間的速度。其平均速度可由式(4)來得到：

$$v_{au} = \frac{\int_0^\infty v f_v dv}{\int_0^\infty f_v dv} = \frac{2}{\sqrt{\pi}}\sqrt{\frac{2kT}{m}} \tag{5}$$

對於真空技術而言分子碰撞速率(impingement rate)是一個重要的參數，其定義為每單位時間內碰撞在一個單位面積上的分子數。為了得到此參數，首先考慮對於在 x 方向分子數的速度分佈函數 f_{vx}。此函數可用類似式(4)之方程式來表示：

$$\frac{1}{n}\frac{dn_x}{dv_x} \equiv f_{v_x} = \left(\frac{m}{2\pi kT}\right)^{1/2} v_x^{\ 2} \exp\left(-\frac{m v_x^{\ 2}}{2kT}\right) \tag{6}$$

分子碰撞速率 ϕ 為

$$\phi = \int_0^\infty v_x dn_x \tag{7}$$

從式(6)置換 dn_x 並積分可得到

$$\phi = n\sqrt{\frac{kT}{2\pi m}} \tag{8}$$

碰撞速率與氣體壓力之間的關係可由式(2)獲得：

$$\phi = P(2\pi mkT)^{-1/2} \tag{9}$$

$$= 2.64\times10^{20}\left(\frac{P}{\sqrt{MT}}\right) \tag{9a}$$

P 的單位是 Pa ， M 是分子量。

附錄 I

SUPREM 指令

史丹福大學製程工程模型(The Stanford University Process Engineering Modeling, SUPREM)程式是一組模擬套裝，可以提供使用者編製在積體電路製造中不同製程步驟的模型。SUPREM 可以預測氧化、沉積、蝕刻、擴散、磊晶成長和離子佈植製程的結果。SUPREM III 可以編製經由這些製程所完成的半導體結構之變化的一維模型。主要的結果為各種沉積層的厚度與沉積層中雜質的分佈。此程式亦可決定材料的某些性質，例如在矽層中擴散區域的片電阻。

為了執行 SUPREM ，必須提供一個輸入疊(input deck)檔案。這個檔案包含一連串的聲明與註解，以一個 TITLE 聲明為開始，其只是一個重複在程式輸出的每一頁上之註解。下一個指令，INITIALIZE ，是一個設定基板種類、晶向和摻雜的控制聲明。這個指令亦可指定欲模擬區域的厚度和建立一個格網(grid)。在基板和材料建立之後，將使用一連串的聲明來指定所出現的製程步驟序列。最後，模擬的輸出可用 PRINT 聲明來列印或 PLOT 聲明來繪圖。模擬以一個 STOP 聲明為結束。一些 COMMENT 聲明將會出現在整個輸入疊之中。

一些常用的 SUPREM 聲明之敘述在表 I.1 中，但*此表絕非是完整的*。為得到完整的 SUPREM 軟體套裝和其相關使用說明，請聯絡

Silvaco Data Systems, Inc.

4701 Patrick Henry Drive

Building 2

Santa Clara, CA 95054

Phone: 408-654-4372

Fax: 408-727-5297

www.silvaco.com

SUPREM 是 the Board of Trustee of Stanford University 之商標。

表 I.1 常用 SUPREM 指令

名稱	敘述	基本語法	典型的旗號和參數
COMMENT	輸出字元字串以標定一個輸入序列	COMMENT <*Text*>	None
DEPOSITION	在現有的結構上面沉積特定材料	DEPOSITION <*Material*> Thickness=<*n*> Temperature=<*n*>	Aluminum Nitride Oxide Polysilicon Silicon C. Phosphor (cm^{-3}) C. Arsenic (cm^{-3}) C. Boron (cm^{-3}) Thickness (μm) Temperature (℃)
DIFFUSION	編製在氧化和非氧化環境下高溫擴散之模型	DIFFUSION Time=<*n*> Temperature=<*n*> <*Dopant*> <*Ambient*>	Arsenic Boron DryO2 Nitrogen Phosphorus WetO2 Solidsol HCI% (%) T. Rate (℃/min) Temperature (℃) Time (minutes)
ETCH	從現有的結構上面蝕刻特定材料	ETCH <*Material*> Thickness=<*n*>	All Aluminum Nitride Oxide Polysilicon Silicon Thickness (μm)

名稱	敘述	基本語法	典型的旗號和參數
IMPLANT	模擬雜質的離子佈植	IMPLANT <*Dopant*> Dose=<*n*> Energy=<*n*>	Arsenic Boron Phosphorus Dose (cm^{-2}) Energy (keV)
INITIALIZE	設定模擬中的初始係數和結構	INITIALIZE <*Structure*> <*Substrate*> <*Dopant*> Concentration=<*n*> INITIALIZE Structure=<*Filename*>	<100> <110> <111> Silicon Arsenic Phosphorus Concentration (cm^{-3})
PLOT	指定繪製出雜質濃度或電性計算之結果與基板中雜質分佈深度的關係圖	PLOT <*Parameter*> Cmin=<*n*> Cmax=<*n*>	Active Arsenic Boron Chemical Net Phosphorus Cmin (cm^{-3}) Cmax (cm^{-3})
PRINT	關於所模擬之結構和所使用之係數的輸出資訊	PRINT <*Parameter*>	Arsenic Boron Chemical Concentration Layers Net Phosphorus
SAVEFILE	儲存現今正在處理的結構或所使用的係數	SAVEFILE <*Feature*> Filename=<*Text*>	Structure
STOP	結束模擬	STOP <*Text*>	None
TITLE	輸入一個字元字串以標定接續之輸入	TITLE <*Text*>	None

附錄 J

執行 PROLITH

PROLITH 是以視窗為平台的光學微影模擬程式，由德州奧斯汀 FINLE Technologies 公司所販售。 PROLITH 模擬經由光阻曝光和顯影所形成的空中影像之完整一維和二維光學微影製程。此程式的輸出為以多種樣式的影像、平面圖、曲線圖和計算結果來準確地評估最後光阻輪廓。

PROLITH 接受以數據檔案形式的微影資訊和輸入參數，並使用此資訊模擬標準和進階的微影製程。在此軟體安裝之後，使用者只要從視窗的開始選擇單中點擊 PROLITH 圖像，便可以開始使用 PROLITH 。經過成功地搜尋使用許可後， Imaging Tool 參數視窗便會出現(見圖 4.20)。在執行模擬之前，使用者必須選擇模擬選項和鍵入一組輸入參數。這可由 File 選單中選擇 Options ，打開 Options 對話框來完成。在此對話框中的設定是用來建立基本模擬選項，如 Image Calculation Mode、Physical Model 和 Speed Factor。

一旦建立選項後，使用者可以由適當的參數視窗鍵入模擬輸入參數。這些視窗由 View 選單中選擇不同選項或點擊視窗相對應的工具列按鈕來打開。在各個視窗中，藉由標記或清除確認框或選項鈕、在文字框中鍵入數值、選擇檔案或清單中其他數值等來鍵入參數。許多參數視窗，例如 Resist 參數視窗，可提供所鍵入之資訊的即時圖解。

在已鍵入輸入參數後， PROLITH 可從 Graph 選單中顯示模擬結果。 PROLITH 可以產生由光學投影系統、此影像的光阻曝光或已曝光光阻之顯影的光罩特徵圖表模擬組成。以下 Graph 選單(或相對應的工具列按鈕)中的選項可顯示之模擬：

- *Aerial Image*：以位置為函數的影像相對強度。

- *Image in Resist*：在初始曝光投影至光阻中的影像。
- *Exposed Latent Image*：曝光後烤(PEB)前的潛伏影像。
- *PEB Latent Image*：曝光後烤後的潛伏影像。
- *Develop Time Contours*：以光阻中位置為函數的等顯影時間輪廓圖。
- *Resist Profile*：顯影後二維光阻剖面圖。

此 PROLITH 功能之概述絕非是完整的。為得到完整的 PROLITH 軟體套裝和相關使用說明，請聯絡

FINLE Technologies, Inc.
P.O. Box 162712
Austin, TX 78716
Phone: 512-327-3781
Fax: 512-327-1510
www.finle.com

附錄 K

t 分佈之百分比點

v \ α	0.40	0.25	0.10	0.05	0.025	0.01	0.005	0.0025	0.001	0.0005
1	0.325	1.000	3.078	6.314	12.706	31.821	63.657	127.32	318.31	636.62
2	0.289	0.816	1.886	2.920	4.303	6.965	9.925	14.089	23.326	31.598
3	0.277	0.765	1.638	2.353	3.182	4.541	5.481	7.453	10.213	12.924
4	0.271	0.741	1.533	2.132	2.776	3.747	4.604	5.598	7.173	8.610
5	0.267	0.727	1.476	2.015	2.571	3.365	4.032	4.773	5.893	6.869
6	0.265	0.727	1.440	1.943	2.447	3.143	3.707	4.317	5.208	5.959
7	0.263	0.711	1.415	1.895	2.365	2.998	3.499	4.019	4.785	5.408
8	0.262	0.706	1.397	1.860	2.306	2.896	3.355	3.833	4.501	5.041
9	0.261	0.703	1.383	1.833	2.262	2.821	3.250	3.690	4.297	4.781
10	0.260	0.700	1.372	1.812	2.228	2.764	3.169	3.581	4.144	4.587
11	0.260	0.697	1.363	1.796	2.201	2.718	3.106	3.497	4.025	4.437
12	0.259	0.695	1.356	1.782	2.179	2.681	3.055	3.428	3.930	4.318
13	0.259	0.694	1.350	1.771	2.160	2.650	3.012	3.372	3.852	4.221
14	0.258	0.692	1.345	1.761	2.145	2.624	2.977	3.326	3.787	4.140
15	0.258	0.691	1.341	1.753	2.131	2.602	2.947	3.286	3.733	4.073
16	0.258	0.690	1.337	1.746	2.120	2.583	2.921	3.252	3.686	4.015
17	0.257	0.689	1.333	1.740	2.110	2.567	2.898	3.222	3.646	3.965
18	0.257	0.688	1.330	1.734	2.101	2.552	2.878	3.197	3.610	3.922
19	0.257	0.688	1.328	1.729	2.093	2.539	2.861	3.174	3.579	3.883
20	0.257	0.687	1.325	1.725	2.086	2.528	2.845	3.153	3.552	3.850
21	0.257	0.686	1.323	1.721	2.080	2.518	2.831	3.135	3.527	3.819
22	0.256	0.686	1.321	1.717	2.074	2.508	2.819	3.119	3.505	3.792
23	0.256	0.685	1.319	1.714	2.069	2.500	2.807	3.104	3.485	3.767
24	0.256	0.685	1.318	1.711	2.064	2.492	2.797	3.091	3.467	3.745
25	0.256	0.684	1.316	1.708	2.060	2.485	2.787	3.078	3.450	3.725
26	0.256	0.684	1.315	1.706	2.056	2.479	2.779	3.067	3.435	3.707
27	0.256	0.684	1.314	1.703	2.052	2.473	2.771	3.057	3.421	3.690
28	0.256	0.683	1.313	1.701	2.048	2.467	2.763	3.047	3.408	3.674
29	0.256	0.683	1.311	1.699	2.045	2.462	2.756	3.038	3.396	3.659

(continued)

(continued)

v，自由度

v \ α	0.40	0.25	0.10	0.05	0.025	0.01	0.005	0.0025	0.001	0.0005
30	0.256	0.683	1.310	1.697	2.042	2.457	2.750	3.030	3.385	3.646
40	0.255	0.681	1.303	1.684	2.021	2.423	2.704	2.971	3.307	3.551
60	0.254	0.679	1.296	1.671	2.000	2.390	2.662	2.915	3.232	3.460
120	0.254	0.677	1.289	1.658	1.980	2.358	2.617	2.860	3.160	3.373
∞	0.253	0.674	1.282	1.645	1.960	2.326	2.576	2.807	3.090	3.291

資料來源：*Biometrika Tables for Statisticians*, Vol. 1, 3rd ed., by E. S. Pearson and H. O. Hartley, Cambridge University Press, Cambridge, 1966.

附錄 L

F 分佈之百分比點

$F_{0.25,V1,V2}$

V_2 \ V_1	1	2	3	4	5	6	7	8	9	10	12	15	20	24	30	40	60	120	∞
	Degrees of Freedom for the Numerator (V1)																		
1	5.83	7.50	8.20	8.58	8.82	8.98	9.10	9.19	9.26	9.32	9.41	9.49	9.58	9.63	9.67	9.71	9.76	9.80	9.85
2	2.57	3.00	3.15	3.23	3.28	3.31	3.34	3.35	3.37	3.38	3.39	3.41	3.43	3.43	3.44	3.45	3.46	3.47	3.48
3	2.02	2.28	2.36	2.39	2.41	2.42	2.43	2.44	2.44	2.44	2.45	2.46	2.46	2.46	2.47	2.47	2.47	2.47	2.47
4	1.81	2.00	2.05	2.06	2.07	2.08	2.08	2.08	2.08	2.08	2.08	2.08	2.08	2.08	2.08	2.08	2.08	2.08	2.08
5	1.69	1.85	1.88	1.89	1.89	1.89	1.89	1.89	1.89	1.89	1.89	1.89	1.88	1.88	1.88	1.88	1.87	1.87	1.87
6	1.62	1.76	1.78	1.79	1.79	1.78	1.78	1.78	1.77	1.77	1.77	1.76	1.76	1.75	1.75	1.75	1.74	1.74	1.74
7	1.57	1.70	1.72	1.72	1.71	1.71	1.70	1.70	1.70	1.69	1.68	1.68	1.67	1.67	1.66	1.66	1.65	1.65	1.65
8	1.54	1.66	1.67	1.66	1.66	1.65	1.64	1.64	1.63	1.63	1.62	1.62	1.61	1.60	1.60	1.59	1.59	1.58	1.58
9	1.51	1.62	1.63	1.63	1.62	1.61	1.60	1.60	1.59	1.59	1.58	1.57	1.56	1.56	1.55	1.54	1.54	1.53	1.53
10	1.49	1.60	1.60	1.59	1.59	1.58	1.57	1.56	1.56	1.55	1.54	1.53	1.52	1.52	1.51	1.51	1.50	1.49	1.48
11	1.47	1.58	1.58	1.57	1.56	1.55	1.54	1.53	1.53	1.52	1.51	1.50	1.49	1.49	1.48	1.47	1.47	1.46	1.45
12	1.46	1.56	1.56	1.55	1.54	1.53	1.52	1.51	1.51	1.50	1.49	1.48	1.47	1.46	1.45	1.45	1.44	1.43	1.42
13	1.45	1.55	1.55	1.53	1.52	1.51	1.50	1.49	1.49	1.48	1.47	1.46	1.45	1.44	1.43	1.42	1.42	1.41	1.40
14	1.44	1.53	1.53	1.52	1.51	1.50	1.49	1.48	1.47	1.46	1.45	1.44	1.43	1.42	1.41	1.41	1.40	1.39	1.38
15	1.43	1.52	1.52	1.51	1.49	1.48	1.47	1.46	1.46	1.45	1.44	1.43	1.41	1.41	1.40	1.39	1.38	1.37	1.36
16	1.42	1.51	1.51	1.50	1.48	1.47	1.46	1.45	1.44	1.44	1.43	1.41	1.40	1.39	1.38	1.37	1.36	1.35	1.34
17	1.42	1.51	1.50	1.49	1.47	1.46	1.45	1.44	1.43	1.43	1.41	1.40	1.39	1.38	1.37	1.36	1.35	1.34	1.33
18	1.41	1.50	1.49	1.48	1.46	1.45	1.44	1.43	1.42	1.42	1.40	1.39	1.38	1.37	1.36	1.35	1.34	1.33	1.32
19	1.41	1.49	1.49	1.47	1.46	1.44	1.43	1.42	1.41	1.41	1.40	1.38	1.37	1.36	1.35	1.34	1.33	1.32	1.30
20	1.40	1.49	1.48	1.47	1.45	1.44	1.43	1.42	1.41	1.40	1.39	1.37	1.36	1.35	1.34	1.33	1.32	1.31	1.29
21	1.40	1.48	1.48	1.46	1.44	1.43	1.42	1.41	1.40	1.39	1.38	1.37	1.35	1.34	1.33	1.32	1.31	1.30	1.28
22	1.40	1.48	1.47	1.45	1.44	1.42	1.41	1.40	1.39	1.39	1.37	1.36	1.34	1.33	1.32	1.31	1.30	1.29	1.28
23	1.39	1.47	1.47	1.45	1.43	1.42	1.41	1.40	1.39	1.38	1.37	1.35	1.34	1.33	1.32	1.31	1.30	1.28	1.27
24	1.39	1.47	1.46	1.44	1.43	1.41	1.40	1.39	1.38	1.38	1.36	1.35	1.33	1.32	1.31	1.30	1.29	1.28	1.26
25	1.39	1.47	1.46	1.44	1.42	1.41	1.40	1.39	1.38	1.37	1.36	1.34	1.33	1.32	1.31	1.29	1.28	1.27	1.25
26	1.38	1.46	1.45	1.44	1.42	1.41	1.39	1.38	1.37	1.37	1.35	1.34	1.32	1.31	1.30	1.29	1.28	1.26	1.25
27	1.38	1.46	1.45	1.43	1.42	1.40	1.39	1.38	1.37	1.36	1.35	1.33	1.32	1.31	1.30	1.28	1.27	1.26	1.24
28	1.38	1.46	1.45	1.43	1.41	1.40	1.39	1.38	1.37	1.36	1.34	1.33	1.31	1.30	1.29	1.28	1.27	1.25	1.24
29	1.38	1.45	1.45	1.43	1.41	1.40	1.38	1.37	1.36	1.35	1.34	1.32	1.31	1.30	1.29	1.27	1.26	1.25	1.23
30	1.38	1.45	1.44	1.42	1.41	1.39	1.38	1.37	1.36	1.35	1.34	1.32	1.30	1.29	1.28	1.27	1.26	1.24	1.23
40	1.36	1.44	1.42	1.40	1.39	1.37	1.36	1.35	1.34	1.33	1.31	1.30	1.28	1.26	1.25	1.24	1.22	1.21	1.19
60	1.53	1.42	1.41	1.38	1.37	1.35	1.33	1.32	1.31	1.30	1.29	1.27	1.25	1.24	1.22	1.21	1.19	1.17	1.15
120	1.34	1.40	1.39	1.37	1.35	1.33	1.31	1.30	1.29	1.28	1.26	1.24	1.22	1.21	1.19	1.18	1.16	1.13	1.10
∞	1.32	1.39	1.37	1.35	1.33	1.31	1.29	1.28	1.27	1.25	1.24	1.22	1.19	1.18	1.16	1.14	1.12	1.08	1.00

(continued)

$F_{0.75,V1,V2}=1/F_{0.25,V2,V1}$

Source：Adapted with permission from Biometrika Tables for Statisticians,Vol. 1, 3rd ed., by E. S. Pearson and H. O. Hartley, Cambridge University Press, Cambridge, 1966

$F_{0.10,V1,V2}$

V2 \ V1	1	2	3	4	5	6	7	8	9	10	12	15	20	24	30	40	60	120	∞
	Degrees of Freedom for the Numerator (V_1)																		
1	39.86	49.50	53.59	55.83	57.24	58.20	58.91	59.44	59.86	60.19	60.71	61.22	61.74	62.00	62.26	62.53	62.79	63.06	63.33
2	8.53	9.00	9.16	9.24	9.29	9.33	9.35	9.37	9.38	9.39	9.41	9.42	9.44	9.45	9.46	9.47	9.47	9.48	9.49
3	5.54	5.46	5.39	5.34	5.31	5.28	5.27	5.25	5.24	5.23	5.22	5.20	5.18	5.18	5.17	5.16	5.15	5.14	5.13
4	4.54	4.32	4.19	4.11	4.05	4.01	3.98	3.95	3.94	3.92	3.90	3.87	3.84	3.83	3.82	3.80	3.79	3.78	3.76
5	4.06	3.78	3.62	3.52	3.45	3.40	3.37	3.34	3.32	3.30	3.27	3.24	3.21	3.19	3.17	3.16	3.14	3.12	3.10
6	3.78	3.46	3.29	3.18	3.11	3.05	3.01	2.98	2.96	2.94	2.90	2.87	2.84	2.82	2.80	2.78	2.76	2.74	2.72
7	3.59	3.26	3.07	2.96	2.88	2.83	2.78	2.75	2.72	2.70	2.67	2.63	2.59	2.58	2.56	2.54	2.51	2.49	2.47
8	3.46	3.11	2.92	2.81	2.73	2.67	2.62	2.59	2.56	2.54	2.50	2.46	2.42	2.40	2.38	2.36	2.34	2.32	2.29
9	3.36	3.01	2.81	2.69	2.61	2.55	2.51	2.47	2.44	2.42	2.38	2.34	2.30	2.28	2.25	2.23	2.21	2.18	2.16
10	3.29	2.92	2.73	2.61	2.52	2.46	2.41	2.38	2.35	2.32	2.28	2.24	2.20	2.18	2.16	2.13	2.11	2.08	2.06
11	3.23	2.86	2.66	2.54	2.45	2.39	2.34	2.30	2.27	2.25	2.21	2.17	2.12	2.10	2.08	2.05	2.03	2.00	1.97
12	3.18	2.81	2.61	2.48	2.39	2.33	2.28	2.24	2.21	2.19	2.15	2.10	2.06	2.04	2.01	1.99	1.96	1.93	1.90
13	3.14	2.76	2.56	2.43	2.35	2.28	2.23	2.20	2.16	2.14	2.10	2.05	2.01	1.98	1.96	1.93	1.90	1.88	1.85
14	3.10	2.73	2.52	2.39	2.31	2.24	2.19	2.15	2.12	2.10	2.05	2.01	1.96	1.94	1.91	1.89	1.86	1.83	1.80
15	3.07	2.70	2.49	2.36	2.27	2.21	2.16	2.12	2.09	2.06	2.02	1.97	1.92	1.90	1.87	1.85	1.82	1.79	1.76
16	3.05	2.67	2.46	2.33	2.24	2.18	2.13	2.09	2.06	2.03	1.99	1.94	1.89	1.86	1.84	1.81	1.78	1.75	1.72
17	3.03	2.64	2.44	2.31	2.22	2.15	2.10	2.06	2.03	2.00	1.96	1.91	1.86	1.84	1.81	1.78	1.75	1.72	1.69
18	3.01	2.62	2.42	2.29	2.20	2.13	2.08	2.04	2.00	1.98	1.93	1.89	1.84	1.81	1.78	1.75	1.72	1.69	1.66
19	2.99	2.61	2.40	2.27	2.18	2.11	2.06	2.02	1.98	1.96	1.91	1.86	1.81	1.79	1.76	1.73	1.70	1.67	1.63
20	2.97	2.59	2.38	2.25	2.16	2.09	2.04	2.00	1.96	1.94	1.89	1.84	1.79	1.77	1.74	1.71	1.68	1.64	1.61
21	2.96	2.57	2.36	2.23	2.14	2.08	2.02	1.98	1.95	1.92	1.87	1.83	1.78	1.75	1.72	1.69	1.66	1.62	1.59
22	2.95	2.56	2.35	2.22	2.13	2.06	2.01	1.97	1.93	1.90	1.86	1.81	1.76	1.73	1.70	1.67	1.64	1.60	1.57
23	2.94	2.55	2.34	2.21	2.11	2.05	1.99	1.95	1.92	1.89	1.84	1.80	1.74	1.72	1.69	1.66	1.62	1.59	1.55
24	2.93	2.54	2.33	2.19	2.10	2.04	1.98	1.94	1.91	1.88	1.83	1.78	1.73	1.70	1.67	1.64	1.61	1.57	1.53
25	2.92	2.53	2.32	2.18	2.09	2.02	1.97	1.93	1.89	1.87	1.82	1.77	1.72	1.69	1.66	1.63	1.59	1.56	1.52
26	2.91	2.52	2.31	2.17	2.08	2.01	1.96	1.92	1.88	1.86	1.81	1.76	1.71	1.68	1.65	1.61	1.58	1.54	1.50
27	2.90	2.51	2.30	2.17	2.07	2.00	1.95	1.91	1.87	1.85	1.80	1.75	1.70	1.67	1.64	1.60	1.57	1.53	1.49
28	2.89	2.50	2.29	2.16	2.06	2.00	1.94	1.90	1.87	1.84	1.79	1.74	1.69	1.66	1.63	1.59	1.56	1.52	1.48
29	2.89	2.50	2.28	2.15	2.06	1.99	1.93	1.89	1.86	1.83	1.78	1.73	1.68	1.65	1.62	1.58	1.55	1.51	1.47
30	2.88	2.49	2.28	2.14	2.03	1.98	1.93	1.88	1.85	1.82	1.77	1.72	1.67	1.64	1.61	1.57	1.54	1.50	1.46
40	2.84	2.44	2.23	2.09	2.00	1.93	1.87	1.83	1.79	1.76	1.71	1.66	1.61	1.57	1.54	1.51	1.47	1.42	1.38
60	2.79	2.39	2.18	2.04	1.95	1.87	1.82	1.77	1.74	1.71	1.66	1.60	1.54	1.51	1.48	1.44	1.40	1.35	1.29
120	2.75	2.35	2.13	1.99	1.90	1.82	1.77	1.72	1.68	1.65	1.60	1.55	1.48	1.45	1.41	1.37	1.32	1.26	1.19
∞	2.71	2.30	2.08	1.94	1.85	1.77	1.72	1.67	1.63	1.60	1.55	1.49	1.42	1.38	1.34	1.30	1.24	1.17	1.00

(continued)

$F_{0.90,V1,V2}=1/F_{0.10,V2,V1}$

$F_{0.05,V1,V2}$

V2 \ V1	1	2	3	4	5	6	7	8	9	10	12	15	20	24	30	40	60	120	∞
	Degrees of Freedom for the Numerator (V1)																		
1	161.4	199.5	215.7	224.6	230.2	234.0	236.8	238.9	240.5	241.9	243.9	245.9	248.0	249.1	250.1	251.1	252.2	253.3	254.3
2	18.51	19.00	19.16	19.25	19.30	19.33	19.35	19.37	19.38	19.40	19.41	19.43	19.45	19.45	19.46	19.47	19.48	19.49	19.50
3	10.13	9.55	9.28	9.12	9.01	8.94	8.89	8.85	8.81	8.79	8.74	8.70	8.66	8.64	8.62	8.59	8.57	8.55	8.53
4	7.71	6.94	6.59	6.39	6.26	6.16	6.09	6.04	6.00	5.96	5.91	5.86	5.80	5.77	5.75	5.72	5.69	5.66	5.63
5	6.61	5.79	5.41	5.19	5.05	4.95	4.88	4.82	4.77	4.74	4.68	4.62	4.56	4.53	4.50	4.46	4.43	4.40	4.36
6	5.99	5.14	4.76	4.53	4.39	4.28	4.21	4.15	4.10	4.06	4.00	3.94	3.87	3.84	3.81	3.77	3.74	3.70	3.67
7	5.59	4.74	4.35	4.12	3.97	3.87	3.79	3.73	3.68	3.64	3.57	3.51	3.44	3.41	3.38	3.34	3.30	3.27	3.23
8	5.32	4.46	4.07	3.84	3.69	3.58	3.50	3.44	3.39	3.35	3.28	3.22	3.15	3.12	3.08	3.04	3.01	2.97	2.93
9	5.12	4.26	3.86	3.63	3.48	3.37	3.29	3.23	3.18	3.14	3.07	3.01	2.94	2.90	2.86	2.83	2.79	2.75	2.71
10	4.96	4.10	3.71	3.48	3.33	3.22	3.14	3.07	3.02	2.98	2.91	2.85	2.77	2.74	2.70	2.66	2.62	2.58	2.54
11	4.84	3.98	3.59	3.36	3.20	3.09	3.01	2.95	2.90	2.85	2.79	2.72	2.65	2.61	2.57	2.53	2.49	2.45	2.40
12	4.75	3.89	3.49	3.26	3.11	3.00	2.91	2.85	2.80	2.75	2.69	2.62	2.54	2.51	2.47	2.43	2.38	2.34	2.30
13	4.67	3.81	3.41	3.18	3.03	2.92	2.83	2.77	2.71	2.67	2.60	2.53	2.46	2.42	2.38	2.34	2.30	2.25	2.21
14	4.60	3.74	3.34	3.11	2.96	2.85	2.76	2.70	2.65	2.60	2.53	2.46	2.39	2.35	2.31	2.27	2.22	2.18	2.13
15	4.54	3.68	3.29	3.06	2.90	2.79	2.71	2.64	2.59	2.54	2.48	2.40	2.33	2.29	2.25	2.20	2.16	2.11	2.07
16	4.49	3.63	3.24	3.01	2.85	2.74	2.66	2.59	2.54	2.49	2.42	2.35	2.28	2.24	2.19	2.15	2.11	2.06	2.01
17	4.45	3.59	3.20	2.96	2.81	2.79	2.61	2.55	2.49	2.45	2.38	2.31	2.23	2.19	2.15	2.10	2.06	2.01	1.96
18	4.41	3.55	3.16	2.93	2.77	2.66	2.58	2.51	2.46	2.41	2.34	2.27	2.19	2.15	2.11	2.06	2.02	1.97	1.92
19	4.38	3.52	3.13	2.90	2.74	2.63	2.54	2.48	2.42	2.38	2.31	2.23	2.16	2.11	2.07	2.03	1.98	1.93	1.88
20	4.35	3.49	3.10	2.87	2.71	2.60	2.51	2.45	2.39	2.35	2.28	2.20	2.12	2.08	2.04	1.99	1.95	1.90	1.84
21	4.32	3.47	3.07	2.84	2.68	2.57	2.49	2.42	2.37	2.32	2.25	2.18	2.10	2.05	2.01	1.96	1.92	1.87	1.81
22	4.30	3.44	3.05	2.82	2.66	2.55	2.46	2.40	2.34	2.30	2.23	2.15	2.07	2.03	1.98	1.94	1.89	1.84	1.78
23	4.28	3.42	3.03	2.80	2.64	2.53	2.44	2.37	2.32	2.27	2.20	2.13	2.05	2.01	1.96	1.91	1.86	1.81	1.76
24	4.26	3.40	3.01	2.78	2.62	2.51	2.42	2.36	2.30	2.25	2.18	2.11	2.03	1.98	1.94	1.89	1.84	1.79	1.73
25	4.24	3.39	2.99	2.76	2.60	2.49	2.40	2.34	2.28	2.24	2.16	2.09	2.01	1.96	1.92	1.87	1.82	1.77	1.71
26	4.23	3.37	2.98	2.74	2.59	2.47	2.39	2.32	2.27	2.22	2.15	2.07	1.99	1.95	1.90	1.85	1.80	1.75	1.69
27	4.21	3.35	2.96	2.73	2.57	2.46	2.37	2.31	2.25	2.20	2.13	2.06	1.97	1.93	1.88	1.84	1.79	1.73	1.67
28	4.20	3.34	2.95	2.71	2.56	2.45	2.36	2.29	2.24	2.19	2.12	2.04	1.96	1.91	1.87	1.82	1.77	1.71	1.65
29	4.18	3.33	2.93	2.70	2.55	2.43	2.35	2.28	2.22	2.18	2.10	2.03	1.94	1.90	1.85	1.81	1.75	1.70	1.64
30	4.17	3.32	2.92	2.69	2.53	2.42	2.33	2.27	2.21	2.16	2.09	2.01	1.93	1.89	1.84	1.79	1.74	1.68	1.62
40	4.08	3.23	2.84	2.61	2.45	2.34	2.25	2.18	2.12	2.08	2.00	1.92	1.84	1.79	1.74	1.69	1.64	1.58	1.51
60	4.00	3.15	2.76	2.53	2.37	2.25	2.17	2.10	2.04	1.99	1.92	1.84	1.75	1.70	1.65	1.59	1.53	1.47	1.39
120	3.92	3.07	2.68	2.45	2.29	2.17	2.09	2.02	1.96	1.91	1.83	1.75	1.66	1.61	1.55	1.55	1.43	1.35	1.25
∞	3.84	3.00	2.60	2.37	2.21	2.10	2.01	1.94	1.88	1.83	1.75	1.67	1.57	1.52	1.46	1.39	1.32	1.22	1.00

(continued)

$F_{0.95,V1,V2}=1/F_{0.05,V2,V1}$

$F_{0.25, V1, V2}$

V2 \ V1	1	2	3	4	5	6	7	8	9	10	12	15	20	24	30	40	60	120	∞
	Degrees of Freedom for the Numerator (V1)																		
1	647.8	799.5	864.2	899.6	921.8	937.1	948.2	956.7	963.3	968.6	976.7	984.9	993.1	997.2	1001.0	1006.0	1010.0	1014.0	1018.0
2	38.51	39.00	39.17	39.25	39.30	39.33	39.36	39.37	39.39	39.40	39.41	39.43	39.45	39.46	39.46	39.47	39.48	39.49	39.50
3	17.44	16.04	15.44	15.10	14.88	14.73	14.62	14.54	14.47	14.42	14.34	14.25	14.17	14.12	14.08	14.04	13.99	13.95	13.90
4	12.22	10.65	9.98	9.60	9.36	9.20	9.07	8.98	8.90	8.84	8.75	8.66	8.56	8.51	8.46	8.41	8.36	8.31	8.26
5	10.01	8.43	7.76	7.39	7.15	6.98	6.85	6.76	6.68	6.62	6.52	6.43	6.33	6.28	6.23	6.18	6.12	6.07	6.02
6	8.81	7.26	6.60	6.23	5.99	5.82	5.70	5.60	5.52	5.46	5.37	5.27	5.17	5.12	5.07	5.01	4.96	4.90	4.85
7	8.07	6.54	5.89	5.52	5.29	5.12	4.99	4.90	4.82	4.76	4.67	4.57	4.47	4.42	4.36	4.31	4.25	4.20	4.14
8	7.57	6.06	5.42	5.05	4.82	4.65	4.53	4.43	4.36	4.30	4.20	4.10	4.00	3.95	3.89	3.84	3.78	3.73	3.67
9	7.21	5.71	5.08	4.72	4.48	4.32	4.20	4.10	4.03	3.96	3.87	3.77	3.67	3.61	3.56	3.51	3.45	3.39	3.33
10	6.94	5.46	4.83	4.47	4.24	4.07	3.95	3.85	3.78	3.72	3.62	3.52	3.42	3.37	3.31	3.26	3.20	3.14	3.08
11	6.72	5.26	4.63	4.28	4.04	3.88	3.76	3.66	3.59	3.53	3.43	3.33	3.23	3.17	3.12	3.06	3.00	2.94	2.88
12	6.55	5.10	4.47	4.12	3.89	3.73	3.61	3.51	3.44	3.37	3.28	3.18	3.07	3.02	2.96	2.91	2.85	2.79	2.72
13	6.41	4.97	4.35	4.00	3.77	3.60	3.48	3.39	3.31	3.25	3.15	3.05	2.95	2.89	2.84	2.78	2.75	2.66	2.60
14	6.30	4.86	4.24	3.89	3.66	3.50	3.38	3.29	3.21	3.15	3.05	2.95	2.84	2.79	2.73	2.67	2.61	2.55	2.49
15	6.20	4.77	4.15	3.80	3.58	3.41	3.29	3.20	3.12	3.06	2.96	2.86	2.76	2.70	2.64	2.59	2.52	2.46	2.40
16	6.12	4.69	4.08	3.73	3.50	3.34	3.22	3.12	3.05	2.99	2.89	2.79	2.68	2.63	2.57	2.51	2.45	2.38	2.32
17	6.04	4.62	4.01	3.66	3.44	3.28	3.16	3.06	2.98	2.92	2.82	2.72	2.62	2.56	2.50	2.44	2.38	2.32	2.25
18	5.98	4.56	3.95	3.61	3.38	3.22	3.10	3.01	2.93	2.87	2.77	2.67	2.56	2.50	2.44	2.38	2.32	2.26	2.19
19	5.92	4.51	3.90	3.56	3.33	3.17	3.05	2.96	2.88	2.82	2.72	2.62	2.51	2.45	2.39	2.33	2.27	2.20	2.13
20	5.87	4.46	3.86	3.51	3.29	3.13	3.01	2.91	2.84	2.77	2.68	2.57	2.46	2.41	2.35	2.29	2.22	2.16	2.09
21	5.83	4.42	3.82	3.48	3.25	3.09	2.97	2.87	2.80	2.73	2.64	2.53	2.42	2.37	2.31	2.25	2.18	2.11	2.04
22	5.79	4.38	3.78	3.44	3.22	3.05	2.93	2.84	2.76	2.70	2.60	2.50	2.39	2.33	2.27	2.21	2.14	2.08	2.00
23	5.75	4.35	3.75	3.41	3.18	3.02	2.90	2.81	2.73	2.67	2.57	2.47	2.36	2.30	2.24	2.18	2.11	2.04	1.97
24	5.72	4.32	3.72	3.38	3.15	2.99	2.87	2.78	2.70	2.64	2.54	2.44	2.33	2.27	2.21	2.15	2.08	2.01	1.94
25	5.69	4.29	3.69	3.35	3.13	2.97	2.85	2.75	2.68	2.61	2.51	2.41	2.30	2.24	2.18	2.12	2.05	1.98	1.91
26	5.66	4.27	3.67	3.33	3.10	2.94	2.82	2.73	2.65	2.59	2.49	2.39	2.28	2.22	2.16	2.09	2.03	1.95	1.88
27	5.63	4.24	3.65	3.31	3.08	2.92	2.80	2.71	2.63	2.57	2.47	2.36	2.25	2.19	2.13	2.07	2.00	1.93	1.85
28	5.61	4.22	3.63	3.29	3.06	2.90	2.78	2.69	2.61	2.55	2.45	2.34	2.23	2.17	2.11	2.05	1.98	1.91	1.83
29	5.59	4.20	3.61	3.27	3.04	2.88	2.76	2.67	2.59	2.53	2.43	2.32	2.21	2.15	2.09	2.03	1.96	1.89	1.81
30	5.57	4.18	3.59	3.25	3.03	2.87	2.75	2.65	2.57	2.51	2.41	2.31	2.20	2.14	2.07	2.01	1.96	1.87	1.79
40	5.42	4.05	3.46	3.13	2.90	2.74	2.62	2.53	2.45	2.39	2.29	2.18	2.07	2.01	1.94	1.88	1.80	1.72	1.64
60	5.29	3.93	3.34	3.01	2.79	2.63	2.51	2.41	2.33	2.27	2.17	2.06	1.94	1.88	1.82	1.74	1.67	1.58	1.48
120	5.15	3.80	3.23	2.89	2.67	2.52	2.39	2.30	2.22	2.16	2.05	1.94	1.82	1.76	1.69	1.61	1.53	1.43	1.31
∞	5.02	3.69	3.12	2.79	2.57	2.41	2.29	2.19	2.11	2.05	1.94	1.83	1.71	1.64	1.57	1.48	1.39	1.27	1.00

(continued)

$F_{0.975, V1, V2} = 1/F_{0.25, V2, V1}$

$F_{0.25,V1,V2}$

V2 \ V1	1	2	3	4	5	6	7	8	9	10	12	15	20	24	30	40	60	120	∞
	Degrees of Freedom for the Numerator (V1)																		
1	4052.0	4999.5	5403.0	5625.0	5764.0	5859.0	5928.0	5982.0	6022.0	6056.0	6106.0	6157.0	6209.0	62350.	6261.0	6287.0	6313.0	6339.0	6366.0
2	98.50	99.00	99.17	99.25	99.30	99.33	99.36	99.37	99.39	99.40	99.42	99.43	99.45	99.46	99.47	99.47	99.48	99.49	99.50
3	34.12	30.82	29.46	28.71	28.24	27.91	27.67	27.49	27.35	27.23	27.05	26.87	26.69	26.00	26.50	26.41	26.32	26.22	26.13
4	21.20	18.00	16.69	15.98	15.52	15.21	14.98	14.80	14.66	14.55	14.37	14.20	14.02	13.93	13.84	13.75	13.65	13.56	13.46
5	16.26	13.27	12.06	11.39	10.97	10.67	10.46	10.29	10.16	10.05	9.89	9.72	9.55	9.47	9.38	9.29	9.20	9.11	9.02
6	13.75	10.92	9.78	9.15	8.75	8.47	8.26	8.10	7.98	7.87	7.72	7.56	7.40	7.31	7.23	7.14	7.06	6.97	6.88
7	12.25	9.55	8.45	7.85	7.46	7.19	6.99	6.84	6.72	6.62	6.47	6.31	6.16	6.07	5.99	5.91	5.82	5.74	5.65
8	11.26	8.65	7.59	7.01	6.63	6.37	6.18	6.03	5.91	5.81	5.67	5.52	5.36	5.28	5.20	5.12	5.03	4.95	4.86
9	10.56	8.02	6.99	6.42	6.06	5.80	5.61	5.47	5.35	5.26	5.11	4.96	4.81	4.73	4.65	4.57	4.48	4.40	4.31
10	10.04	7.56	6.55	5.99	5.64	5.39	5.20	5.06	4.94	4.85	4.71	4.56	4.41	4.33	4.25	4.17	4.08	4.00	3.91
11	9.65	7.21	6.22	5.67	5.32	5.07	4.89	4.74	4.63	4.54	4.40	4.25	4.10	4.02	3.94	3.86	3.78	3.69	3.60
12	9.33	6.93	5.95	5.41	5.06	4.82	4.64	4.50	4.39	4.30	4.16	4.01	3.86	3.78	3.70	3.62	3.54	3.45	3.36
13	9.07	6.70	5.74	5.21	4.86	4.62	4.44	4.30	4.19	4.10	3.96	3.82	3.66	3.59	3.51	3.43	3.34	3.25	3.17
14	8.86	6.51	5.56	5.04	4.69	4.46	4.28	4.14	4.03	3.94	3.80	3.66	3.51	3.43	3.35	3.27	3.18	3.09	3.00
15	8.68	6.36	5.42	4.89	4.36	4.32	4.14	4.00	3.89	3.80	3.67	3.52	3.37	3.29	3.21	3.13	3.05	2.96	2.87
16	8.53	6.23	5.29	4.77	4.44	4.20	4.03	3.89	3.78	3.69	3.55	3.41	3.26	3.18	3.10	3.02	2.93	2.84	2.75
17	8.40	6.11	5.18	4.67	4.34	4.10	3.93	3.79	3.68	3.59	3.46	3.31	3.16	3.08	3.00	2.92	2.83	2.75	2.65
18	8.29	6.01	5.09	4.58	4.25	4.01	3.84	3.71	3.60	3.51	3.37	3.23	3.08	3.00	2.92	2.84	2.75	2.66	2.57
19	8.18	5.93	5.01	4.50	4.17	3.94	3.77	3.63	3.52	3.43	3.30	3.15	3.00	2.92	2.84	2.76	2.67	2.58	2.59
20	8.10	5.85	4.94	4.43	4.10	3.87	3.70	3.56	3.46	3.37	3.23	3.09	2.94	2.86	2.78	2.69	2.61	2.52	2.42
21	8.02	5.78	4.87	4.37	4.04	3.81	3.64	3.51	3.40	3.31	3.17	3.03	2.88	2.80	2.72	2.64	2.55	2.46	2.36
22	7.95	5.72	4.82	4.31	3.99	3.76	3.59	3.45	3.35	3.26	3.12	2.98	2.83	2.75	2.67	2.58	2.50	2.40	2.31
23	7.88	5.66	4.76	4.26	3.94	3.71	3.54	3.41	3.30	3.21	3.07	2.93	2.78	2.70	2.62	2.54	2.45	2.35	2.26
24	7.82	5.61	4.72	4.22	3.90	3.67	3.50	3.36	3.26	3.17	3.03	2.89	2.74	2.66	2.58	2.49	2.40	2.31	2.21
25	7.77	5.57	4.68	4.18	3.85	3.63	3.46	3.32	3.22	3.13	2.99	2.85	2.70	2.62	2.54	2.45	2.36	2.27	2.17
26	7.72	5.53	4.64	4.14	3.82	3.59	3.42	3.29	3.18	3.09	2.96	2.81	2.66	2.58	2.50	2.42	2.33	2.23	2.13
27	7.68	5.49	4.60	4.11	3.78	3.56	3.39	3.26	3.15	3.06	2.93	2.78	2.63	2.55	2.47	2.38	2.29	2.20	2.10
28	7.64	5.45	4.57	4.07	3.75	3.53	3.36	3.23	3.12	3.03	2.90	2.75	2.60	2.52	2.44	2.35	2.26	2.17	2.06
29	7.60	5.42	4.54	4.04	3.73	3.50	3.33	3.20	3.09	3.00	2.87	2.73	2.57	2.49	2.21	2.33	2.23	2.14	2.03
30	7.56	5.39	4.51	4.02	3.70	3.47	3.30	3.17	3.07	2.98	2.84	2.70	2.55	2.47	2.39	2.30	2.21	2.11	2.01
40	7.31	5.18	4.31	3.83	3.51	3.29	3.12	2.99	2.89	2.80	2.66	2.52	2.37	2.29	2.20	2.11	2.02	1.92	1.80
60	7.08	4.98	4.13	3.65	3.34	3.12	2.95	2.82	2.72	2.63	2.50	2.35	2.20	2.12	2.03	1.94	1.84	1.73	1.60
120	6.85	4.79	3.95	3.48	3.17	2.96	2.79	2.66	2.56	2.47	2.34	2.19	2.03	1.95	1.86	1.76	1.66	1.53	1.38
∞	6.63	4.61	3.78	3.32	3.02	2.80	2.64	2.51	2.41	2.32	2.18	2.04	1.88	1.79	1.70	1.59	1.47	1.32	1.00

$F_{0.99,V1,V2}=1/F_{0.01,V2,V1}$

索引

A

B

C

D

E

M

N

O

P

Q

R

S

T

U

V

W

X

Z

國家圖書館出版品預行編目 (CIP) 資料

半導體製程概論 / 施敏 . 梅凱瑞原作 ; 林鴻志譯 .
-- 增訂二版 . -- 新竹市 : 陽明交大出版社 , 民 105.06
面 ;　公分
譯自 : Fundamentals of semiconductor fabrication
ISBN 978-986-6301-89-6(平裝)
1. 半導體 2. 積體電路

448.65　　105007307

半導體製程概論（增訂版）

FUNDAMENTALS OF SEMICONDUCTOR FABRICATION

原　　著：施敏、梅凱瑞
譯　　著：林鴻志
增　　訂：林鴻志
出 版 者：國立陽明交通大學出版社

發 行 人：林奇宏
社　　長：黃明居
執行主編：程惠芳
編輯校對：鍾嘉文
封面設計：蘇品銓

內頁排版：程惠芳、鍾嘉文
製版印刷：華剛輸出製版印刷公司
地　　址：新竹市大學路 1001 號
讀者服務：03-5712121分機50503
（週一至週五上午 8:30 至下午 5:00）
傳　　真：03-5731764
網　　址：http://press.nycu.edu.tw
e-mail：press@nycu.edu.tw
初版日期：105 年 6 月一刷、111 年 7 月四刷
定　　價：600 元
I S B N：9789866301896
G P N：1010500818

展售門市查詢：
陽明交通大學出版社 http://press.nycu.edu.tw

三民書局（臺北市重慶南路一段 61 號））
網址：http://www.sanmin.com.tw 電話：02-23617511

或洽政府出版品集中展售門市：
國家書店（臺北市松江路 209 號 1 樓）
網址：http://www.govbooks.com.tw　　電話：02-25180207

五南文化廣場臺中總店（臺中市西區臺灣大道二段85號）
網址：http://www.wunanbooks.com.tw　電話：04-22260330